Themenhefte

SCHWERPUNKTPROGRAMM **UMWELT**
SCHWEIZ. NATIONALFONDS ZUR FÖRDERUNG DER WISSENSCHAFTLICHEN FORSCHUNG
PROGRAMME PRIORITAIRE **ENVIRONNEMENT**
FONDS NATIONAL SUISSE DE LA RECHERCHE SCIENTIFIQUE
PRIORITY PROGRAMME **ENVIRONMENT**
SWISS NATIONAL SCIENCE FOUNDATION

Marc Mogalle

Management transdisziplinärer Forschungsprozesse

Springer Basel AG

Dr. Marc Mogalle
innotech GmbH
Durlacher Allee 93
D-76131 Karlsruhe
Deutschland

CIP-Titelaufnahme der Deutschen Bibliothek
Mogalle, Marc:
Management transdisziplinärer Forschungsprozesse / Marc Mogalle. - Basel ; Boston ;
Berlin : Birkhäuser, 2001
(Themenhefte SPPU)
ISBN 978-3-7643-6525-7 ISBN 978-3-0348-8249-1 (eBook)
DOI 10.1007/978-3-0348-8249-1

Ursprünglich erschienen bei Birkhäuser Verlag 2001

Camera-ready Vorlage durch den Autor erstellt
Umschlaggestaltung: Micha Lotrovsky, CH-4106 Therwil, Schweiz

ISBN 978-3-7643-6525-7

9 8 7 6 5 4 3 2 1 www.birkhauser-science.com

Inhaltsverzeichnis

Abbildungsverzeichnis

Tabellenverzeichnis

Abkürzungsverzeichnis

CASS	Konferenz der Schweizerischen wissenschaftlichen Akademien
IPG I	Integriertes Projekt Gesellschaft I im Rahmen des SPP Umwelt des SNF.
IuK	Neue Informations- und Kommunikationstechnologien
MGU	Stiftung Mensch – Gesellschaft – Umwelt, Basel
NFS	Nationaler Forschungsschwerpunkt
ProClim	Forum für Klima und Global Change
SAGUF	Schweizerische Akademische Gesellschaft für Umweltforschung und Ökologie
SNF	Schweizerischer Nationalfonds
SPP Umwelt	Schwerpunktprogramm Umwelt des Schweizerischen Nationalfonds
SRU	Der Rat von Sachverständigen für Umweltfragen
TNF	Praxisorientierte transdisziplinäre Nachhaltigkeitsforschung
WBGU	Wissenschaftlicher Beirat der Bundesregierung Globale Umweltveränderungen

Vorwort

Die Reputation der ökonomischen Wissenschaften, Wesentliches für die praktische Veränderung der gesellschaftlichen Verhältnisse beitragen zu können, ist nach wie vor recht bescheiden. Die fachdisziplinäre Aufspaltung zwischen Volks- und Betriebswirtschaftslehre tut ein übriges: Während die einen häufig fernab vom real existierenden Akteurssystem modellieren, tun sich die anderen schwer, das Paradigma der Optimierung betrieblicher Leistungserstellungsprozesse zu überwinden. Gerade die Herausforderung der Nachhaltigen Entwicklung ist durch den zersplitterten Wissenschaftsbetrieb kaum angemessen zu bearbeiten.

Inter- oder gar Transdisziplinarität sind seit einiger Zeit als forschungsstrategische Möglichkeiten in der Diskussion, diesen Dilemmata zu entkommen. Viele Versuche sind in dieser Hinsicht gemacht worden. Dabei hat es viel Scheitern gegeben, was in vielen Fällen Resignation und die Rückkehr zur isoliert fachdisziplinären Arbeit verursachte. Das Erfordernis, den zu engen Blickwinkel der eigenen Disziplin zu überwinden, ist freilich immer noch existent.

Es ist deshalb sehr verdienstvoll, dass sich Marc Mogalle in seiner Doktorarbeit der Mühe unterzogen hat, aus eigener Verstricktheit in die Möglichkeiten und Schwierigkeiten eines transdisziplinären Forschungsprojektes an der Universität St. Gallen eine konkrete und nüchterne Untersuchung vorzunehmen, die dem Zweck dient, künftiges transdisziplinäres Forschen reflektierter angehen zu können. Die Arbeit ist kritisch und selbstkritisch genug, um die häufige Anfangseuphorie erst gar nicht aufkommen zu lassen, aber gerade deshalb eine gute Hilfestellung dafür, das zu tun, was „trotzdem" erforderlich ist.

Oldenburg im März 2001 Prof. Dr. Reinhard Pfriem

1. Einleitung

Einem frischen Frühlingswind gleich fuhr anfangs der neunziger Jahre die Idee der „Nachhaltigen Entwicklung" in die Gärten der politischen und wissenschaftlichen Routine. Der Wind wirbelte neue gesellschaftliche Herausforderungen hoch und drang durch einige offene Fenster in die Studierstuben der Forscher[1] — auch bei uns. Die Umweltfrage war nicht mehr bloß ein isoliertes Problem einer marginalen Spezialpolitik, sondern wurde gleichberechtigt in den Kontext von sozialen Problemen und ökonomischer Leistungsfähigkeit gestellt.

Es begann ein kreativer und offener Erkundungsprozess nach den zentralen gesellschaftlichen, ökonomischen und politischen Fragestellungen, den sich daraus ergebenden wissenschaftlichen Herausforderungen und nach den adäquaten Methoden und Forschungsansätzen, um schließlich Lösungsvorschläge entwickeln zu können. Langsam bilden sich gemeinsame Vorstellungen darüber heraus, was bislang mehr ad-hoc und forschungspragmatisch motiviert als reflektiert mit dem Schlagwort *Nachhaltigkeitsforschung* versehen wurde.

Hier setzt die vorliegende Arbeit an: bei der Sichtung, konstruktiv-kritischen Würdigung und Zusammenführung der sich abzeichnenden *konstituierenden Elemente einer transdisziplinären Nachhaltigkeitsforschung*. Im 2. Kapitel wird erläutert, was allgemein unter einer Nachhaltigen Entwicklung zu verstehen ist und welche Herausforderungen sich daraus für die Wissenschaft ergeben. Im 3. Kapitel wird im ersten Schritt untersucht, warum die lange

---

[1] Es werden in der Arbeit wechselnd weibliche und männliche Formen verwendet, angesprochen ist immer auch das jeweils andere Geschlecht.

vorherrschende systembezogene Umweltforschung[2], die disziplinär oder multidisziplinär i.d.R. auf einzelne Umweltmedien fokussiert, alleine nicht hinreichend ist, um diesen Herausforderungen gerecht zu werden. In einem zweiten Schritt wird dann dargelegt, wie eine ergänzende Forschung ausgestaltet sein könnte. Eine solche Forschung sollte die aus Nachhaltigkeitssicht relevanten *Probleme disziplinunabhängig definieren,* anhand dieser Probleme die relevanten *disziplinären Perspektiven integrieren,* einen hohen *Anwendungsbezug* aufweisen und auf dem *normativen Konzept der Nachhaltigen Entwicklung* basieren. Diese Forschung kann als eine *praxisorientierte transdisziplinäre Nachhaltigkeitsforschung* bezeichnet werden.

Die Forderung nach einer solchen Forschung klingt plausibel und wird schnell erhoben. Erfahrungsgemäß liegt das Problem jedoch nicht bei einer mangelnden Zustimmung zu einer transdisziplinären Nachhaltigkeitsforschung. Das Problem stellt sich vielmehr bei der konkreten Umsetzung, also bei der Frage: Wie kann transdisziplinär geforscht werden? Transdisziplinäre Forschung, so schreiben Gibbons et al., „is a response to the needs of both science and society. It is irreversible. The problem is how to understand and manage it."[3] Daher werden im 4. Kapitel drei Ansätze dargestellt, die auf die Frage der Umsetzung eine Antwort geben wollen: der Fallstudien-Ansatz, der Syndrom-Ansatz und der Bedürfnisfeld-Ansatz.

Aber auch die Darstellung bzw. der Entwurf von — gleich wie der Ruf nach Transdisziplinarität im allgemeinen — plausibel klingender Forschungsansätze kann die Frage nach dem Wie nicht abschließend klären. Ein weiterer Schritt wird daher mit dem Teil II dieser Arbeit getan. Dort wird sich mit der konkreten Praxis einer transdisziplinären Forschung auseinandergesetzt. Auf der Grundlage des wissenssoziologischen Konstruktivismus wird sich dem Integrierten Projekt Gesellschaft I (IPG I)[4] genähert. Das IPG I wird in Kapitel 6 porträtiert, und es werden acht Problembereiche identifiziert, die in weiten Teilen auch in

---

2 Hirsch, 1995: 306f.; WBGU, 1996: 107. Auf die Umweltingenieurwissenschaften wird nicht näher eingegangen, da es das vornehmliche Ziel dieses Beitrags ist, einer grundlagenwissenschaftlich orientierten Umweltforschung eine transdisziplinäre Nachhaltigkeitsforschung gegenüberzustellen. Die Ingenieurwissenschaften sind zwischen diesen beiden Polen einzuordnen und bedürften einer eigenen Darstellung.

3 Gibbons et al., 1994: 11.

4 Minsch und Mogalle, 1998. Der Titel des IPG I ist: "Nachhaltige Schweiz im internationalen Kontext. Entwicklung von Visionen, Strategien und Instrumenten am Beispiel des Bedürfnisfeldes Ernährung" (www.ipgesellschaft.ch).

ähnlichen Forschungsprojekten aufgetreten sind. Bei diesen Problembereichen handelt es sich einerseits um methodische und andererseits um operative Probleme. Die methodischen Problembereiche sind Thema von Kapitel 7, die operativen von Kapitel 8. Die Analyse dieser Problembereiche steht unter der Grundfragestellung, wie die Integration spezialisierten Wissens erfolgt, welche Schwierigkeiten dabei auftreten und wie diese überwunden werden können. In Teil III soll abschließend versucht werden, die Ergebnisse des Teil II zusammenzuführen.

Für die viele Mühe, die kritischen Kommentare und die aufmunternden Worte möchte ich insbesondere meinem Referenten Prof. Dr. Reinhard Pfriem und meiner Korreferentin PD Dr. Gertrude Hirsch Hadorn danken. Besonderer Dank gebührt zudem Prof. Dr. Jürg Minsch und Prof. Dr. Uwe Schneidewind, mit denen ich im Integrierten Projekt zusammenarbeiten und von denen ich lernen durfte. Für die zahlreiche und konstruktive Kritik und die sicher nicht immer vergnügliche Lektüre möchte ich weiterhin danken: Dr. Andreas Aulinger, Rico Defila, Dr. Christian Pohl, Dr. Antonio Valsangiacomo und Prof. Dr. Emil Walter-Busch. Für die weniger fachliche Hilfe, aber trotzdem nicht unwichtigere seelische Unterstützung danke ich der m.E. besten Freundin von allen, meinen Eltern und meinem Schwesterherz. Und nicht zuletzt gebührt großer Dank dem Institut für Wirtschaft und Ökologie an der Universität St. Gallen, an dem ich über Jahre arbeiten und die Kaffeepausen genießen durfte. Stellvertretend für alle Kolleginnen und Kollegen gilt mein Dank besonders Prof. Dr. Thomas Dyllick und Marlies Dreier, die uns immer pünktlich zum Kaffee ermahnte, dessen Schwärze nie zu übertreffen sein wird.

Teil I: Praxisorientierte transdisziplinäre Nachhaltigkeitsforschung

2. Umweltproblematik und die Rolle der Wissenschaften

„Die ökologische Krise, wie sie heute in ihren weltweiten Dimensionen hervortritt, steht in einem inneren Beziehungs- und Verweisungszusammenhang mit der Heraufkunft der neuzeitlichen Welt (...) Neuzeit bedeutet Wende der Vernunft nach außen, Erschließung der Welt in all ihren Möglichkeiten, Aufbruch des Homo faber, rationale Umstrukturierung der Arbeit im Dienst eines bisher nie gekannten Glaubens an den Fortschritt der gesamten Menschheit."[5] (Sachverständigenrat für Umweltfragen)

2.1 Umweltproblematik

Der Sachverständigenrat für Umweltfragen begreift die Umweltproblematik als ein Ergebnis der Modernisierung. Modernisierung meint den Glauben an die Möglichkeit, die Welt im Sinne des Menschen umzugestalten. Es ist der Glaube an die großen Utopien, an einen ewigen Fortschritt, dessen Motor die Industrialisierung ist.[6] Allerdings konnten diese Ver-

---

5 SRU, 1994: 50.

6 Gil, 1997: 90ff. und 123.

heißungen weder Realität werden, noch ließ sich deren Realisierung dauerhaft in die Zukunft verschieben. Statt dessen zeigten sich die Dissonanzen zwischen den Verheißungen und der konkreten Realität immer deutlicher, die durch soziale, politische, ökonomische und vor allem Umweltprobleme gekennzeichnet ist. Als Umweltprobleme sind anthropogene Veränderungen in der natürlichen Umwelt zu bezeichnen, die der Mensch negativ bewertet.[7]

Mit dieser modernisierungstheoretischen Perspektive wird die Umweltproblematik als eine gesamtgesellschaftliche Herausforderung verständlich. Pfriem spricht daher von Sozialökologie, wodurch der „gesellschaftliche Charakter menschlicher Naturaneignung"[8] stärkeres Gewicht erhält. *Welche Aspekte kennzeichnen die Umweltproblematik?*

1. Die Umweltprobleme sind als Nebenfolge des Modernisierungsprozesses aufzufassen, sie sind anthropogenen Ursprungs. Mit Industrialisierung und technischem Fortschritt haben sich die Menschen neue Möglichkeiten eröffnet, deren Nutzung materiellen Wohlstand geschaffen, aber auch zu Umweltproblemen geführt hat. *Die Umweltprobleme sind daher das „Resultat vielschichtiger Interaktionen zwischen Natur- und Anthroposphäre".*[9]
2. Aufgrund dieser „vielschichtigen Interaktionen" weist die Umweltproblematik ein *hohes Maß an Komplexität* auf. Nach Hirsch erschwert dies die Wahrnehmung und Kausalinterpretation, „weil (1) verschiedene Prozesse gleichzeitig ablaufen und sich überlagern können, weil es sich (2) oft um kumulative Wirkungen handelt, die (3) erst nach geraumer Zeit, (4) räumlich weit entfernt, (5) in völlig anderen Systemen (...) und (6) bei ganz verschiedenen Organismen (...) unter Einschluss des Menschen selbst auftreten können."[10]
3. Die Natur ist für viele Menschen nicht nur Produktionsfaktor, sondern hat auch einen qualitativen und ästhetischen Wert. Selbst wenn die Komplexität der Problematik beherrschbar sein sollte, bleibt dennoch unklar, wann ein Naturzustand als Problem angesehen wird und was für ein Naturzustand erstrebenswert wäre. Es stellt sich hier ein *Problem der Bewertung und der Begründung dieser Bewertung.*[11]

---

[7] Hirsch, 1995: 303f.; Leipert, 1992: 38f.; Becker und Wehling, 1993: 13f.

[8] Pfriem, 1996: 61.

[9] WBGU, 1996: 109 (Hervorhebung durch den Autor).

[10] Hirsch, 1995: 303; zur Kausalitätsproblematik im Umweltbereich auch Minsch, 1988.

[11] Hirsch, 1995: 303; Bayertz, 1987. Zur Umweltethik allg. v.d. Pfordten, 1996 und Birnbacher, 1991.

2.2 Die Rolle der Wissenschaften

Die Moderne zeichnet sich durch einen beschleunigten technischen Fortschritt aus, der durch die *moderne Wissenschaft* möglich wurde. Diese entwickelte sich mit der Renaissance, indem die scholastischen Gelehrten ihr rationales und systematisches Vorgehen mit den anwendungsorientierten Methoden der Kunsthandwerker verbanden. Moderne Wissenschaft gründet auf den Idealen der Kontrolle der Natur und der wissenschaftlichen Zusammenarbeit, d.h. des wissenschaftlichen Austausches und der Kooperation.[12] Diese Wissenschaft postulierte die großen Utopien, die klassischen Geschichtsphilosophien, und trieb deren Realisierung voran. Sie war die Instanz, welche die Instrumente für die Realisierung entwickelte und die Anwendung mitbestimmte.[13] Die moderne Wissenschaft ist nicht nur ein Element der Modernisierung, sondern war und ist ein treibender Faktor im Modernisierungsprozess. Modernisierung kann daher auch als *Verwissenschaftlichung* gesellschaftlicher Handlungsbereiche betrachtet werden. Dabei können idealtypisch zwei Entwicklungen der modernen Wissenschaft unterschieden werden, welche die heutige Gesellschaft prägen: Erstens die akademische Wissenschaft und zweitens die industrialisierte Wissenschaft.[14]

2.2.1 Ausdifferenzierung der Wissenschaften: Die akademische Wissenschaft

Analog der gesamtgesellschaftlichen Entwicklung erfolgte in der Wissenschaft eine funktionale Differenzierung. Insbesondere in diesem Jahrhundert fand eine *Spezialisierung der Wissenschaft* statt, die immer kleinere Teilbereiche untersucht. Diese Wissenschaft kann als akademische Wissenschaft bezeichnet werden, weil sie vornehmlich in Universitäten angesiedelt ist. Sie ist gekennzeichnet durch Disziplinarität, Grundlagenorientierung, Fokussierung auf öffentliche Güter und Autonomie im Sinne von Freiheit der Forschung.

---

[12] Zilsel, 1976: 60ff.

[13] Gil, 1997; Becker und Wehling, 1993: 35f.

[14] Wingens, 1998: 10ff.; Becker und Wehling, 1993: 12f. und 35; Ziman, 1994; Gibbons et al., 1994; Felt et al., 1995: 60ff., 181ff. und 216ff.; Nowotny, 1998: 7f.

Welche Rolle hat die akademische Wissenschaft bei der Entstehung der Umweltprobleme eingenommen? Neben der internen Differenzierung fand eine *Differenzierung von der Gesellschaft* statt. Mit der Differenzierung von Wissenschaft und Gesellschaft entfernte sich das Denken von der Praxis.[15] Wissenschaft und Praxis entwickelten sich zu zwei Systemen mit unterschiedlichen Funktionen und Codes — „der Kopf wusste fortan nicht mehr, was die Hand tat."[16] Die Praxis bedient sich seitdem weiterhin der Wissenschaft, jedoch einer anwendungsorientierten Wissenschaft, der eine Handlangerfunktion zukommt. Dabei vernachlässigt die Praxis eine umfassende, systematische Reflexion dieser Anwendung.

Die Spezialisierung der Wissenschaften hat die Leistungsfähigkeit enorm gesteigert und zu vielen Verbesserungen geführt. Allerdings hat die praktische Anwendung vieler wissenschaftlicher Errungenschaften zu einer Reihe von Umweltproblemen geführt. Ulrich meint:

> „Es ist offensichtlich, dass die soziale Welt der Industrienationen in großem Ausmaß eine durch wissenschaftlich fundiertes Handeln gemachte Welt ist. Es wäre sinnlos, die gewaltigen Fortschritte zu leugnen, die auf dieser Basis in bezug auf wichtige menschliche Bestrebungen erzielt worden sind (...). Aber immer deutlicher tritt in der Gegenwart ein anderes Phänomen in Erscheinung, nämlich dass mit jedem solchem Fortschritt Rückschritte in anderer Beziehung unlösbar verbunden zu sein scheinen."[17]

Demnach hat die akademische Wissenschaft *ökologische Risikopotenziale* hervorgebracht, indem sie die Eingriffstiefe in Naturzusammenhänge erhöht, aber nicht deren ökologischen Folgen analysiert hat. Die Wissenschaft hat nicht nur ein größeres Wissen produziert, sondern sie hat auch ein größeres Nicht-Wissen hervorgebracht, das sich auf die ökologischen Auswirkungen bezieht, die infolge der Anwendung wissenschaftlichen Wissens entstehen.[18]

---

15 Strehle, 1978: 168f.

16 Strehle, 1978: 176.

17 Ulrich, 1984: 188f.

18 Becker und Wehling, 1993: 35ff. und 11ff.; Van den Daele und Krohn, 1998: 854f.

2.2.2 *Entdifferenzierung der Wissenschaft: Die industrialisierte Wissenschaft*

Neben der funktionalen Ausdifferenzierung innerhalb der akademischen Wissenschaft stellen Becker und Wehling[19] eine *Tendenz zur Entdifferenzierung* fest, bei der sich einzelne Teilsysteme zusammenschließen, um eine gemeinsame Funktion zu erfüllen. Sie sprechen von wissenschaftlich-industriell-bürokratischen-Komplexen, die wesentlich die gesellschaftliche Entwicklung vorantreiben, wie es z.B. auf den Gebieten der Informatik und Biotechnologie zu beobachten ist.[20] Innerhalb dieser Komplexe bleibt die Vielfalt der wissenschaftlichen Disziplinen erhalten. Eine Einheit in dieser Vielfalt entsteht durch die gemeinsame Funktion, bspw. die ökonomische Verwertbarkeit. Es wird also keine neue Einheit der Wissenschaft geschaffen, sondern es erfolgt eine Entdifferenzierung zwischen Wissenschaft und Praxis in Bezug auf eine spezielle Funktion. Kopf und Hand finden hier wieder zueinander.

Während Becker und Wehling diese Entdifferenzierung nur in Teilbereichen zu beobachten meinen, sieht Wingens dies als die vorherrschende Form von Wissenschaft und stellt die These von der Industrialisierung der Wissenschaft auf.[21] Wingens führt aus:

> „Vielmehr (...) ist diese Realitätsform von Wissenschaft Resultat eines (wissenschafts-)historischen Strukturwandels infolge der seit Mitte des 19. Jahrhunderts forcierten Inkorporierung wissenschaftlichen Wissens in die ökonomisch-technische Grundstruktur der Gesellschaft (...). Dieser Verschränkungsprozess der wissenschaftlichen Wissensproduktion mit dem gesellschaftlichen Verwertungszusammenhang ist mittlerweile so weit gediehen, dass in der zweiten Hälfte des 20. Jahrhunderts die Rückwirkung der Verwissenschaftlichung der Industrie bzw. der Gesellschaft insgesamt auf die wissenschaftliche Wissensproduktion selbst in ihrer Gestalt (...) klar erkennbar ist: die akademische Wissenschaft als dominierende Realitätsform von Wissenschaft während des 19. und der ersten Hälfte des 20. Jahrhunderts ist abgelöst worden durch den Typus industrialisierter Wissenschaft (...)".[22]

Diese These begründet Wingens empirisch und modernisierungstheoretisch. Bereits 1965 flossen 61,3 Prozent der gesamten Ausgaben für F&E in der Bundesrepublik Deutschland in die Privatwirtschaft, 1989 waren es 72,2 und 1995 66,2 Prozent, wobei der Eigenfinanzie-

---

19 Becker und Wehling, 1993: 38ff.

20 Randow und Sentker, 2000.

21 Wingens, 1998.

rungsanteil der Wirtschaft 1993 bei 89 Prozent lag (1989: 86 Prozent), der Anteil der Beschäftigen 1989 bei gut 60 Prozent. In anderen westlichen Ländern ist ein ähnliches Bild auszumachen. In der Schweiz wurden 1992 70,1 Prozent aller F&E-Ausgaben in der Privatwirtschaft getätigt, in den USA waren es 1995 71,8 Prozent.[23] Demnach findet F&E in weitgehend allen westlichen Ländern zu rund zwei Dritteln in der Privatwirtschaft statt.

Bei der modernisierungstheoretischen Begründung verweist Wingens auf die starke Verschränkung von Wissenschaft und gesellschaftlichem Verwertungszusammenhang. Die Verwissenschaftlichung der Wirtschaft hat zu erhöhter Unsicherheit geführt, da der wissenschaftlich-technische Fortschritt nicht vorhersagbar und somit unsicher ist. Die Unternehmen haben versucht, die Unsicherheit zu bewältigen, indem sie eigene Forschungsabteilungen aufgebaut haben, um so die „wissenschaftsinduzierte Unsicherheit in ein ökonomisch kalkulierbares Risiko zu transformieren"[24]. Die Industrialisierung der Wissenschaft ist somit die Antwort der Industrie auf deren Verwissenschaftlichung. Diese Industrialisierung zeichnet sich durch eine kontrollierte Autonomie aus, bei der an der Autonomie der Wissensproduktion festgehalten, diese aber unternehmensstrategisch organisiert wird.[25]

Zudem ist die Forschung mittlerweile so kapitalintensiv geworden, dass die Wissenschaft auf Geldgeber angewiesen ist, die einen Return on Investment erwarten. Dies gilt wissenschaftsextern im Rahmen industrieller Forschung wie auch wissenschaftsintern. Dadurch wird wissenschaftliches Wissen zu einer Ware, der Wissenschaftler zu einem Unternehmer. Durch die Verschränkung mit dem gesellschaftlichen Verwertungskontext wird Wissenschaft somit zunehmend funktionalisiert.[26]

Die industrialisierte Wissenschaft zeichnet sich idealtypisch aus durch Anwendungsorientierung und die Fokussierung auf private Güter, durch Inter- oder Transdisziplinarität und eine kontrollierte Autonomie, d.h. eine auf externe Zwecke ausgerichtete Forschung, die innerhalb dieser Zwecksetzung autonom agiert.

---

[22] Wingens, 1998: 297.

[23] Wingens, 1998 und Schweizerischer Wissenschaftsrat, 1998: 23.

[24] Wingens, 1998: 280.

[25] Wingens, 1998: 281f.

[26] Wingens, 1998: 304ff. Wingens bezieht sich auf Gibbons et al., 1994; Ravetz, 1973; Weingart, 1991; Ziman, 1994.

Welche Rolle hat die industrialisierte Wissenschaft bei der Entstehung der Umweltprobleme gespielt? Die Probleme, die bei der akademischen Wissenschaft aufgezeigt wurden, zeigen sich — trotz der Entdifferenzierung und der Verschränkung mit der Praxis — auch bei der industrialisierten Forschung. Dies sogar in höherem Maße: Die Entdifferenzierung erfolgt im Sinne einer ökonomischen Verwertbarkeit auf ein konkretes privates Gut hin. Ökologische Risikopotenziale zeichnen sich dagegen i.d.R. durch den Charakter eines öffentlichen Gutes aus, d.h. sie sind nicht Gegenstand dieser industrialisierten Forschung. Daher reflektiert diese Forschung nur in geringem Maße die weiterreichenden Folgen mit, die über diesen Forschungsfokus hinausgehen. Aus diesem Grunde werden nicht geringere ökologische Risikopotenziale produziert, sondern die Eingriffstiefe in die Naturvorgänge erhöht und das Nicht-Wissen über die Folgen der Eingriffe gesteigert. Dies geschieht mit wachsender Geschwindigkeit, weil Grundlagenforschung und Anwendung stärker zusammenschmelzen und die Wissenschaft einem größeren Nützlichkeitsdruck ausgesetzt ist.[27]

2.2.3 Verantwortung der modernen Wissenschaft

Sowohl die akademische als auch die industrialisierte Wissenschaft können auf zahlreiche positive Errungenschaften verweisen. Allerdings sind auch die ökologischen Risikopotenziale enorm gestiegen. Ulrich führt an: „Wenn wissenschaftlich fundiertes Handeln der Praxis zu Zerstörung führt, dann ist die Wissenschaft dafür mitverantwortlich."[28] Schließt man sich dieser Einschätzung an, stellt sich die Frage, wie die Wissenschaft stärker Verantwortung übernehmen kann. Welchen *Herausforderungen* steht eine Wissenschaft gegenüber, die sich der Umweltprobleme annehmen will und soll?

[27] Becker und Wehling, 1993: 41ff. und 47; Van den Daele und Krohn, 1998: 855 und 858.

[28] Ulrich, 1984: 189.

2.3 Herausforderungen für die Umweltwissenschaften

Lange Zeit waren die Wissenschaften vom Glauben an die „Erschließung der Welt in all ihren Möglichkeiten"[29] getragen. Hier setzt Gil an. Im Rahmen seiner Arbeit zum „Gestalten des Utopischen" konstatiert er das Ende der klassischen Geschichtsphilosophien, ohne jedoch einen Verlust utopischer Ideen festzustellen. Die Utopien sind nach Gil vielmehr in die Gegenwart gerückt; sie sind keine Projektionsfläche mehr für alle Wünsche und Hoffnungen, sondern sind Teil der Gegenwart, in der sie vorbereitet werden.[30]

Führt man sich die gegenwärtig diskutierten utopischen Konzepte vor Augen, lässt sich Gils Einschätzung untermauern. Giddens argumentiert bspw. ganz ähnlich und fordert „die Schaffung von Modellen eines utopischen Realismus"[31], die einen Ausgleich zwischen Idealvorstellungen und praktischer Umsetzbarkeit anstreben.

Einen derartigen utopischen Realismus, der sich der Umweltproblematik im Sinne einer Sozialökologie annimmt, stellt die Zielformulierung dar, die mit der Rio-Konferenz 1992 große Verbreitung gefunden hat: Das *Leitbild der Nachhaltigen Entwicklung*. Dieses Leitbild setzt bei den Konsequenzen der Moderne an, die eine fortschreitende Entwicklung berücksichtigen und lösen muss.[32] Das Leitbild der Nachhaltigen Entwicklung beinhaltet ein Streben nach Entwicklung, d.h. ein Streben nach Verbesserung, nach einem Fortschreiten und somit einem Fortschritt. Daher spricht sich das Leitbild für eine Fortführung der Moderne unter anderen Vorzeichen aus.[33]

Wenn dieses Leitbild einer zu erneuernden modernen Wissenschaft vorangestellt wird, ist zu untersuchen, welche konkreten Herausforderungen sich dadurch ergeben. Hier setzen u.a. die Konferenz der schweizerischen wissenschaftlichen Akademien (CASS) und das Forum für Klima und Global Change (ProClim) an. Sie fordern von den Wissenschaftlern, dass sie

---

29 SRU, 1994: 50.

30 Gil, 1997: 128. Gil verweist auf den Wiener Kreis, die amerikanischen Pragmatisten und auf die Diskursethik.

31 Giddens, 1995: 190.

32 Minsch et al., 1998; Schneidewind et al., 1998.

33 Beck et al., 1996: 7f.; Minsch, 1993: 35ff. und Sachs, 1994: 15ff.

„Mitverantwortung an der gesellschaftlichen Entwicklung übernehmen"[34] und zur Lösung der Problematik beitragen sollen. Zur Lösung von Umweltproblemen werden *drei Arten von Wissen* als konstitutiv angesehen, welche die Wissenschaft bereitstellen soll:

1. **„Wissen darüber, was ist: *Systemwissen*** über Strukturen und Prozesse, Variabilität usw."[35] Führt man sich die in Kapitel 2.1 erfolgte Beschreibung der Umweltproblematik wieder vor Augen, dann sind drei Arten von Systemwissen notwendig:
    1. Systemwissen über die *konkreten naturwissenschaftlichen Zusammenhänge* eines Umweltproblems, wie z.B. des Treibhauseffekts.
    2. Systemwissen über die *konkreten sozialwissenschaftlichen Zusammenhänge*, d.h. wie handelt der Mensch, welche Gründe und Ursachen sind dafür ausschlaggebend und in welche Strukturen ist dieses Handeln eingebunden.
    3. Systemwissen über den *Zusammenhang zwischen stofflich-energetischer und sozialer Ebene*, d.h. welche Auswirkungen hat eine konkrete Handlung auf die ökologische Umwelt.

2. **„Wissen darüber, was sein und was nicht sein soll: *Zielwissen***, d.h. Bewertung von Ist-Zustand, Prognosen und Szenarien; Generierung von Grenzwerten, 'Leitbildern', ethischen Rahmenbedingungen, Visionen."[36] Analog zum Systemwissen sind auch hier drei Arten von Zielwissen nötig:
    1. Wissen über potenziell *dauerhaft-tragfähige Naturzustände*, wie z.B. ein Wissen über die Menge an CO_2, ab der negativ bewertete Änderungen in der Atmosphäre auftreten.
    2. Wissen über mögliche gesellschaftliche *Zukunftsentwürfe bzw. Lebensstile*.
    3. Wissen über die *Auswirkungen dieser Zukunftsentwürfe* auf die ökologische Umwelt.

---

[34] CASS und ProClim, 1997: 11.

[35] CASS und ProClim, 1997: 15 (Hervorhebungen im Original).

[36] CASS und ProClim, 1997: 15 (Hervorhebungen im Original).

3. **„Wissen darüber, wie wir vom Ist- zum Soll-Zustand gelangen: *Transformationswissen***, d.h. Erarbeitung von Wissen darüber, wie der Übergang vom Ist- zum Soll-Zustand gestaltet und umgesetzt werden kann."[37] Auch beim Transformationswissen lassen sich analog drei Wissensarten ableiten:
   1. Wissen über die *Veränderungsprozesse der natürlichen Umwelt*, z.B. über welche Zeiträume CO_2 in der Atmosphäre wirksam ist.
   2. Wissen über die Möglichkeiten, Bedingungen und Fristigkeiten von *Veränderungsprozessen in der Gesellschaft.*
   3. Wissen über die *Zusammenhänge der Veränderungsprozesse* in der natürlichen Umwelt und der Gesellschaft, d.h. ob die gesellschaftlichen Veränderungsprozesse ausreichend schnell verlaufen, um eine mögliche ökologische Katastrophe zu verhindern.

Dieses Zielsystem hat in der Folge auch die Kommission „Strategie Umweltforschung und Nachhaltige Entwicklung" in ihr Konzept aufgenommen, die im Auftrag des Schweizerischen Wissenschaftsrates Vorschläge für eine Nachhaltigkeitsforschung erarbeitet hat.[38]

Wenn die Forschung dem Leitbild der Nachhaltigen Entwicklung gerecht werden soll und somit auch als Nachhaltigkeitsforschung bezeichnet werden kann, dann kann dieses Zielsystem aus zwei Gründen nicht vollends überzeugen:

Erstens ist es vornehmlich auf die ökologische Dimension einer Nachhaltigen Entwicklung bezogen und denkt die soziale und ökonomische Dimension nur implizit mit. Das Leitbild der Nachhaltigen Entwicklung erfordert jedoch den Einbezug aller drei Dimensionen. Dies bedingt, dass eine Nachhaltigkeitsforschung System-, Ziel- und Transformationswissen neben der ökologischen Dimension auch für die soziale und ökonomische und insbesondere für deren Wechselwirkungen bereitstellen sollte.

Zweitens vermittelt das Zielsystem den Eindruck, indem die Wissenschaft die drei Wissensarten bearbeitet, ließe sich das Leitbild der Nachhaltigen Entwicklung weitgehend operationalisieren. Wenn dieser Eindruck auch nicht intendiert gewesen sein mag, so sei auf

---

[37] CASS und ProClim, 1997: 15 (Hervorhebungen im Original).

[38] Kommission Petitpierre, 1997.

zwei Aspekte explizit hingewiesen. Erkenntnistheoretische Überlegungen als auch unsere Erfahrungen zeigen, wie begrenzt und vorläufig unser Wissen, wie normativ geprägt das Leitbild der Nachhaltigen Entwicklung ist und somit auch deren Operationalisierung wäre. Minsch et al. schreiben:

> „Das zunächst abstrakte Konzept der Integration kann demnach nicht unmittelbar operationalisiert und implementiert werden, da ein *konstitutives Wissensproblem* besteht: Bei der bewussten Gestaltung gesellschaftlicher Regeln ist immer die Gefahr einzukalkulieren, dass die menschlichen Vernunftfähigkeiten überschätzt und Mechanismen etabliert werden, die mehr unerwünschte Nebenfolgen auslösen, als sie zur Problemlösung beitragen."[39]

Nachhaltige Entwicklung ist daher kein abgeschlossenes System, das Wissenschaft abschließend bearbeiten könnte. Vielmehr erweist sich das Leitbild als ein gesellschaftliches Projekt, für dessen Realisierung die Wissenschaft Wissen bereitstellen kann, dessen Umsetzung jedoch in der Gesellschaft verabschiedet werden muss. Minsch et al. führen aus:

> „Nachhaltige Entwicklung ist ein gesellschaftliches Projekt. Aufgerufen sind sämtliche Akteure in Politik, Wirtschaft, Kultur und Wissenschaft, im Rahmen eines gesellschaftlichen Such-, Lern- und Gestaltungsprozesses zukunftsfähige Formen des Wirtschaftens und Lebens zu finden. Das Konzept der nachhaltigen Entwicklung selbst ist deshalb als eine regulative Idee zu verstehen, so wie es etwa auch für die Begriffe Gesundheit, Freiheit, Gerechtigkeit, Wahrheit und Demokratie gilt."[40]

Die Wissenschaft kann sich somit an dem dargelegten Zielsystem orientieren. Sie sollte dabei aber explizit alle drei Dimensionen der Nachhaltigen Entwicklung mitreflektieren.

---

39 Minsch et al., 1998: 18 (Hervorhebungen im Original).

40 Minsch et al., 1998: 18; WBGU, 1996: 154.

3. Von der systembezogenen Umweltforschung zur transdisziplinären Nachhaltigkeitsforschung

Die Umweltproblematik war Ausgangspunkt von Kapitel 2. Es wurde aufgezeigt, inwieweit die Wissenschaften diese Problematik mit verursacht haben und was die Gesellschaft von den Wissenschaften erwartet. Im folgenden wird untersucht, wie die Wissenschaften bisher auf diese Erwartungen eingegangen sind. Konkret lassen wir uns von folgenden Fragen leiten: Inwieweit kann die systembezogene Umweltforschung die Herausforderungen prinzipiell erfüllen? Welchen Anforderungen muss eine transdisziplinäre Nachhaltigkeitsforschung genügen, um eine sinnvolle Ergänzung der systembezogenen Umweltwissenschaften darzustellen?

3.1 Konzeptionelle Grundlegung

3.1.1 Wissenschaftstheoretische Grundlegung

Die Kapitel 2.2 und 2.3 zeigten: Es bedarf einer Wissenschaft, die auch die ökologischen Folgen wirtschaftlich-technischen Handelns thematisiert und unter dem Leitbild der Nachhaltigen Entwicklung System-, Ziel- und Transformationswissen erarbeitet. Bei der wissenschaftstheoretischen Reflexion wird daher ein Wissenschaftsverständnis gesucht, nach dem

Wissenschaft diesen Anforderungen Rechnung tragen kann. Daher werden vor allem die Stränge in der Wissenschaftstheorie aufgeführt, die Wissenschaft verstärkt im Praxiszusammenhang verorten und die auch die Gestaltungspotenziale von Wissenschaft thematisieren.

Hermeneutik. Geht man mit Gil davon aus, dass die Verständlichkeit und Erklärungskraft naturwissenschaftlicher Begriffe prämordiale, d.h. ursprüngliche, Erfahrungen in der Lebenswelt voraussetzen, dann kann Wissenschaft nicht unabhängig von der Lebenswelt begriffen werden.[41] Der Begriff der Lebenswelt ist in der Phänomenologie Husserls zu großer Bedeutung gelangt und bezeichnet ein Weltbild, das im Gegensatz zum galileiischen Weltbild steht. Galilei unterschied zwischen einer subjektiven und einer objektiven Welt. Die objektive Welt ist physisch, in Raum und Zeit ausgedehnt, messbar und gesetzmäßig verlaufend und mit Hilfe der Mathematik zu beschreiben. Dagegen ist die subjektive Welt die des Alltags, des Gefühls und Gedankens. Die Wissenschaften haben nach Galilei das Messbare und Gesetzmäßige der Welt zu erkennen, nach der objektiven Welt zu suchen.[42]

Husserl hält dieses Vorgehen für einen Mythos, eine objektive Welt reiner Geometrie sei ein idealtypischer Grenzfall. Wenn die Wissenschaften aber Sinnhaftigkeit und Lebensbedeutsamkeit behalten wollten, dann müssten sie ihr Fundament in den subjektiven Konstitutionsleistungen suchen, also in der Wahrnehmung von Gefühl, Geschmack und Gedanken.[43] Daher führt Husserl den Begriff der Lebenswelt ein, „die raumzeitliche Welt der Dinge, so wie wir sie in unserem vor- und außerwissenschaftlichen Leben erfahren und über die erfahrenen hinaus als erfahrbar wissen"[44]. Diese vorwissenschaftlichen Erfahrungen zeichnen sich durch Vernunft aus und sind eine Art Vorleistung, auf der die Wissenschaft aufbaut. Daher ist Wissenschaft als ein Teil der Lebenswelt aufzufassen — Wissenschaftshandeln findet in der Lebenswelt statt.[45] Mit der Ausdifferenzierung der Wissenschaft und der Entstehung disziplinärer Kontexte wurde immer stärker von der Lebenswelt abstrahiert. Man entfernte sich vom lebensweltlichen Ursprung.

---

[41] Gil, 1997: 182.

[42] Bloch, 1985: 212ff.; Lübcke, 1992: 100f.; Fues, 1996: 58f.; Valsangiacomo, 1998: 260ff.

[43] Lübcke, 1992: 100f.

[44] Husserl, 1962: 141 zit. n. Treibel, 1995: 117.

[45] Gil, 1997: 183f.

In diesem Zusammenhang weist Gil daraufhin, dass die Lebenswelt geschichtlichen Wandlungen unterzogen ist und es nicht die Lebenswelt gibt, sondern viele Lebenswelten nebeneinander existieren.[46] Nach diesem Verständnis geht es folglich nicht um eine kontradiktorische Gegenüberstellung von Lebenswelt und objektiver Welt in galileiischer Tradition. Vielmehr soll mit Lebenswelt die Vielfalt und Historizität der Welt umschrieben werden, also die Vielfalt von Kulturen, Lebensweisen, Gedanken und Ideen. Wenn eine Entgegensetzung angestrebt würde, dann nur in dem Sinne, dass es bei der Lebenswelt um die Betonung des Vielen und Besonderen ginge im Gegensatz zu einem galileiischen Verständnis, wo nach dem Wesen der Sache, nach dem Einen gesucht wird.

Amerikanischer Pragmatismus. Während sich Husserl vor allem mit dem Untersuchungsgegenstand der Wissenschaft auseinandersetzt, legen die amerikanischen Pragmatisten wie Peirce, James und Dewey den Schwerpunkt auf die wissenschaftliche Methode. Sie wollen mit den traditionellen Denkgewohnheiten brechen und die menschliche Kreativität im Lösen von Problemen fördern; sie postulieren ein ständiges Lernen und Experimentieren, ähnlich dem kindlichen Spiel, durch das neuartige Lösungen gefunden werden können. Somit steht bei den Pragmatisten nicht die Suche nach Wahrheit im Vordergrund, sondern die Suche nach Problemlösungen. Theorien sind für die Pragmatisten in erster Linie Werkzeuge, mit denen Probleme angegangen werden.[47]

Pragmatisierungswende - von der Normation zur Deskription. In den letzten Jahrzehnten hat in der Wissenschaftstheorie eine Pragmatisierungswende[48] stattgefunden. Vor dieser Wende war die Auffassung vorherrschend, dass Wissenschaft in ihrem Kern mit der methodischen Prüfung von Theorien befasst ist, sei das im Sinne der logischen Empiristen oder des kritischen Rationalismus Poppers[49]. Diese Auffassung wurde von Wissenschaftstheoretikern wie bspw. Quine, Kuhn und Feyerabend[50] stark kritisiert. Sie konnten aufzeigen, dass die real ablaufende Wissenschaft nicht nach den strengen Regeln des Wiener Kreises oder des kriti-

---

[46] Gil, 1997: 190.

[47] Gil, 1997: 130ff.; Scheffler, 1974. Vgl. a. Dewey, 1966; Peirce, 1991; James, 1907.

[48] Gil, 1996.

[49] Popper, 1994.

[50] Quine, 1980; Kuhn, 1976; Feyerabend, 1995.

schen Rationalismus verläuft. Gil schreibt: „Das konkrete wissenschaftliche Forschungshandeln stellt sich als komplex vermitteltes Wechselspiel von methodisch-rationalen sowie irrationalen, chaotischen und spontanen Vorgehensweisen dar."[51]

Die Forscher falsifizieren nicht einzelne Hypothesen, sondern bewegen sich im Kontext von „Paradigmen"[52] bzw. „Forschungsprogrammen"[53] und deren Wertvorstellungen. Um die Wissenschaft adäquat zu verstehen, ist eine mehrdimensionale Auffassung von Wissenschaft nötig, die auch den Kontext der Forschung beschreibt. Wird dieser Kontext einbezogen, stellt sich Wissenschaft als ein aktives Forschungshandeln dar, das eher einem Gestalten denn einem bloßen Prüfen gleicht.[54] Die Pragmatisierungswende bezeichnet den Wandel von dem Postulieren einer normativen Wissenschaftslogik hin zu einer Deskription der tatsächlichen Praxis von Wissenschaft.[55] Vor dem Hintergrund einer medialtheoretischen Auffassung von Technik, die Technik nicht als Organverlängerung, sondern als soziotechnisches Handeln versteht, kommt Gil zum Schluss: „Wissenschaft erscheint am Ende als technisierte Handlungsform: ein Forschungshandeln in technischen Medien, durch das Wirklichkeit praxisbezogen gedeutet, transformiert und geschaffen wird."[56]

Wissenschaftstheoretische Reflexion. Im folgenden wird daher von einem Wissenschaftsverständnis ausgegangen, wonach Anfangs- und Endpunkt der Wissenschaft die zeitlich und sozialen Veränderungen unterliegenden Lebenswelten sind. Wissenschaft als Teil dieser Lebenswelten stellt eine Handlungsform dar: Ein soziotechnisches Forschungshandeln, das in bestimmten Kontexten erfolgt. Dieses Forschungshandeln strebt vornehmlich nach Problemlösungen — Theorien sind als Werkzeuge zu verstehen.

---

[51] Gil, 1996: 22.

[52] Kuhn, 1969. Kuhn fasst mit dem Paradigma-Begriff theoretische Annahmen und methodische Vorgehensweisen zusammen, die für einen bestimmten wissenschaftlichen Zweig kennzeichnend sind.

[53] Lakatos, 1978: 47ff. Mit "Forschungsprogrammen" sind wissenschaftliche Erklärungs-, Arbeits- und Handungsweisen gemeint, die Wissenschaftler im Zuge ihrer Sozialisation annehmen.

[54] Gil, 1996; Schneider, 1996: 46ff.; Holzkamp, 1968; Hacking, 1996 und 1999; Knorr-Cetina, 1984.

[55] Hacking, 1999: 63ff.

[56] Gil, 1996: 19.

3.1.2 Verhältnis von Wissenschaft und Praxis

Im folgenden wird das Verhältnis von Wissenschaft und Praxis beschrieben. Diese Beschreibung erfolgt anhand von zwei Idealtypen: Wissenschaft als „Magd der Gesellschaft" und Wissenschaft als „Wegweiser der Gesellschaft".

Wissenschaft als „Magd der Gesellschaft"[57]. Nach dem traditionellen, szientistischen Wissenschaftsverständnis soll die Wissenschaft wertfrei vorgehen. Die Wissenschaft kann demnach auf präskriptiven Sätzen aufbauen, und so ist auch der Satz der Wertfreiheit präskriptiv. Die Aussagen, die den Inhalt einer Wissenschaft ausmachen, sollen aber *wertfrei* und somit überprüfbar und kritisierbar sein.[58] Aus den entwickelten Theorien können dann verschiedene Handlungsanleitungen abgeleitet werden. Die konkreten Ziele hat jedoch die Praxis vorzugeben — die *Definitionsmacht gesellschaftlicher Zielsetzung liegt bei den Praxisakteuren.* Der Wissenschaftler kann aufgrund seiner Forschungsergebnisse Auskunft erteilen, wie die Praxis ein von ihr bestimmtes Ziel erreichen kann. Einer Stellungnahme zu den Zielen enthält sich der Wissenschaftler oder äußert diese als Privatperson.[59] Wissenschaft ist hier die Magd der Gesellschaft.
Kann mit diesem Bild das Anwendungsverständnis einer Wissenschaft adäquat beschrieben werden, die sich den Herausforderungen von Kapitel 2.3 stellen will? Drei Einwände lassen sich anführen:

Zumindest implizit baut das Verständnis auf der Möglichkeit auf, die Wissenschaftler könnten eine *unabhängige Beobachterposition* einnehmen. Wenn die Umweltproblematik eine Nebenfolge des Zivilisationsprozesses ist und die Wissenschaftler selbst ein Teil dieses Prozesses sind, dann können sie diese Position nicht beanspruchen. Vielmehr bringen sie in ihre Vorschläge ihre spezifische Perspektive ein.

---

57 Hirsch Hadorn und Pohl, 1999.

58 Morscher, 1991.

59 Ulrich, 1984: 170ff. und Hirsch Hadorn und Pohl, 1999.

Verhielten sich die Wissenschaftler dabei neutral und machten ihre Position transparent, könnte die Praxis damit umgehen. Vielfach zeigt sich aber: Die *Wissenschaftler sind kein neutraler Teil im Zivilisationsprozess*. Durch den mit ihnen verbundenen technischen Fortschritt wurden erst die Möglichkeiten geschaffen, die neben vielen positiven Effekten durch ihre Nebenwirkungen die Umweltproblematik mitverursacht haben.[60] Es ließe sich einwenden, die Wissenschaften haben diese Möglichkeiten auf Wunsch der Gesellschaft geschaffen und die Umsetzung ist durch die Praxis erfolgt. Es zeigt sich aber, dass gerade die Wissenschaftler den Zivilisationsprozess vorangetrieben haben, da sie glaubten, gleichsam das Paradies auf Erden zu schaffen und das Werk Gottes vollenden zu können.[61] „(...) Francis Bacon und Immanuel Kant haben das aktive Moment im Naturerkennen zentral gewürdigt und eine neue Interpretation des Naturerkennens als eines Bewirkungswissens erarbeitet."[62] Überspitzt formuliert hatten die Wissenschaftler vielfach kein Interesse, ihren Glauben an der Tür zur Studierstube abzulegen, sondern der Glaube trieb ihre Forschung voran. Durch die Freude über die großen Möglichkeiten wurden die negativen Auswirkungen zu großen Teilen überoder zu spät gesehen.[63] Aufgrund der aktiven Einbindung der Wissenschaftler in den gesellschaftlichen Entwicklungsprozess und der eigenen Wertvorstellungen der Wissenschaftler gleicht Wissenschaft mehr einem Prozess des Gestaltens von Wirklichkeit denn eines Prozesses des reinen Erkennens.[64] Dieses Gestalten ist soweit fortgeschritten, dass von einer wissenschaftsabhängigen Gesellschaft gesprochen wird, „in der alle Formen der Konstitution und Aneignung von Wirklichkeit potenziell verwissenschaftlicht sind"[65].

Es könnte der Einwand erhoben werden, diese These sei nicht mit der funktionalen Ausdifferenzierung der Wissenschaft und der damit einhergehenden Trennung von Wissenschaft und Praxis zu vereinbaren (vgl. Kapitel 2.2). Hier ist anzuführen, dass nach unserem Wissenschaftsverständnis Wissenschaft einem sozio-technischem Forschungshandeln entspricht. Theorien werden nicht als Abbilder von Realität verstanden, sondern es „wird unterstellte

---

[60] z.B. Mittelstraß, 1992; Ulrich, 1984: 189f.; Fues, 1996: 62.

[61] Löwith, 1953: 14 und 168ff.; Groh und Groh, 1991: 28f.; Coleman, 1988: 197; Nowotny, 1998.

[62] Gil, 1996: 23.

[63] SRU, 1994: 50.

[64] Hacking, 1996; Gil, 1996: 23ff.; Krohn und Küppers, 1989: 100ff.; Beck und Bonß, 1989: 13.

Realität geschaffen, modifiziert und erforscht"[66]. Demnach gestaltet Wissenschaft die Realität auch dann, wenn sie sich von der Praxis abgekoppelt hat.

Darüber hinaus heißt funktionale Ausdifferenzierung nicht, dass Wissenschaft und Praxis vollständig isoliert voneinander agieren und nur durch eine anwendungsorientierte Wissenschaft mit Handlangerfunktion verbunden werden. Krohn und Küppers beschreiben Wissenschaft aus systemtheoretischer Sicht. Danach organisiert sich Wissenschaft durch rekursive Interaktion selbst. Die Wissenschaftler versuchen aber auch, die Umwelt zu gestalten und so ihren Einfluss und ihre Autonomie zu erhöhen.[67] Die Definitionsmacht gesellschaftlicher Zielsetzung liegt daher nicht ausschließlich bei der Praxis. Statt dessen übernimmt die Wissenschaft die gesellschaftlichen Werte und Randbedingungen und geht unter diesen Bedingungen im strengen Sinne wertfrei vor. Mit den daraus abgeleiteten praktischen Handlungen werden aber implizit Werthaltungen transportiert und die Randbedingungen im Sinne der Wissenschaft verändert.[68] Krohn und Küppers schreiben:

> „Der Übergang von einer definitorischen Auffassung, nach der eine Krankheit eine Strafe Gottes ist, zu der, dass sie ein Vitaminmangel ist, ist auf der Oberfläche wertneutral, da es sich um verschiedene Sachbeschreibungen, nicht um Sollensvorschriften handelt. (...) Aber die unterschiedlichen Beschreibungen (oder impliziten Definitionen) enthalten wertbeladene Prädikate, die jeweils andere Praxisorientierungen nach sich ziehen."[69]

Mit dieser Sichtweise kann die scheinbare Paradoxie erklärt werden zwischen der Differenzierung von Praxis und Wissenschaft einerseits und der Gestaltung der Praxis durch die Wissenschaft andererseits. Trotz dieser de facto Gestaltung der Praxis, soll nicht behauptet werden, die Wissenschaft könne und solle nicht wertfrei vorgehen. Lenk und Maring schreiben: „Wertorientierung der Wissenschaft, insbesondere der anwendungsorientierten, ist nicht einfach mit der Verneinung jeglicher Werturteilsfreiheit im engeren Sinne gleichzusetzen."[70]

---

[65] Bonß, Hohlfeld und Kollek, 1993a: 9; vgl. a. Ropohl, 1997.

[66] Gil, 1996: 24; vgl. a. Hacking, 1996.

[67] Krohn und Küppers, 1989: 71.

[68] Krohn und Küppers, 1989: 103f.

[69] Krohn und Küppers, 1989: 103f.

[70] Lenk und Maring, 1995: 367.

Wenn also die Möglichkeit, wertfrei vorzugehen, nicht in Frage gestellt werden soll, übt die Wissenschaft Einfluss auf die Definition gesellschaftlicher Zielsetzungen aus. Das Bild von der Magd der Gesellschaft scheint daher nur begrenzt zu passen.

Wissenschaft als „Wegweiser der Gesellschaft"[71]. Wenn Wissenschaft als ein soziotechnisches Forschungshandeln aufgefasst und versucht wird, das tatsächliche Forschungshandeln zu beschreiben, dann erscheint Wissenschaft nicht als Magd, sondern eher als ein Wegweiser der Gesellschaft. So treten die Praxisakteure der Wissenschaft vielfach mit der Erwartung gegenüber, Lösungen für dringende gesellschaftliche Probleme und Orientierungen über und für zukünftige Entwicklungen zu erhalten. Diese Erwartung wird verständlich, wenn von einer in weiten Teilen verwissenschaftlichten Lebenswelt ausgegangen wird.[72]

Auch die Wissenschaft blickt voller Hoffnung auf die Praxis.[73] Sie ist der Überzeugung, wissenschaftliches Wissen sei anderen Wissensarten überlegen, und daher könne die Verwendung wissenschaftlichen Wissens in größerem Maße zur Lösung gesellschaftlicher Probleme beitragen als die Anwendung anderer Wissensarten. *Die Definitionsmacht für gesellschaftliche Ziele liegt hier bei der Wissenschaft.*[74]

Nach Krohn und Küppers nimmt die Wissenschaft zwar Einfluss auf die Praxis, aber auch die Praxis nimmt Einfluss auf die Wissenschaft. Demnach liegt die Definitionsmacht gesellschaftlicher Zielsetzung — in der Terminologie von Krohn und Küppers — weder bei dem einen noch bei dem anderen sozialen System. Sie schreiben:

> „Durch die Randbedingungen werden beide Systeme entsprechend strukturiert — die Wissenschaft muss politischen Bedürfnissen Rechnung tragen, die Politik muss Belange der Wissenschaft berücksichtigen. Im Sinne dieser Umweltstrukturierung wird das eine System zur günstig gestalteten Umwelt, zum *Milieu* des anderen."[75]

---

[71] Hirsch Hadorn und Pohl, 1999.

[72] Nowotny, 1998; Walter-Busch, 1994; Wingens, 1998; Jochimsen, 1974: 24.

[73] Wingens, 1988.

[74] Hirsch Hadorn und Pohl, 1999; Beck und Bonß, 1989: 12ff.; Ropohl, 1997.

[75] Krohn und Küppers, 1989: 72.

Wissenschaft als „Wegbereiter der Gesellschaft". Es liegt daher nahe, die systembezogenen Umweltwissenschaften mit einem Bild zu beschreiben, das sich in der „goldenen" Mitte positioniert — Hirsch Hadorn und Pohl sprechen von der „Rolle des Wegbereiters"[76], bei der die Wissenschaften sich kritisch-konstruktiv verhalten. Wissenschaft tritt als gleichberechtigter Partner im gesellschaftlichen Lern-, Such- und Transformationsprozess auf und steuert wissenschaftliches Wissen bei. Mit diesem Wissen kann die Wissenschaft einerseits gesellschaftliche Entwicklungen kritisieren, und sie kann andererseits auch konstruktiv Lösungswege aufzeigen. Diese Lösungswege basieren auf wissenschaftlichem Wissen und der zugrunde liegenden normativen Grundlage. Sie sind allerdings nicht als quasi objektive First-Best-Solutions zu verstehen. Wissenschaft kann Wissen anbieten, aber Wissenschaft kann kein grundsätzlich überlegeneres Wissen anbieten.

Die Metapher des Wegbereiters kann einerseits zur Deskription der Beziehung von Wissenschaft und Praxis verwendet werden. Andererseits kann sie dazu dienen, aufzuzeigen, wie das Verwendungsverständnis der Wissenschaft ausgestaltet sein sollte. Diese präskriptive Anwendung wird im folgenden vorgenommen.

3.1.3 Untersuchungsschema

Das dargelegte Wissenschaftsverständnis ist Ausgangspunkt für die folgenden Kapitel. Hierbei ist die Fragestellung: Inwieweit können die systembezogenen Umweltwissenschaften die Anforderungen erfüllen, die in Kapitel 2.3 abgeleitet wurden? Damit wird der Fokus der Untersuchung bei der Schnittstelle von Wissenschaft und Praxis angelegt. Folglich wird ein Untersuchungsschema erforderlich, mit dem sich diese Schnittstelle bearbeiten lässt. Hierfür wird sich auf folgende Fragestellungen gestützt:

1. Wie nehmen die systembezogenen Umweltwissenschaften die *Problemdefinition* vor?
2. Wie erfolgt die *Bearbeitung*?

---

[76] Hirsch Hadorn und Pohl, 1999. Vgl. a. Wingens, 1998: 20.

3. Welche Rolle wird gegenüber der Praxis eingenommen? Wie werden die Forschungsresultate der *praktischen Verwendung* zugeführt?
4. Nach welchen Kriterien erfolgt die *Evaluation*?

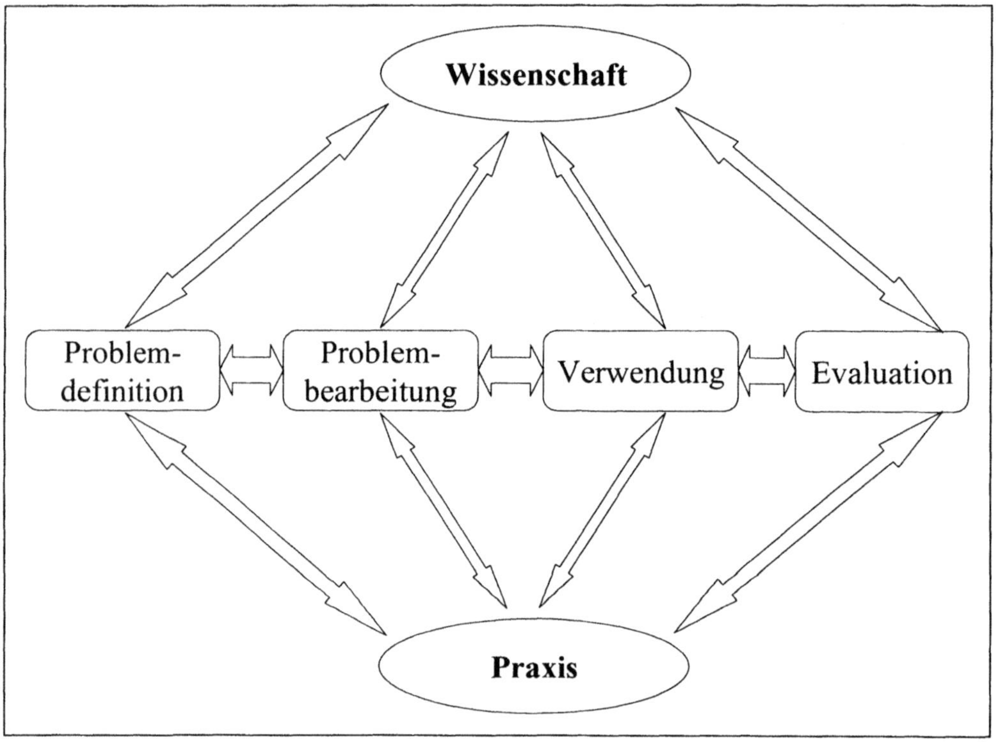

Abbildung 1: Untersuchungsschema.

Diese Differenzierung ist nicht notwendig, um ausschließlich zu untersuchen, welche Wissensarten die systembezogene Umweltforschung bisher bereitgestellt hat — dazu wäre ausreichend, die vorliegenden Forschungsergebnisse zu betrachten. Die Differenzierung hilft aber aufzuzeigen, welche Art von Wissen die systembezogene Forschung prinzipiell entwickeln kann bzw. welche nicht und wo die Ursachen dafür zu suchen sind. Die Abbildung 1 baut auf dieser Differenzierung auf und wird anhand der jeweiligen Ergebnisse konkretisiert.

3.2 Systembezogene Umweltforschung

Als die Umweltproblematik erkennbar wurde, reagierten viele Forschende, indem sie das taten, was sie am besten konnten: Sie bedienten sich ihres disziplinären „Werkzeugkastens". Einzelne Forscher sahen einen neuen, interessanten Untersuchungsgegenstand, auf den sie ihre Methoden und Theorien anwenden konnten, andere zeigten sich betroffen und widmeten sich ganz und gar dieser Problematik, um einen Lösungsbeitrag zu leisten.

Es war ein wissenschaftsexterner Anstoß, der die Beschäftigung der Wissenschaften mit der Umweltproblematik auslöste[77] und zur Entstehung verschiedener Arten von Umweltforschung führte, sozial- wie naturwissenschaftlicher. Im folgenden wird beispielhaft und idealtypisch auf die systembezogene Umweltwissenschaft eingegangen.[78] Systembezogen soll dabei ausdrücken, dass vor allem auf einzelne Umweltmedien wie Wasser, Boden etc. oder — jedoch in geringerem Maße — auf soziale Systeme fokussiert wurde. Hierbei lag der Schwerpunkt der Forschung zu Beginn im Bereich der Naturwissenschaften und weniger bei den Sozial- oder Geisteswissenschaften.[79]

Im folgenden wird von einem Idealtypus einer systembezogenen Umweltforschung ausgegangen, die vornehmlich naturwissenschaftlich geprägt ist und vornehmlich disziplinär oder multidisziplinär vorgeht. Daher können wir nicht den vielfältigen Ausprägungen systembezogener Umweltforschung in der Forschungspraxis gerecht werden, wie es bspw. in den internationalen und nationalen Forschungsprogrammen zum Ausdruck kommt[80]. Dieser Weg wurde gewählt, um stärker zu verdeutlichen, inwieweit ein solches Vorgehen prinzipiell geeignet ist, um die geforderten Wissensarten zu erarbeiten, und in welchen Bereichen es einer ergänzenden Forschung bedarf. Es ist nicht das Ziel, durch die Abhandlung einer Extremposition, die in dieser Art kaum in der Forschungspraxis zu beobachten ist, die tendenziell eher systembezogen vorgehenden Umweltwissenschaften zu diskreditieren.

---

77 Hirsch, 1995: 302.

78 Hirsch, 1995: 306f.; WBGU, 1996: 119. Auf weitere Arten von Umweltforschung soll an dieser Stelle nicht eingegangen werden.

79 Kommission Petitpierre, 1998: 16; WBGU, 1996: 106. Warum sich dies so entwickelte, kann hier nicht ausgeführt werden; hier wären nach Hirsch Hadorn (1995: 302) wissenschaftssoziologische Studien aufschlussreich.

80 WBGU, 1996: 19ff.

3.2.1 Problemdefinition

Die systembezogenen Umweltwissenschaften sind tendenziell einer akademischen Wissenschaft zuzuordnen, sie sind vornehmlich von einem traditionellen Wissenschaftsverständnis geprägt und sind im Bereich der Naturwissenschaften angesiedelt. Sie befassen sich daher mit der Deskription und Analyse von Prozessen, um Gesetzmäßigkeiten zu erkennen, die diese Prozesse bedingen. Sie stehen somit weitgehend in galileiischer Tradition.[81] Daher definieren sie die Umweltproblematik entsprechend ihrem Forschungsprogramm, d.h. sie abstrahieren von der lebensweltlichen Komplexität möglichst weitgehend und erstellen auf diese Weise ein aus ihrer Sicht ideales wissenschaftliches Problem.[82]

> „Auf einen kurzen Nenner gebracht, kann man sagen, dass Wissenschaften abstrakte Aussagen über ideale Objekte (...) machen. Um sich außerdisziplinär dargestellte Sachverhalte verfügbar zu machen, muss man in einer Disziplin im ersten Schritt bestimmte Idealisierungen vornehmen"[83].

Diese Beschreibung trifft am ehesten auf rein *disziplinäre Problemstellungen* zu. Daneben gibt es *multidisziplinäre Problemstellungen*, die sich durch einen „breiten" Untersuchungsgegenstand auszeichnen. Hier bearbeitet jede beteiligte Disziplin mit ihren disziplinären Methoden ein Teilproblem, deren Ergebnisse am Schluss quasi addiert werden. Solche Forschungsgegenstände sind bspw. Umweltsysteme wie Fliessgewässer.[84]

Im Rahmen der systembezogenen Umweltwissenschaften können zudem Problemstellungen beobachtet werden, die aus dem Zusammenwachsen zweier Disziplinen entstanden sind, wie z.B. die Biochemie. Diese können als *interdisziplinäre Problemstellungen* umschrieben werden, da sie sich zwischen den Disziplinen gebildet haben.[85]

Die drei Problemstellungen unterscheiden sich in ihrem Untersuchungsgegenstand, gleichen sich aber in der Art und Weise der Problemdefinition. Die Problemdefinition und

---

[81] Di Giulio, 1996: 39. Zu den verschiedenen Naturvorstellungen, die in den Umweltwissenschaften zu beobachten sind, vgl. Valsangiacomo, 1998, insb. Kapitel 6.

[82] Valsangiacomo, 1998: 80ff.; Di Giulio, 1996, 36f.; Hirsch Hadorn, 1995: 306f.

[83] Kötter, 1997: 6; Kötter und Balsiger, 1999: 96.

[84] Jaeger und Scheringer, 1998: 11f.

[85] Jaeger und Scheringer, 1998: 11f.

–transformation kann in der Terminologie von Bonß et al.[86] als eine *Umkontextualisierung* beschrieben werden, die in dreifacher Hinsicht abläuft: Erstens erfolgt in *sozial-interaktiver Perspektive* eine Umkontextualisierung von der Praxis über die Scientific Community in den Laborkontext, d.h. vom Praxiszusammenhang und den Praxisakteuren erfolgt eine Verlagerung in den Forschungszusammenhang und zu den Wissenschaftlern. Laborkontext ist hier im weitesten Sinne als Forschungsumfeld zu verstehen. Zweitens erfolgt eine Umkontextualisierung in *experimentell-praktischer Perspektive*, in dem aus einem lebensweltlichen Problem ein Forschungsobjekt wird, bei dem von „Störfaktoren" bzw. Einflussfaktoren abstrahiert wird, die in der Praxis das Objekt beeinflussen, aus disziplinärer Sicht aber uninteressant und aus diesem Grunde „Störfaktoren" sind — das Problem wird nach den Kriterien der spezifischen Disziplin idealisiert. Dem folgt drittens eine *semantisch-kognitive Kontextualisierung*, die auf oberster Ebene durch das generelle Leitbild der Naturwissenschaften bestimmt wird, durch die einzelnen Erklärungsmodelle und auf unterster Ebene durch konkrete Hypothesen und Theorien — es erfolgt somit ein Wechsel des normativen Rahmens, innerhalb dessen ein Problem betrachtet und bearbeitet wird.

Die Umweltproblematik als Folge des Zivilisationsprozesses wurde als *lebensweltliches Problem* definiert.[87] Das anfangs lebensweltliche Problem wurde demnach von der Wissenschaft zu einem wissenschaftlichen Problem galileiischer Prägung transformiert bzw. umkontextualisiert. Daher liegt der systembezogenen Umweltwissenschaft ein idealisiertes Umweltproblem zugrunde. Ein idealisiertes Problem muss es sein, da die Lebenswelt nicht in ihrer Komplexität und Vielfalt behandelt werden kann. Die Wissenschaft ist somit gezwungen zu idealisieren. Es stellt sich aber die Frage, welche Arten von System-, Ziel- und Transformationswissen durch diese *Art der Idealisierung* prinzipiell erarbeitet werden können bzw. welche bereits vom Ansatz her ausgeschlossen sind.

Bei der Problemtransformation durch die systembezogene Umweltwissenschaft bleibt tendenziell das Abstrakte, Idealisierbare, Messbare und gesetzmäßig Verlaufende erhalten. Ausgeklammert wird dagegen das Spezielle, nicht Messbare, Normative. Daher lässt diese Art

---

86 Bonß, Hohlfeld und Kollek, 1993c: 182f. Zum Begriff des Kontextes vgl. auch Kirsch, 1997: 170ff.

87 Mittelstraß, 1992b: 250.

der Problemdefinition prinzipiell die Erstellung von Wissen zu, dem allgemeiner und quantitativer Charakter zukommt. Es kann somit ein Wissen generiert werden, dass naturwissenschaftlich die ökologischen Prozesse erklärt oder volkswirtschaftlich aufzeigt, warum der Mensch in unserem Wirtschaftssystem die Natur beansprucht.

Wenn wir davon ausgehen, dass im Sinne Husserls die konkrete lebensweltliche Problemlage inklusive der Gefühle und Gedanken der Menschen, welche die umweltrelevanten Handlungen vornehmen, nicht nur von außen erklärt, sondern auch von innen verstanden werden muss, um adäquate Lösungsvorschläge zu erarbeiten, dann ist die Problemdefinition der systembezogenen Umweltwissenschaften nicht hinreichend, da sie diesen Teil prinzipiell ausklammert.[88] Ein solches Verstehen einer konkreten Handlungssituation erscheint u.a. nur möglich, wenn die spezifischen Situationsfaktoren in die Analyse einbezogen werden. In der Terminologie von Bonß et al. heißt das: Es müssen erst wieder Rekontextualisierungsprozesse erfolgen, die schrittweise die bei der Problemdefinition vorgenommenen *Umkontextualisierungen* zurücknehmen. So sind in *experimentell-praktischer* Perspektive bestimmte Einflussfaktoren wieder einzuführen, und in *sozial-interaktiver* Perspektive sind die entsprechenden Praxisakteure mit ihren subjektiven Handlungsmotivationen und Normen einzubeziehen und in *semantisch-kognitiver* Perspektive ist der Bezug auf eine gemeinsame normative Grundorientierung von Wissenschaft und Praxis anzustreben, wie sie bspw. das Leitbild der Nachhaltigen Entwicklung darstellen könnte.[89]

Insoweit eine solche Rekontextualisierung nicht erfolgt, schließt diese Art der Problemdefinition prinzipiell die Erarbeitung von situationsadäquatem System-, Ziel und Transformationswissen aus, das direkt in einem konkreten Praxiskontext anwendbar wäre. Möglich ist dagegen die Erarbeitung von abstraktem Systemwissen.

---

[88] Es zeigt sich hier erneut die Diskussion um Erklären und Verstehen, auf die auch in Kapital 3.3.2 verwiesen wird. Zur Debatte um Erklären und Verstehen vgl. von Wright, 1984; Hollis, 1995; Lamnek, 1995: 219ff.

[89] Bonß, Hohlfeld und Kollek, 1993c: 186.

3.2.2 Problembearbeitung

Vor dem Hintergrund des jeweiligen Forschungsprogramms bearbeiten unter dem Dach der systembezogenen Umweltwissenschaften einzelne Disziplinen ein Problem, das sie zuvor entsprechend definiert haben. Sie wenden ihre disziplinären Methoden und Theorien an — sie bearbeiten das Problem im disziplinären Kontext. Ziel ist es, der lebensweltlichen Problematik gerecht zu werden. Allerdings besteht daneben das Ziel, das jeweilige Forschungsprogramm mit seinen Annahmen und Theorien zu bestätigen.[90] Kuhn schreibt provozierend:

> „In keiner Weise ist es das Ziel der normalen Wissenschaft, neue Phänomene zu finden; und tatsächlich werden die nicht in die Schublade hineinpassenden oft überhaupt nicht gesehen. (...) Normalwissenschaftliche Forschung ist vielmehr auf die Verdeutlichung der vom Paradigma bereits vertretenen Phänomene und Theorien ausgerichtet."[91]

Kuhns Formulierung ist zu pauschal, da die systembezogenen Umweltwissenschaften durch die Fokussierung auf das lebensweltliche Problem der Umweltproblematik und ihr vielfach multidisziplinäres Vorgehen nicht als normale Wissenschaft im Sinne Kuhns aufgefasst werden können. Es besteht aber die Vermutung, dass die Umweltwissenschaftler i.d.R. weitgehend in ihrem Kontext verbleiben, obwohl sie mit der Umweltproblematik einen neuen Untersuchungsgegenstand bearbeiten. So war der Anstoß, die Umweltproblematik zu bearbeiten, zwar ein wissenschaftsexterner, dessen Bearbeitung bleibt aber im Rahmen der systembezogenen Umweltwissenschaften vornehmlich wissenschaftsintern.

Wissenschaftsintern bezieht sich der Theoriebildungsprozess auf immer speziellere Teilfragen.[92] Diese Teilfragen werden vor dem Hintergrund unterschiedlicher Forschungsprogramme untersucht, die auf unterschiedlichen Annahmen, Methoden und Theorien basieren.

Durch dieses spezialisierte Vorgehen konnte die Komplexität der Umweltproblematik nicht ausreichend erfasst werden. Daher wurde versucht, durch ein multidisziplinäres Vorgehen das spezifische Wissen zusammenzuführen. Unter Multidisziplinarität wird eine unverbindliche Zusammenführung der disziplinären Ergebnisse zu „einem mehr oder weniger um-

---

[90] Gil, 1996: 22.

[91] Kuhn, 1976: 38.

fassenden Bild"[93] verstanden. Disziplinäres wie multidisziplinäres Vorgehen weisen vor dem Hintergrund der drei Wissensarten aus vier Gründen Defizite auf:

1. Ein solches Vorgehen ist aufgrund der Art und Weise der *Problemdefinition* problematisch, da von möglicherweise wichtigen Einflussfaktoren abstrahiert wird.
2. Es handelt sich um *komplexe Probleme*, die sich durch Addition disziplinärer Erkenntnisse nicht ausreichend verstehen lassen.[94] Wenn eine wissenschaftliche Disziplin jeweils mit disziplinären Methoden und Theorien ein komplexes System betrachtet und einen Teilaspekt untersucht, dann wird damit ein Wissen von einem kleinen Teilbereich erarbeitet. Wenn viele Disziplinen im Sinne eines multidisziplinären Vorgehens jeweils einen Teilbereich untersuchen, dann könnte sich eine Art Puzzle der Problematik ergeben, von dem man meinen könnte, die Zusammensetzung führe zu einem vollständigen, problemadäquaten Bild. Aufgrund der Wechselwirkungen der einzelnen Teilbereiche untereinander trifft das Bild vom Puzzle nicht zu. Eine disziplinäre Umweltforschung leistet Beiträge, die notwendig sind, um einzelne Probleme zu erklären. Diese Beiträge sind aber nicht hinreichend, um die Probleme in ihren weitergehenden Ursache-Wirkungszusammenhängen zu beurteilen. Wenn Lösungsansätze erarbeitet werden sollen, erweist sich eine Analyse der Ursache-Wirkungszusammenhänge als unabdingbar, um nicht die Probleme mittels „mikrochirugischer" Eingriffe anzugehen.[95]
3. Wenn nicht nur die stofflich-energetische Ebene, sondern die Zusammenhänge zwischen stofflich-energetischer und sozialer Ebene untersucht werden sollen, sind auch die *sozialen und ökonomischen Konsequenzen* im Sinne des Leitbildes der Nachhaltigen Entwicklung bei der Bearbeitung einzubeziehen, um Kenntnisse von den sozialen und ökonomischen Folgen zu erhalten.

Somit können die systembezogenen Umweltwissenschaften ein abstraktes, disziplinäres und vornehmlich naturwissenschaftliches Wissen erarbeiten. Dieses Wissen ist notwendig für

---

92 Mittelstraß, 1992b: 250.

93 Jaeger und Scheringer, 1998: 14.

94 Ulrich, 1984: 174f.; Bonß, Hohlfeld und Kollek, 1993c: 184; Di Giulio, 1996: 40.

95 CASS und ProClim, 1997: 10f.; Kommission Petitpierre, 1998: 5.

ein Verständnis einzelner ökologischer Prozesse. Die systembezogenen Umweltwissenschaften — in der idealtypischen Form — können jedoch nur schwer ein Systemwissen erzeugen, das dieses spezifische Wissen integriert.[96] Da zudem von lebensweltlichen Einflussfaktoren abstrahiert wird, ist eine Anpassung auf eine konkrete Fragestellung notwendig. Erst diese Anpassung ermöglicht es, das spezifische Wissen für die Erarbeitung möglicher Lösungswege zu verwenden und Ziel- und Transformationswissen zu entwickeln. Daher wird anstelle der Addition eine Möglichkeit der Integration notwendig, welche erstens die Wechselwirkungen zwischen einzelnen ökologischen Prozessen und die zwischen Natur- und Anthroposphäre berücksichtigt — und somit auch sozialwissenschaftliches Systemwissen erfordert — und es zweitens erlaubt, wichtige Einflussfaktoren möglichst weitgehend zu berücksichtigen, die aus lebensweltlicher Perspektive nicht aber aus disziplinärer Perspektive bedeutend sind.

3.2.3 Verwendung

Die Verwendung wissenschaftlichen Wissens wird i.d.R. nicht als die Aufgabe der systembezogenen Umweltwissenschaften gesehen. Sie gibt ihre Ergebnisse an die Praxis weiter in der Hoffnung, dass diese Eingang in politische Entscheidungsprozesse finden. Inwieweit ist dies der systembezogenen Umweltforschung in der Vergangenheit gelungen?

Teilweise haben die Erkenntnisse der systembezogenen Umweltwissenschaften zu der politischen Einführung von Grenzwerten bestimmter Emissionen geführt, die in Folge dauerhaft gesenkt werden konnten, wie z.B. Schwefeldioxidemissionen.[97] Teilweise hat sich dieses Vorgehen jedoch nur vorübergehend als erfolgreich erwiesen. So führten neue Technologien oder End-of-Pipe-Lösungen zu Effizienzgewinnen, die vielfach wieder wettgemacht wurden, weil die absolute Menge infolge des Wirtschaftswachstums anstieg.[98] Teilweise kann sich dieses Vorgehen sogar als kontraproduktiv erweisen, wenn z.B. ein toxischer Inhaltsstoff eines Produktes verboten und durch einen toxischeren ersetzt wird.

---

[96] Jaeger und Scheringer, 1998: 14.

[97] BFS und BUWAL, 1997: 51 und 69.

[98] Minsch et al., 1996: 156ff.

Der Einsatz von speziellem Wissen in einem Teilbereich kann demnach zu Umweltverbesserungen führen, jedoch gleichzeitig mit Problemverschiebungen einhergehen, so dass gesamthaft das Problem nicht geringer, sondern gegebenenfalls größer werden kann.[99] Zudem scheint ein solches spezielles Wissen nicht geeignet, um allgemeine Diskussions-, Lern- und Suchprozesse auszulösen, wie sich die Gesellschaft weiterentwickeln könnte und sollte. So konnte in den letzten Jahrzehnten viel Wissen über einzelne ökologische Probleme gewonnen werden. Es wurden auch potenzielle Lösungswege aufgezeigt, die vielfach breite Zustimmung erhalten, deren praktische Umsetzung jedoch nicht realisiert werden konnte. Was sind die Gründe für die nur teilweise befriedigende Verwendung?

1. *Abgrenzung von wissenschaftlichem und praktischem Wissen.* Wenn wissenschaftliches Wissen wissenschaftsintern Geltung finden soll, dann muss es sich von praktischem Wissen abgrenzen.[100] Dadurch wird verhindert, dass das Wissen und dessen Darstellungsweise an die Anforderungen der Praxis angepasst wird und neben einem deskriptiv-analytischem Wissen ein normatives Wissen von möglichen Entwicklungen bereitgestellt wird.
2. *Beschränktheit des Wissens.* Die systembezogene Umweltwissenschaft kann kein vollständiges Systemwissen erarbeiten von den komplexen Strukturen auf stofflich-energetischer Ebene, auf gesellschaftlicher Ebene und schließlich von den komplexen Interaktionen zwischen beiden Ebenen.[101] Zudem ist wissenschaftliches Wissen nicht per se anderen Wissensarten überlegen.[102] Wissenschaftliches Wissen wird auch mit zunehmender Forschung nicht überlegener. Statt dessen zeigt sich: Mit wachsender Forschung steigt i.d.R. die Anzahl unterschiedlicher Meinungen und die Unsicherheit im Umgang mit Praxisproblemen.[103] Daher ist ein gesellschaftlicher Diskussions-, Lern- und Suchprozess notwendig, den die Wissenschaft nicht vorwegnehmen kann.
3. *Fehlende Reflexion über Verwendung.* Es wird der Praxis Wissen zur Verfügung gestellt. Es scheint aber eine systematische Auseinandersetzung zu fehlen, wie ein adäquates Ver-

---

99 Minsch et al., 1996: 33f., 110, 212; Dörner, 1989.

100 Beck und Bonß, 1989: 11.

101 Pfriem, 1996: 61f.

102 Beck und Bonß, 1989: 9f. und 16; Feyerabend, 1995; Goodman, 1984; Wingens, 1988 und 1998: 20.

103 Beck und Bonß, 1989: 18.

wendungsverständnis der systembezogenen Umweltwissenschaften aussehen könnte und welche Rolle sie gegenüber der Praxis einnehmen sollte.

4. *Abstraktheit der Erkenntnisse.* Die Wissenschaft hat Erkenntnisse von hohem Allgemeinheitsgrad für einen Teilbereich generiert. Dabei hat sie vielfach nicht reflektiert, dass die Anwendung dieser Erkenntnisse Umkontextualisierungen voraussetzt, durch welche die Erkenntnisse auf die spezifischen lebensweltlichen Problemlagen angepasst werden.[104] Hierbei müssen wieder Einflussfaktoren eingeführt werden, von denen im Laborkontext abstrahiert wurde. Bonß et al. schreiben:

> „Obwohl Umkontextualisierungsprozesse in ausdifferenzierten Gesellschaften unabwendbar sind, werden sie oft zu selbstverständlich und gerade deshalb nicht selten falsch gehandhabt. So ist es (...) letztlich ein Gemeinplatz, dass wissenschaftliche Befunde und Deutungsmuster in institutionellen, professionellen und erst recht in alltagsweltlichen Zusammenhängen immer 'verzerrt' oder 'falsch' angewendet werden. Aber schon die Rede von der 'verzerrten' Verwendung verweist auf die ebenso implizite wie folgenreiche Unterstellung, dass eine 'unverzerrte' Verwendung möglich sei. Dass dies aufgrund der Umkontextualisierungsproblematik unsinnig ist, hat die Verwendungsforschung erst in den letzten Jahren gezeigt."[105]

5. *Rosinenpicken.* Die Praxisakteure neigen dazu, sich aus dem wissenschaftlichen Fundus die Ergebnisse herauszupicken, die sie für interessant und zutreffend erachten und die ihren Interessen entgegenkommen.[106]
6. *Unterschiedliche zeitliche Dringlichkeit.* Während innerhalb der Wissenschaft die Fragen prinzipiell unendlich lange bearbeitet werden können, steht die Praxis großen Zeitproblemen gegenüber; praktische Probleme treten meistens in der Gegenwart auf und deren Lösung kann selten warten, bis ein Forschungsprogramm, das mehrere Jahre beansprucht, wissenschaftlich fundierte Lösungen präsentiert.[107]

Aus diesen Gründen erfolgt die Verwendung wissenschaftlichen Wissens eher zufällig denn zuverlässig erfolgreich und in kritisch-konstruktiver Weise.

---

[104] Bonß, Hohlfeld und Kollek, 1993c: 186; Schneider, 1989: 302.
[105] Bonß, Hohlfeld und Kollek, 1993c: 186.
[106] Beck und Bonß, 1989: 10; Wölfing, 1998; Weymann und Wingens, 1989: 278.
[107] Dahrendorf, 1988; Meyer-Krahmer und Schmoch, 1998: 841; Kötter und Balsiger, 1998: 23; Kötter, 1997: 15.

3.2.4 Evaluation

Die Bewertung der Forschung erfolgt durch die jeweilige disziplinäre Scientific Community, bei multidisziplinärer Forschung teilweise durch ein multidisziplinär zusammengesetztes Wissenschaftsgremium. Die Qualitätsstandards werden daher wissenschaftsintern gesetzt.[108] Aus Sicht einer einzelnen Disziplin steht nach Kuhn dabei im Vordergrund, die Exaktheit und Reichweite des bestehenden Paradigmas zu vergrößern, bspw. indem eine bestehende Theorie auf ein neues Problem angewendet wird.[109] Es ist jedoch weniger ein Kriterium, ob eine interessante Lösung für wissenschaftsexterne Probleme erzielt wird.[110] Nach Ulrich bezieht sich die Grundlagenforschung i.d.R. auf einen kleinen Untersuchungsbereich, an dem vielfach nur das Hier und Jetzt interessiert, d.h. die Erklärung des Bestehenden. Es interessiert jedoch weniger, wie der Untersuchungsbereich gestaltet werden könnte.[111]

Aufgrund der Thesen von Kuhn und Ulrich ist es fraglich, inwieweit die Forscher unter diesen Rahmenbedingungen nicht nur Erklärungen für Bestehendes, sondern auch Lösungsmöglichkeiten formulieren. Dies ist abhängig von den Wertvorstellungen innerhalb des spezifischen Paradigmas — und nach Kuhns Ausführungen sprechen diese eher dagegen.

Es handelt sich bei den systembezogenen Umweltwissenschaften um grundlagenorientierte Forschung. Allerdings haben diese sich der Umweltproblematik und somit eines lebensweltlichen Problems angenommen. Dies kann auch auf die Betroffenheit einzelner Wissenschaftler zurückgeführt werden. Daher ist anzunehmen, dass der Ableitung von Lösungsmöglichkeiten Bedeutung beigemessen wird. Diese These kann empirisch nicht erhärtet werden, die zahlreichen Publikationen, die Lösungsvorschläge präsentieren, scheinen sie zumindest teilweise zu stützen. Ob die Generierung von Lösungsvorschlägen bei der Evaluation Beachtung erhält, bleibt aber davon abhängig, ob das Wissenschaftsgremium diese als Leistungen anerkennt. Dies kann der Fall sein, muss es jedoch nicht.

---

[108] Hirsch, 1995: 307.

[109] Kuhn, 1976: 50.

[110] Kuhn, 1976: 51 und Krohn und Küppers, 1989.

[111] Ulrich, 1984: 173.

3.2.5 Fazit

> „Zum einen wird vom Gesellschaftlichen, also dem Ineinander von Institutionen, Macht und Bedeutung, in das jeder Umgang mit der Natur eingelassen ist, abstrahiert, mit der Folge, dass die Umweltproblematik als Naturkrise und nicht als Gesellschaftskrise erscheint. Und zum anderen sieht diese Darstellung von der Mannigfaltigkeit der Naturvorgänge und -erscheinungen ab und hebt stattdessen deren gemeinsame, messbare Substrate — Energie, Stoffe, Fläche — heraus."[112]

Die Wissenschaft nahm sich der Umweltproblematik an, indem jede Disziplin ihre eigene „Werkzeugkiste" auf Problemaspekte anwendete. Die Beschreibung des idealtypischen Umgangs mit der Problematik haben wir unter dem Begriff der systembezogenen Umweltwissenschaften zusammengefasst. Diese zeichnen sich durch folgende Merkmale aus, aus denen sich die Herausforderungen für eine transdisziplinäre Nachhaltigkeitsforschung ergeben:

1. Die *Problemdefinition* erfolgt aus disziplinärer Perspektive, d.h. die Umweltprobleme werden entsprechend idealisiert, wodurch von „Störfaktoren" abstrahiert wird, die in der Praxis bedeutend, innerhalb der Disziplin aber uninteressant sind. *Hier ist es erforderlich, bei der Problemdefinition verstärkt auf die Charakteristika der lebensweltlichen Probleme einzugehen und bestimmte Einflussfaktoren zu berücksichtigen.*
2. Die *Bearbeitung* erfolgt disziplinär oder multidisziplinär, was der Komplexität der Probleme nicht gerecht werden kann. *So sollten auch die weitergehenden Ursache-Wirkungs-zusammenhänge analysiert werden können, inklusive sozialer und ökonomischer Wirkungen. Hierfür ist die Integration disziplinärer Perspektiven erforderlich.*
3. Da die systembezogenen Umweltwissenschaften ein abstraktes Wissen erarbeiten, es den Anschein hat, dass keine explizite Reflexion über die *Verwendung* erfolgt, und zudem eine unterschiedliche zeitliche Dringlichkeit zwischen Wissenschaft und Praxis besteht, kann sie dem Verwendungsverständnis des Wegbereiters nur ungenügend gerecht werden — insofern sie dies beabsichtigt. *Daher ist ein Verwendungsverständnis erforderlich, bei dem Wissen für spezifische lebensweltliche Kontexte erarbeitet, die zeitliche Dringlichkeit der Praxis berücksichtigt und die Rolle der Forschung explizit reflektiert wird.*

---

[112] Sachs, 1997: 28.

4. Die *Evaluation* wird wissenschaftsintern vorgenommen. Wenn die Umweltwissenschaften Lösungsansätze generieren und real mitgestalten sollen, *ist zusätzlich eine wissenschaftsexterne Evaluation nötig.*

Die systembezogene Umweltforschung hat sich als notwendig erwiesen, um ein naturwissenschaftlich-abstraktes und teilbereichspezifisches Systemwissen bereitzustellen. Sie zeigt jedoch Defizite auf, wenn es um die Erarbeitung von spezifischem Systemwissen und allgemein um Ziel- und Transformationswissen geht.

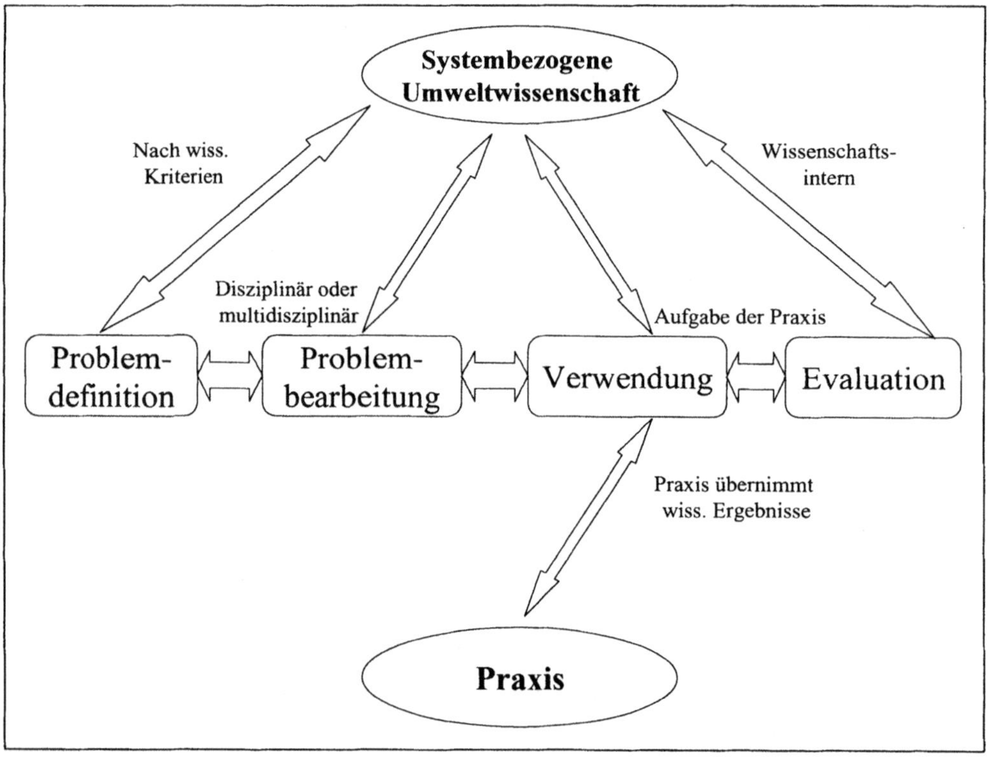

Abbildung 2: Systembezogene Umweltforschung.

3.3 Transdisziplinäre Nachhaltigkeitsforschung

Die Ausführungen haben gezeigt: Die systembezogene Umweltforschung leistet einen notwendigen Beitrag, um insbesondere naturwissenschaftliches Systemwissen zu entwickeln. Es bedarf jedoch einer ergänzenden Forschung, die sich der Entwicklung von sozialwissenschaftlichem Systemwissen und allgemein von Ziel- und Transformationswissen widmet.[113]

> „Der wissenschaftsgeschichtliche Prozess des Verlustes der Praxisperspektive zeigt die Richtung ihrer Wiederöffnung: Wissenschaft darf den Beitrag zu ihrem Ausgangspunkt im Praxisfeld nicht aufgeben (...) Nicht gefunden (...) ist er in der Form einer verkürzt anwendungsorientierten Wissenschaft mit Handlangerfunktion für die Praxis. Zu finden ist er allein in einer umfassenden Vermittlung von Handlungs- und Denkbereich, insgesamt in einer *reflektiert anwendungs- (oder synonym: problemorientierten) Wissenschaft, die der Grundlagenwissenschaft zugleich voran- und nachgeht.*"[114]

Was zeichnet eine solche reflektiert anwendungsorientierte Wissenschaft konkret aus? Mit dem Konzept der Nachhaltigen Entwicklung entstand die Idee einer neuen Art von Umweltwissenschaft: Es war die Idee einer *transdisziplinären Nachhaltigkeitsforschung.*[115] Vor dem Hintergrund der Nachhaltigen Entwicklung wird die Umweltproblematik nicht isoliert behandelt, sondern sie wird im Kontext ökonomischer und sozialer Aspekte analysiert.

Transdisziplinäre Forschung definiert Mittelstraß als eine Forschung „im Sinne wirklicher Interdisziplinarität (...), die sich aus ihren disziplinären Grenzen löst, die ihre Probleme disziplinenunabhängig definiert und disziplinenunabhängig löst."[116] Dabei kann eine theoretische oder eine praktische Fragestellung im Vordergrund stehen.[117] Die Erarbeitung einer Theorie menschlichen Handelns kann bspw. nicht nur die Psychologie, sondern auch die Soziologie, Sozialpsychologie, Humanbiologie etc. betreffen — hier wäre eine theorieorientierte transdisziplinäre Forschung sinnvoll. Da die Umweltproblematik als lebensweltliches Problem der Ausgangspunkt ist, wird sich bei den folgenden Erläuterungen auf eine *praxisorientierte transdisziplinäre Forschung* beschränkt.

---

[113] Gibbons et al., 1994; Defila et al., 1996; Jaeger und Scheringer, 1998: 11f.; Hirsch et al., 1996/97.

[114] Strehle, 1978: 180 (Hervorhebungen im Original).

[115] CASS und ProClim, 1997; Kommission Petitpierre, 1998.

[116] Mittelstraß, 1995: 52.

Auf eine solche praxisorientierte Transdisziplinarität zielen die meisten in der Literatur vorgenommen Definitionen.[118] Nach Balsiger und Kötter bezeichnet Transdisziplinarität

> „nicht nur eine bestimmte Problemlage, sondern auch einen wissenschaftlichen Arbeitsstil, bei dem zur Lösung eines Problems mit außerwissenschaftlichen Institutionen und Organisationen zusammengearbeitet werden muss."[119]

Gibbons et al. zielen in eine ähnliche Richtung:

> „Transdisciplinarity has four distinct features. First, it develops a distinct but evolving framework to guide problem solving efforts. This is generated and sustained in the context of application and not developed first and then applied (...). Second, because the solution comprises both empirical and theoretical components, it is undeniably a contribution to knowledge, though not neccessarily disciplinary knowledge. (...) transdisciplinary knowledge develops ist own distinct theoretical structures, research methods and modes of practice (...) Third (...) the results are communicated to those who have participated in the course of that participation and so, (...) the diffussion of the results is initially accomplished in the process of their production. Fourth, transdisciplinarity is dynamic, (...) is marked especially but not exclusively by the ever closer interaction of knowledge production with a succession of problem contexts. (...) New knowledge produced in this way may not fit easily into any one of the disciplines that contributed to the solution."[120]

Jaeger und Scheringer definieren transdisziplinäre Forschung als eine

> „Wissenschaftliche Forschung, die ihre – ursprünglich lebensweltlichen – Problemstellungen disziplinunabhängig definiert und disziplinunabhängig löst (Problemorientierung). Dabei wird das Gesamtproblem so in Teilbereiche eingeteilt (Problemzerlegung), dass in den Teilbereichen Methoden aus unterschiedlichen Disziplinen angewendet und dafür auch kombiniert und abgewandelt werden können (Freiheit in der Methodenwahl). Gleichzeitig ist jeder Teilbereich auf die übrigen Teilbereiche – und somit auf das Gesamtproblem – ausgerichtet (wechselseitiger Bezug der Teilbereiche)."[121]

Wenn in den einzelnen Definitionen auch unterschiedliche Merkmale transdisziplinärer Forschung betont werden, so zeigen sich vielfach folgende Punkte:

---

[117] Hirsch et al., 1996/97; Mittelstraß, 1998: 1.

[118] Vgl. zur Übersicht Jaeger und Scheringer, 1998: 12f.

[119] Balsiger und Kötter, 1996: 4; Kötter/Balsiger, 1999.

[120] Gibbons et al., 1994: 5; Nowotny, 1999: 101ff.

1. Das zugrundeliegende Problem entstammt der *Lebenswelt.*
2. Für ein solches Problem soll eine *Lösung* gefunden werden.
3. Da das Problem nicht nach wissenschaftlichen Disziplinen strukturiert ist, bedarf es zur Bearbeitung der Methoden und Theorien *unterschiedlicher Disziplinen.*
4. Die Bearbeitung erfolgt zudem *nahe beim Anwendungskontext* und vielfach in Partizipation mit den Anwendern.

Diese Definitionen gelten unabhängig von der Art des lebensweltlichen Problems. Anforderung ist nur, dass ein solches bearbeitet wird. Ist dies der Fall, bedarf es im Vorfeld der Definition eines Problems. Ein Problem existiert jedoch nicht an sich, sondern ein Sachverhalt muss — von wem auch immer — als ein Problem bewertet werden. Für eine solche Bewertung sind Kriterien erforderlich, und diese Kriterien verweisen auf ein Wertegerüst. Die Wissenschaft bzw. jede Scientific Community verfügt über ein solches Gerüst, und auch in der Praxis existieren unterschiedliche Wertvorstellungen. Da nicht davon ausgegangen werden kann, dass diese unterschiedlichen Wertvorstellungen kompatibel sind, bedarf es entweder einer Explizierung der zugrundeliegenden Wertvorstellungen, um mögliche Differenzen aufzudecken, oder es bedarf der Einigung auf einen gemeinsamen normativen Rahmen. Mit Bezug auf Kapitel 2.3 wird daher eine weitere Einschränkung vorgenommen: *Das Konzept der Nachhaltigen Entwicklung soll unseren normativen Rahmen bezeichnen.* Es verweist einerseits auf die Umweltproblematik, verweist andererseits aber auch auf die Absicht, die Umweltproblematik nicht isoliert von sozialen und ökonomischen Fragen anzugehen.

Eine Forschung, welche die aufgezählten Merkmale aufweist und der das Leitbild der nachhaltigen Entwicklung zugrunde liegt, wird im folgenden als *praxisorientierte transdisziplinäre Nachhaltigkeitsforschung (TNF)* bezeichnet. In den nächsten Abschnitten werden anhand der Kategorien, mit denen die systembezogene Umweltforschung analysiert wurde, die einzelnen konstitutiven Merkmale und Anforderungen an eine TNF näher beschrieben.

---

[121] Jaeger und Scheringer, 1998: 15.

3.3.1 Problemdefinition

Ausgangspunkt praxisorientierter transdisziplinärer Nachhaltigkeitsforschung ist ein *Problem der Lebenswelt.*[122] Als ein lebensweltliches Problem sollen einerseits Fragestellungen oder Phänomene definiert werden, welche die Praxisakteure als ein Problem Nachhaltiger Entwicklung bewerten. Andererseits kann auch die Forschung ein Phänomen der Lebenswelt als ein Problem bewerten, das die Praxisakteure bisher entweder nicht wahrnehmen oder nicht als ein Problem ansehen. Die Wissenschaftler können versuchen, ihre Bewertung anhand des Leitbildes der Nachhaltigen Entwicklung zu begründen und bei der Praxis Aufmerksamkeit zu erzielen, wie dies bspw. bei der Abnahme der Ozonschicht oder bei der Biodiversitäts-Problematik der Fall war. Ausschlaggebend für die Definition eines lebensweltlichen Problems sind Differenzen zwischen IST- und SOLL-Zuständen in der Lebenswelt.[123]

Solche Probleme sind nicht grundlegend neu, auch die *Probleme der industrialisierten Wissenschaften* sind lebensweltlicher Natur. Bei diesen Problemstellungen werden jedoch nicht die weitergehenden Folgen mitberücksichtigt. Diese Problemstellungen haben eher den *Charakter eines privaten Gutes*, bei dem das bearbeitet wird, was aus privater Perspektive von Interesse ist. Die Ergebnisse dieser industrialisierten Forschung waren vielfach wohlfahrtssteigernd, bewirkten aber parallel dazu eine Erhöhung der ökologischen Risikopotenziale und des Naturverbrauchs. Diese Folgen sind öffentlichen Charakters und werden von der Gesellschaft im allgemeinen negativ bewertet. Sie stellen den Ausgangspunkt der TNF dar. Daher kommt den lebensweltlichen Problemstellungen der TNF tendenziell der *Charakter eines öffentlichen Gutes* zu.[124]

Die systembezogene Wissenschaft hat sich bereits dieser Folgen angenommen und in der Tradition der *akademischen Wissenschaften* diese untersucht. Dabei hat sich gezeigt: Ein theoretisches Wissen über die naturwissenschaftlichen Grundlagen eines spezifischen Umweltproblems ist notwendig, um zu wissen, was das konkrete Umweltproblem ist. Dieses theoretische Wissen ist aber nicht ausreichend, um das Problem auch zu lösen, da die Ursachen und Gründe der Probleme nicht im Bereich der stofflich-energetischen Ebene liegen, also im Bereich der Natur-

---

[122] Mittelstraß, 1992: 250.

[123] Kötter, 1997: 13; Deppert und Theobald, 1998.

[124] Kötter, 1997: 13.

wissenschaften, in welchem das Problem auftritt. Die Ursachen und Gründe sind statt dessen anthropogener Natur, d.h. der Mensch verursacht als Nebenwirkung seines Handelns Veränderungen auf der stofflich-energetischen Ebene, die er als Problem bewertet.[125] Daher ist zusätzlich bzw. ergänzend eine Forschung notwendig, die dieses Handeln und dessen Bedeutung für die Umweltprobleme untersucht. *Eine praxisorientierte transdisziplinäre Forschung ist daher auch immer eine sozialwissenschaftliche Forschung.*

Eine solche Forschung bedingt eine Problemdefinition nach *Kriterien der Lebenswelt.*[126] Vertreter einer wissenschaftlichen Disziplin betrachten ein Problem aus der Sicht einer bestimmten Theorie oder Methode. So ist ein disziplinäres Problem entweder ein Phänomen, das durch eine Fachtheorie nicht erklärt werden kann, oder es ist eine unvollständige Fachtheorie.[127] Dadurch klammern sie Problemaspekte aus, die für die Prüfung einer Theorie unbedeutend sind, die jedoch für das Verständnis des konkreten Problems und somit für die Erarbeitung von Lösungsansätzen wesentlich sind — lebensweltliche Probleme sind i.d.R. nicht disziplinär strukturiert.[128] Daher sollten bei der transdisziplinären Problemdefinition die spezifischen Charakteristika des lebensweltlichen Problems erhalten bleiben und ausschlaggebend für die Definition sein.

Folglich ist es nicht das Ziel der TNF, nach allgemeinen Gesetzmäßigkeiten zu suchen. Ziel ist es, disziplinäres Grundlagenwissen auf *das Spezielle der Lebenswelt* anzuwenden und für die Praxis fruchtbar zu machen. Sie steht zwischen Grundlagenwissenschaften und Praxis.[129] Es steht somit nicht wie bei den Grundlagenwissenschaften die Suche nach dem Einen, nach dem Wesen einer Sache, im Vordergrund, sondern die Untersuchung des Vielen, des Besonderen.[130]

Darüber hinaus zielt eine TNF nicht nur auf die Analyse des IST-Zustands. Dieser ist Ausgangspunkt für die Suche nach möglichen *SOLL-Zuständen* und die Erarbeitung von Ziel- und Transformationswissen. Es geht somit auch um die Gestaltung möglicher Zukünfte.[131]

---

125 WBGU, 1996: 109.

126 Jaeger und Scheringer, 1998: 14.

127 Jaeger und Scheringer, 1998: 11f.; Büchi, 1997: 9, zit. n. Jaeger und Scheringer, 1998: 13.

128 Mittelstraß, 1992b; Ulrich, 1984: 181; Hirsch, 1995: 309; Jaeger und Scheringer, 1998: 12f.

129 Ulrich, 1984; Kirsch und Eckert, 1998.

130 Gibbons et al., 1994: 19; Heintz, 1998: 67; Kirsch und Eckert, 1998: 176 und 179.

131 Hirsch et al., 1996/97; Ulrich, 1984: 173.

Die Problemdefinition soll demnach nach Kriterien der Lebenswelt erfolgen, das Spezielle der Lebenswelt dabei hinreichend berücksichtigen und sich zudem mit den SOLL-Zuständen befassen. Diese Bedingungen führen nicht nur zu einer äußerst hohen Komplexität, die bearbeitet werden soll, die Bedingungen führen zu einem Problem, das selbst erst gefunden werden muss. Da die Soll-Zustände Teil der Bearbeitung sind, kann zu Beginn nicht die Differenz von IST- und SOLL-Zustand eindeutig bestimmt werden. Aus diesem Grunde handelt es sich um ein nicht vollständig bestimmbares Problem. Wie kann ein solches definiert werden?

In einem *ersten Schritt* soll keine Umkontextualisierung in einen wissenschaftlichen Kontext wie bei der systembezogenen Umweltforschung erfolgen:

> „Es handelt sich um Probleme aus der Lebenswelt, die zunächst vorwissenschaftlich formuliert werden, bevor sie wissenschaftlich bearbeitet werden können. Sie lassen sich nicht in das System einzelner Disziplinen einordnen und müssen daher disziplinenunabhängig definiert werden."[132]

Es sind die wesentlichen lebensweltlichen Charakteristika möglichst weitgehend in die Problemdefinition einzubeziehen, ohne die vollständige Komplexität beibehalten zu können. Dies bedingt eine Komplexitätsreduktion,[133] deren Anforderungen von denen einer disziplinären Komplexitätsreduktion abweichen. Es besteht ein Abgrenzungsproblem, das sich fundamental von dem der disziplinären Forschung unterscheidet.[134] Grundlegend lassen sich für die Nachhaltigkeitsforschung drei Kriterien festlegen:

1. *Der Bezug zur Lebenswelt* muss erhalten bleiben.
2. Die *relevanten Bezüge zum natürlichen System* müssen hergestellt werden können.
3. Eine *integrative Analyse* sollte praktisch möglichst weitgehend einlösbar bleiben.

Aufgrund einer solchen allgemeinen Definition wird nicht deutlich, welche wissenschaftlichen Disziplinen nötig sind, um das Problem zu bearbeiten. Daher sind in einem *zweiten Schritt Untersuchungsgegenstände* zu definieren, die eine konkretere Problemdefinition zulassen. Anhand dieser Untersuchungsgegenstände können *Problemaspekte* identifiziert werden, die sich diszipli-

---

132 Jaeger und Scheringer, 1998: 15.

133 Hirsch et al., 1996/97.

134 Ulrich, 1984: 175f.; Defila und Di Giulio, 1997; Krott, 1997; Radermacher, 1997.

när bearbeiten lassen. Ähnlich der systembezogenen Umweltforschung findet hierbei eine Umkontextualisierung in den Laborkontext statt. Hierbei ist der lebensweltliche Untersuchungsgegenstand Ausgangspunkt — und nicht lediglich Inspirationsquelle — und bestimmt gleichzeitig den Weg für die Rekontextualisierung, d.h. die Anpassung der wissenschaftlichen Ergebnisse an den lebensweltlichen Kontext.

Bei den Problemen handelt es sich nicht um eindeutig abgrenzbare Probleme.[135] Der Untersuchungsgegenstand gleicht nicht einer Mondfahrt, denn sowohl Ziel, Weg als auch Gefährt sind unbekannt.[136] Allerdings zeigen die Erfahrungen: Es sollte eine möglichst konkrete und eindeutige Problemdefinition angestrebt werden. Kötter schreibt:

> „Der Grund dafür, dass viele sogenannte interdisziplinäre Vorhaben einen unbefriedigenden Verlauf nehmen (...), liegt darin, dass solche Projekte meist an den Start gehen, ohne das Ziel genau zu kennen: Man meint, ein Problem benannt zu haben, wo man bestenfalls nur ein Thema gefunden hat."[137]

Wenn auch bei Projektstart schwer eine klare Problemdefinition vorliegen kann und diese erst im Projektverlauf gefunden wird, so ändert dies nicht die große Bedeutung einer möglichst klaren Problemdefinition.[138] *Eine praxisorientierte transdisziplinäre Forschung steht somit vor dem Dilemma, für einen diffusen Untersuchungsgegenstand eine genaue Problemdefinition vornehmen zu müssen, ohne dabei aus lebensweltlicher Perspektive von wesentlichen Einflussfaktoren zu abstrahieren.*

---

[135] Taylor, 1989: 142f.

[136] Das Mondfahrt-Projekt hatte zwar ein klares Ziel, zeichnete sich aber durch hohe Unsicherheit aus und war nur scheinbar ein gut definierbares Problem. Wie die Erfahrungen zeigen, ist die Produktion eines Oberhemdes gut definierbar, aber bereits die Produktion eines PKWs ist dies nicht mehr.

[137] Kötter, 1997: 9; Kötter und Balsiger, 1999: 104.

[138] Jochimsen 1974: 14; Balsiger und Kötter, 1997.

3.3.2 Problembearbeitung

„Integration ist notwendig pragmatische Integration, gemeinsamer Bezug von Wissen aus verschiedenen Disziplinen auf Problemlösungshandeln."[139]

Die TNF bearbeitet lebensweltliche Probleme. Damit thematisiert sie Einflussfaktoren, die aus lebensweltlicher Perspektive wesentlich erscheinen. Dies soll nicht heißen, sie verschließe sich der Grundlagenforschung. Vielmehr steht sie im Spannungsfeld zwischen Grundlagenforschung und Anforderungen der Lebenswelt. Der Einbezug von, aus disziplinärer Sicht, störenden Faktoren hat zur Folge, dass in der disziplinären Bearbeitung nicht nur bestehende Theorien und Methoden der Grundlagenwissenschaften angewendet, sondern dass diese auch angepasst, verändert und gegebenenfalls fallengelassen werden müssen, wenn sich mit diesen die lebensweltlich relevanten Faktoren nicht bearbeiten lassen. Auf diese Weise kann eine Disziplin neue Impulse bei der Theorie- und Methodenentwicklung erhalten. Die Problembearbeitung lässt sich daher durch vier Eckpfeiler beschreiben:

1. Integration disziplinärer Perspektiven.
2. Passung von disziplinärer Herangehensweise und lebensweltlicher Problemstellung.
3. Partizipation von Praxisakteuren.
4. Erklären und Verstehen.

Integration disziplinärer Perspektiven. Es ist eine Integration disziplinärer Perspektiven notwendig, die auf verschiedene Arten erfolgen kann.[140] Im Sinne des Programms einer Einheitswissenschaft könnte eine Integration durch eine Metatheorie oder durch eine einheitliche Methodik vollzogen werden, wie es z.B. der Wiener Kreis angestrebt hat. In diesem Falle stände die Theorie oder Methodik im Vordergrund oder auch eine Leitdisziplin, wie bspw. die Physik. Eine solche Integration erscheint bei einer praxisorientierten transdisziplinären Forschung aus zwei Gründen nicht sinnvoll: Zum einen sind große Zweifel an der Möglich-

---

[139] Strehle 1978: 166.

[140] Zu den unterschiedlichen Einheitskonzepten vgl. Gräfrath, Huber und Uhlemann, 1991.

keit einer Einheitswissenschaft aufgekommen.[141] Zum anderen liegt der Ausgangspunkt in der Lebenswelt, wo nicht das Allgemeine, das Eine von Interesse ist, sondern das Viele, das Besondere. Daher vermag eine Integration disziplinärer Perspektiven nicht zu überzeugen, die eine theoretische Vereinheitlichung anstrebt und das Eine im Vielen sucht. Vielmehr bedarf es einer Integration, welche die Vielfalt beibehält.[142] Hirsch[143] hält hier eine Integration in aristotelischer Tradition als erfolgversprechender, die im Sinne eines Zweckzusammenhangs am lebensweltlichen Problem vorgenommen wird.

> „Synthesemodelle, die dieser Zweckorientierung Rechung tragen, sind deshalb nicht vom Typ einer theoretischen Vereinheitlichung der Vielfalt, sondern vom Typ eines teleologisch strukturierten Zusammenhangs der Vielfalt."[144]

Die Integration sollte anhand des lebensweltlichen Problems erfolgen. TNF zielt nicht auf die Integration verschiedener disziplinärer Theorien, sondern strebt die Integration disziplinärer Perspektiven an. Wissenschaft tritt hier auf „als Forschungshandeln auf einer quasi 'subtheoretischen Ebene`, nämlich in der Beziehung von Wissenschaft und Lebenswelt"[145].

Passung von disziplinärer Herangehensweise und lebensweltlicher Problemstellung. Allerdings bedingt die Integration, dass zwischen verschiedenen Theorien ausgewählt werden muss. Nach welchen Kriterien kann diese Auswahl erfolgen? Lauener kommt hier zu dem Schluss: „Mangels eines intertheoretischen Wahrheitsbegriffs bleibt uns keine andere Wahl, als die Akzeptierung einer neuen Theorie pragmatisch zu rechtfertigen."[146] Diese pragmatische Rechtfertigung könnte im Sinne von Goodman erfolgen. Goodman spricht von einer „Sache des Passens: Passen auf das, worauf in der einen oder anderen Weise Bezug genommen wird, oder Passen auf andere Wiedergaben, auf Arten und Weisen der Organi-

---

[141] Gräfrath, Huber und Uhlemann, 1991; Hirsch Hadorn, 1995: 311f.; Jaeger und Scheringer, 1998: 16; Kötter, 1997: 15.

[142] Schäfer, 1993: 74f.

[143] Hirsch, 1995: 309ff.; Schäfer, 1993: 72ff.

[144] Hirsch Hadorn, 1995: 310.

[145] Hirsch Hadorn, 1995: 310.

[146] Lauener, 1995: 236.

sation."[147] Hirsch argumentiert ähnlich. Sie versteht transdisziplinäre Forschung als ein Forschungsprinzip, dessen Ziel es ist, „eine Passung von Problemen der Lebenswelt und von Problemkonstellationen der disziplinären Wissenschaften"[148] zu erreichen. Für eine solche Passung ist ausschlaggebend, inwieweit mit einer Theorie die Faktoren berücksichtigt werden können, die aus lebensweltlicher Perspektive bedeutend sind. Demnach ist ein Auswahlkriterium die Fähigkeit einer Theorie, diese speziellen Faktoren adäquat zu integrieren. Dabei können von Problem zu Problem unterschiedliche Entscheidungen getroffen werden.[149]

Partizipation der Praxis. Damit diese Passung nicht eine bloße Option bleibt und die integrierenden Disziplinen weiterhin nach allgemeinen Grundlagen suchen und ein eher quantitatives, nomologisches Wissen bereitstellen, wird eine verstärkte *Partizipation der Praxisakteure* gefordert.[150] Dabei geht man davon aus, dass diese Akteure über ein lebensweltliches Wissen verfügen, das die Wissenschaft benötigt, um die gewünschte Passung mit der Lebenswelt herstellen zu können. Mit dieser Partizipation soll ein Wissen von den Besonderheiten und den Qualitäten der Lebenswelt erlangt werden, das die disziplinäre Forschung bei der Problemtransformation vielfach ausklammert.

Erklären und Verstehen. Neben einem Erklären von menschlichen Handlungen erscheint es erforderlich, diese Handlungen auch zu verstehen. Handlungen sollten nicht ausschließlich „von außen" kausalanalytisch erklärt, sondern im Sinne der Hermeneutik sollte ein Verständnis entwickelt werden, welche quasi „inneren" Motive der Akteure hinter bestimmten Handlungen stehen. Ohne zu verstehen, warum Menschen so handeln, wie sie handeln, lassen sich nur schwer Strategien entwickeln, um Handlungsänderungen zu bewirken. Somit eröffnet eine TNF aufs neue die Diskussion von *Erklären und Verstehen.*[151]

---

[147] Goodman, 1984: 167.

[148] Hirsch, 1995: 310.

[149] Die Frage der Wahl zwischen verschiedenen Theorien verweist auf die Inkommensurabilitätsthese von Kuhn und Feyerabend. Diese These wird ausführlich in Kapitel 7.2 diskutiert.

[150] CASS und ProClim, 1997: 22f.; SAGUF, 1996; Häberli, 1997; Häberli und Grossenbacher-Mansuy, 1998: 200.

[151] Schneider, 1996: 49ff.; Balsiger, 1996; Ulrich, 1984: 176 und 183; Kirsch, 1998: 170f.; Valsangiacomo, 1998: 145ff. Zur Debatte um Erklären und Verstehen vgl. von Wright, 1984; Hollis, 1995; Lamnek, 1995: S. 219ff.

Es stellt sich die Frage, ob neben Erklären und Verstehen andere Erkenntnisweisen existieren, die für die Erarbeitung von System-, Ziel und Transformationswissen bedeutend sein könnten. So hat bspw. Feyerabend darauf hingewiesen, dass Wissenschaft nicht die überlegene Erkenntnisweise, sondern eine unter vielen ist. Goodman weist insbesondere auf die Kunst hin und spricht den „Künsten als Modi der Entdeckung, Erschaffung und Erweiterung des Wissens"[152] den gleichen Stellenwert zu wie den Wissenschaften. Es ist offen, ob hier akzeptable Vorgehensweisen gefunden werden können, ohne dass man in einen ungehemmten Relativismus oder eine postmoderne Beliebigkeit abgleitet.

Diese allgemeinen Überlegungen vermögen eher den Eindruck abstrakter Leitplanken erwecken, denn ein Bild davon zu vermitteln, wie die Bearbeitung im Rahmen einer TNF konkret erfolgen könnte. Die Darstellung verschiedener Forschungsansätze in Kapitel 4 setzt hier an und wird versuchen, eine konkretere Vorstellung zu vermitteln.

3.3.3 Verwendung

> „(...) eine 'erfolgreiche' Verwendung bemisst sich von daher auch nur in Ausnahmefällen an einer direkten Übernahme der wissenschaftlichen Perspektive. Im Gegenteil: 'Erfolgreich' praktisch werden sozialwissenschaftliche Erkenntnisse in der Regel dann, wenn sie im Bewusstsein von Alltag und Politik scheinbar 'spurenlos' *verschwinden*, das heißt nicht mehr als wissenschaftliche, sondern allein aus den praktischen Handlungsregeln heraus dechiffrierbar sind."[153]

An diesen Ausführungen kann die vertikale Integration und schließlich das Verwendungsverständnis einer TNF ansetzen. Folgende vier Eckpunkte erscheinen hierbei konstitutiv:

Einbezug der Sozialwissenschaften. Auch wenn viele lebensweltliche Probleme zumindest teilweise als rein naturwissenschaftliche Probleme angesehen werden könnten, so werden diese Probleme gesellschaftlich relevant, wenn Lösungsansätze abgeleitet und implementiert werden sollen, weil die Gesellschaft bzw. die Praxisakteure letztlich die Lösungswege be-

---

[152] Goodman, 1984: 127.

schreiten müssen. Die Anwendung wissenschaftlicher Erkenntnisse kann folglich nicht ausschließlich auf naturwissenschaftlichen Erkenntnissen beruhen. Nach Ulrich erfolgt jede Anwendung wissenschaftlichen Wissens im sozialen Kontext, und somit sei auch jede angewandte Wissenschaft Sozialwissenschaft.[154]

Notwendigkeit von Umkontextualisierungsprozessen.[155] Wie in Kapitel 3.2.4 erläutert, ist bei der Anwendung wissenschaftlicher Erkenntnisse eine Rekontextualisierung in dreifacher Hinsicht notwendig: in sozial-interaktiver Perspektive, in experimentell-praktischer und in semantisch-kognitiver. Eine TNF stellt in experimentell-praktischer Hinsicht den Bezug zum Praxiskontext her, indem die aus lebensweltlicher Perspektive relevanten Faktoren bei der Problemdefinition einbezogen werden. Zudem bleibt durch die Partizipation der Praxisakteure der Praxisbezug in sozial-interaktiver Perspektive erhalten. In semantisch-kognitiver Hinsicht wird der Kontakt zur Lebenswelt hergestellt, indem auf normativer Ebene die Orientierung am Leitbild der Nachhaltigen Entwicklung den gemeinsamen Rahmen setzt, innerhalb dessen das lebensweltliche Problem als expliziter Ausgangs- und Endpunkt der Forschung den Bezug zwischen Praxis und Wissenschaft gewährleistet.

Durch die Rekontextualisierungen wird verständlich, warum es bei der Anwendung wissenschaftlichen Wissens nicht um die Umsetzung wissenschaftlicher Erkenntnisse geht. Verwendung bedeutet vielmehr Verwandlung und Neuproduzieren von Erkenntnissen. Dadurch kann es keine falsche Anwendung geben, sondern nur eine andere als die intendierte.[156]

Reflexion der Neben- und Fernwirkungen. Damit man sich nicht der Gefahr aussetzt, bloße Suboptimierungen bzw. Problemverschiebungen zu bewirken, müssen potenzielle Neben- und Fernwirkungen, möglichst weitgehend mit reflektiert werden.[157]

---

153 Beck und Bonß, 1989: 12.

154 Ulrich, 1984: 190.

155 Bonß, Hohlfeld und Kollek, 1993c.

156 Beck und Bonß, 1989: 11f.; Kirsch und Eckert, 1998: 184f.

157 Dörner, 1989; Ulrich, 1984: 175.

Einnahme einer kritisch-konstruktiven Rolle. Eine TNF soll die gesellschaftlichen Prozesse analysieren, aber auch kritisch und somit wertend Stellung beziehen. Sie soll die gesellschaftlichen Prozesse kritisch beleuchten und konstruktiv Wege zu einer Nachhaltigen Entwicklung aufzeigen.[158] Folglich hat die Verwendung wissenschaftlicher Erkenntnisse — ähnlich zu deren Erarbeitung — in Partnerschaft mit der Praxis zu erfolgen.

Diese vier Eckpunkte stellen ein Verwendungsverständnis TNF dar, das dem Wissenschaftsverständnis von Kapitel 3 entspricht. Ob es sich als erfolgreich erweist, müssen die praktischen Erfahrungen in der konkreten Verwendung weisen.

3.3.4 Evaluation

In den vorigen drei Abschnitten wurde eine TNF beschrieben, die sich erstens auszeichnet durch die Fokussierung auf ein lebensweltliches Problem, zweitens durch eine horizontale Integration disziplinärer Perspektiven und drittens durch eine vertikale Integration von Wissenschaft und Praxis. Diese drei konstitutiven Elemente wurden weiter konkretisiert. Die disziplinäre Bearbeitung hat sich dabei als ein Element neben anderen erwiesen.

Wenn wir uns der Bewertungsfrage einer TNF zu wenden, dann wird rasch deutlich: Eine Evaluation durch eine disziplinäre Scientific Community würde nur einen bestimmten *Ausschnitt* betrachten. Dieser Ausschnitt betrifft die disziplinäre Bearbeitung. So bedeutend diese Bearbeitung im Rahmen der TNF auch ist, TNF ist durch weitere Aspekte geprägt. Aus diesem Grunde kann die traditionelle disziplinäre Bewertung nicht befriedigen.

Problematisch ist jedoch nicht nur die Wahl des Ausschnitts, sondern auch die zur Anwendung gelangenden Kriterien, auf denen eine disziplinäre Evaluation basiert. Ein disziplinäres Problem wurde in Kapitel 3.3.1 als eines beschrieben, bei dem ein Phänomen durch eine Theorie nicht erklärt werden kann oder eine Theorie als unvollständig erscheint. Ziel der jeweiligen Scientific Community ist es zu bewerten, wie erfolgreich ein solches disziplinäres Problem bearbeitet wurde. Bei der TNF erfolgt zwar auch eine disziplinäre Bearbeitung.

---

[158] Hirsch, 1998: 4; Wingens, 1998: 20.

Dieser Bearbeitung liegen jedoch andere Problemaspekte zugrunde und somit andere Ziele. Es geht um die Anwendung disziplinärer Theorien und Methoden auf spezifische lebensweltliche Problemaspekte und nicht um die Weiterentwicklung einer unvollständigen Theorie. Eine solche Weiterentwicklung kann durchaus das Ergebnis einer TNF sein, sie ist dann jedoch eher ein erfreulicher Nebeneffekt denn das eigentliche Ziel der Forschung. Aus diesem Grunde würde eine traditionell disziplinäre Evaluation nach *Kriterien* erfolgen, denen eine TNF nicht beabsichtigt, gerecht zu werden. *Somit kann eine disziplinäre Evaluation keine adäquate Bewertung einer TNF vornehmen, da sie nur einen bestimmten Ausschnitt der TNF betrachtet und diesen nach — aus Sicht der TNF — falschen Kriterien bewertet.*

Aus diesen Gründen wird ein „breiterer" Ausschnitt für die Evaluation erforderlich, der sich an einem anderen Verständnis von Qualität orientiert. Die Breite des Ausschnitts ergibt sich aus den drei konstitutiven Elementen einer TNF: der lebensweltlichen Problematik und der horizontalen und vertikalen Integration. Diese Elemente zeigen die Dimensionen der Evaluation auf, stellen allerdings keine Merkmale dar, anhand derer Kriterien abzuleiten sind. Es ist aber möglich, anhand dieser Elemente erste formale Merkmale abzuleiten. Daneben hat sich eine TNF an inhaltlichen Merkmalen und Kriterien messen zu lassen.

Die inhaltliche Dimension

Wie in Kapitel 2.3 erläutert, kann die Forschung daran gemessen werden, inwieweit sie System-, Ziel- und Transformationswissen bereitstellt. Daher können die Wissensarten als Merkmale verwendet werden, um die inhaltliche Relevanz eines Forschungsprojekts zu bewerten.

Die formale Dimension

Die Merkmale, nach denen die formale Evaluation erfolgen soll, können anhand der drei Dimensionen einer TNF abgeleitet werden. Hierbei wird sich auf die ersten Konkretisierungen gestützt, die in den vorigen Abschnitten vorgenommen wurden.

Problemdefinition: Ausgangspunkt ist ein Problem oder ein Untersuchungsbereich der Lebenswelt. Dieses Problem hat drei Kriterien standzuhalten:

1. Ist der Bezug zur Lebenswelt auch nach der Problemdefinition gegeben?

2. Lassen sich die relevanten Bezüge zum natürlichen System herstellen?
3. Bleibt eine integrative Analyse praktisch einlösbar?

Horizontale Integration: Die Kriterien für die Problembearbeitung lassen sich anhand der vier Eckpfeiler bestimmen, wie sie in Kapitel 3.3.2. beschrieben wurden:

1. Erfolgt die Integration disziplinärer Perspektiven anhand des lebensweltlichen Problems?
2. Ist eine Passung zwischen disziplinärer Herangehensweise und lebensweltlicher Problemstellung gegeben? Sind die lebensweltlichen Einflussfaktoren berücksichtigt?
3. Partizipieren die Praxisakteure am Forschungsprozess?
4. Erfolgt neben einem Erklären von Handlungsweisen auch dessen Verstehen?

Vertikale Integration: Auch für das Verwendungsverständnis konnten vier Eckpfeiler entwickelt werden, anhand derer die Forschung bemessen werden kann:

1. Sind die Sozialwissenschaften mindestens mit in die Forschung einbezogen worden?
2. Sind Umkontextualisierungsprozesse vorgenommen worden von der lebensweltlichen Problemstellung zur disziplinären Bearbeitung und umgekehrt?
3. Wurden potenzielle Neben- und Fernwirkungen möglichst weitgehend mitreflektiert?
4. Haben die Forschenden eine kritisch-konstruktive Rolle eingenommen?

Wer evaluiert die TNF? Da die Evaluation TNF mehr Aspekte umfasst als die disziplinäre Evaluation, ist es fraglich, wer diese Evaluation vornehmen soll. Bei der disziplinären Evaluation nehmen i.d.R. Vertreter derselben Disziplin die Evaluation vor. Da eine TNF mehrere Disziplinen umfasst, müssten Vertreter aus diesen Disziplinen evaluieren. Dies ist in der Praxis auch der Fall. Aber wissenschaftliche Vertreter können alleine nicht ausreichend beurteilen, inwieweit eine vertikale Integration von Wissenschaft und Praxis erfolgt ist — die Evaluation bliebe eine wissenschaftsinterne Angelegenheit. Daher wird vielfach gefordert, auch Praxisakteure bei der Beurteilung beizuziehen.[159]

---

[159] Krott, 1997.

Sowohl bei der Evaluation durch Vertreter einzelner Disziplinen als auch durch Praxisvertreter hat sich gezeigt, dass unterschiedliche Vorstellungen existieren, was eine TNF leisten soll und kann. Daher gelangen in der Evaluationspraxis unterschiedliche Kriterien zur Anwendung, die vielfach nur implizit vorhanden sind. Das Fehlen expliziter und anerkannter Kriterien erweist sich als das größte Problem bei der Evaluation TNF.

3.3.5 Fazit

Die Ausführungen zur Evaluation und die Ableitung formaler Merkmale stellen eine Zusammenfassung der Kapitel 3.3.1 bis 3.3.3 dar, die in Abbildung 3 nochmals dargestellt ist.

Da die öffentlichen Forschungsmittel knapper werden, stellt sich die Frage: *Lohnt sich eine transdisziplinäre Forschung?*[160] Sie benötigt nicht nur finanzielle Mittel für die disziplinäre Bearbeitung, sie benötigt auch Mittel für die Kooperation und Integration. Ist der damit einhergehende höhere Preis gerechtfertigt? Drei Gründe sprechen dafür:

1. Die industrielle Wissenschaft hat viele Errungenschaften vorzuweisen. Sie rentiert sich auch, da ansonsten Unternehmen bereits deren Finanzierung eingestellt hätten. Wenn die TNF mit der industriellen Forschung verglichen wird, zeigt sich, verkürzt gesagt: Die TNF ist ähnlich anwendungsorientiert und interdisziplinär. Allerdings bearbeitet sie vornehmlich öffentliche Güter, während die industrialisierte Forschung sich auf private und kommerziell nutzbare Güter konzentriert. Teilt man diese Interpretation, dann lässt der Erfolg der industriellen Forschung auf den Erfolg der transdisziplinären Forschung hoffen.
2. Darüber hinaus fragt sich, welche Möglichkeiten existieren, Umweltprobleme wissenschaftlich zu bearbeiten. Die systembezogene Umweltforschung leistet notwendige Beiträge, zeigt aber prinzipielle Lücken auf. Daher bedarf es einer ergänzenden Forschung. Diese stellt die TNF dar, deren Merkmale sich aus den prinzipiellen Schwächen der systembezogenen Umweltforschung ergeben. Sie ist damit keine „bessere" Forschung, sondern nur eine Forschung, die Probleme auf grundlegend andere Weise definiert und bearbeitet.

---

[160] Häberli und Grossenbacher-Mansuy, 1998: 210; Ziman, 1994.

3. Zudem ist zu bedenken: Die Erfahrungen mit transdisziplinärer Forschung sind gering, und die Ergebnisse sind weniger leicht zu prognostizieren[161]. Eine TNF gleicht einem start-up-Unternehmen. Erfahrungen zeigen: Ein solches Unternehmen benötigt Zeit und Unterstützung, um sich nachhaltig am Markt behaupten zu können.[162]

In Tabelle 1 sind disziplinäre Forschung, systembezogene Umweltwissenschaften, TNF und industrialisierte Forschung im Vergleich dargestellt. Fraglich bleibt: *Wie kann TNF erfolgreich umgesetzt werden?*[163] Diese Frage ist Ausgangspunkt der folgenden Kapitel.

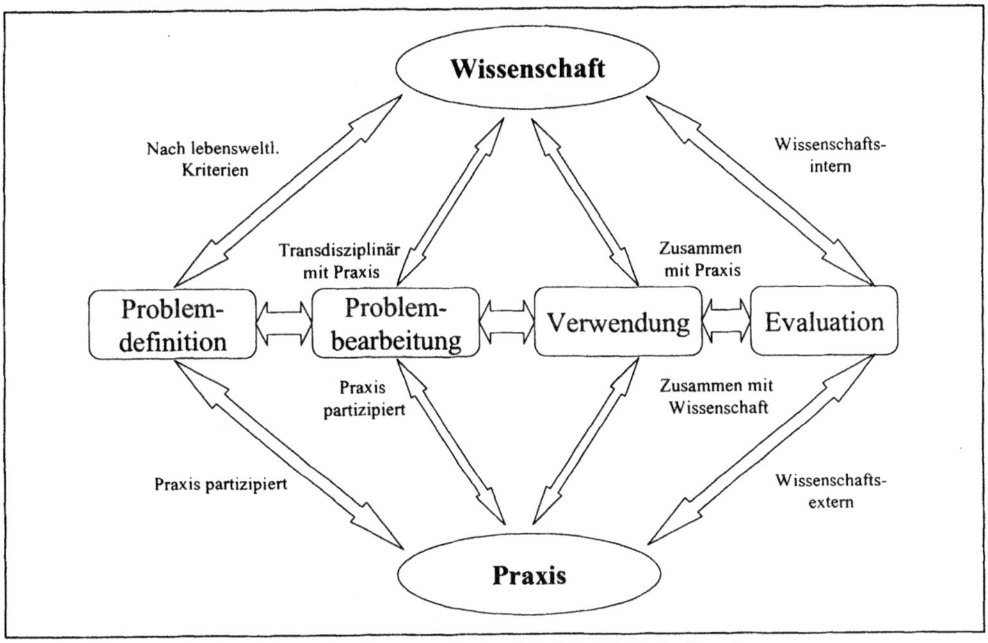

Abbildung 3: Praxisorientierte transdisziplinäre Nachhaltigkeitsforschung.

---

161 Hirsch Hadorn und Wölfing Kast, 1998: 9.
162 Vgl. zu möglichen institutionellen Massnahmen Häberli und Grossenbacher-Mansuy, 1998: 210ff.
163 Gibbons et al., 1994: 11.

	Akademische Forschung	**Systembezogene Umweltwissenschaften**	**Praxisorient. Transdiszipl. Nachhaltigkeitsforschung**	**Industrialisierte Forschung**
Problem-definition	Erfolgt durch disziplinäre Theorie und/oder Methodik, ist i.d.R. ein disziplinäres Rätsel	Ökologische Probleme	Lebensweltliches Problem	Lebensweltliches Problem
Problem-bearbeitung	Erfolgt disziplinär; Anwendung der Theorie / Methodik auf das Problem. Ziel: Erklärung des IST-Zustand (Systemwissen) und Suche nach allgemeinen Gesetzmäßigkeiten	Disziplinär, multi- oder interdisziplinär. Ziel: Erklärung des IST-Zustands (Systemwissen) für ein allgemeines ökologisches Problem.	Disziplinübergreifend und partizipativ. Ziel: Erklärung des IST-Zustands und Entwurf eines möglichen SOLL-Zustands (System-, Ziel- und Transformationswissen) für das spezielle lebensweltliche Problem in Partizipation mit den Praxisakteuren.	Disziplinübergreifend und partizipativ. Ziel: Entwicklung einer nach Möglichkeit ökonomisch verwertbaren Lösung des Problems. Der Fokus liegt daher auf dem SOLL-Zustand, bspw. einem neuen Produkt.
Evaluation	Wissenschaftsintern	Wissenschaftsintern	wissenschaftsintern und -extern	Wissenschaftsextern
Anwendungs-verständnis	Anwendung ist Aufgabe der Praxis und/oder explizit angewandter Wissenschaften	Anwendung ist Aufgabe der Praxis und/oder explizit angewandter Wissenschaften	Wissenschaft als Wegbereiter und kritisch-konstruktiver Partner der Gesellschaft	Wissenschaft als Magd externer Zwecksetzer

Tabelle 1: Vergleich akademischer, industrialisierter, systembezogener Umwelt- und transdisziplinärer Nachhaltigkeitsforschung.

4. Forschungsansätze für eine transdisziplinäre Nachhaltigkeitsforschung

Die systembezogene Umweltforschung hat i.d.R. eine disziplinäre Eingrenzung vorgenommen. Da sich diese als nicht ausreichend erwiesen hat, wird jetzt eine geeignete „Brille" gesucht, mit der die Lücken der systembezogenen Umweltforschung geschlossen werden können. Diese „Brille" sollte eine Problemdefinition ermöglichen, so dass erstens der lebensweltliche Bezug in seiner Vielfalt möglichst weit erhalten bleibt, zweitens die relevanten Bezüge zum naturwissenschaftlichen Systemwissen hergestellt werden können und drittens eine integrative Analyse praktisch einlösbar ist. Eine Reihe von Ansatzpunkten sind denkbar. Die Forschung kann sich bspw. an den ökologischen Kernproblemen ausrichten oder auf die ökologischen Grobsteuerungsbereiche wie Verkehr oder Energie fokussieren.

Es existieren mittlerweile eine Reihe von Forschungsansätzen. Im folgenden wird sich auf den *Fallstudien-Ansatz* gestützt, wie er an der ETH Zürich angewandt wird, auf den vom WBGU stammenden *Syndrom-Ansatz* und auf den *Bedürfnisfeld-Ansatz*, wie er im Integrierten Projekt Gesellschaft I (IPG I) verwendet wurde (vgl. Kapitel 6). Der Fallstudien-Ansatz wird vorgestellt, da er seit vielen Jahren im Studium der Umweltnatur- und Umweltsozialwissenschaften an der ETH Zürich angewandt wird und reichhaltige Erfahrungen vorliegen. Zudem beinhaltet der Ansatz eine Reihe von Methoden, die im Rahmen anderer Forschungsansätze relevant sein könnten. Der Syndrom-Ansatz wurde gewählt, da er viel und kritisch diskutiert wird. Auf den Bedürfnisfeld-Ansatz fiel die Entscheidung, weil er Grundlage des IPG I ist und weil von vielen Seiten die Fokussierung der Umweltforschung auf menschliche Bedürfnisse gefordert wird.[164]

---

[164] UBA, 1997; TAB, 1998: 14 und 122f.; CASS und ProClim, 1997: 11.

4.1 Der Fallstudien-Ansatz

4.1.1 Grundgedanke

Ausgangspunkt für die Entwicklung des Fallstudienansatzes war die Überzeugung: Die Umweltprobleme sind „ill-defined-Problems"[165], d.h. das Problem ist nicht eindeutig abgrenzbar, der Zielzustand ist unbekannt und es ist unklar, wie ein solcher erreicht werden kann. Da solche Probleme nicht mit traditioneller Natur- oder Sozialwissenschaft alleine gelöst werden können, wird ein Ansatz nötig, welcher der Komplexität der Problematik besser gerecht wird und mit dem sich Wechselwirkungen zwischen natürlichen und sozial-technischen Systemen untersuchen lassen. Diese Untersuchung bedingt eine *Integration von Wissen*. Dabei wird unterschieden in:[166]

- Integration verschiedener *wissenschaftlicher Disziplinen*.
- Integration verschiedener *Systeme*, wie z.B. Boden, Wasser, Biosphäre etc.
- Integration verschiedener *Qualitäten von Wissen* (Erfahrungs- und Wissenschaftswissen).
- Integration verschiedener *Perspektiven der einzelnen Praxisakteure*.

Normativer Ausgangspunkt ist das Leitbild der Nachhaltigen Entwicklung. Vor diesem sollen drei Wissensarten entwickelt werden.[167]

1. Der *IST-Zustand* und dessen *Geschichte* ist zu analysieren.
2. Mögliche *Zielzustände* sind zu entwickeln.
3. Die Barrieren bzw. *Wege zu diesen Zielzuständen* sind zu untersuchen.

Da die drei Wissensarten im wesentlichen mit denen von System-, Ziel- und Transformationswissen identisch sind, ist eine Bewertung des Ansatzes mit diesen Kategorien legitim.

Um die Entwicklung dieser drei Wissensarten zu erarbeiten, wurde der Fallstudienansatz entwickelt. Hierbei konnte sich auf Erfahrungen gestützt werden, die in anderen Bereichen mit einem fallstudienorientierten Vorgehen erzielt wurden.[168]

---

[165] Scholz und Tietje, 2000: 23; Scholz et al., 1995: 4.

[166] Scholz und Tietje, 1996: 33; Scholz und Tietje, 2000: 55.

[167] Scholz et al., 1995: 5; Scholz und Tietje, 2000: 23.

[168] Scholz und Tietje, 2000: 12ff. Bspw. in der Managementlehre oder der Rechtswissenschaft.

Untersuchungsgegenstand einer Fallstudie ist ein spezifisches Objekt. Sechs Prinzipien stellen den Ausgangspunkt des Ansatzes dar:[169]

1. Möglichst weitgehende Beibehaltung der Komplexität und der Einzigartigkeit des Falls.
2. Der Wandel der Systeme und die Geschichte des Falles soll betrachtet werden.
3. Generalisierung durch Analyse, nicht durch Daten.
4. Untersuchung der Beziehung zwischen den speziellen und generellen Fragen des Falles.
5. Partizipation der Praxisakteure und Integration von deren Erfahrungswissen.
6. Prinzip der Gegenstandsdominanz, d.h. der Gegenstand bestimmt die Methode.[170]

Der Fallstudien-Ansatz kann für Forschung, Lehre und Anwendung herangezogen werden. An der ETH wird der Ansatz im achten Semester des Studiengangs Umweltnatur- und Umweltsozialwissenschaften eingesetzt; er soll ein *forschendes Lernen* ermöglichen. Während eines Semesters sind Studierende, Professoren, Assistenten, Tutoren und Praxisakteure an der Fallstudie aktiv beteiligt — insgesamt zwischen 200 und 300 Personen.[171]

4.1.2 Darstellung

Konzeptionelle Grundlage

Theoretischer Rahmen des Fallstudien-Ansatzes ist das Linsenmodel von Brunswik, das als Schema für die Wissens- und Arbeitsorganisation verwendet wird (vgl. Abbildung 4).[172] Brunswik entwickelte eine Theorie der menschlichen Wahrnehmung. Seine Frage war, wie ein Mensch eine Vielzahl von unsicheren Wahrnehmungen verarbeitet und zu vernünftigen Ergebnissen gelangt. Brunswik bedient sich des Linsenmodells. Scholz und Tietje schreiben:

> „Gegenstand der Analyse ist eine sog. 'focal variable', d.h. ein interessierender Gegenstand (...) oder ein zu lösendes Problem. Von dieser 'focal variable' gehen nun bestimmte cues (i.e. Informationen) zu einer Linse. Eine Reihe von Perzeptoren sammeln, jeder aus einer etwas verschobenen Perspektive, diese unsicheren Informationen. (...) Dieser erste auf der linken Seite der Linse dargestellte Prozess kann als analytischer Dekompositionsprozess der Gegenstandserfassung oder Erkenntnis betrachtet werden."[173]

---

[169] Scholz et al., 1995: 6.

[170] Scholz und Tietje, 1996: 34.

[171] Bächtiger et al., 1996: 73f.; Scholz und Tietje, 2000: 48f.

[172] Scholz und Tietje, 1996: 36f.; Scholz und Tietje, 2000: 30ff.

[173] Scholz und Tietje, 1996: 36f.

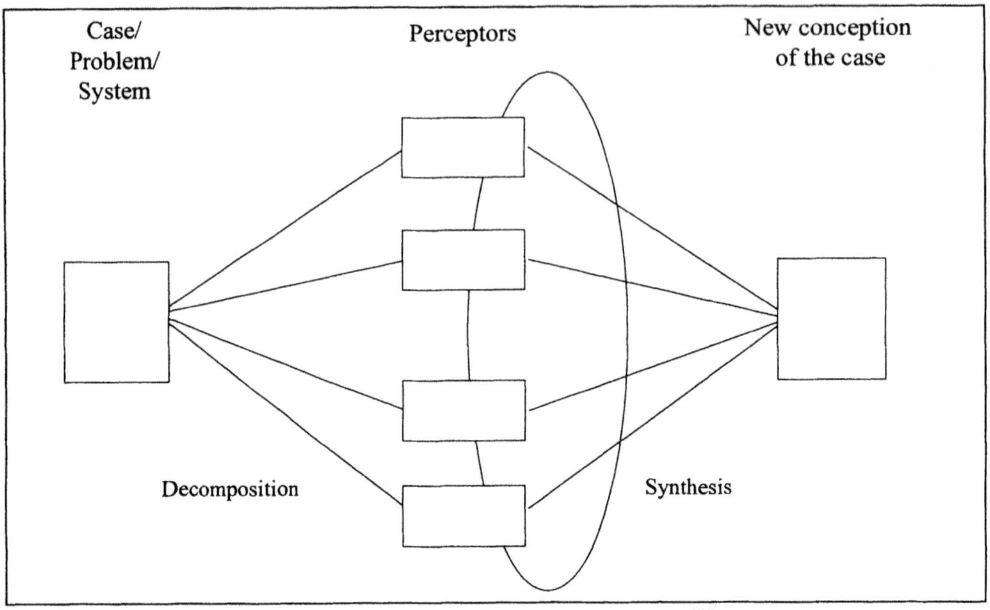

Abbildung 4: Das Brunswiksche Linsenmodell in der Basisform.[174]

Auf der Perzeptorenebene werden die gesammelten Informationen in einem Syntheseprozess verknüpft, was „zu einer (konstruierten) Wahrnehmung, Erkenntnis oder Bewertung führt."[175] Somit enthält das Brunswik-Modell zum einen einen dekomponierenden Prozess, bei dem einzelne Facetten erfasst werden, und zum anderen einen integrierenden Prozess, bei dem die einzelnen Facetten zusammenfließen.

Dieses Modell stellt die konzeptionelle Grundlage für den Fallstudien-Ansatz dar. Das Modell kann jedoch nicht den Informationsüberfluss optimieren, dem man bei jeder Fallstudie fast zwangsweise gegenübersteht. Allerdings kann die Informationsgewinnung weitgehend befriedigend erfasst werden. Dabei wird sich nicht auf quantitative Daten beschränkt, sondern es lassen sich auch qualitative erfassen.

---

[174] Scholz und Tietje, 2000: 33.

[175] Scholz und Tietje, 1996: 37.

Ablauf der Fallstudie

Der Fallstudienprozess ist in Abbildung 5 näher dargestellt. Dieser umfasst drei Phasen:

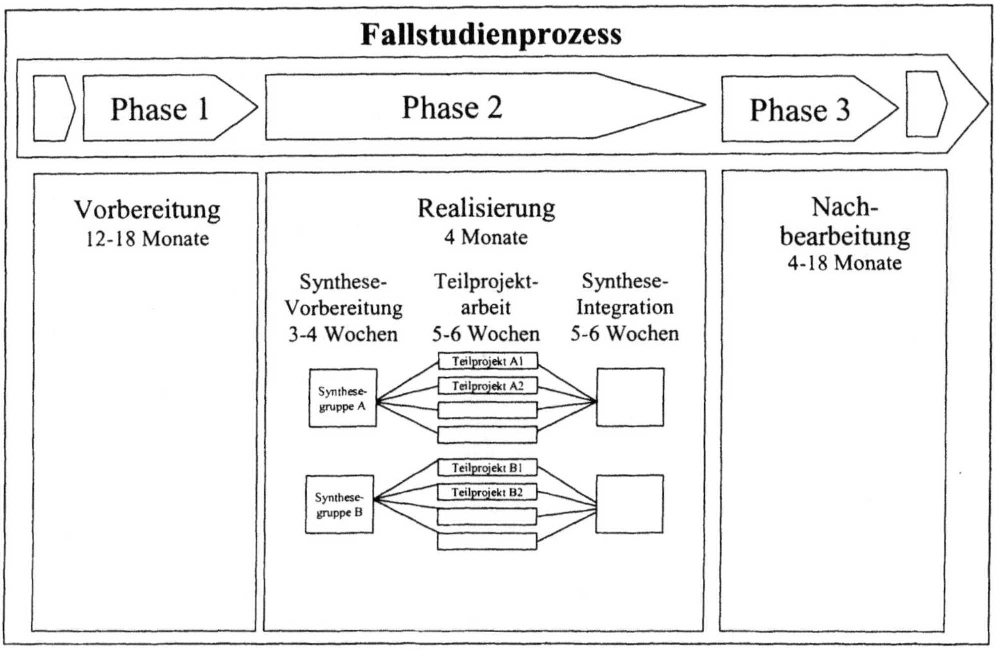

Abbildung 5: Der Fallstudienprozess.[176]

Phase 1: Vorbereitung der Fallstudie. Was ist ein Fall? Vielfach wird ein städtisches oder regionales Entwicklungsprojekt als ein Fall definiert, wie z.B. das Industrieareal Sulzer-Escher Wyss in Zürich. Dies muss nicht zwingend so sein. Entscheidend für die Bezeichnung eines Falles ist: Es muss sich um ein spezifisches Objekt handeln, es werden nicht Industrieareale im allgemeinen behandelt, sondern ein spezifisches Industrieareal.[177]

Bei der Anwendung des Fallstudien-Ansatzes im Rahmen der Lehre kommen für die Auswahl verschiedene Muss-, Soll- und Kann-Kriterien zur Anwendung, die sich vor allem auf das Thema und die Tätigkeit beziehen. Tabelle 2 listet die Kriterien im einzelnen auf:

---

[176] In Anlehnung an Scholz und Tieje, 2000: 50.

[177] Scholz und Tietje, 2000: 25f. und 38f.

Kriterien	Typ
Themenspezifisch	
Die Fallstudie setzt sich mit einem gesellschaftlich relevanten, konkreten Phänomen bzw. Problem auseinander.	Muss
Es wird ein „offenes Problem" bearbeitet. Die Fragestellung ist klar definiert und die Zielsetzung ist gut vermittelbar (Motto). Systemgrenzen sind feststellbar.	Muss
Dem interdisziplinären Anspruch des Studienganges ist Rechnung zu tragen: Sozial- und geisteswissenschaftliche Fragestellungen und system- und fachvertiefungsorientierte Arbeiten werden verbunden.	Muss
Der Forschungsbezug der Fallstudie ermöglicht weiterführende Diplomarbeiten.	Soll
Die Problemstellung ist bisher noch nicht bis zu einem zufriedenstellenden Resultat bearbeitet worden.	Soll
Dank finanzieller Unabhängigkeit sind sonst kaum realisierbare Projekte möglich. Auftragsarbeit ist nur wünschbar, falls die Bearbeitungsfreiheit nicht eingeschränkt ist. Die Fallstudie muss jedoch klar als Lehrveranstaltung deklariert sein.	Kann
Tätigkeitsspezifisch	
Die Hauptarbeit der Fallstudie darf nicht auf das Messen ausgelegt sein. Messdaten werden nur zur Prüfung, Ergänzung und Validierung erhoben.	Muss
Das Thema ist in bearbeitbare Einheiten aufspaltbar. Das Thema, die Strukturierung und die Organisation ermöglichen eine Synthese und eine gute Kommunikation zwischen den Gruppen.	Muss
Die Kommunikation mit beteiligten und betroffenen Personen und Institutionen (Bevölkerung, Politiker etc.) ist gewährleistet.	Muss
Weitere wichtige Anmerkungen	
Eine konkrete, umsetzungsorientierte Lösung wird auf allen Bearbeitungs- und Synthesestufen angestrebt.	
Die verschiedenen Institute sollen weitmöglichst einbezogen werden.	

Tabelle 2: Kriterien zur Auswahl der Fallstudie.[178]

Diese Kriterien verdeutlichen den Lehrcharakter der ETH-Fallstudie; die Studierenden sollen die Fallstudienmethodik als eine Methode komplexer Problemlösung erlernen. Daher sind Kriterien aufgeführt, welche die Anwendung verschiedener Methoden sicherstellen.[179]

Erlangung von Basiswissen über den konkreten Fall. Es soll der Ist-Zustand untersucht werden, inklusive der Geschichte des Falls. Dies wird anhand von Dokumenten, Befragungen etc. vorgenommen. Ziel ist dabei, eine Liste der kritischen Aspekte des Falls zu erstellen, de-

---

[178] Bächtiger et. al., 1996: 76.

[179] Bächtiger et al., 1996: 80f.

ren Entwicklung aufzuzeigen und die wichtigsten Akteure und Institutionen zu identifizieren, um schließlich ein soziales Netzwerk erarbeiten zu können. In einem zweiten Schritt wird, bspw. per Fragebögen oder Expertengesprächen, das Wissen validiert. Alle wichtigen Akteure sollen hierbei angeben, für wie relevant sie die identifizierten Fragen und Problembereiche erachten.[180] Im dritten Schritt entscheidet das Fallstudien-Team, welche Fragen im Rahmen der Fallstudie näher bearbeitet werden sollen. Die Kriterien für diese Auswahl sind:[181]

- Interesse des Fallstudien-Teams.
- Rückmeldungen der beteiligten Akteure.
- Vorhandene Ressourcen.

Das Ergebnis der ersten Phase ist die Wahl der Fragen, anhand derer anschließend einzelne Synthesegruppen gebildet werden.

Phase 2: Realisierung.[182] Die *Synthesegruppen* haben in einem ersten Schritt ihre Fragestellung näher zu verstehen und in Kooperation mit den Stakeholdern die relevanten Probleme zu identifizieren — ein Prozess gegenseitigen Lernens soll initiiert werden. Anschliessend sind die Methoden der Wissensintegration auszuwählen. Hier werden den Studierenden ein Reihe von Methoden zur Verfügung gestellt, auf die noch im einzelnen einzugehen ist.

In einem zweiten Schritt bilden die einzelnen Synthesegruppen *Subprojects*, welche die konkreten Fragestellungen bearbeiten. Hierbei werden sowohl bereits vorhandene wissenschaftliche Erkenntnisse verwendet, als auch neue Erkenntnisse und Daten über den spezifischen Fall erhoben und in die Bearbeitung einbezogen.

Im dritten Schritt fließen die Erkenntnisse der einzelnen Subprojects in einer *Synthese* zusammen. Diese Synthese erfolgt anhand der ausgewählten Methoden der Wissensintegration. Dabei wird auch die erste Version für den Schlussbericht erstellt.

Phase 3: Epilog. In der dritten Phase werden die Berichte der Synthesegruppen fertiggestellt. Diese werden dann von Wissenschaftlern und einzelnen Praxisakteuren evaluiert. Ein kleines Team erarbeitet die Studie und präsentiert sie an einem offiziellen Event, an dem alle Praxisakteure und alle Beteiligten des Fallstudien-Teams teilnehmen.[183]

---

[180] Scholz und Tietje, 2000: 47f.

[181] Scholz und Tietje, 2000: 48.

[182] Scholz und Tietje, 2000: 50f.

[183] Scholz und Tietje, 2000: 51.

Methoden

Für die Wissensintegration stehen im Rahmen des Fallstudienansatzes 13 Methoden zur Verfügung, die teilweise aus verschiedenen Disziplinen übernommen, teilweise speziell entwickelt wurden. Die Methoden sind i.d.R. in jeder Fallstudie anwendbar und können in vier Kategorien aufgeteilt werden[184]:

1. Darstellung und Modellierung des Falls.
2. Bewertung des Falls.
3. Transformation und Entwicklung des Falls.
4. Spezifische Analyse von Umweltproblemen und deren Bewertung.

Mit Bezug auf das Linsenmodell ermöglichen die Methoden sowohl die Dekomposition einer Fragestellung als auch die Integration verschiedener Wissensqualitäten. Die Integration findet dabei auf vier Ebenen statt: Integration unterschiedlicher Disziplinen, Umweltsysteme, Wissensarten und Interessen. Die 13 Methoden sollen kurz erläutert werden[185]:

Methoden zur Beschreibung des IST-Zustands und der Dynamik des Falls

- Formative Szenarioanalyse. Verschiedene Variablen, die aus unterschiedlichen Bereichen und Disziplinen stammen, werden in Beziehung zu einander gesetzt. Auf diese Weise wird versucht, unter verschiedenen Annahmen mögliche zukünftige Zustände aufzuzeigen.
- Modellierung dynamischer Systeme. Mittels mathematischer Modelle wird ein System von Variablen und deren Interaktionen dargestellt. Diese Modelle können dann in eine Szenario-Analyse münden.

Methoden zur Bewertung des Falls

- Multiattributive Entscheidungsanalyse. Mit dieser Methode werden integrale Bewertungen vorgenommen, die auf unterschiedlichen Präferenzen und Interessen der Akteure beruhen.
- Riskomanagement-Modell. Wenn in einem Fall verschiedene Alternativen zur Verfügung stehen, dann stellt sich die Frage, welche Alternative die mit dem geringsten Risiko ist. Das Risikomanagement-Modell stellt hierfür ein Entscheidungsmodell für verschiedene fallspezifische Handlungen dar.

---

[184] Scholz und Tietje, 2000: 53.

[185] Scholz und Tietje, 2000: 54ff.

Methoden zur Entwicklung des Falls

- Raum-Nutzungs-Verhandlungen. Dies ist eine Mediationsmethode, die speziell für den Fallstudien-Ansatz entwickelt wurde. In einem ersten Schritt werden verschiedene Gruppen identifiziert, die an der Gestaltung eines Raumes beteiligt sind und teilweise unterschiedliche Interessen haben. In einem zweiten Schritt werden mittels der multikriteriellen Entscheidungstheorie die jeweiligen Präferenzen ermittelt. Darauf aufbauend erfolgen in einem dritten Schritt Verhandlungsprozesse, bei denen verschiedene Lösungen entwickelt werden sollen, die für alle Interessengruppen annehmbar sind. Diese Lösungsvorschläge werden dann der Öffentlichkeit übergeben.
- Zukunftswerkstätten/Think Tanks. Dies sind Kreativitätsmethoden, um neue Perspektiven und unkonventionelle Lösungen zu suchen. Dabei wird auf dem intuitiven Wissen der beteiligten Akteure aufgebaut und versucht, dieses transparent und nutzbar zu machen.
- Teilnehmende Beobachtung. Hierbei werden die Wissenschaftler und/oder Studierenden zu Beteiligten des Falls. Ziel ist es, den Fall von innen heraus zu verstehen und somit ein Verständnis für die Anliegen der beteiligten Praxisakteure zu entwickeln.

Methoden für die spezifische Bewertung des Falls

Die Methoden für die spezifische Bewertung eines Falles werden fallspezifisch ausgewählt. Bei den vergangenen Fallstudien wurden bspw. folgende Methoden angewendet:

- *Lifecycle Assessment (Ökobilanzierung).* Mit der Ökobilanzierung wird versucht, die Auswirkungen von Produkten, Produktionsprozessen, bestimmten Konsumstilen etc. auf die natürliche Umwelt möglichst weitgehend abzubilden, zu vergleichen und zu bewerten.
- *Bio-ecological Potenzial Evaluation (BPE).* Die BPE ist komplementär zur Ökobilanzierung. Sie ist ein Bewertungsprozess, der auf die gegenwärtige biotische Qualität fokussiert und diese mit der potenziellen vergleicht.
- *Stoffflussanalyse.* Mit dieser Methode werden die Stoff- und Energieflüsse in einem Umweltsystem abgebildet.

4.1.3 Würdigung

Die Bewertung soll anhand der drei Wissensarten System-, Ziel- und Transformationswissen erfolgen. Für die Entwicklung von *Systemwissen* erscheint der Ansatz vielversprechend, da er auf ein spezifisches Objekt fokussiert und mit der Methode der System Dynamics sowohl die stofflich-energetische als auch die soziale Ebene untersucht und deren Wechselwirkungen darstellt. Durch die Fokussierung auf ein spezifisches Objekt lassen sich Fragestellungen ableiten, die konkret genug sind, um sie erfolgreich bearbeiten zu können und deren Ergebnisse einer Integration zugänglich zu machen.

Problematisch erscheint die Frage, was ein spezifisches Objekt ist. Es werden Kriterien aufgelistet, die ein Fall erfüllen muss, um im Rahmen der Fallstudie bearbeitet zu werden. Diese Kriterien sind jedoch vornehmlich didaktischer Natur. Daher ist mit den Kriterien keine Abgrenzung eines Falles bzw. eine Bewertung darüber möglich, wie spezifisch ein Fall zu sein hat, um eine Bearbeitung zu ermöglichen — es bleibt bei der relativ diffusen Anforderung, es müsse ein spezifischer Fall sein.

Dadurch kann fast jeder beliebige Sachverhalt ausgewählt werden, insofern er die didaktischen Anforderungen erfüllt und von den Bearbeitenden als genügend spezifisch angesehen wird. Dies führt zu einem breiten Anwendungsspektrum des Fallstudien-Ansatzes, es führt aber auch zu der Gefahr, dass die ausgewählten Fälle nicht ausreichend spezifisch sind und sich die Bearbeitung somit „verläuft“. Wie die Ausführungen in Abschnitt 3.3.1 zeigen sollten, ist eine konkrete Definition des Untersuchungsgegenstandes und der abgeleiteten Fragestellungen von hoher Bedeutung für den Erfolg einer transdisziplinären Bearbeitung.

Auch die Erarbeitung von *Transformationswissen* erscheint möglich. Grund hierfür ist zum einen die Partizipation der betroffenen Akteure, die von Beginn an einbezogen werden. Zum anderen wird bei der Entwicklung von Systemwissen nicht nur der IST-Zustand, sondern auch die Geschichte und Dynamik des Falles untersucht, wodurch Wege aufgezeigt werden können, wie eine Transformation erfolgen kann. Dies wird durch Methoden wie bspw. Raum-Nutzungs-Verhandlungen, Szenario-Technik etc. unterstützt.

Diese Techniken unterstützen auch die Erarbeitung von *Zielwissen*. Normative Leitlinie ist dabei das Leitbild der Nachhaltigen Entwicklung. Problematisch ist hierbei, dass dieses Leitbild an keiner Stelle näher definiert wird und somit keine Verbindung hergestellt werden kann zwischen dem abstrakten Leitbild und der konkreten Zielsetzungen für einen spezifischen Fall. Es wird vornehmlich bottom-up bestimmt, wie Nachhaltige Entwicklung in dem konkreten Fall zu bestimmen ist. Wenn konkrete Ziele für den spezifischen Fall nur bottom-up festgelegt werden, ohne auf die Gesamtwicklung der Gesellschaft bezug zu nehmen, besteht die Gefahr, Zielsetzungen zu generieren, die zwar mit dem Attribut nachhaltig belegt werden, aber letztlich nur auf dem kleinsten gemeinsamen Nenner der beteiligten Akteure beruhen. Mit der Methode der Szenario-Analyse könnte dieser Problematik begegnet werden, wie bspw. die Branchenszenarien der SAM Sustainability Group zeigen.[186]

Hier setzt ein weiterer Kritikpunkt an: Es wird nicht über den spezifischen Fall hinausgeschaut. Dadurch besteht die Gefahr, Suboptimierungen zu betreiben. Szenario-Analyse oder System Dynamics könnten aber helfen, solche Suboptimierungen zu verhindern.

Allgemein lässt sich kritisch anmerken: Der Ablauf der Bearbeitung ist klassisch linear; es wird ein Fall ausgewählt, Fragestellungen identifiziert, weiter konkretisiert und bearbeitet und schließlich integriert. Zwei Dinge sind jedoch nicht vorgesehen: einerseits eine Rückschleife zwischen der disziplinären Bearbeitung konkreter Fragestellungen und der allgemeinen Beschreibung des Falles und andererseits eine Rückschleife zwischen disziplinärem Wissen und den Spezifika des Falles. Es wird bestehendes disziplinäres Wissen verwendet und an den Fall angepasst, es erfolgt jedoch keine organisierte „Rückmeldung" an die jeweilige Disziplin. Wenn eine solche Rückmeldung vorgenommen wird, dann durch die einzelnen Tutoren und Studierenden, wenn sie in ihre Disziplinen zurückkehren. Es scheint dem Ansatz ein klassisches Anwendungsverständnis zugrunde zu liegen, wenn auch mit dem fundamentalen Unterschied der Partizipation der Praxisakteure von Beginn an.

Trotz dieser kritischen Anmerkungen erscheint der Fallstudien-Ansatz vielversprechend für die Forschung zu sein. Dabei darf nicht vergessen werden, dass der dargestellte Ansatz bisher ausschließlich in der Lehre angewandt wird. Viele der erhobenen Anforderungen beziehen sich dagegen auf einen Forschungsansatz. Daher soll die Kritik als Anregung verstanden werden, wie der Ansatz weiterentwickelt werden könnte.

---

[186] http://www.sam-group.com

4.2 Der Syndrom-Ansatz

4.2.1 Grundgedanke

Nach Auffassung des WBGU[187] nahm sich die Wissenschaft grundsätzlich auf zwei Arten der Umweltproblematik an: Zum einen hat sie disziplinär einzelne Aspekte untersucht und dabei viele wertvolle Erkenntnisse gesammelt. Diese Erkenntnisse lassen sich jedoch aufgrund der Komplexität nicht einfach addieren, um ein Gesamtbild der Problematik zu erhalten. Zum anderen hat die Wissenschaft mit einem ganzheitlichen Ansatz sogenannte Welt-Modelle entworfen. Diese Modelle vernachlässigen jedoch die individuellen Handlungen und sind entweder zu abstrakt, um Handlungsmaßnahmen abzuleiten, oder erreichen eine so hohe Komplexität, dass sie nicht leichter zu verstehen sind als das Original.

Daher spricht sich der WBGU dafür aus, dass die Umweltforschung verstärkt problemorientiert vorgehen und eine Kombination beider Ansätze anstreben sollte. Dabei besteht einerseits das Problem, dass ein integrativer Ansatz notwendig ist, mit dem die Interaktionen zwischen verschiedenen Sektoren analysiert werden können. Andererseits besteht das Problem, dass die Komplexität der dynamischen Prozesse eine Analyse und Modellierung erschwert. „Nur eine entsprechend vernetzte und interdisziplinäre Betrachtungsweise kann diesen beiden Problemen gerecht werden."[188]

Für eine solche Kombination fehlt jedoch ein wirklich problemadäquater Forschungsansatz, welcher der Komplexität der Phänomene und der Verzahnung von Mensch und Natur gerecht wird. Aus diesem Grund hat der WBGU den Syndrom-Ansatz entwickelt, wobei Syndrome als Krankheitsbilder des globalen Wandels zu verstehen sind.[189] Dieser Ansatz soll es ermöglichen, folgende Funktionen der Umweltwissenschaften zu erfüllen:

> „Forschung zum globalen Wandel muss sich also mit der Diagnose, Prognose und Bewertung der globalen Trends, der Vermeidung negativer Entwicklungen (*Prävention*), der 'Reparatur' bereits eingetretener Schäden (*Sanierung*) sowie der Anpassung an Unvermeidliches (*Adaption*) befassen."

Grundsätzlich sind die Funktionen, die der WBGU von den Umweltwissenschaften einfordert, mit denen vereinbar, die wir im vorigen Abschnitt mit System-, Ziel- und Transforma-

[187] Schellnhuber et al., 1997: 20.
[188] WBGU, 1996: 111.
[189] WBGU, 1996, 109 ff.; Schellnhuber et al., 1997.

tionswissen bezeichnet haben. Daher erscheint eine Bewertung des Ansatzes anhand dieser Wissensarten als legitim.

Normativer Ausgangspunkt des Syndrom-Ansatzes ist das *Leitbild der Nachhaltigen Entwicklung*. Dieses Leitbild wird in einem negativen Sinne verwendet, d.h. es wird untersucht, welche Entwicklungen eine Nicht-Nachhaltige Entwicklung verursachen. Auf diese Weise möchte der WBGU *Leitplanken* erarbeiten, innerhalb derer die Gesellschaft handlungsfähig bleibt. Da die Komplexität hoch, die Datenlage unscharf und die Wertvorstellungen und die Risikobereitschaft der Gesellschaft einem Wandel ausgesetzt sind, sollte jedoch eher von Grenzflächen denn von exakt bestimmbaren Leitplanken gesprochen werden.[190] Diese Grenzflächen möchte der WBGU mit dem Syndrom-Ansatz bestimmen. „Nachhaltige Entwicklung lässt sich dann als Abwesenheit bzw. Linderung von Syndromen beschreiben."[191]

Damit die Umweltwissenschaften diese Anforderungen erfüllen können, sollen sie nach Ansicht des WBGU zum einen möglichst viele Perspektiven einnehmen und zum anderen die Probleme in integrierter Form angehen. Die Integration der Forschung sollte dabei in horizontaler als auch in vertikaler Form erfolgen. Die *horizontale Integration* umfasst die Probleme selbst und ihre Zusammenhänge; diese Integration erfolgt mittels des Syndrom-Ansatzes. Bei der *vertikalen Integration* geht es dann um die entscheidungsorientierte Problemaufbereitung, d.h. welche Konsequenzen ergeben sich aus den Erkenntnissen der horizontalen Integration für die Lösung der Probleme.

4.2.2 Darstellung

Horizontale Integration: Der Syndrom-Ansatz i.e.S.

Der Syndrom-Ansatz bezieht sich auf die *horizontale Integration*, auf die Problemanalyse. Hierbei werden nicht die einzelnen ökologischen Kernprobleme untersucht, sondern das Zusammenspiel der Probleme zu typischen Krankheitsbildern, den Syndromen, analysiert.

Am Anfang steht die *Identifikation der ökologischen Kernprobleme und der Basistrends*. Die Basistrends werden dabei definiert als „the most relevant aspects of the global dynamics closely related to the civilization-nature interface."[192] Diese Basistrends stammen aus unter-

---

[190] WBGU, 1996: 118.
[191] WBGU, 1996: 119.
[192] Schellnhuber et al., 1997: 21.

schiedlichen Sphären (Atmosphäre, Biosphäre, Anthroposphäre etc.), können quantitativer als auch qualitativer Natur sein und werden anfangs nicht bewertet.

Um diese Trends als Bestimmungsgrößen für Syndrome verwenden zu können, müssen sich Indikatoren bestimmen lassen. Der WBGU unterscheidet verschiedene *Umweltindikatortypen*, wie einfache, zusammengesetzte und systemare, analytische und normative.

In einem zweiten Schritt wird versucht, die *Beziehungen zwischen den Trends zu bestimmen und auf diese Weise Syndrome zu identifizieren*. Dies erfolgt in einem iterativen Prozess gleich dem hermeneutischen Zirkel, bei dem bereits mit einem bestimmten Vorverständnis an die Analyse herangegangen wird, sich das Verständnis von den Beziehungen zwischen den Trends aber im Laufe der Analyse mit dem jeweiligen Erkenntnisstand verändert — die Einnahme einer unabhängigen Beobachterposition wird demnach nicht für möglich gehalten.[193] Der globale Wandel und somit die ökologischen Probleme werden als direktes Ergebnis menschlichen Handelns angesehen. Dieses Handeln soll weder ausschließlich auf überindividuelle gesellschaftliche Strukturen noch auf das Individuum alleine zurückgeführt werden. Statt dessen wird die Beziehung zwischen Struktur und Handeln betrachtet.[194] *Syndrome* sind dabei als negativ bewertete Konstellationen verschiedener Trends aufzufassen:

> „Syndrome basieren auf dem *Globalen Beziehungsgeflecht* und stellen (...) komplexe Krankheitsbilder des Systems Erde dar (...). Sie ergeben sich aus charakteristischen Konstellationen von sozioökonomischen, naturräumlichen und politischen Trends in diesem Beziehungsgeflecht und lassen sich in vielen Regionen identifizieren."[195]

Der Syndrom-Ansatz erfasst somit dominante stofflich-energetische und sozioökonomische Entwicklungen, führt sie mit ihren Interdependenzen zusammen und versucht auf diese Weise, das „wesentliche Muster der Mensch-Umwelt-Beziehung"[196] zu bestimmen. Er beschreibt m.a.W. *typische Krankheitsbilder*, die jeweils mehrere ökologische Kernprobleme umfassen, wie z.B. Treibhauseffekt, Bodenerosion u.a. Die identifizierten Syndrome gelten dabei nicht weltweit, sondern werden für einzelne *Regionen* bestimmt. Wenn Syndrome auch grundsätzlich als eigenständig gelten, so können in einer Region durchaus verschiedene Syndrome gleichzeitig zu beobachten sein, die sich teilweise überlagern und in aktiver Wechsel-

---

193 Schellnhuber et al., 1997: 22f.

194 Schellnhuber et al., 1997: 21.

195 WBGU, 1996: 109 (Hervorhebungen im Original).

196 WBGU, 1996: 142.

wirkung stehen, d.h. sich gegenseitig verstärken, abschwächen.[197]

Die Intensität eines Syndroms in einer bestimmten Region bzw. die Anfälligkeit einer Region für ein Syndrom wird durch die *Dispositionsfaktoren* bestimmt. Hierbei unterscheidet der WBGU zwischen naturräumlichen und sozioökonomischen Dispositionsfaktoren. „Eine Region ist dann für ein Syndrom anfällig, wenn bestimmte strukturelle Konstellationen naturräumlicher und sozioökonomischer Dispositionsfaktoren vorliegen."[198] Identifikation der Syndrome und Bestimmung dieser Dispositionsfaktoren „bilden den Kern einer qualitativen Systemanalyse des Syndroms."[199] Auf diese Weise wird versucht, die *Mensch-Umwelt-Beziehungen* und somit die Entwicklung des Systems Erde zu beschreiben. Folgende Syndrome hat der WBGU bereits identifiziert:

„SYNDROMGRUPPE ‚NUTZUNG'

1. Landwirtschaftliche Übernutzung marginaler Standorte: *Sahel-Syndrom*
2. Raubbau an natürlichen Ökosystemen: *Raubbau-Syndrom*
3. Umweltdegradation durch Preisgabe traditioneller Landnutzungsformen: *Landflucht-Syndrom*
4. Nicht-nachhaltige industrielle Bewirtschaftung von Böden und Gewässern: *Dust-Bowl-Syndrom*
5. Umweltdegradation durch Abbau nicht-erneuerbarer Ressourcen: *Katanga-Syndrom*
6. Erschließung und Schädigung von Naturräumen für Erholungszwecke: *Massentourismus-Syndrom*
7. Umweltzerstörung durch militärische Nutzung: *Verbrannte-Erde-Syndrom*

SYNDROMGRUPPE ‚ENTWICKLUNG'

8. Umweltschädigung durch zielgerichtete Naturraumgestaltung im Rahmen von Großprojekten: *Aralsee-Syndrom*
9. Umweltdegradation durch Verbreitung standortfremder landwirtschaftlicher Produktionsverfahren: *Grüne-Revolution-Syndrom*
10. Vernachlässigung ökologischer Standards im Zuge hochdynamischen Wirtschaftswachstums: *Kleine-Tiger-Syndrom*
11. Umweltdegradation durch ungeregelte Urbanisierung: *Favela-Syndrom*
12. Landschaftsschädigung durch geplante Expansion von Stadt- und Infrastruktur: *Suburbia-Syndrom*

SYNDROMGRUPPE ‚SENKEN'

13. Umweltdegradation durch weiträumige diffuse Verteilung von meist langlebigen Wirkstoffen: *Hoher-Schornstein-Syndrom*
14. Umweltverbrauch durch geregelte und ungeregelte Deponierung zivilisatorischer Abfälle: *Müllkippen-Syndrom*
15. Lokale Kontamination von Umweltschutzgütern an vorwiegend industriellen Produktionsstandorten: *Altlasten-Syndrom*"[200]

---

[197] WBGU, 1996, 117f. und Schellnhuber et al., 1997: 25f.

[198] WBGU, 1996: 142.

[199] WBGU, 1996: 138.

[200] WBGU, 1996: 121.

Die Syndrome sind dabei anhand der Art und Weise typologisiert, mit welcher der Mensch die natürliche Umwelt nutzt. Somit wird als *Ausgangspunkt für ein Syndrom* nicht ein bestimmtes Umweltproblem herangezogen, sondern eine *menschliche Aktivität*, die gegebenenfalls auch mehrere Kernprobleme verursachen kann. Damit wird deutlich, dass mit der Syndrom-Analyse nicht nur die Dynamik ökologischer Prozesse untersucht wird, sondern auch der direkte Bezug zu den menschlichen Aktivitäten gegeben ist. Auf diese Weise wird es möglich, die sozialen Prozesse, Akteure und Orte zu untersuchen, die ein Syndrom und somit eine Nicht-Nachhaltige Entwicklung verursachen.[201]

Die Grundthese des WBGU ist, dass „sich die komplexe globale Umwelt- und Entwicklungsproblematik auf eine überschaubare Anzahl von Umweltdegradationsmustern zurückführen lässt."[202] Wenn dies zutrifft, dann kann mittels der Syndrome eine *Landkarte der globalen Problematik* entworfen werden. Hierfür bedarf es einer standardisierten Methode, wie die Syndrome erkannt und bewertet werden können. Daher sind Indikatorenkataloge zu erstellen, welche die wesentlichen Bestimmungsgrößen verbinden und ein Syndrom-Profil darstellen. Dieses enthält neben systemaren auch normative Indikatoren, da die Entwicklungen bewertet werden. „Daher bieten sich diese Profile als *'Sustainability-Indikatoren'* an"[203].

Welches konkrete Syndrom bearbeitet wird, soll anhand von Relevanzkriterien entschieden werden. Folgende *Relevanzkriterien* schlägt der WBGU für die Auswahl vor:[204]

1. *Globale Relevanz.*
2. *Dringlichkeit.*
3. *Wissensdefizit.* Können durch die Forschung Wissenslücken geschlossen werden?
4. *Verantwortung.* Werden Probleme erforscht, an denen Deutschland direkt oder indirekt beteiligt ist?
5. *Betroffenheit.* Werden Probleme erforscht, durch die Deutschland direkt oder indirekt betroffen ist?
6. *Forschungs- und Lösungskompetenz.* Kann Deutschland aufgrund bestehender Forschungsergebnisse zu dem Problem einen Beitrag leisten?

---

[201] Schellnhuber et al., 1997: 23.

[202] WBGU, 1996: 116.

[203] WBGU, 1996: 120.

[204] WBGU, 1996: 133.

Die genaue Analyse eines Syndroms soll es über die Erstellung einer Landkarte hinaus ermöglichen, *Empfehlungen zur Kuration des Syndroms* abzuleiten. Konkret erhofft man sich eine bessere Operationalisierung des Ziels der Nachhaltigen Entwicklung, um Leitplanken für eine Nachhaltige Entwicklung erarbeiten zu können. „Die Aufgabe der Steuerung des Erdsystems ist es nun, ein Abgleiten in die Bereiche jenseits der Leitplanken zu verhindern."[205] An anderer Stelle wird aber daraufhin gewiesen: „(...) We are well aware of the fact that one cannot manage the Earth System in the same way as, for instance, a greenhouse with tomatoes" [206]. Daher müssten die Ergebnisse, die sich aus dem Syndrom-Ansatz ergeben, an die konkreten Akteure angepasst sein.

Diese Anpassung an die Akteure und das Finden von Lösungsmaßnahmen soll erfolgen, indem ein Syndrom als „produktive Fragenheuristik"[207] genutzt wird. Hierfür sind näher zu untersuchende Fragekomplexe abzuleiten, wobei *zwei Prinzipien* zur Anwendung kommen:[208]

1. Die Fragenkomplexe müssen *mindestens zwei Sphären des Erdsystems* umfassen. Dieses Prinzip führt zu einer vertieften horizontalen Integration.
2. Die Fragenkomplexe müssen wesentliche bzw. *essentielle Teile eines Syndroms* abdecken und somit einen hohen Grad an Lösungsrelevanz aufweisen. Damit verweist dieses Prinzip auf die vertikale Integration, d.h. den Problemlösungsprozess.

Anhand des Sahel-Syndroms hat der WBGU bspw. *drei Fragenkomplexe* abgeleitet[209]:

1. Handlungsoptionen der betroffenen Bevölkerung.
2. Der regionale Klimawandel.
3. Internationale wirtschaftliche Rahmenbedingungen.

Diese Fragenkomplexe führen zu bestimmten Forschungsinhalten, die untereinander verknüpft sind. Zudem verweisen die Fragenkomplexe und hier insbesondere Fragenkomplex 1 „Handlungsoptionen der betroffenen Bevölkerung" auf die Erarbeitung von Lösungsansätzen, was im Rahmen der vertikalen Integration erfolgt.

---

[205] WBGU, 1996: 118.

[206] Schellnhuber et al., 1997: 33.

[207] WBGU, 1996: 142.

[208] WBGU, 1996: 143.

[209] WBGU, 1996: 143ff.

Vertikale Integration: Der Problemlösungsprozess

Die Erarbeitung von Lösungsansätzen erfolgt durch die *vertikale Integration*, d.h. durch den Problemlösungsprozess. Hier unterscheidet der WBGU sechs Elemente[210]:

1. Die *entscheidungsorientierte Aufarbeitung der Probleme*, also die Identifikation, Erklärung und Prognose globaler Umweltprobleme. Insbesondere die Erklärung bedingt die Einnahme verschiedener Perspektiven, was einen Diskurs zwischen Wissenschaft, Politik und Öffentlichkeit erfordert. Zudem sind Informationssysteme aufzubauen, die auf Frühwarnung ausgelegt sein müssen. Um diesen Anforderungen gerecht zu werden, bedarf es einer integrativen Methode, wie bspw. des Syndrom-Ansatzes.
2. Darüber hinaus sind in einem diskursiven Prozess *Leitbilder* zu erarbeiten, die eine Entwicklung innerhalb der Leitplanken einer Nachhaltigen Entwicklung aufzeigen. Allerdings besteht gegenwärtig weder in Deutschland noch in der EU ein Konsens über die Operationalisierung des Leitbildes der Nachhaltigen Entwicklung. Hier müssten nach Ansicht des WBGU sowohl die Barrieren erforscht werden, die einer Operationalisierung entgegenstehen, als auch Wege, diese zu überwinden.
   Mit seinem Leitplanken-Modell schlägt der WBGU eine Alternative zu einer strikten Operationalisierung vor. Das Modell gibt allerdings nur die Leitplanken einer Nachhaltigen Entwicklung vor, fixiert jedoch keinen Endzustand. Daher ist es grundsätzlich für Anpassungen über die Zeit offen und trägt dem gesellschaftlichen und normativen Charakter des Leitbildes Rechnung. Der WBGU vertritt somit ein Verständnis von Nachhaltiger Entwicklung, das dem in Kapitel 2.3. vorgestellten Verständnis der Nachhaltigen Entwicklung als regulativer Idee nahe kommt.
3. Damit diese Leitbilder realisiert werden, sind auf unterschiedlichen Ebenen die *Träger*, d.h. die entscheidenden Akteure zu identifizieren und deren Interessen zu analysieren.
4. Darüber hinaus sind geeignete *Instrumente* zu entwickeln. Neben marktwirtschaftlichen Instrumenten hält der WBGU insbesondere auf globaler Ebene auch umweltbildende Maßnahmen für sinnvoll. Weiterhin führt er eine Reihe von Maßnahmen an, wie z.B. runde Tische, Zertifikate, Umweltaudits etc., die es näher zu untersuchen gelte. Zudem soll die interdisziplinäre Forschung zu globalen Konventionen verstärkt werden.[211]

---

[210] WBGU, 1996: 152ff.

[211] WBGU, 1996: 155.

5. Daran schließen sich Fragen der *Implementierung* an. Wie können internationale Vereinbarungen geschlossen und deren Erfüllung überprüft und eventuell sanktioniert werden?
6. Übergreifend zu diesen fünf Elementen soll die *Entscheidungs- und Risikoforschung* gefördert werden, da hier zum einen die Konsensfindung und zum anderen der Umgang mit Unsicherheit näher betrachtet wird. So müssen Entscheidungen auf unsicheren Erkenntnissen und folglich auf unsicheren Risiken und unterschiedlichen Bewertungen dieser Risiken aufbauen. Da die Entscheidungen bei internationalen Vereinbarungen von souveränen Staaten getroffen werden, die über unterschiedliche Interessen und Wertvorstellungen verfügen, ist neben der Risiko- auch die Entscheidungsforschung voranzutreiben.

4.2.3 Würdigung

Inwieweit ist der Syndrom-Ansatz geeignet, um einen Beitrag zu den drei Arten des „Nachhaltigkeitswissens" (System-, Ziel und Transformationswissen) zu leisten? Die Hauptstärke des Syndromansatzes liegt zweifellos bei der Entwicklung von *Systemwissen*. Die Syndrome erfassen die wesentlichen stofflich-energetischen und sozioökonomischen Entwicklungen nicht nur separat, sondern auch in ihren Wechselwirkungen. Daher sind sie gut geeignet, um ein über einzelne Sphären hinausgehendes Systemwissen zu erarbeiten.

Mit dem Syndrom-Ansatz werden auch die menschlichen Verhaltensweisen erfasst, dies jedoch vornehmlich in kausalanalytischer Form. D.h. die menschlichen Verhaltensweisen werden als Basistrends aufgenommen und mit anderen Trends in Beziehung gesetzt. Dies ist zweifellos notwendig. Um jedoch die Ableitung von Transformationswissen zu ermöglichen, bedarf es auch eines Systemwissens über die Motive der Handelnden. Ein blosses Erklären menschlichen Handelns ist daher durch ein Verstehen zu ergänzen. Der WBGU fordert zwar die Partizipation der Akteure, sieht die Methode der Partizipation jedoch vornehmlich als ein Instrument der Umsetzung an. Um auch ein verstehendes Systemwissen zu erlangen, bedarf es von Beginn an der Partizipation. Dies schließt der Syndrom-Ansatz nicht prinzipiell aus, wird vom WBGU jedoch bisher nicht hinreichend berücksichtigt.

Eine Möglichkeit, diese Lücke zu schließen, bietet der Fragenkomplex „Handlungsoptionen der betroffenen Bevölkerung", den der WBGU am Beispiel des Sahel-Syndroms ableitet. Im Rahmen dieses Fragenkomplexes fordert der WBGU auch die Partizipation der Akteure, durch die ein Verstehen der Handlungen möglich wird. Dieser Fragenkomplex bezieht sich zudem direkt auf die Handlungsweisen, die den Syndromen vielfach ihren Namen geben und die Grundlage für deren Typisierung sind. Zudem ist der Fragenkomplex für die Ableitung von Transformationswissen nicht nur für das Sahel-Syndrom, sondern vermutlich generell für alle Syndrome von hoher Bedeutung. Es fehlt jedoch eine genauere Konzeption, wie er im Rahmen des Syndrom-Ansatzes zu bearbeiten wäre.

Der Syndrom-Ansatz ist auch hilfreich, um *Zielwissen* zu erarbeiten, fraglich ist jedoch, ob er hinreichend ist. Das jeweilige Ziel ist vor dem Hintergrund dieses Ansatzes die Abwesenheit eines Syndroms. Darüber hinaus können die Syndrom-Profile als Sustainability-Indikatoren angesehen werden. Diese können aufzeigen, wann ein bestimmtes Maß erreicht ist und somit die Nachhaltigkeitsgrenzen überschritten sind. Konkret sollen Leitplanken für eine Nachhaltige Entwicklung definiert werden.

Die Operationalisierung von Leitplanken ist das eine. Das andere ist die Wahl zwischen verschiedenen Kombinationen von Leitplanken und das Auffüllen des „leeren Raumes" zwischen den Leitplanken mit konkreten und damit erst handlungsleitenden und lebensweltlichen Gestaltungsvorstellungen und Leitbildern. So können zwar mittels des Syndrom-Ansatzes Leitplanken entwickelt werden, diese hängen aber von dem „jeweiligen Kenntnisstand, von den herrschenden Wertvorstellungen und der Risikobereitschaft der Bevölkerung"[212] ab. Daher unterliegt nicht nur die Suche nach Leitbildern, die den Raum innerhalb bestimmter Leitplanken ausfüllen, einem ständigen gesellschaftlichen Lern-, Such- und Entwicklungsprozess. Auch die Leitplanken selbst bzw. bestimmte Leitplanken-Kombinationen existieren nicht unabhängig von gesellschaftlichen Präferenzen, sondern werden durch diese verändert und unterliegen gesellschaftlichen Gestaltungsprozessen.

Um ein anwendungsorientiertes Zielwissen zu erarbeiten, wird ein System-, Ziel- und Transformationswissen über die Ziele benötigt. D.h. erstens ist ein Wissen über die bestehenden Wertvorstellungen der Praxisakteure notwendig, um nicht Leitplanken und Leitbilder zu erarbeiten, die innerhalb der Gesellschaft nicht anschlussfähig sind. Zweitens ist ein Wissen darüber erforderlich, was für Ziele sich die Gesellschaft bzw. einzelne Gruppen gesetzt haben, um zu überprüfen, inwieweit diese Ziele mit einer Nachhaltigen Entwicklung vereinbar sind. Drittens ist schließlich ein Wissen nötig, wie gesellschaftliche Wert- und Zielvorstellungen zustande kommen und wie die Wissenschaft im Sinne eines kritisch-konstruktiven Verwendungsverständnisses (s. Kapitel 3.1.2) Einfluss nehmen kann.

---

212 WBGU, 1996: 118.

Mit dem Syndrom-Ansatz in seiner bisherigen Konzeption kann vornehmlich ein Zielwissen entwickelt werden, das aus wissenschaftlicher Sicht darlegt, wann eine Gesellschaft nachhaltig ist — folglich ein wissenschaftliches „Zielwissen über das Zielwissen". Dieses ist notwendig und mit dem Syndrom-Ansatz in vielversprechender Weise möglich.

Ein gesellschaftliches System-, Ziel- und Transformationswissen über die Ziele kann jedoch mit dem Syndrom-Ansatz nur eingeschränkt erarbeitet werden, da die Verhaltensweisen der gesellschaftlichen Akteure in erster Linie erklärt werden, aber zumindest explizit nicht auch ein Verstehen dieser Handlungen beabsichtigt ist. Hier hat der Syndrom-Ansatz, wie er heute vorliegt, eine erste systematische Schwäche. So wird dann auch — mehr ad hoc denn in methodischer Weiterentwicklung — dazu aufgerufen, zusätzlich die Leitbildforschung voranzutreiben, mittels diskursiver Prozesse handlungsleitende Visionen zu erarbeiten und „das kreative Potenzial partizipativer Prozesse auszuschöpfen"[213].

Diese Schwäche wirkt sich auch auf die Entwicklung von *Transformationswissen* aus. Wenn Problemlösungen in der Anthroposphäre ansetzen sollen, wie es der WBGU fordert[214], und man nicht realitätsfern und letztlich antidemokratisch auf einen allmächtigen Steuermann außerhalb der gesellschaftlichen Handlungssysteme setzen will, bedarf es eines vertieften Wissens von den gesellschaftlichen Handlungssystemen und Gestaltungsprozessen. Aber die Vertreter des Syndrom-Ansatzes glauben nicht an einen allmächtigen Steuermann, wenn dieser Eindruck beim Lesen auch entstehen könnte.[215] Es kann zudem der Auffassung zugestimmt werden, dass es die Menschen mit ihren Handlungen innerhalb bestimmter Strukturen und ihren Bedürfnissen, Visionen und Wertvorstellungen sind, die eine Nicht-Nachhaltige Entwicklung bewirken.[216]

Indem der WBGU beim Beispiel des Sahel-Syndroms einen Fragenkomplex „Handlungsoptionen der Bevölkerung" und einen zu „Internationalen wirtschaftliche Rahmenbedingungen" ableitet, wird eine vertiefte Analyse der gesellschaftlichen Handlungssysteme möglich — insbesondere bei dem ersten Fragenkomplex. Hier schlägt der WBGU als eine Methode die Partizipation der Praxisakteure vor. Wie bereits erläutert, fehlt eine konkretere Ausgestaltung, wie insbesondere der erste Fragenkomplex bearbeitet werden soll, um handlungsleitendes Transformationswissen zu entwickeln. Der Bedürfnisfeld-Ansatz, der im nächsten

---

213 WBGU, 1996: 154.

214 WBGU, 1996: 153; CASS und ProClim, 1997: 7.

215 WBGU, 1996: 154; Schellnhuber, 1997: 33.

216 Schellnhuber, 1997, 21.

Kapitel vorgestellt wird, stellt eine Möglichkeit dar, diese Konzeption zu leisten, und den Syndrom-Ansatz somit auf vertikaler Ebene zu ergänzen.

Es könnte der Einwand erhoben werden, der WBGU leistet mit der Darlegung der vertikalen Integration eine solche Konzeption. Die Darstellung der vertikalen Integration und somit des Problemlösungsprozesses erscheint jedoch aus zwei Gründen nicht befriedigend:

1. Wenn der WBGU auch nicht missverstanden werden soll, so scheint die vertikale Integration der horizontalen zu folgen. Demnach erforscht die Wissenschaft ein Syndrom und versucht dann in klassischer Manier, ihre Erkenntnisse umzusetzen. Wie in Kapitel 3.3.3 ausgeführt, erscheint eine Verwendung wissenschaftlicher Ergebnisse im Sinne einer Einbahnstrasse nicht erfolgversprechend, da die Akteure einerseits über ein Wissen verfügen, das für die Erforschung der Zusammenhänge bedeutend ist. Andererseits sind bei der Bewertung der Beziehungsgeflechte die vorherrschenden gesellschaftlichen Wertvorstellungen einzubeziehen, um letztlich Anschlussfähigkeit an die Gesellschaft herstellen zu können. Daher sollte die vertikale Integration parallel zur horizontalen Integration erfolgen.
2. Die Darlegung der vertikalen Integration erscheint in Form eines klassischen, linearen Problemlösungsprozesses. Dabei ist zum einen die Verzahnung mit der horizontalen Integration bisher nur in Ansätzen aufgezeigt. Zum anderen ist das Zusammenspiel der einzelnen Elemente nicht thematisiert.

Insgesamt erscheint der Syndrom-Ansatz vielversprechend, er bedarf aber insbesondere auf vertikaler Ebene der Weiterentwicklung.

4.3 Der Bedürfnisfeld-Ansatz[217]

4.3.1 Grundgedanke

Die *Idee der Nachhaltigen Entwicklung* bezieht sich auf die Bedürfnisbefriedigung der heutigen und der zukünftigen Generationen. Wenn die Forschung einen Beitrag zu einer Nachhaltigen Entwicklung leisten möchte, dann ist es naheliegend, die Art und Weise der Bedürfnisbefriedigung zu untersuchen. Dies ist der Ausgangspunkt des Bedürfnisfeld-Ansatzes: Es sollen Handlungen untersucht werden, die der Bedürfnisbefriedigung dienen und für eine Nachhaltige Entwicklung bedeutend sind.

In der Umweltforschung spricht man seit längerem von Bedürfnisfeldern. Bisher fehlt jedoch eine konzeptionelle Darlegung, warum Bedürfnisse die Grundlage der Umweltforschung darstellen sollen und was unter einem Bedürfnisfeld zu verstehen ist.[218] Bedürfnisse könnten traditionell als physiologische oder psychische Mangelerscheinungen definiert werden.[219] Eine solche Definition würde Bedürfnisse wie Ernährung, Kleidung, Wohnen etc. umfassen, sogenannte Grundbedürfnisse. Nicht beinhalten würde eine solche Definition allerdings einerseits Ausprägungen dieser Bedürfnisse im Sinne von Genießen, sich Schmücken etc. Andererseits wären Handlungen ausgegrenzt, wie bspw. Sport und Urlaub. Da auch diese Handlungen für eine Nachhaltige Entwicklung relevant sein können, bedarf es eines Bedürfnisbegriffs, der über die Definition als Mangelerscheinung hinausgeht.

Aus diesem Grunde sollen Bedürfnisse in Anlehnung an Sen definiert werden als: „Functionings (...) the various things that he or she manages to do or be in leading a life."[220] Einzelne Funktionen können hierbei elementar sein, wie bspw. Gesundheit, genügend Nahrung etc. Andere erweisen sich als komplexer, wie bspw. das Erlangen von Anerkennung. Die Erfüllung dieser Funktionen beruht auf Handlungen. Im Rahmen des Bedürfnisfeld-Ansatzes sind die Handlungen bedeutend, die von hoher ökologischer, ökonomischer und sozialer Relevanz sind. Diese Handlungen sollen als Basishandlungen bezeichnet werden.

---

[217] Der Bedürfnisfeld-Ansatz basiert auf Mogalle, 2000b, und wurde in ähnlicher Form bereits veröffentlicht (Mogalle, 2000c). Der Ansatz lag dem IPG I zugrunde, das in Teil II näher analysiert wird, und wurde im Laufe des Forschungsprozesses gemeinsam weiterentwickelt. Hierfür danke ich allen Forschenden, besonders Prof. Dr. Jürg Minsch, PD Getrude Hirsch und Prof. Dr. Uwe Schneidewind für ihre zahlreichen Ideen und Kommentare.

[218] Enquete-Kommission „Schutz des Menschen und der Umwelt", 1994; Institut für sozial-ökologische Forschung, 1994; Umweltbundesamt, 1997; Forschungszentrum Karlsruhe, 1999; TAB, 1998.

[219] Schönpflug, 1971: 766-771.

Diese Basishandlungen lassen sich grundsätzlich auf zwei Arten thematisieren: Erstens kann die Basishandlung selbst hinterfragt werden, ob es bspw. notwendig, legitim und nachhaltig ist, in anderen Ländern Urlaub zu machen. Zweitens kann die Art und Weise, wie eine Basishandlung ausgeführt wird, Gegenstand der Analyse sein. Hier wäre zu fragen, wo und wie der Urlaub erfolgt. Wenn Anschlussfähigkeit an die Praktiken der Praxis hergestellt und gesichert werden soll, dann erscheint es vielversprechender, die Art und Weise einer Basishandlung zu thematisieren. Hier setzt der Bedürfnisfeld-Ansatz an. Er setzt Basishandlungen als gegeben voraus und analysiert, wie diese Basishandlungen vorgenommen werden. Durch eine solche Analyse wird indirekt jedoch vermutlich auch eine Reflexion über die Basishandlung selbst angestoßen und somit auch über deren Legitimität.

Der Vorschlag basiert auf vier Schritten, die in Abbildung 6 dargestellt sind: Erstens auf der Wahl einer Basishandlung, zweitens auf der Fokussierung auf ein Bedürfnisfeld, drittens auf der Fokussierung auf spezifische Schlüsselherausforderungen in diesem Bedürfnisfeld und viertens auf einer integrativen Analyse. Diese vier Schritte werden im folgenden näher dargelegt und am Beispiel des Integrierten Projekts Gesellschaft I (IPG I) erläutert.

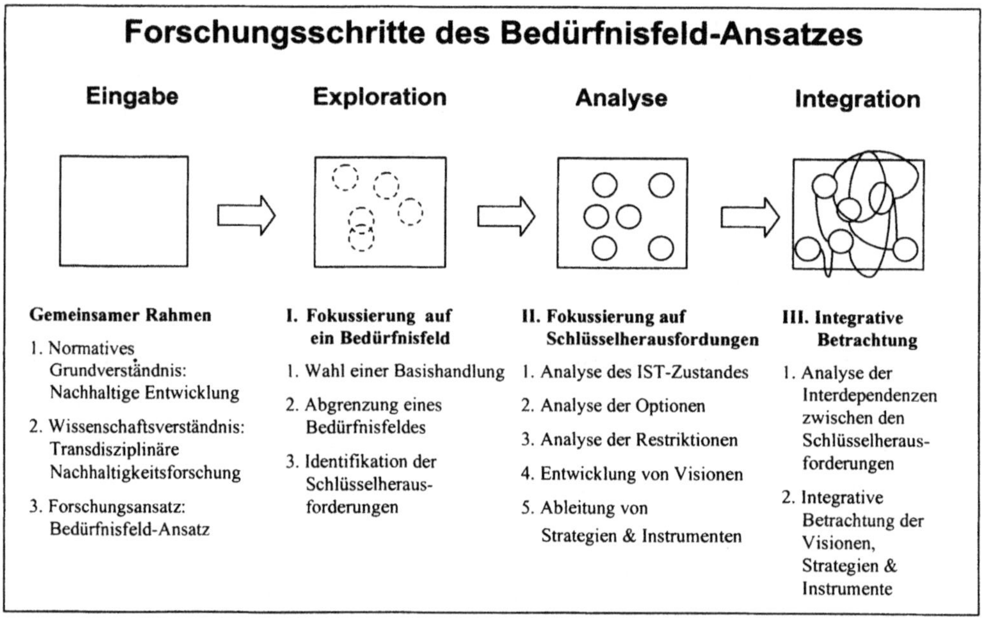

Abbildung 6: Forschungsschritte des Bedürfnisfeld-Ansatzes.

[220] A. Sen, 1993: 31.

4.3.2 Darstellung

Fokussierung auf ein Bedürfnisfeld

Auswahl einer Basishandlung. Da ein substantieller Beitrag für eine Nachhaltige Entwicklung geleistet werden soll, ist eine Basishandlung zu wählen, die sowohl in ökologischer Hinsicht als auch in ökonomischer und gesellschaftlicher Hinsicht bedeutend ist. Aus diesen Gründen wurden im Rahmen des IPG I folgende *Kriterien* angewandt, anhand derer die Basishandlung Ernährung ausgewählt wurde:[221]

- *Ökologische Relevanz.*
- *Ökonomische Relevanz.*
- *Gesellschaftliche Relevanz.*

Eine ökologisch relevante Handlung muss jedoch nicht zwingend auch ökonomisch relevant sein. Daher können ergänzend weitere Kriterien verwendet werden, wie z.B.:

- *Politischer Handlungsbedarf.*
- *Handlungspotenziale.*
- *Chance, etwas zu bewirken.*
- *Nationale Beeinflussbarkeit.*

Abgrenzung eines Bedürfnisfeldes

Um Maßnahmen, Strategien und Visionen entwickeln zu können, wie eine Basishandlung im Sinne einer Nachhaltigen Entwicklung geändert und angepasst werden könnte, ist eine Reflexion und Analyse dieser Handlung notwendig. Da Basishandlungen nicht isoliert erfolgen, sondern mit anderen Handlungsweisen in Wechselwirkung stehen, wird eine Analyse der vor-, nach- und „über"-gelagerten Handlungsweisen und der gesellschaftlichen Strukturen notwendig. Kurz: Die Basishandlung ist in ihrem Kontext zu untersuchen. Die Einbettung einer Basishandlung in ihrem Kontext kann als Bedürfnisfeld bezeichnet werden. Ein Bedürfnisfeld wird in Anlehnung an Schneidewind[222] verstanden als

> ein System von Handlungen und durch die Handlungen (re)produzierten gesellschaftlichen Strukturen, das sich auf eine menschliche Basishandlung auswirkt. Die Basishandlung findet auf sozioökonomischer Ebene statt, hat aber stofflich-energetische Auswirkungen und ein ökologisches Belastungspotenzial.

---

[221] Minsch, 1995: 3.10f.

Diese Definition ist sehr allgemein. Um ein Bedürfnisfeld enger einzugrenzen, bedarf es weiterer Kriterien. Hierbei sollte es derart abgegrenzt werden, dass

1. der *lebensweltliche Bezug* in seiner Vielfalt abgebildet wird, d.h. die Praxisakteure, ihre konkreten Handlungsbedingungen und Ziele,
2. die *relevanten Bezüge zwischen den Handlungen der Praxisakteure, der stofflich-energetischen Ebene und der Biodiversität* gewährleistet sind und
3. eine *integrative Analyse* praktisch einlösbar bleibt, also eine Analyse der weitergehenden Zusammenhänge möglich ist, um Problemverschiebungen zu vermeiden.

Für eine solche Eingrenzung schlägt Schneidewind vor, alle Handlungen einzubeziehen, „die auf die Basishandlung hin *'ausgerichtet'* sind"[223]. Hierbei würden aber Handlungen nicht berücksichtigt, die sich auf die Basishandlung auswirken, deren Auswirkung jedoch nicht beabsichtigt war. Da auch diese relevant sein können, sollten alle Handlungen einbezogen werden, die sich auf die Basishandlung *auswirken* (vgl. Abbildung 7).

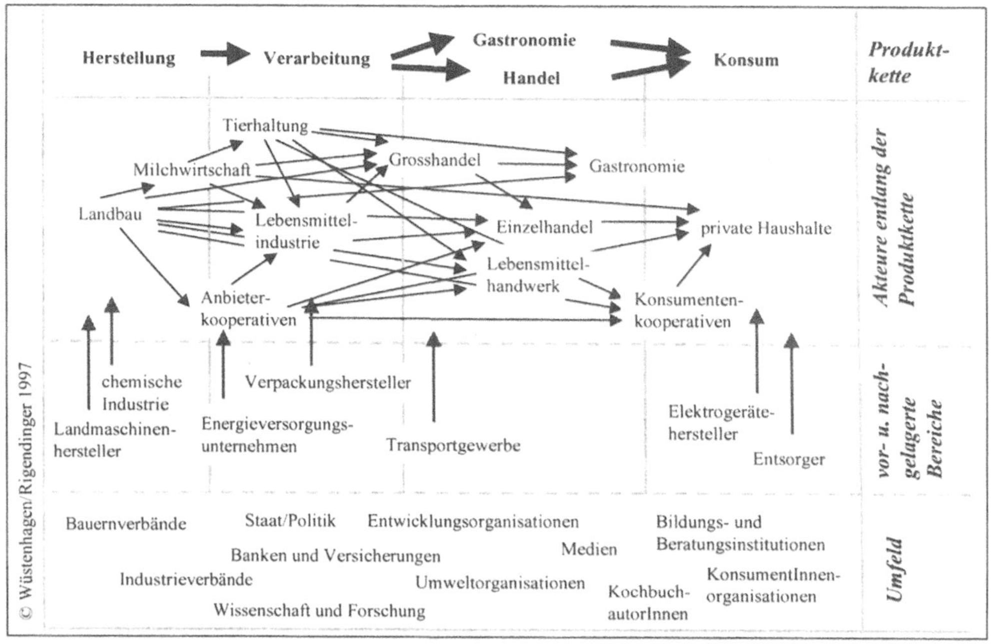

Abbildung 7: Das Bedürfnisfeld Ernährung.[224]

---

[222] Schneidewind, 1997: 5.

[223] Schneidewind, 1997: 6.

[224] Wüstenhagen und Rigendinger, 1997. Die Abbildung ist ein Ergebnis der AG „Bedürfnisfeld Ernährung" im IPG I.

Zum Bedürfnisfeld Ernährung waren Akteure zu zählen, die *direkt* mit Ernährung zu tun haben, wie die Landwirtschaft, die Lebensmittelindustrie, der Lebensmittelhandel und die Konsumenten. Zum anderen waren Akteure anzuführen, die nur *indirekt* Einfluss ausüben, wie bspw. Schulen und Medien. Zudem waren politische Akteure einzubeziehen, welche die relevanten Rahmenbedingungen setzen, bspw. in der Agrarpolitik. Eine weitere Eingrenzung wurde im IPG I vorgenommen, indem sich auf die Schweiz beschränkt wurde.

Wie in Abbildung 7 deutlich wird, führt diese Abgrenzung zu einer sehr weitgehenden Definition eines Bedürfnisfeldes. Dies hat den Vorteil, dass alle bedeutenden Handlungen erfasst werden können, die sich auf eine Basishandlung auswirken. Es hat aber den Nachteil, dass ein solches Bedürfnisfeld zu komplex und weitgehend ist, um eine gemeinsame Fragestellung zu bieten, anhand derer disziplinäre Fragestellungen abgeleitet und die disziplinären Perspektiven integriert werden könnten. Zudem wird ein Bedürfnisfeld nicht eindeutig von anderen Bedürfnisfeldern abgrenzbar sein, da viele Handlungen, insbesondere indirekte, mehreren Bedürfnisfeldern zugeordnet werden können.

Ein Bedürfnisfeld kann daher nicht als Kristallisationspunkt für die Integration disziplinärer Perspektiven dienen. Es kann aber ähnlich den Syndromen im Syndrom-Ansatz als „produktive Fragenheuristik"[225] verwendet werden, d.h. es können anhand eines Bedürfnisfeldes einzelne Handlungen identifiziert werden, die eine Nachhaltige Entwicklung verhindern oder fördern. Diese Handlungen bezeichnen wir als *Schlüsselherausforderungen.*

Identifikation der Schlüsselherausforderungen. Wie lassen sich die einzelnen Schlüsselherausforderungen identifizieren? Ein Bedürfnisfeld ist der Ausgangspunkt für die Identifikation. Allerdings kann anhand eines Bedürfnisfeldes keine Aussage darüber getroffen werden, welche ökologische Relevanz einzelnen Schlüsselherausforderungen zukommt. Die Kopplung zwischen sozio-ökonomischer und stofflich-energetischer Ebene und der Biodiversität ist nicht gegeben. Um diese Kopplung und somit die Anschlussfähigkeit zur naturwissenschaftlichen Umweltforschung herzustellen, sind u.a. drei Methoden möglich:

1. So können die *globalen Kernprobleme* herangezogen werden, wie sie der WBGU auflistet.[226] Wenn auf eine konkret abgegrenzte Region fokussiert wird, bedingt dies die Konkretisierung der globalen Kernprobleme für die zu untersuchende Region. Hier stellt sich erstens die Frage, inwieweit diese Region von den globalen Kernproblemen betroffen ist,

---

225 WBGU, 1996: 142.

und zweitens, inwieweit sie zu den Problemen beiträgt, deren Auswirkungen jedoch in anderen Regionen auftreten können. Darüber hinaus kann die Region von Umweltproblemen betroffen sein, die ausschließlich regionalen Charakters sind, wie z.B. die Belastung von Böden mit Schadstoffen. Die Kenntnis von den globalen und regionalen Kernproblemen kann Hinweise geben, sie lässt jedoch keine genauen Schlüsse darüber zu, inwieweit eine Handlung zu einem Problem beiträgt.

2. Dieser Herausforderung haben sich *Ökobilanzen* angenommen. Mit deren Hilfe wird analysiert, inwieweit eine Handlung zu welchen Problemen beiträgt. Ökobilanzen können keine *absolute ökologische Relevanz* bestimmen, sie können aber Handlungen miteinander vergleichen und so die *relative ökologische Relevanz* bestimmen.
3. Zudem können Schlüsselherausforderungen anhand von *Syndromen* identifiziert werden.[227] Syndrome werden als Krankheitsbilder verstanden, die sich aus charakteristischen Konstellationen von sozioökonomischen, naturräumlichen und politischen Trends ergeben.[228] Dabei lassen sich Verhaltensweisen ableiten, die aus der Perspektive eines Syndroms bedeutend sind und sich mit dem jeweiligen Bedürfnisfeld in Verbindung bringen lassen.

Als Schlüsselherausforderungen können nun die Handlungen bezeichnet werden, die nach ökologischen, sozialen und ökonomischen Kriterien als vergleichsweise dringend bewertet werden. Hier stellt sich die Frage, wie die einzelnen Kriterien gewichtet werden. Da für eine solche Gewichtung keine allgemeingültigen Kriterien existieren und sie von normativen Entscheidungen abhängt, sollte die Bewertung mindestens transparent erfolgen.

Die Handlungen werden von Praxisakteuren vorgenommen, und diese sollen zu Handlungsänderungen veranlasst werden. Daher ist es notwendig, bei ihnen Anschlussfähigkeit herzustellen. Dies bedingt die Prüfung, ob die Praxisakteure eine ähnliche Bewertung wie die Forscher vornehmen. Hierfür ist die *Partizipation der Praxisakteure* erforderlich. Die Ansichten der Praxisakteure müssen nicht zwingend mit wissenschaftlichen Daten übereinstimmen. Sie können aufgrund kurzfristiger Eigeninteressen oder anderer Bewertungen geäußert werden, und diese könnten nicht mit den Ansprüchen einer Nachhaltigen Entwicklung vereinbar sein.

---

[226] WBGU, 1996: 115f.

[227] WBGU, 1996; Schellnhuber et al., 1997.

[228] WBGU, 1996; Schellnhuber et al., 1997.

Wenn *Wissenschaft als kritisch-konstruktiver Partner der Praxis* verstanden wird,[229] dann hat sie die Einstellungen der Praxisakteure vor dem Hintergrund wissenschaftlicher Erkenntnisse kritisch zu beleuchten und für die auf wissenschaftlichem Wege identifizierten Schlüsselherausforderungen um Ansehen zu werben. Um Anschlussfähigkeit an die Bewertungen der Praxis sicherzustellen, kann sie ihre Entscheidungen an die der Praxis anpassen. Damit die Wissenschaft aber nicht von der Praxis bzw. von bestimmten Interessengruppen instrumentalisiert wird, sollte sie die letztliche Entscheidungskompetenz darüber behalten, welches die zu untersuchenden Schlüsselherausforderungen sein sollen.

Fokussierung auf Schlüsselherausforderungen

Die Bearbeitung der einzelnen Schlüsselherausforderungen ist der Kern des Bedürfnisfeld-Ansatzes. Hier werden die spezifischen Problemstellungen definiert, die es transdisziplinär zu bearbeiten gilt. Dabei sind die Handlungsweisen und deren strukturelle Eingebundenheit nicht nur zu beschreiben, es sind auch Visionen, Strategien und Instrumente zu erarbeiten, wie diese Handlungsweisen an eine Nachhaltige Entwicklung angepasst und verändert werden könnten und sollten. Neben der Beschreibung der Handlungen ist es hierfür auch notwendig, zu untersuchen, welche weiteren „nachhaltigeren" Handlungsoptionen möglich wären und warum diese nicht realisiert werden. Dabei stellt sich die Frage, über welche Optionen die Akteure verfügen und welche Restriktionen sie hindern, diese Optionen wahrzunehmen.[230] Zudem ist zu untersuchen, was Visionen und Leitbilder einer Nachhaltigen Entwicklung sein könnten. Es wird folglich sowohl bei den Handlungszwängen als auch bei den Visionen angesetzt.[231] Basierend auf dem Wissen der Optionen und Restriktionen und der Visionen der Praxisakteure können Strategien und Instrumente erarbeitet werden, wie den Visionen näher zu kommen ist. Für diese Bearbeitung werden fünf Schritte vorgeschlagen. Diese Schritte werden anhand der Schlüsselherausforderung „Ökologischer Massenmarkt" erläutert. Um die Fruchtbarkeit des Ansatzes zu verdeutlichen, wird hierbei über die erfolgte Bearbeitung im IPG I hinausgegangen, die vornehmlich aus betriebswirtschaftlicher Perspektive erfolgte, und es werden weitere disziplinäre Perspektiven beigezogen.[232]

---

[229] Hirsch Hadorn und Pohl, 1999; vgl. a. Kapitel 3.1.2.

[230] AG „Restriktionen & Optionen", 1998.

[231] Minsch et al., 1996: 7f.

[232] Ein grosser Teil der Analyse des ökologischen Massenmarktes ist inzwischen Realität geworden, da die Coop Schweiz und die Migros verstärkt Bioprodukte auf dem Massenmarkt etablieren. Dem war Anfang 1996 noch nicht so, als das IPG I gestartet ist. Im folgenden geht es jedoch nicht um den Inhalt, sondern um die Art und Weise der

Analyse des IST-Zustands (Systemwissen). Bei der Analyse des IST-Zustands kann einerseits bei den Handlungen angesetzt und gefragt werden, warum ein Akteur so handelt, wie er handelt. Da diese Handlungen in Strukturen eingebunden sind, sind andererseits die Strukturen und das Zusammenspiel von Handlung und Struktur zu analysieren.

Warum sind Bioprodukte in der Marktnische? Die Betriebswirte kamen anhand einer Wettbewerbsanalyse des Lebensmittelhandels zu dem Schluss: Es handelt sich um ein self-fullfilling prophecy Prozess. Da Bioprodukte in der Marktnische waren, wurden sie wie ein Nischenprodukt behandelt, was zu einem Verharren in dieser Nische führte.[233]

Die Psychologinnen untersuchten das Einkaufsverhalten der Konsumenten. Sie kamen dabei zu dem Ergebnis: Aufgrund der geringen Verfügbarkeit von Bioprodukten und einem Verlangen (Gluscht) nach stärker beworbenen konventionellen Produkten bevorzugen die Konsumenten verstärkt konventionelle Produkte.[234]

Aus betriebswirtschaftlicher Perspektive wurden zudem die Verarbeiter untersucht. Hier zeigte sich: Die Verarbeitung von Bioprodukten wird erschwert, weil Bioprodukte stärkere Qualitätsschwankungen aufweisen als konventionelle Produkte und nur unregelmäßig verfügbar sind.[235]

Handlungsoptionen (System- und Zielwissen). Aus der Analyse des IST-Zustandes ergibt sich nicht direkt, wie Handlungen verändert werden könnten und sollten. Daher ist in einem zweiten Schritt genauer zu untersuchen, welche Handlungsoptionen theoretisch bestehen.

Für die Analyse der Handlungsoptionen und –restriktionen kann die Heuristik „Restriktionen & Optionen" verwendet werden, welche eine Arbeitsgruppe im IPG I entwickelt hat.[236]

Welche „nachhaltigen" Optionen bestehen, um Bioprodukte auf dem Massenmarkt zu platzieren? Die betriebswirtschaftliche Untersuchung des Handels hatte ergeben: Die Großverteiler sind Gatekeeper, welche über die Macht und die Ressourcen verfügen, Druck auf die Bauern auszuüben, verstärkt Bioprodukte zu produzieren und die Verarbeiter zu veranlassen, vermehrt Bioprodukte zu verarbeiten.[237]

Analyse. Ziel ist es, die Fruchtbarkeit des Ansatzes zu verdeutlichen.

233 Villiger, Wüstenhagen und Meyer, 2000: 110ff.

234 Arnold, Tanner und Wölfing Kast, 1999.

235 Maier, Finger und Haldimann, 2000.

236 Die vorgestellte Heuristik wird weiterentwickelt in einem Fortsetzungsprojekt des Schwerpunktprogramms Umwelt des Schweizerischen Nationalfonds. Arbeitsgruppe Restriktionen & Optionen, 1998.

237 Villiger, Wüstenhagen und Meyer, 2000: 60f.

Aufbauend auf den Ergebnissen der Psychologen und Betriebswirte konnten für die Konsumenten folgende Optionen identifiziert werden: Sie könnten ihre Nachfragemacht einsetzen und verstärkt in Bioläden oder direkt beim Bauern einkaufen. Die Untersuchungen der Regionalwissenschaftler ergaben zudem: Die Konsumenten können sich mit den Produzenten zu regionalen Produktorganisationen zusammen schließen.[238]

Die Verarbeiter haben die Möglichkeit, ihre Produktion an saisonale Schwankungen anzupassen und die Beschaffungsstrukturen für Bioprodukte auszubauen, um Economies of Scale zu realisieren. Darüber hinaus könnten sie neue Bio-Convenience-Produkte entwickeln, bei denen die Qualitätsschwankungen besser berücksichtigt werden könnten.[239]

Handlungsrestriktionen (Systemwissen). Sind die Handlungsoptionen identifiziert, stellt sich die Frage, warum die Akteure diese nicht wahrnehmen: Welche Restriktionen behindern die Wahrnehmung der Optionen? Hierbei kann einerseits zwischen äußeren und inneren Restriktionen bei den Akteuren unterschieden werden, andererseits können die Restriktionen differenziert werden in: Nicht-Wissen, Nicht-Sollen, Nicht-Wollen und Nicht-Können.[240] Die verschiedenen Restriktionstypen sind in Tabelle 3 dargestellt. Diese Differenzierung erlaubt eine detaillierte Untersuchung der Restriktionen, auf die im fünften Schritt aufgebaut werden kann, wenn es um die Entwicklung von Strategien und Instrumenten geht.

Restriktions-kategorien	**Akteursintern**	**Akteursextern**
(Nicht-) Wissen	z.B. individuelles Wissen.	z.B. 'objektiv' verfügbares Wissen; über Medien oder Referenzgruppen vermittelte Informationen.
(Nicht-) Sollen	z.B. verinnerlichte Prinzipien/Vorschriften zum ökologisch nicht sinnvollen Handeln.	z.B. über Medien, Referenzgruppen oder (Staat) vermittelte Normen.
(Nicht-) Wollen	z.B. verinnerlichte Einstellungen oder Werte für die Erhaltung der natürlichen Umwelt.	z.B. über Medien oder relevante soziale Referenzgruppen vermittelte Werte.
(Nicht-) Können	z.B. wahrgenommene zeitliche/finanzielle Einschränkungen; fehlende individuelle Fähigkeiten.	z.B. verfügbare technische Möglichkeiten; kulturell gegebene Erfahrungs-möglichkeiten, Einkommenssituation.

Tabelle 3: Restriktionskategorien für akteursbezogene Fragestellungen.[241]

---

238 Hofer und Stalder, 2000.

239 Maier und Haldimann, 2000: 57.

240 Wölfing Kast, 1999. Zu ähnlichen Restriktionstypen gelangen Minsch et al., 1996: 161ff.

241 Wölfing Kast, 1999; Tanner et al., 1998.

Welche Restriktionen verhindern die Wahrnehmung der Optionen? Basierend auf den bisherigen Ausführungen lassen sich anhand der Restriktionskategorien folgenden Hemmnisse identifizieren:

Die Großverteiler wussten lange Zeit nicht, dass Bioprodukte kein Nischenprodukt sind. Aus diesem Grunde hatten sie auch nicht den Willen, Bioprodukte verstärkt auf dem Massenmarkt zu lancieren und Druck auf die Landwirtschaft und die Verarbeiter auszuüben. Die Konsumenten wollten teilweise Bioprodukte nicht kaufen, da ihnen ein „Körnlipicker"-Image anhaftete. Bei vielen Konsumenten erwies sich der Lebensmitteleinkauf als eine Routinehandlung. Diese Konsumenten wussten nicht, dass sie auch Bioprodukte erwerben könnten. Die geringe Verfügbarkeit stellte eine weitere Restriktion dar. Die Verarbeiter wollten vielfach nicht auf Bioprodukte umstellen, da ihnen der Aufwand zu hoch erschien und sie nicht wussten, wie sie mit den Qualitäts- und Quantitätsschwankungen umgehen sollten.

Visionen (Zielwissen). Nachhaltige Entwicklung findet innerhalb gewisser Leitplanken statt, welche die ökologische Tragfähigkeit sichern. Da diese nicht exakt bestimmbar sind, kann auch von Grenzflächen gesprochen werden.[242] Offen ist die Frage, wie die Entwicklung innerhalb dieser Leitplanken erfolgen könnte. Es sind folglich Leitbilder und Visionen einer nachhaltigen Zukunft erforderlich. Die Wissenschaft kann dabei Möglichkeiten aufzeigen und Ideen generieren, gefragt sind generell jedoch sämtliche gesellschaftlichen Akteure mit ihren Wertvorstellungen. Diese müssen die Visionen finden und letztlich verabschieden.

Die Leitbilderstellung erfolgte im IPG I bspw. in Form einer Zukunftswerkstatt. Weitgehend alle relevanten Akteure (Konsumenten, Handel, Verarbeitung, Produktion und weitere Anspruchsgruppen, wie bspw. Vertreter von Nichtregierungsorganisationen) wurden eingeladen und erarbeiteten eine gemeinsame Vision einer Nachhaltigen Entwicklung für das Bedürfnisfeld Ernährung.[243] Inhalt dieser Vision ist:

- Förderung einer gesünderen und ökologischeren Ernährung.
- Förderung einer geselligen und genussvollen Koch- und Esskultur.
- Förderung von Informations- und Bildungsmaßnahmen.
- Förderung fairer Produktion und fairen Handels.
- Unterstützung von Maßnahmen, die zur ökologischen Kostenwahrheit führen.

---

[242] WBGU, 1996: 118.

[243] Belz, Meyer und Pichel, 1999.

Strategien und Instrumente (Transformationswissen). Dieser fünfte Schritt ist der entscheidende, auf den die ersten vier hinführen sollen: Welche Strategien und Instrumente sind möglich, um die Handlungsrestriktionen zu überwinden, welche die Wahrnehmung der „nachhaltigen“ Handlungsoptionen und einen Wandel in Richtung der Visionen verhindern? Die Strategien und Instrumente stellen daher das Bindeglied dar zwischen Handlungsrestriktionen und –optionen einerseits und Visionen andererseits.

Die verschiedenen Restriktionstypen vermitteln erste Ansatzpunkte, um Strategien und Instrumente zu entwickeln. Grundsätzlich existieren zwei strategische Stossrichtungen:[244]

1. Veränderung bzw. Beeinflussung der Strukturen/Rahmenbedingungen und
2. Verstärkung der Reflexion bei den Akteuren über die Bedingungen und Folgen ihres Handelns und über alternative Handlungsmöglichkeiten.

Mit welchen Strategien und Instrumenten kann ein ökologischer Massenmarkt realisiert werden? Die Großverteiler könnten dafür sensibilisiert werden, dass Bioprodukte nicht per se ein Nischenprodukt sind und eine entsprechende Strategie auch zu größeren Marktanteilen führen könnte. Darüber hinaus könnten die Wissenschaftler Eckpunkte einer Strategie entwerfen und in Zusammenarbeit mit dem Handel konkretisieren, wie es im IPG I erfolgt ist.[245]

Wenn der Handel eine Massenmarktstrategie umsetzt, steigt die Verfügbarkeit für die Konsumenten. Parallel könnten Bildungsmaßnahmen die Konsumenten über die Saisonalität und die gesundheitlichen und ökologischen Vorteile von Bioprodukten aufklären. Diese Maßnahmen können von staatlicher und Seitens des Handels durchgeführt werden.

Die Lebensmittelindustrie kann zur stärkeren Verarbeitung von Bioprodukten veranlasst werden, indem der Handel seine Nachfragemacht ausübt und der Industrie die Marktchancen aufzeigt. Zudem könnten die Verarbeiter intern Ausbildungsmaßnahmen durchführen und die Entwicklung von Bio-Convenienceprodukten steigern.

Diese Instrumente und Strategien sind nur eine Auswahl. Institutionelle Innovationen, die aus volkswirtschaftlicher Perspektive erarbeitet wurden[246], blieben bspw. unberücksichtigt. Es sollte damit gezeigt werden: Die Analyse einzelner Akteure aus unterschiedlichen disziplinären Perspektiven und die Integration dieser Perspektiven führt zu einer Reihe von praktikablen Strategien, um eine Nachhaltige Entwicklung voranzutreiben. Diese Praktikabilität

---

[244] Schneidewind, 1997: 25.

[245] Villiger, Wüstenhagen und Meyer, 2000.

[246] Minsch et al., 1998.

zeigt sich auch daran, dass die abgeleiteten Maßnahmen in der Zwischenzeit vielfach realisiert wurden und der Marktanteil von Bioprodukten kontinuierlich steigt.

Es soll aber nicht verschwiegen werden, dass eine Reihe weiterer Faktoren im Lebensmittelbereich ökologisch relevant sind. Ökobilanzierungen haben gezeigt: Neben der Produktionsweise – biologischer versus konventioneller Anbau – ist es von hoher Bedeutung, wie die Lebensmittel transportiert, wie stark sie verarbeitet und wie sie konserviert und zubereitet werden.[247] Die vorgestellte Analyse beleuchtet folglich nur einen Ausschnitt. Daher sind die Ergebnisse einer integrativen Analyse zuzuführen.

Integrative Betrachtung

Bisher wurden zwei Fokussierungsschritte vorgenommen: Erstens die Fokussierung auf ein Bedürfnisfeld und zweitens die Fokussierung auf spezifische Schlüsselherausforderungen innerhalb des Bedürfnisfeldes. Dabei besteht die Gefahr, suboptimale Lösungen für spezifische Schlüsselherausforderungen zu entwickeln, die negative Fern- und Nebenwirkungen auf andere Bereiche aufweisen. Um solche suboptimalen Lösungen zu vermeiden, wird eine integrative Betrachtung notwendig, also eine Betrachtung der Schlüsselherausforderungen in einem größeren Zusammenhang. Wie kann eine solche integrative Betrachtung erfolgen? Hier bieten sich bspw. der Syndrom-Ansatz und die Heuristik „Restriktionen & Optionen“ an, wobei auch andere Ansätze denkbar sind:

1. *Syndrom-Ansatz.* Insbesondere wenn der Bedürfnisfeld-Ansatz in Ergänzung zum Syndrom-Ansatz zur Anwendung gelangt, bietet sich die systemische Analyse im Sinne des Syndrom-Ansatzes an.[248] In diesem Fall könnten die Schlüsselherausforderungen bereits von einzelnen Syndromen abgeleitet werden, wodurch die Beziehung zum Syndrom-Ansatz von Beginn an gegeben wäre.
2. *Heuristik „Restriktionen & Optionen“.* Mit dieser Heuristik können nicht nur einzelne Schlüsselherausforderungen bearbeitet werden, auch deren Wechselwirkungen lassen sich darstellen.[249] Dadurch kann eine integrative Analyse erfolgen.

Wenn eine integrative Betrachtung am Ende eines Forschungsprozesses erfolgt, besteht die Gefahr, dass ihr lediglich eine Reparaturfunktion zukommt, um negative Fern- und Neben-

---

[247] Jungbluth, 2000.

[248] WBGU, 1996 und Schellnhuber, 1997.

wirkungen der einzelnen Maßnahmen abzuschwächen — es ginge quasi um end-of-pipe-Massnahmen. Wenn eine solche Reparaturfunktion vermieden werden soll, dann bedingt dies ein paralleles Vorgehen von integrativer Analyse und Bearbeitung der Schlüsselherausforderungen. Die Forschenden wechseln demnach während des Forschungsprozesses die Perspektiven und stellen ihre vorläufigen Ergebnisse in einen größeren Zusammenhang.

Dies erhebt hohe Anforderungen an die Forschungsorganisation, die beteiligten Wissenschaftler und Praxisakteure. Das Vorgehen bietet aber die Chance, einerseits Visionen, Strategien und Instrumente zu entwickeln, die spezifisch auf die Schlüsselherausforderung angepasst sind, und die andererseits über eine Schlüsselherausforderung hinausgehen.

4.3.3 Würdigung

Es existieren zahlreiche Probleme, an denen eine Kritik des Bedürfnisfeld-Ansatzes ansetzen könnte. So bleibt fraglich, wie bei der *integrativen Analyse* der Wechsel der Perspektiven konkret erfolgen soll. Auch eine integrative Analyse muss ausblenden und kann folglich Problemverschiebungen nicht verhindern. Allerdings kann die Unmöglichkeit, einen unabhängigen Standpunkt einzunehmen und eine „ganzheitliche" Analyse durchzuführen, nicht heißen, gänzlich auf den Versuch zu verzichten, mögliche Problemverschiebungen aufzudecken.

Nach Schneidewind impliziert eine Diskussion über Bedürfnisfelder, dass die *Bedürfnisse selbst in Frage* gestellt werden und daher die Befürchtung aufkommt, man wolle den Bedarf lenken.[250] Die Praxisakteure könnten solche Befürchtungen hegen. Allerdings partizipieren sie von Beginn an am Forschungsprozess und können Einfluss darauf ausüben, was die relevanten Fragestellungen in einem Bedürfnisfeld sind. Ganz im Gegenteil können Bedürfnisse sogar größere Anschlussfähigkeit bei den Praxisakteuren herstellen als bspw. die Fokussierung auf das Ozonloch. Jeder Akteur hat zumindest implizit eine Vorstellung von einem Bedürfnis, jeder Akteur ernährt und kleidet sich, aber nur wenige nehmen ein Ozonloch wahr.

Bei der *Abgrenzung einer Schlüsselherausforderung* soll einerseits versucht werden, eine möglichst große Vielfalt von Einflussfaktoren einzubeziehen, andererseits muss eine tendenziell enge Abgrenzung angestrebt werden, damit die Analyse der relevanten Strukturen und Akteure möglich bleibt. Dieses Dilemma im konkreten Forschungsprozess aufzulösen, wird

---

[249] Maier, Tanner und Schulz, 1998: 19.

[250] Schneidewind, 1997: 2.

eine große Herausforderung an die Forschenden und die partizipierenden Praxisakteure bleiben und kann im Rahmen des Bedürfnisfeld-Ansatzes nicht gelöst werden.

4.4 Schlussfolgerung

Die Ansätze weisen unterschiedliche Stärken und Schwächen auf. Die Probleme des *Bedürfnisfeld-Ansatzes* sind nicht zu vernachlässigen, mindern aber nicht den Nutzen des Ansatzes. Beim *Fallstudien-Ansatz* werden insbesondere Angaben darüber vermisst, was einen Fall auszeichnet und wie er abzugrenzen ist. Trotz dieser Schwäche beinhaltet der Ansatz eine Reihe interessanter Methoden der Wissensintegration, die auch für andere Ansätze fruchtbar sind. Die Vorgehensweise des *Syndrom-Ansatzes* ist vielversprechend und insbesondere zur Erarbeitung von Systemwissen von hohem Nutzen. Sie weist aber Mängel auf, wenn es um die Erarbeitung von Ziel- und Transformationswissen geht. Hier liegt die große Stärke des Bedürfnisfeld-Ansatzes. Er setzt direkt in der Anthroposphäre an — also dort, wo auch nach Meinung des WBGU Lösungsansätze greifen müssen —, stellt den Menschen ins Zentrum und erarbeitet ein Handlungs-Systemwissen, aus dem direkt Ziel- und Transformationswissen ableitbar wird. Mit anderen Worten: Der Bedürfnisfeld-Ansatz setzt bei den Sachzwängen der Akteure an und entwickelt Instrumente, Strategien und Visionen, die helfen, diese Sachzwänge zu beheben. Wolfgang Sachs schreibt hierzu:

> „Neugierde, Experimentierlust und Engagement kommen dann ins Spiel, wenn der Möglichkeitssinn der Menschen geschärft ist, wenn Veränderungsbilder in vielen Lebensbereichen an Boden gewinnen, die Geschmack machen und nebenbei auch den Charme haben, mit den biophysischen Grenzen zu rechnen."[251]

Die Forschung muss demnach an Charme gewinnen und den Praxisakteuren stärker Appetit machen auf eine Nachhaltige Entwicklung. Ein Versuch, diesen Charme zu entwickeln, stellt das IPG I dar. Inwieweit dies gelang, ist Thema des zweiten Teils dieser Arbeit.

---

[251] Sachs, 1997: 30.

Teil II: Praxis einer transdisziplinären Nachhaltigkeitsforschung

Warum ist eine praxisorientierte transdisziplinäre Nachhaltigkeitsforschung (TNF) nötig und was zeichnet sie aus? Das waren die Fragen des ersten Teils. Wie lässt sich eine TNF umsetzen, war die Frage, mit dem Teil I abschloss. Mit der Vorstellung von drei Forschungsansätzen wurde versucht, Antworten auf methodologischer Ebene zu finden. Im folgenden stehen die Probleme auf methodischer und operativer Ebene im Vordergrund.

Grundlage für die Untersuchung bildet das Integrierten Projekts Gesellschaft I „Nachhaltige Schweiz im internationalen Kontext" (IPG I). In Kapitel 5.1 wird mit dem wissenssoziologischen Konstruktivismus eine konzeptionelle Grundlage vorgestellt, die Basis für die Analyse ist. Um Probleme identifizieren zu können, bedarf es zudem Bewertungskriterien. Daher werden in Kapitel 5.2 Bewertungsdimensionen und –erste Kriterien aufgestellt. In Kapitel 6 wird anschließend das IPG I in seinen Phasen beschrieben. In Kapitel 6.5 werden die dabei identifizierten Probleme zusammenfassend dargelegt. Um sicherzustellen, dass die Probleme nicht nur das IPG I kennzeichnen, wird Bezug genommen auf Erfahrungen anderer transdisziplinärer und allgemein disziplinübergreifender Projekte.

Die in Kapitel 6.5 aufgezeigten Probleme bilden die Basis für die vertiefende Analyse in Kapitel 7 und 8. Um schließlich Lösungsmaßnahmen erarbeiten zu können, werden in Kapitel 7 theoretische Arbeiten der Wissenschaftstheorie beigezogen und in Kapitel 8 wird sich auf Arbeiten gestützt, die im Rahmen der Managementlehre erfolgt sind. Die entwickelten Lösungsmöglichkeiten sollen im abschließenden dritten Teil dieser Arbeit zu einem Managementansatz für eine transdisziplinäre Forschungsprozesse integriert werden.

5. Konzeptionelle Grundlagen

Für die Untersuchung des IPG I bedarf es einer konzeptionellen Grundlage, einer theoretischen „Brille". In Kapitel 5.1 wird sich hierbei auf die Erfahrungen und die theoretischen Überlegungen von Knorr-Cetina gestützt.[252] Anhand dieser Überlegungen wird dann das methodische Vorgehen abgeleitet. Da die Untersuchung nicht nur beschreiben will, sondern der Forschungsablauf bewertet und Probleme identifiziert werden sollen, sind Bewertungskriterien notwendig. Diese werden in Kapitel 5.2 anhand der Ausführungen des Teils I hergeleitet.

5.1 Wissenssoziologische Grundlegung

5.1.1 Wissenssoziologischer Konstruktivismus

Im ersten Teil stand die Frage im Vordergrund, *was* eine TNF auszeichnet. Diesem zweiten Teil liegt die Frage zugrunde, *wie* eine TNF realisiert werden kann. Im Vordergrund der Untersuchung steht der Forschungsprozess und die damit zusammenhängenden Probleme. Diese Fragestellung baut auf der wissenschaftstheoretischen Grundlegung auf, wie sie in Kapitel 3.1 dargelegt wurde. Demnach ist Wissenschaft ein sozio-technisches Forschungshandeln, das Wirklichkeit deutet, transformiert und auch schafft. Wichtig an diesem Verständnis ist zum einen der prozessurale und zum anderen der schaffende Charakter von Wissenschaft.

Für die Untersuchung des Forschungsprozesses wird demnach eine konzeptionelle Grundlage gesucht, die erstens mit dem dargelegten Wissenschaftsverständnis vereinbar ist und mit der es zweitens möglich wird, den konkret erfolgenden Forschungsprozess mit seinen sozialen und institutionellen Einflussfaktoren zu untersuchen. Der wissenssoziologische Konstruktivismus steht einerseits in der Tradition des dargelegten Wissenschaftsverständnisses und hat sich andererseits zum Ziel gesetzt, den Forschungsprozesses zu analysieren.[253] Aus diesem Grunde wird sich auf diese Konzeption gestützt. Basierend auf dem Buch „Die Fabrikation von Erkenntnis" von Knorr-Cetina[254] wird im folgenden der wissenssoziologische Konstruktivismus näher erläutert.

Ausgangspunkt der Überlegungen von Knorr-Cetina ist: Wenn die Wissenschaft Wirklichkeit transformiert und schafft, dann kommt ihr eine aktive Rolle in der Entwicklung von Fakten zu. Wenn wir uns zudem auf die lateinische Wurzel von Faktum besinnen, gelangen wir zu dem lateinischen Wort facere, was Machen, Tun, Schaffen bedeutet. Damit ist bereits in dem Wort Faktum das Kreierte enthalten.[255] „Anstatt wissenschaftliche Produkte als irgendwie die Wirklichkeit abbildend zu betrachten, kann man sie auch als selektiv aus dieser Wirklichkeit fabriziert ansehen."[256]

Damit soll nicht behauptet werden, es gäbe keine Wirklichkeit an sich und jedes Faktum wäre eine Konstruktion des Menschen. Die Möglichkeit der Existenz einer „Welt an sich" wird im wissenssoziologischen Konstruktivismus anerkannt.[257] Wie Knorr-Cetina darlegt, ist es das Anliegen des wissenssoziologischen Konstruktivismus, „die jeweils involvierten Konstruktionsprozesse, die eigentliche Konstruktionsmaschinerie, zum Gegenstand der Analyse zu machen."[258] Daher wird die Rolle der Wissenschaft untersucht, die sie bei der Schaffung von Fakten einnimmt, und die Selektivität aufgedeckt, mit der diese Schaffung erfolgt. Beobachtungen zeigen: Diese Selektivität folgt weniger einer epistemologischen Konzeption von Wahrheit, sie folgt vielmehr pragmatischen Kriterien wie bspw. dem Funktionieren eines

---

[252] Knorr-Cetina, 1984; Knorr-Cetina, 1989; Amann und Knorr-Cetina, 1998; Knorr-Cetina, 1999.

[253] Heintz, 1998: 69ff.

[254] Knorr-Cetina, 1984.

[255] Latour und Woolgar, 1986: 180. Vgl. auch Knorr-Cetina, 1984: 22; Hacking, 1999: 129. Beide Autoren führen auch die etymologischen Wurzeln von Faktum an, beziehen sich dabei aber auf Latour und Woolgar.

[256] Knorr-Cetina, 1984: 21.

[257] Felt et al., 1995: 139; Hacking, 1999: 52ff. und 79f. Vgl. zu den Strängen des sozialen und wissenschaftstheoretischen Konstruktivismus Heintz, 1998, Kapitel 2 und 3; Hacking, 1999.

[258] Knorr-Cetina, 1989: 91.

Versuchs oder dem Erfolg einer Untersuchung.[259] Die Schaffung von Fakten und deren Selektion wird dabei nicht als individuelle Tätigkeit betrachtet, sondern sie erfolgt in einem „context of discovery", d.h. in sozialer und diskursiver Interaktion.[260] Diese soziale Interaktion verortet Knorr-Cetina nicht ausschließlich innerhalb der Wissenschaft bzw. innerhalb einer Scientific Community, sie spricht statt dessen von einem transwissenschaftlichen System, von einem Verbund zwischen Wissenschaft und Gesellschaft.[261] Zusammenfassend beschreibt Knorr-Cetina die Position des wissenssoziologischen Konstruktivismus:

> „Behauptet wird, dass die Produkte der Wissenschaft kontext-spezifische Konstruktionen darstellen, die durch Situationsspezifität und Interessenstruktur, aus denen sie erzeugt wurden, gezeichnet sind. Dies bedeutet, dass der Prozess der Wissenserzeugung nicht irrelevant für die Produkte ist, die wir erhalten. Es bedeutet auch, dass Wissensprodukte durch den Prozess ihrer Produktion als *hochgradig intern strukturiert* angesehen werden müssen, unabhängig von der Frage ihrer externen Strukturierung durch eine Korrespondenz oder Nicht-Korrespondenz mit der Natur."[262]

Der wissenssoziologische Konstruktivismus beschreibt die Vorgehensweisen der Wissenschaft als kulturelle Praxis. Dabei wird jedoch nicht der eigene Geltungsanspruch auf Erkenntnis beurteilt, d.h. der Anspruch, den der wissenssoziologische Konstruktivismus für seine eigenen Erkenntnisse erhebt. Auch aus dieser Unklarheit heraus hat sich in den letzten Jahren ein heftiger Disput entwickelt zwischen Wissenschaftsforschern auf der einen und vornehmlich Naturwissenschaftlern auf der anderen Seite.[263] Hacking erläutert diesen Disput anhand von drei philosophischen Grundfragen:

1. *Kontingenz vs. Unvermeidlichkeit:* Ist die Entwicklung bspw. der Physik unvermeidlich oder ist eine alternative Entwicklung möglich? Am Beispiel von Pickerings „Constructing Quarks" lässt sich die Frage stellen: War die Entdeckung der Quarks unvermeidlich oder hätte sich die Physik ohne diese Entdeckung nach konventionellen Maßstäben ähnlich erfolgreich weiterentwickeln können?[264]

---

[259] Knorr-Cetina, 1984: 24.

[260] Knorr-Cetina, 1984: 36ff.

[261] Knorr-Cetina, 1984: 43 und 154ff.

[262] Knorr-Cetina, 1984: 25.

[263] Heintz, 1998: 87ff.; Hacking, 1999.

[264] Hacking, 1999: 125f.; Pickering, 1984.

2. *Nominalismus vs. Realismus bzw. Innenstrukturismus*[265]*:* Beschreiben die Wissenschaftler die Welt so, wie sie ist (Innenstrukturismus), oder wenden sie eine konstruierte Struktur auf die Welt an (Nominalismus)?
3. *Stabilität vs. Revolution bzw. interne vs. externe Erklärungen:* Wird die Stabilität eines spezifischen Wissens durch wissenschaftsinterne Faktoren bestimmt, d.h. durch theoretische und experimentelle Faktoren, oder durch wissenschaftsexterne Faktoren, d.h. durch soziale Faktoren? Daran schließt die Frage an, ob die Wissenschaft sich stabil und kontinuierlich oder in Revolutionen entwickelt, wie Kuhn dies beschrieben hat.[266]

Der wissenssoziologische Konstruktivismus nimmt hierbei tendenziell die Position ein, wonach die wissenschaftliche Entwicklung kontingent ist, sie im Sinne des Nominalismus vorgeht, sie durch externe Faktoren bestimmt ist und revolutionäre Strukturbrüche aufweist. Um diese drei Fragen dreht sich ein Streit, dessen Emotionalität vermuten lässt, dass mehr auf dem Spiel steht, als die Frage von Recht und Unrecht. Vielmehr scheint die Ehre insbesondere der Naturwissenschaften auf dem Spiel zu stehen, auch wenn dies nicht die Absicht der Wissenschaftstheoretiker ist, wie Hacking vielfach hervorhebt:[267]

> „Die Wissenschaftler fühlen sich schwer gekränkt und meinen, dass sie von den sozialen Konstruktionisten nicht ernst genommen werden. Da nutzt es nichts, wenn die sozialen Konstruktionisten überall fröhliche Stimmung zu verbreiten versuchen und behaupten, sie liebten die Wissenschaft, aber nicht aus falschen Gründen. Die Wunde ist nun einmal geschlagen."[268]

Auch im folgenden wird nicht die Absicht gehegt, die Wissenschaften zu verunglimpfen. Es ist die Absicht, das Vorgehen transdisziplinärer Forschung zu untersuchen, um Probleme zu identifizieren und Lösungsansätze zu entwickeln, mit dem letztlichen Ziel, diese Forschung effizienter und effektiver zu gestalten. Ziel ist somit, die Wissenschaft zu fördern, nicht sie zu bremsen. Inwieweit bietet es sich dafür an, den wissenssoziologischen Konstruktivismus der Untersuchung des IPG I zugrunde zu legen?[269]

---

265 Da dem Begriff Realismus viele Bedeutungen zukommen und es selten als Gegenteil von Nominalismus verwendet wird, schlägt Hacking den — seiner Meinung nach hässlichen — Begriff Innenstrukturismus vor. Hacking, 1999: 133.

266 Hacking, 1999: 143ff. und 155; Kuhn 1976.

267 Hacking, 1999: 146ff.

268 Hacking, 1999: 151.

269 Einen Überblick über die Wissenschaftsforschung geben Felt et al., 1995; Heintz, 1998.

1. Der *Fokus liegt auf dem Prozess* der Forschung. Wichtige wissenssoziologische Faktoren, welche diesen Prozess beeinflussen, sind disziplinäre Traditionen, externe Akteure, wie bspw. die klassische Wissenschaftspolitik u.a. Diese Fokussierung entspricht der Anforderung, den konkreten Forschungsablauf des IPG I zu betrachten und Antworten auf die Frage zu finden, wie eine TNF erfolgreich gestaltet werden kann.
2. Bislang wurden *Laborstudien*, wie sie Knorr-Cetina vornimmt, *nicht bei disziplinübergreifenden Forschungsprozessen* durchgeführt. Die Verwendung der konstruktivistischen Konzeption für eine solche Untersuchung wird von Knorr-Cetina aber explizit begrüßt.[270]
3. Auch wenn Knorr-Cetina von einem transwissenschaftlichen System spricht, so haben sich ihre Laboruntersuchungen bisher auf die *akademische Wissenschaft* beschränkt.[271] Aus diesem Grunde könnte es auch für die Weiterentwicklung des wissenssoziologischen Konstruktivismus erfolgversprechend sein, wenn die Konzeption angewandt wird, um praxisorientierte transdisziplinäre Forschung zu untersuchen und somit eine Forschung, die über das Wissenschaftssystem hinausgeht und die Praxis mit einbezieht.

5.1.2 Ethnographische Methodik

Was bedeutet der Rückgriff auf die konstruktivistische Konzeption für die anzuwendende Methodologie und Methodik? Wenn der Prozess der Forschung und die Entstehung von Wissen interessiert, dann ist der Ort und der weitergehende Kontext der Forschung in die Untersuchung einzubeziehen. Knorr-Cetina spricht hier vom Labor, das es zu untersuchen gelte. Dieses Labor ist aus der Nähe zu betrachten, quasi unter das Mikroskop zu nehmen.[272]

> „Wir brauchen also ein Erhebungsinstrument, das *sensitiv* und nicht frigide ist, das uns dem Ergebnis nach*spüren* lässt, anstatt es im objektivistischen Sinn zu distanzieren. Die ethnographische Methode bietet meines Erachtens ein solches Instrument."[273]

---

[270] Amann und Knorr-Cetina, 1996: 119.

[271] Knorr-Cetina, 1984 und 1999; Felt et al., 1995: 139.

[272] Knorr-Cetina, 1984: 50. Knorr-Cetina verwendet den Begriff Labor, weil sie sich auf den konkreten Ort naturwissenschaftlicher Forschung bezieht, die sie untersucht. Im weiteren soll auch der Begriff des Labors verwendet werden, jedoch in einem weiteren Sinne als die Bezeichung für den Ort, an dem Forschung generell und somit auch sozialwissenschaftliche Forschung erfolgt.

[273] Knorr-Cetina, 1984: 44.

Daher stellt Knorr-Cetina an die Methodologie drei Anforderungen:[274]

1. Es ist *Kontakt anstelle von Distanz* zum Untersuchungsobjekt notwendig. Wenn man am Detail des Objekts interessiert ist, dann kann dieses nicht aus der Distanz betrachtet werden, da die Details von der Pragmatik der konkreten Situation abhängen. Dies bedingt ein Verständnis von der konkreten Situation.
2. Bei diesem Kontakt geht es jedoch nicht nur um die Betrachtung der Phänomene aus der Nähe, es geht zudem um den Ersatz der eigenen Beschreibungskategorien durch die des Feldes. Knorr-Cetina nennt dies einen *methodologischen Relativismus*. Statt des wissenschaftlichen Beobachters üben die untersuchten Forscher die Kontrolle über die Ergebnisse aus. Neben einem Verstehen der Forscher ist es daher notwendig, die Forscher „*sprechen zu lassen*"[275]. Um die jeweilige Sprache zu verstehen und bei ihr anschließen zu können, bedarf es längerer Laboraufenthalte und Vorkenntnisse in der jeweiligen Disziplin.[276]
3. Bei der Untersuchung soll nicht alleine auf das forschende Individuum abgestellt, noch auf einen Holismus zurückgegriffen werden. Vielmehr sollte der Untersuchung ein *methodologischer Interaktionismus* zugrunde liegen, wonach individuelle Handlungen nicht ausschließlich auf die individuellen Intentionen zurückzuführen sind, sondern auch auf den sozialen Kontext, innerhalb dessen das Individuum handelt.

Bei der Beschreibung und Analyse des IPG I in den Kapiteln 6-8 wird diesen Anforderungen versucht, gerecht zu werden, indem erstens Kontakt hergestellt wird durch die Eingebundenheit in den konkreten Forschungsprozess, zweitens die einzelnen Forschenden zu Wort kommen und drittens die Interaktionen zwischen den Forschenden analysiert werden, was jedoch methodisch weniger anspruchsvoll umgesetzt wird, als dies Knorr-Cetina in ihren Untersuchungen vornimmt.

Nach Knorr-Cetina wird diesen methodologischen Anforderungen ein Methodenmix gerecht, der auf einer teilnehmenden Beobachtung als grundlegender Methode aufbaut und durch Interviews und schriftliche Materialien ergänzt wird. Dabei soll die Untersuchung über einen Zeitraum von mehreren Jahren erfolgen.[277] An diesen Anforderungen hat sich das empirische Design angelehnt, mit dem das IPG I untersucht wurde:

---

[274] Knorr-Cetina, 1984: 43ff.

[275] Knorr-Cetina, 1984: 46.

[276] Knorr-Cetina, 1984: 50.

[277] Knorr-Cetina, 1984: 55ff. und 278.

1. Über die gesamte Laufzeit des Projekts von vier Jahren war der Autor Mitarbeiter des Projektleiters des IPG I. Dabei war er zuständig für das Projektmanagement und die wissenschaftstheoretische Reflexion des Forschungsablaufs. Als *teilnehmender Beobachter* war er nicht nur Beobachter[278], sondern aktiv Teilnehmender. Diese Teilnahme hatte den Vorteil, dass der Autor ein größeres inhaltliches Verständnis von der Forschung besaß, als dies von einem reinen Beobachter angenommen werden kann.[279] Allerdings nahm er eine feste Perspektive ein: die der Projektleitung. Aus diesem Grunde wird die IP-Leitung selbst nicht systematisch beschrieben. Trotzdem könnte eine implizite Tendenz bestehen, die Perspektive der IP-Leitung verstärkt zu betonen. Diese Tendenz wurde gegenüber den Beforschten kommuniziert. Aus diesem Grunde erfolgte die teilnehmende Beobachtung offen, d.h. die beteiligten Forschern waren sich bewusst, dass sie beobachtet werden. Zudem war die Beobachtung vorstrukturiert durch die Fragestellung nach potenziellen Problemen und den Anforderungen an eine TNF.
2. Um die Perspektive der Projektleitung zu relativieren, wurde die teilnehmende Beobachtung durch zahlreiche *halbstrukturierte Einzelinterviews* mit Beteiligten aller Hierarchieebenen ergänzt. Die beobachteten Eindrücke sollten durch die Diskussion mit den Interviewpartnern validiert werden. Zudem sollte ein möglichst vielseitiges Verständnis des Forschungsprozesses erlangt werden. Den Interviews lag ein Interviewleitfaden zugrunde, mit Hilfe dessen die Interviews strukturiert wurden. Damit dadurch nicht die Offenheit und somit die Möglichkeit verloren geht, neue Aspekte zu generieren, war die Struktur tendenziell offen gehalten. Zudem hat der Interviewer versucht, die Interviewpartner möglichst frei erzählen zu lassen, auch wenn dies nicht in der beabsichtigten Struktur erfolgte. Die Interviews wurden auf Tonband aufgenommen und transskripiert.
3. Die durch die Interviews und die Beobachtung erzielten Ergebnisse wurden im Hinblick auf mögliche Probleme ausgewertet, strukturiert und auf einer Vollversammlung des Projektes präsentiert, bei dem weitgehend alle Forschenden anwesend waren. Nach der Präsentation diskutierte die Gruppe die Ergebnisse — den Forschenden wurde sowohl in den Einzelinterviews als auch in der Gruppendiskussion die Möglichkeit gegeben zu sprechen. Die *Gruppendiskussion* wurde auf Tonband aufgenommen und transskripiert.

---

[278] Zu den möglichen Formen teilnehmender Beobachtung, der Verhaltensweisen, der Aufzeichnungs- und Auswertungsformen vgl. Lamnek, 1995 Bd.2: 239-317.

[279] Zu den Problemen, die mit den verschiedenen Arten der teilnehmenden Beobachtung einhergehen, vgl. Lamnek, 1995 Bd.2: 265ff.

4. Im letzten Jahr des Forschungsprojekts wurden nochmals zahlreiche *Einzelinterviews* durchgeführt. Der Interviewleitfaden war noch immer halbstrukturiert, die Struktur jedoch detaillierter als bei der ersten Runde. Damit sollten die Interviewpartner auf zentrale Beobachtungen aufmerksam gemacht werden, die sich aus dem Mix der bisherigen Untersuchungen herauskristallisiert hatten und für die Fragestellung des Managements von hoher Bedeutung erschienen. Auch diese Interviews wurden auf Tonband aufgenommen und teilweise transskripiert.
5. Zum Abschluss des Forschungsprojektes wurde eine *Zusammenfassung* der Ergebnisse erstellt. Diese Zusammenfassung wurde per Mail an alle Forschenden zur Validierung versendet. Damit wurde den Forschenden nochmals die Möglichkeit zur Stellungnahme und Einflussnahme gegeben. Die Stellungnahmen wurden teilweise in der abschließenden Zusammenfassung berücksichtigt. Diese abschließende Zusammenfassung wurde auf der Schlusstagung des Forschungsprojektes der Expertenkommission des Schwerpunktprogramms Umwelt und den anwesenden Praxisakteuren präsentiert.

Dieser Methodenmix stellt die Nähe zum Untersuchungsobjekt her, lässt die Forschenden sprechen und ermöglicht, die Interaktionen zwischen den Forschenden zu untersuchen. Damit wurde versucht, den Anforderungen von Knorr-Cetina zu entsprechen. Allgemein für eine qualitative Sozialforschung führt Mayring eine Reihe von Anforderungen an. Da wissenssoziologische Untersuchungen eine spezifische Art qualitativer Sozialforschung darstellen, sollten auch diese Anforderungen beachtet werden[280]:

1. *Verfahrensdokumentation* wurde durch die Transskription der Einzelinterviews und der Gruppendiskussion sowie durch Protokolle und Beobachtungsnotizen geleistet.
2. *Argumentative Interpretationsabsicherung* erfolgt teilweise bereits in Kapitel 6, wenn auf die konkreten Erfahrungen eingegangen wird, ausführlicher in den Kapiteln 7 und 8.
3. *Regelgeleitetheit.* Es wurde ein schrittweises und transparentes Vorgehen gewählt.
4. Die *Nähe zum Gegenstand* wurde durch die Beteiligung des Autors am IPG I hergestellt.
5. Die *kommunikative Validierung* erfolgte, indem die Ergebnisse der teilnehmenden Beobachtung und der Einzelinterviews der Gruppe vorgestellt und diskutiert wurden.
6. Die *Triangulation* wurde berücksichtigt, indem verschiedene Methoden zur Anwendung kamen und die Erfahrungen ähnlicher Forschungsprojekte berücksichtigt wurden.

---

[280] Mayring, 1990: 104ff.

5.2 Untersuchungsschemata und Evaluationskriterien

Der wissenschaftstheoretische Hintergrund und das methodische Vorgehen wurden im vorigen Abschnitt dargelegt. Im folgenden sollen Dimensionen und Kriterien abgeleitet werden, anhand derer das IPG I zu bewerten ist. Hierfür ist zu entscheiden, welche Ebene untersucht und bewertet werden soll. In Abbildung 8 werden fünf Ebenen unterschieden.[281]

In Teil I haben wir die Entscheidung für die Wissenschaft getroffen — und nicht etwa für die Kunst. Anschließend wurde Wissenschaft als ein sozio-technisches Forschungshandeln beschrieben. Auf diesem Verständnis baute die Entwicklung einer TNF auf. Wie diese umgesetzt werden kann, wurde anhand von drei Forschungsansätzen dargelegt. Mit der Wahl des IPG I als Untersuchungsgegenstand wurde die Entscheidung für den Bedürfnisfeld-Ansatz getroffen, da sich das IPG I auf diesen gestützt hat. Somit sind die Entscheidungen auf den ersten drei Ebenen in Abbildung 8 gefallen. Sie stellen den Rahmen dar für die folgende Untersuchung. Es bleibt daher zu untersuchen und zu bewerten, wie innerhalb dieses Rahmens die Forschung auf der methodischen und operativen Ebene erfolgt ist. Für diese beiden Ebenen werden Dimensionen und Kriterien gesucht.

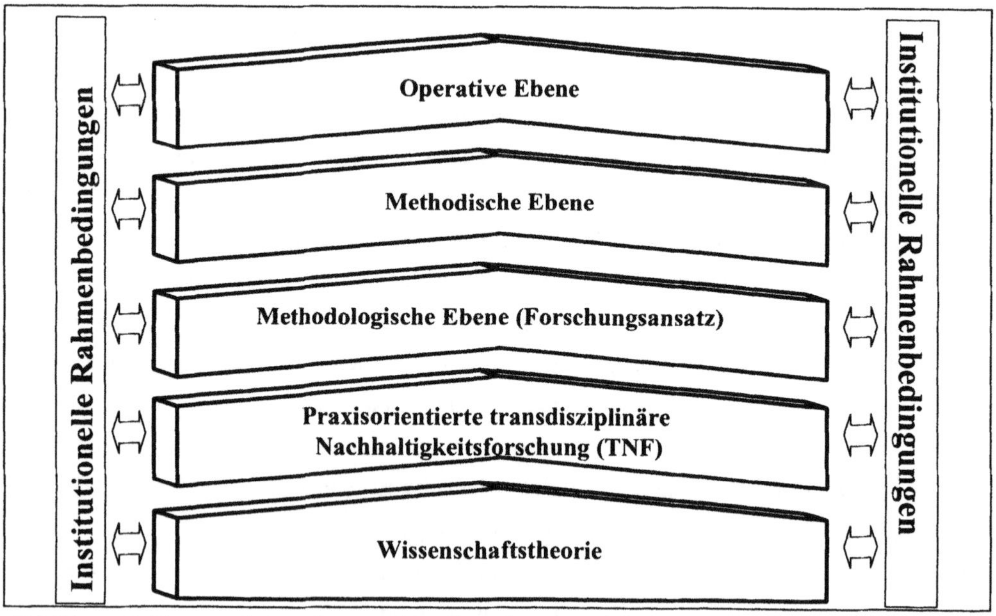

Abbildung 8: Untersuchungsebenen eines Forschungsprojekts.

---

281 Lamnek, 1995, Bd. 1.

Mit diesen fünf Ebenen lassen sich die Entscheidungen zuordnen, die innerhalb eines Forschungsprojekts zu treffen sind. Es lässt sich mit Ihnen aber nicht begründen, wie sie getroffen wurden. Hierbei wird angenommen, dass diese Begründung weitgehend auf drei Faktoren zurückzuführen ist: erstens auf die *wissenschaftstheoretische und methodologische Position*, zweitens auf *spezifische Sachverhalte* auf der jeweiligen Ebene und drittens auf den *institutionellen Rahmen*.

Der *Institutionelle Rahmen* ist in der Abbildung 8 am Rande dargestellt. Da die institutionellen Rahmenbedingungen nicht nur auf das Forschungsprojekt wirken, sondern das Projekt auch auf die Rahmenbedingungen, ist die Beziehung in Doppelpfeilen dargestellt.

Der Einfluss der *institutionellen Rahmenbedingungen* auf das IPG I kann explizit oder implizit behandelt werden. Bei der impliziten Thematisierung würde der Einfluss zusammen mit den einzelnen Problembereichen auf operativer und methodischer Ebene untersucht werden. Bei der expliziten Behandlung wäre der institutionelle Rahmen eigenständig neben der methodischen und operativen Ebene zu untersuchen.

Eine explizite Behandlung des institutionellen Rahmens wird aus zwei Gründen nicht vorgenommen: Erstens erweist sich bereits die wissenschaftsinterne Analyse als sehr fruchtbar. Zweitens erlaubt gerade diese Vielzahl von wissenschaftsinternen Problemen keine explizite Untersuchung des institutionellen Rahmens, weil dies den Rahmen der Arbeit übersteigen würde. Da der institutionelle Rahmen allerdings je nach Problem von hoher Relevanz sein kann, soll er nicht gänzlich ausgespart, sondern implizit berücksichtigt werden.

Dimensionen und Kriterien, um die Entscheidungen auf methodischer und operativer Ebene zu bewerten, werden zum einen abgeleitet aus den Entscheidungen, die auf *wissenschaftstheoretischer und methodologischer Ebene* getroffen wurden. Diese betreffen die methodische Ebene. Zum anderen werden Bewertungsdimensionen für den *spezifischen Forschungsprozess* aufgestellt. Mit Hilfe dieser Dimensionen werden die Entscheidungen auf operativer Ebene untersucht.

5.2.1 Methodische Ebene

Auf methodischer Ebene kann an die Ausführungen in Teil I angeknüpft werden. Wir ziehen daher das Untersuchungsschema aus Kapitel 3.1.2 heran (vgl. Abbildung 9). Für die vier Dimensionen — Problemdefinition, -bearbeitung, Verwendung und Bewertung — wurden in

Kapitel 3.3.4 allgemeine Kriterien abgeleitet. Eine Bewertung nach diesen Kriterien lässt keine Aussage darüber zu, was inhaltlich geleistet wurde. Da bei der folgenden Untersuchung der Forschungsprozess von Interesse ist, ist eine inhaltliche Bewertung des IPG I nicht erforderlich. Es wird sich daher auf die formalen Dimensionen und Kriterien gestützt. Die Kriterien wurden unabhängig von der Wahl eines Forschungsansatzes entwickelt. Daher sind sie anhand der gewählten Methodologie zu konkretisieren. Da im IPG I die Wahl auf den Bedürfnisfeld-Ansatz fiel, erfolgt die Konkretisierung anhand dieses Ansatzes.

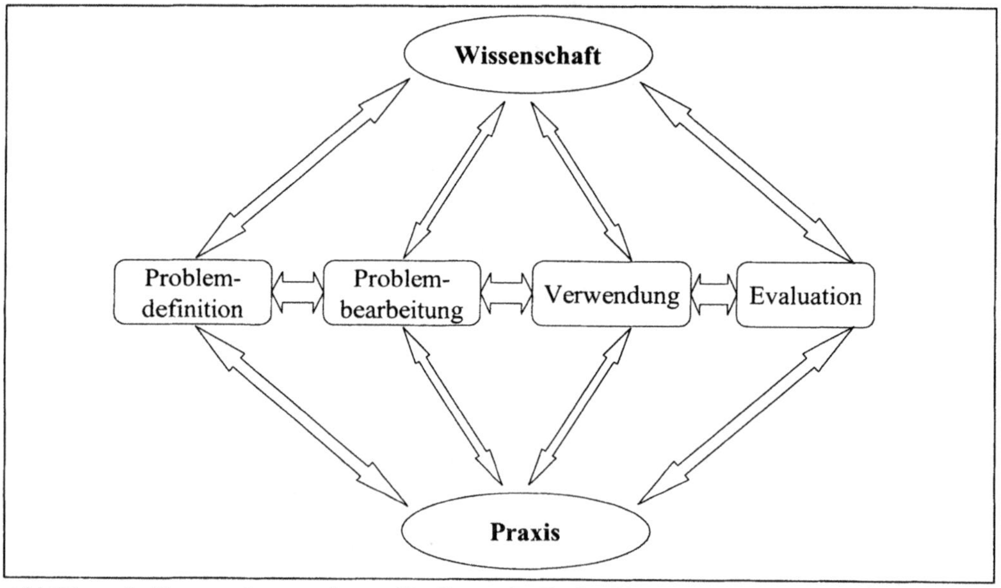

Abbildung 9: Untersuchungsschema für die methodische Ebene.

Problemdefinition:

- Wurde die Wahl und Abgrenzung des Bedürfnisfeldes in Zusammenarbeit mit den relevanten Praxisakteuren vorgenommen?
- Wurden die Schlüsselherausforderungen konkret definiert?
- Bleibt eine integrative Analyse über die Schlüsselherausforderungen hinweg einlösbar?

Problembearbeitung:

- Erfolgte die Integration disziplinärer Perspektiven anhand der Schlüsselherausforderungen?

- War die jeweilige disziplinäre Methode an die Schlüsselherausforderung angepasst?
- Partizipierten die Praxisakteure an der Bearbeitung einer Schlüsselherausforderung?
- Wurde versucht, das Verhalten der Akteure zu erklären und zu verstehen?
- Wurden die Restriktionen und Optionen einzelner Akteure untersucht?

Verwendung:
- Erfolgten Umkontextualisierungen von der allgemeinen disziplinären Bearbeitung hin zu der konkreten Schlüsselherausforderung?
- Wurden bei der Implementierung mögliche Neben- und Fernwirkungen berücksichtigt?

Evaluation:
- Wurde die Forschung wissenschaftsintern und wissenschaftsextern evaluiert?
- Erfolgte die Evaluation nach disziplinären und transdisziplinären Kriterien?

Die Kriterien sind sehr allgemein. Eine weitere Konkretisierung erscheint hier aber nicht möglich. Daher bleibt ein Interpretationsspielraum. Dieser wird gefüllt durch eine weitere Konkretisierung der Kriterien anhand der einzelnen Problembereiche, durch Verwendung der inhaltlichen Ziele, die sich das IPG I selbst gesetzt hat, und durch die Einbeziehung der Forschenden, die selber zu Wort kommen und Stellung zu den Bewertungen beziehen können.

5.2.2 Operative Ebene

> „Der Vorteil einer Analogie liegt (...) darin, dass wir durch sie Wissen aus einem besser bekannten Kontext für ein ähnliches, aber wenig bekanntes Phänomen fruchtbar machen können. Allerdings muss das übertragene Wissen intern konsistent bleiben, sonst gerät der Transfer zu nicht mehr als einer Ersetzung von Termen (...)."[282]

Auf der operativen Ebene stehen Fragen der Organisation, der Auswahl der Mitarbeiterinnen, der Zusammenarbeit etc. im Vordergrund. Fragen, die das Management eines Forschungsprojektes betreffen. Da diese Fragen in der Managementlehre intensiv bearbeitet werden, sollen die dort gewonnenen Erkenntnisse auf das Forschungsmanagement übertragen werden.

Diesem Vorgehen liegt die Überzeugung zugrunde, dass in der Managementlehre ein breiteres Wissen darüber vorliegt, wie Probleme beim Umgang mit komplexen sozialen Systemen gelöst werden können, als dies in der Wissenschaftsforschung der Fall ist. Damit die Übertragung des Wissens der Anforderung nach interner Konsistenz standhalten kann, wie es Knorr-Cetina fordert, setzt dies einen Vergleich von Unternehmen und Forschungsprojekten voraus, bei dem die Unterschiede und Gemeinsamkeiten aufgezeigt werden.

Bereits in den 60'er und 70'er Jahren gab es eine Reihe von Modellen, die aus ökonomischer Perspektive die Wissenschaft zu erklären versuchten.[283] Diese Modelle beziehen sich auf den wissenschaftsinternen Wettbewerb um Anerkennung und Reputation. Bei Bordieu geht es bspw. um sogenannte credits, die sich aus sozialer Autorität und wissenschaftlicher Kompetenz zusammensetzen und in finanzielle Ressourcen umgewandelt werden können.

Diese Modelle haben gemeinsam, dass sie sich auf eine akademische Wissenschaft beziehen. Das wissenschaftliche Produkt sehen sie nicht als ein privates Gut an, dem tatsächlich ein ökonomischer Charakter in dem Sinne zukommt, dass es sich verkaufen lässt. Vielmehr ist das wissenschaftliche Produkt ein Gut, für das der Wissenschaftler Anerkennung, soziale Autorität etc. erhält. Weiterhin übertragen diese Modelle vor allem volkswirtschaftliche Gedanken auf die Wissenschaft, nicht aber Erkenntnisse aus der Managementlehre. Da die Fragestellung dieser Arbeit sich auf das Management von Forschungsprozessen bezieht und dabei auch die Verschränkung von Wissenschaft und Praxis thematisieren möchte, erscheinen diese Modelle keine adäquaten Erkenntnisse für die Fragestellung zu liefern.

Interessanter erscheint die These von der Industrialisierung der Wissenschaften von Wingens[284] (vgl. Kapitel 2.2). Bei seinem Vergleich von Unternehmen und einer Wissenschaft, die weitgehend industrialisiert ist, zeigen sich eine Reihe von Gemeinsamkeiten: Die industrialisierte Wissenschaft ist stark mit dem Verwendungskontext verwoben und produziert private Güter. Wissenschaftliche Erkenntnisse werden somit zu einer Ware und der Forscher zu einem Unternehmer, der seine Ergebnisse externen Geldgebern verkaufen möchte.

Ein wesentlicher Unterschied zwischen einem Unternehmen, das Oberhemden produziert, und einer industrialisierten Forschung ist die Komplexität der Produktion. Die Herstellung eines Hemdes ist eindeutig zu regeln. Die Produktion von Wissen ist dagegen unsicher und

---

[282] Knorr-Cetina, 1984: 136.

[283] Knorr-Cetina, 1984: 130ff. Knorr-Cetina führt an: Merton 1957 und 1968; Latour 1979; Hagstrom 1965; Bourdieu 1975.

[284] Wingens, 1998.

in weiten Teilen unvorhersagbar. Daher genießt die industrialisierte Wissenschaft vielfach eine Art kontrollierter Autonomie, d.h. sie ist in einen strategischen Kontext eingebettet, innerhalb dessen sie autonom agieren kann (vgl. Kapitel 2.2.).

Wingens überträgt demnach nicht die ökonomische Theorie auf die Wissenschaft, sondern sieht die Wissenschaft als Teil der Ökonomie. Wenn die TNF als mit dem Verwendungskontext verwoben angesehen wird und sich lebensweltlicher Probleme annimmt, dann erscheint diese Beschreibung der Wissenschaft vielversprechender für die weitere Analyse.

Allerdings ist die TNF keine industrialisierte Forschung im Sinne von Wingens (vgl. Kapitel 3.4). Sie kann als ein Zwitter von akademischer und industrialisierter Forschung beschrieben werden. Mit der industrialisierten Forschung hat sie gemein: Sie ist im Praxiskontext verwoben, bezieht Praxisakteure in die Forschung ein, muss sich vielfach extern rechtfertigen und erfolgt transdisziplinär. Mit der akademischen Wissenschaft hat sie dagegen gemein: Sie produziert vornehmlich öffentliche Güter. So lassen sich konkret folgende Gemeinsamkeiten und Unterschiede anführen. Zuerst zu den *Unterschieden:*

- *Private vs. öffentliche Güter.* Während Unternehmen per se private Güter herstellen, die durch Rivalisierbarkeit im Konsum gekennzeichnet sind, widmet sich die TNF tendenziell der Produktion öffentlicher Güter, d.h. von Wissen, das sich durch Nicht-Rivalisierbarkeit auszeichnet. Dieser Beschreibung kommt jedoch lediglich idealtypischer Charakter zu. So produzieren auch Wissenschaftler konkrete Produkte, die Rivalität im Konsum bewirken können. Die Produkte von Unternehmen und Wissenschaft können sich daher durchaus überlappen und ähnliche Charakteristika aufweisen. Aber auch wenn dies der Fall ist, so ist doch der Referenzrahmen der Produktion ein gänzlich anderer: Unternehmen orientieren sich am Kriterium der Rentabilität, TNF am Leitbild der Nachhaltigen Entwicklung.
- *Gewinn vs. Erkenntnis.* Unternehmen haben das Ziel, langfristig zu überleben und Gewinn zu erwirtschaften. Ihre Anspruchsgruppe sind in erster Linie die Shareholder und erst in zweiter die Öffentlichkeit und die Politik. Wissenschaft hat dagegen das Ziel, nach neuen Erkenntnissen zu streben, Probleme zu analysieren und zu erklären. Wenn Wissenschaft sich zu rechtfertigen hat, dann in erster Linie gegenüber der Scientific Community.
- *Marktfähige vs. nicht marktfähige Problemlösungen.* Allerdings sichern die Unternehmen ihr Überleben und erwirtschaften Gewinn, indem sie Probleme ähnlich der Wissenschaft analysieren und lösen. Somit besteht hier eine Überlappung zwischen Unternehmen und TNF. Dabei müssen die Problemlösungen der Unternehmen marktfähig sein, d.h. sich verkaufen lassen, während die Problemlösungen der Wissenschaft dies sein können, jedoch

nicht müssen. Die TNF hat hier einen größeren Spielraum: Sie kann ihre Forschung rechtfertigen, indem sie Wissen produziert, das von der Öffentlichkeit als relevant erachtet wird, ohne dass es einen direkten Nutzen hat. Sie kann Wissen produzieren, das für die Allgemeinheit von praktischer Bedeutung ist, ohne direkt marktfähig zu sein. Die Wissenschaft kann aber auch Wissen produzieren, das sich auf den freien Markt verkaufen lässt — im Sinne einer industrialisierten Wissenschaft.

- *Ergebnis vs. Weg.* Während bei Unternehmen das Ergebnis zählt, ist in der TNF auch der Weg von Bedeutung. Dieser Weg muss wissenschaftlichen Kriterien wie intersubjektiver Nachvollziehbarkeit, adäquater Methodenwahl, sauberer Anwendung dieser Methoden etc. genügen. Der wissenschaftliche Weg kann zu anderen und für den bestimmten Zweck zu fruchtbareren Ergebnissen führen, er kann aber auch wesentlich höhere Kosten bewirken. Unternehmen hätten in diesem Falle einen prinzipiellen komparativen Vorteil.

Neben diesen Unterschieden sind eine Reihe von *Gemeinsamkeiten* anzuführen:

- *Effizienz.* Unternehmen wie Wissenschaft versuchen, ihre Ziele mit möglichst effizienter Mittelverwendung zu erreichen, da beide nicht über unendliche Ressourcen verfügen. Beide müssen mit diesen haushalten und sind Ressourcenkonflikten ausgesetzt.[285] Diese Konflikte wurden durch die Spezialisierung in Wissenschaft und Unternehmen verstärkt. So verlangt die steigende Spezialisierung eine verstärkte Koordination, was zu höheren Transaktionskosten führt. In Wissenschaft und Unternehmen ist es daher von hoher Bedeutung zu untersuchen, wie diese Transaktionskosten gesenkt werden können.
- *Management sozialer Systeme.* In Unternehmen wie in der Wissenschaft geht es um das Management komplexer sozialer Systeme; in beiden Bereichen sollen Menschen zusammen arbeiten. Diese sozialen Systeme führen ein gewisses Eigenleben, sollen aber auf ein bestimmtes Ziel hin entwickelt und gesteuert werden.[286]
- *Organisationsstruktur.* Unternehmen wie wissenschaftliche Forschungsprojekte benötigen eine Organisationsstruktur. Diese kann eher langfristig und stabil oder kurzfristig und flexibel gestaltet werden, je nach Anforderungen an die Organisation. Da die Organisationsforschung in der Managementlehre weit fortgeschritten ist, besteht die Hoffnung, aus diesen Erkenntnissen für die Organisation der Forschung zu schöpfen.

---

[285] Zu den Ressourcenbeziehungen innerhalb der Wissenschaft vgl. Knorr-Cetina, 1984: 157ff.

[286] Hartmann, 1998: 11ff.

- *Personal.* In Unternehmen wie in der TNF arbeiten Menschen, die über bestimmte Kompetenzen verfügen sollten. Es stellt sich somit bei beiden die Frage nach Anforderungen, Rekrutierung und Weiterbildung der Mitarbeiterinnen.
- *Zusammenarbeit.* In Unternehmen wie in der TNF arbeiten Menschen zusammen, die eine unterschiedliche Ausbildung genossen haben und somit über unterschiedliches Wissen und unterschiedliche Sprachen verfügen. Die Frage, wie diese Menschen zusammenarbeiten und sich verständigen können, stellt sich folglich in beiden Bereichen.
- *Bezug zur Lebenswelt.* Unternehmen wie TNF bewegen sich in der Lebenswelt, müssen dort erfolgreich sein, sich gegenüber externen Anspruchsgruppen rechtfertigen, die Bedürfnisse der Kunden erfüllen und flexibel auf Änderungen reagieren. Daher beziehen beide Praxisakteure in ihre Aktivitäten ein. Unternehmen versuchen zu erforschen, welche Bedürfnisse der Kunde hat und wie man neue Bedürfnisse wecken kann. Die praxisorientierte Forschung bezieht Praxisakteure ein, um deren Handeln und deren Bedürfnisse zu verstehen, deren Wertvorstellungen zu erkennen und um schließlich für diese Akteure ein relevantes Wissen zu erarbeiten.

Es bestehen somit in vielen Bereichen Gemeinsamkeiten. Dabei dürfen die Unterschiede jedoch nicht vergessen werden. Betrachtet man diese genauer, dann fällt auf: Die Unterschiede betreffen hauptsächlich die methodische Ebene, d.h. die Art der Produktion eines Gutes, dessen Charakteristik und die Frage der Marktfähigkeit. Sie betreffen jedoch nicht die operative Ebene, für die Bewertungsdimensionen und -kriterien gesucht werden und auf welche die Analogie angewandt wird. Bei der Ableitung der Bewertungsdimensionen kann sich daher auf die Gemeinsamkeiten abgestützt werden. Allerdings können die Unterschiede in einzelnen Problembereichen Bedeutung erlangen, wenn es um die Suche nach Lösungsvorschlägen geht. Daher müssen sich die eruierten Lösungen daran messen lassen, inwieweit sie durch die aufgezeigten Unterschiede tangiert werden.

Welche Dimensionen lassen sich aus diesem Vergleich ableiten? Bei der Untersuchung des IPG I handelt es sich um eine explorative Studie, die Probleme identifizieren soll, ohne dass bereits ein fundiertes Vorwissen von den Problemen vorhanden wäre. Daher sollte offen an die Untersuchung herangegangen werden. Diese Offenheit verlangt hinreichend allgemeine Dimensionen und Kriterien. Hier bieten sich solche an, welche allgemeine Aspekte des Managements betreffen. Da die Aspekte, die sich auf die Beziehung nach außen beziehen — im Falle des Forschungsprojekts die Praxisakteure — bereits auf methodischer Ebene explizit behandelt werden, kann sich hier auf die internen Aspekte beschränkt werden. Mit Blick auf die Gemeinsamkeiten zeigen sich:

1. Wie ist die *Organisationsstruktur* angelegt?
2. Wie erfolgt die Zusammenarbeit/der *Arbeitsprozess*?
3. Welche Kompetenzen zeigen die *Mitarbeiterinnen*?
4. Wie erfolgt das *Management* komplexer sozialer Systeme?

Diese vier Fragen sind hinreichend allgemein, um dem explorativen Charakter gerecht zu werden. Sie sind auch hinreichend konkret, um den Blick auf die wesentlichen Punkte zu lenken. In Abbildung 10 sind diese Dimensionen zu einem Untersuchungsschema für die operative Ebene zusammengefasst. Hintergrund des Schemas bildet die Frage der effizienten Koordination von disziplinären und disziplinübergreifenden Tätigkeiten. Die Frage der Effizienz, d.h. werde die Dinge richtig gemacht, ist Leitfrage der operativen Ebene. Die Frage der Effektivität, d.h. werden die richtigen Dinge getan, ist dagegen auf der methodischen und methodologischen angesiedelt.

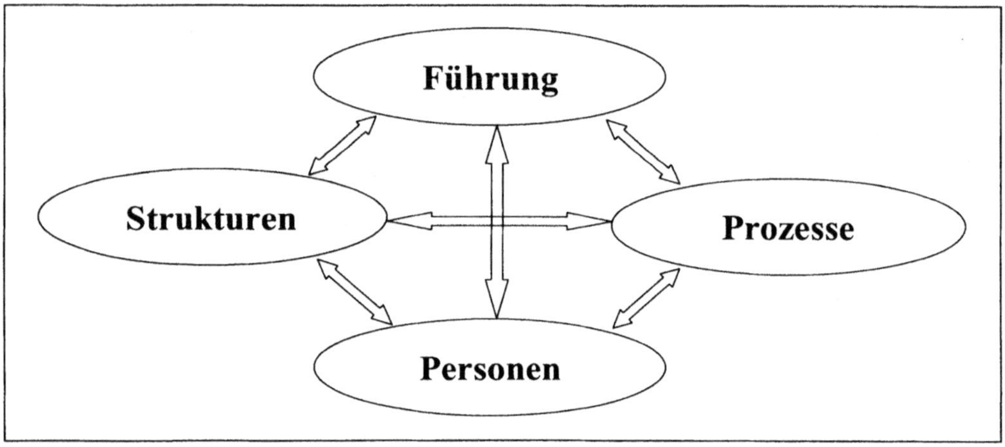

Abbildung 10: Untersuchungsschema für die operative Ebene.

6. Das Integrierte Projekt Gesellschaft I

6.1 Konzeption des Integrierten Projekts Gesellschaft I

In Weiterentwicklung der Arbeiten aus der ersten Phase des Schwerpunktprogramms Umwelt des Schweizerischen Nationalfonds wurde das Integrierte Projekts Gesellschaft I (IPG I) konzipiert: „Nachhaltige Schweiz im internationalen Kontext. Entwicklung von Visionen, Strategien und Instrumenten am Beispiel des Bedürfnisfeldes Ernährung"[287]. Das IPG I hatte das Ziel, sich vermittelnd zwischen der naturwissenschaftlich-technischen Debatte um vornehmlich technische Detaillösungen und der normativ-abstrakten Debatte um neue Lebensstile zu positionieren: Ausgangspunkt der Forschung bildeten die Praxisakteure in ihrer konkreten Lebenswelt, mit ihren Problemen, Interessen, Visionen, ihren organisatorischen und institutionellen Einbindungen, den Handlungsspielräumen und den tatsächlichen und scheinbaren Restriktionen. Für diese Praxisakteure sollte Ziel- und Transformationswissen erarbeitet werden, das es erlaubt, die Ergebnisse der Lebensstildiskussion zu integrieren, realistische Anwendungsfelder für technische Detaillösungen zu eröffnen und die gesamthafte ökologische Verbesserung sicherzustellen und suboptimale Teillösungen zu verhindern.[288]

Mit dieser Aufgabenstellung gingen hohe Anforderungen an die Forschung einher: hohe Komplexität, Dynamik, Integration von Mikro- und Makroperspektive und schließlich die Notwendigkeit zur transdisziplinären Forschung, welche sowohl die Partizipation von Praxisakteuren als auch die Transformations- und Handlungsorientierung umfasst. Um diesen Anforderungen gerecht zu werden, kam dem Forschungsansatz strategische Bedeutung zu.

---

[287] Minsch, 1995b.

6.1.1 Wahl des Forschungsansatzes

Willens, ein Projekt zu entwickeln, das einer TNF entspricht, ergaben sich bei der Konzeption des IPG I folgende konkrete Anforderungen:

- Im Vordergrund sollten Fragen der *Lebenswelt* stehen.[289]
- Es war ein Integrationskern im Sinne einer *Zweckorientierung* zu identifizieren. Damit war die Frage nach dem Grundstandpunkt bei der Systemdefinition in Umweltfragen angesprochen, wie sie Hirsch[290] aufzeigt: Einerseits ist eine Definition der Umweltfragen vom natürlichen System her möglich, andererseits ist eine Definition vom sozio-ökonomischen System (Handlungssysteme) her denkbar. Mit der Forderung nach Zweckorientierung wurde der sozio-ökonomische Standpunkt angesprochen, d.h. es sollte um menschliche Zwecke bzw. deren Verfolgung und deren Nachhaltigkeit gehen.
- Der Forschungsfokus sollte auf *sozio-ökonomischer Ebene* liegen. Dabei war aber die Kopplung mit der *natürlichen Umwelt* (stofflich-energetische Ebene) zu berücksichtigen, sowie die technischen Möglichkeiten, die ein Bindeglied zwischen beiden Ebenen darstellen.
- Die relevanten *Akteure* sollten in geeigneter Form am Forschungsprozess *partizipieren.*

Mit dem Bedürfnisfeld-Ansatz schien es möglich, diese Anforderungen zu berücksichtigen. Durch die Betrachtung eines Bedürfnisfeldes stand die Lebenswelt der Akteure im Vordergrund, und es existierte ein Integrationskern, auf den sich die Synthese der disziplinären Perspektiven ausrichten konnte. Zudem war eine Kopplung mit dem stofflich-energetischen und dem sozio-ökonomischen System möglich, ebenso eine Partizipation der Akteure.

6.1.2 Zielsetzung, Wertfrage und Problemzugänge

Das IPG I hatte sich folgende Ziele gesetzt:[291] Grundlegendes Oberziel war es, einen *substantiellen Beitrag zur Einführung und zur Unterstützung einer nachhaltigen Entwicklung* in Wirtschaft und Gesellschaft in der Schweiz zu leisten. Die Realisierung dieses Oberziels ver-

---

288 Minsch et al., 1996: 7 ff.

289 Zum Begriff der Lebenswelt vgl. Kapitel 3.1.

290 Hirsch, 1993 und 1995.

291 Minsch, 1995b: 3.15.

langte Forschungsanstrengungen sowohl im Bereich der theoretisch-konzeptionellen als auch im Bereich der empirischen Forschung. Die Detailziele gliederten sich wie folgt:

1. *Nachhaltigkeitskriterien* sollten in Form operationalisierbarer Ziele erarbeitet werden.
2. Es sollte ein *Analyseinstrument* geschaffen werden, das ein Bedürfnisfeld als gesellschaftliches Subsystem zu analysieren erlaubt.
3. Es sollte untersucht werden, welche Bedeutung den *Lernprozessen* unter den Akteuren über den gesamten Akteurs- und Produktzyklus hinweg zukommt.
4. Es sollten die konzeptionell-theoretischen Grundlagen zentraler Handlungsstrategien und Instrumente im Dienste der Ökologisierung von Bedürfnisfeldern erarbeitet werden (*„Toolbox für nachhaltigkeitsorientiertes Bedürfnisfeldmanagement"*).
5. Es sollten *Kommunikations-, Kooperations- und Lernstrukturen* aufgebaut werden, die die Nachhaltige Entwicklung des Bedürfnisfeldes Ernährung fördern.

Darüber hinaus sollte untersucht werden, inwieweit die Strategien und Instrumente auf *andere Bedürfnisfelder* übertragbar sind.

Im Rahmen eines Projektes, das einen Beitrag zur Unterstützung der Nachhaltigen Entwicklung zu leisten beabsichtigt, stellt sich notwendigerweise die *Wertfrage*. Im IPG I sollte diese auf zwei sich ergänzenden Wegen angegangen werden:[292] Einerseits *top-down* anhand der Konzeption, die in der ersten Phase des SPP Umwelt entwickelt wurde,[293] und andererseits *bottom-up* im Diskurs mit den relevanten Akteuren und deren Kriterien, Vorstellungen und Interessen.

Diese Aufgaben und Ziele des IPG I sollten mit folgender Struktur und folgenden Problemzugängen umgesetzt werden: Die *IP-Leitung* bestand aus dem Projektleiter und einem Mitarbeiter. Ihr kam zum einen die Aufgabe zu, das IPG I nach außen zu vertreten. Zum anderen hatte die IP-Leitung nach innen zu wirken. Sie sollte den Forschungsprozess koordinieren, den Syntheseprozess auslösen und die Zielerreichung kontrollieren. Der eigentliche Forschungsprozess erfolgte in neun *Teilprojekten*. Die folgende Aufstellung gibt einen Überblick über den fachlichen Zugang und die inhaltliche Ausrichtung.

---

[292] Minsch, 1995b: 3.16f.; Minsch und Mogalle, 1998: 10f.

[293] Minsch et al., 1996: 15-34; Minsch et al., 1998: 16-22.

Teilprojekt I: Problemzugang Volkswirtschaftslehre
Ökologische Wirtschaftspolitik zwischen Selbstorganisation und Fremdsteuerung - „Erfindungen" gegen die umweltpolitische Blockade.

Teilprojekt II: Problemzugang Politologie / Lernen in Organisationen
Organizational and inter-organizational learning towards sustainability.

Teilprojekt III: Problemzugang Bildung / Publizistik
Bildung und Öffentlichkeitsarbeit für eine nachhaltige Schweiz im Bereich Ernährung.

Teilprojekt IV: Problemzugang Kommunikations- und Beratungslehre
Plattformen für Verhandlungen über nachhaltige Nutzung von Kulturlandschaften.

Teilprojekt V: Problemzugang Regionalwissenschaften
Strategien und Instrumente zur Förderung ökologischer Innovationen auf der regionalen Handlungsebene.

Teilprojekt VI: Problemzugang Betriebswirtschaftslehre
Von der Öko-Nische zum ökologischen Massenmarkt: Analyse und Gestaltung integrierter Produkt- und Akteursketten.

Teilprojekt VII: Problemzugang Psychologie
Hemmende und fördernde Bedingungen der Umsetzung sozialer Repräsentationen in alltägliches Verhalten im Ernährungsbereich.

Teilprojekt VIII: Problemzugang Quantifizierung von Umweltauswirkungen
Energy, greenhouse gases and way of living.

Teilprojekt IX: Problemzugang ökologische Bilanzierung
Environmental Prioritizing. From Indicators for environmental impacts towards environmental indices.

6.2 Startphase: Januar - September 1996

6.2.1 Zielsetzung

Zwei Ziele standen zu Beginn im Vordergrund: Zum einen wollte man ein *Klima der Zusammenarbeit* schaffen, unter anderem durch den Aufbau einer effizienten Organisations- und Kommunikationsstruktur. Zum anderen sollte den Teilprojekten die Möglichkeit gegeben werden, ihre *spezifische disziplinäre Kompetenz* im Hinblick auf das Bedürfnisfeld Ernährung zu erarbeiten. Dies war notwendig, weil die Projekteingabephase sehr kurz bemessen war. Sowohl effiziente Organisations- und Kommunikationsstrukturen als auch disziplinäre Kompetenz wurden als notwendig erachtet, um neben der disziplinären Arbeit möglichst rasch eine teilprojektübergreifende Forschung zu etablieren. Das Motto dieser Phase war: *Die Synthese muss von Beginn an die analytische Arbeit in den Teilprojekten begleiten.*

6.2.2 *Umsetzung*

Mit verschiedensten Maßnahmen wurde versucht, diese Ziele umzusetzen. So z.B. durch:

- *Aufbau eines edv-gestützten Kommunikationssystems.*
- *Gemeinsame Spielregeln.*
- Mehrere *Projektleitersitzungen* und eine *Vollversammlung.*
- *Besuch aller Teilprojekte durch die IP-Leitung.*
- *Aufruf zu Kooperationen* zwischen verschiedenen Teilprojekten.

6.2.3 *Organisationsstruktur*

Diese Maßnahmen führten zu der Organisationsstruktur in Abbildung 11.

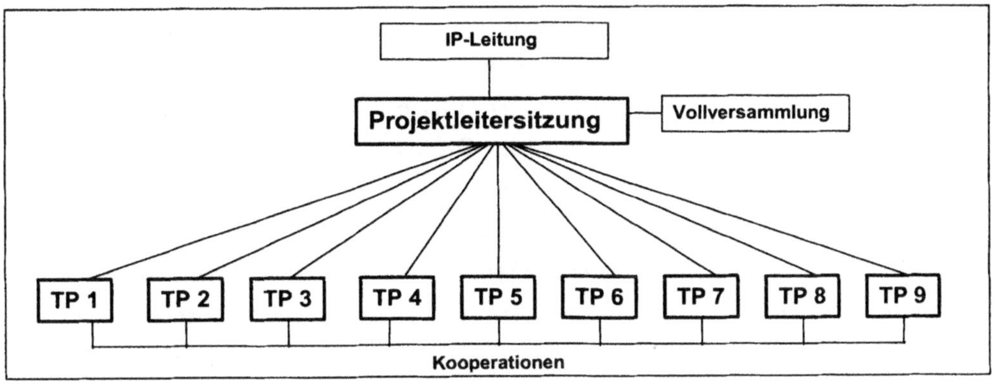

Abbildung 11: Organigramm des IPG I in der Startphase.

Die IP-Leitung und die Projektleitersitzung hatten die Führung des Projekts inne, worin sie durch die Vollversammlung unterstützt wurden. Die inhaltliche Arbeit erfolgte auf zwei Ebenen: In den Teilprojekten und in den Kooperationen zwischen einzelnen Teilprojekten.

Die *IP-Leitung* versuchte zusammen mit der Projektleitersitzung, geeignete Organisationsstrukturen zu etablieren. Darüber hinaus wurde eine regelmäßige Reflexion über den

Forschungsprozess für notwendig erachtet, um Probleme frühzeitig aufzudecken. Die *Projektleitersitzung* war das Entscheidungsgremium im IPG I. Diese bestand neben der IP-Leitung aus den operativen Projektleitern, nicht aus den Projektverantwortlichen. Zwar hatte die IP-Leitung das Recht, Sitzungen einzuberufen und Traktanden zu bestimmen, die Entscheidungsgewalt lag jedoch bei der Projektleitersitzung. Damit wurde eine breite Abstützung der Entscheidungen gewährleistet. Da die IP-Leitung keine Sanktionsgewalt hatte, wurde dieses Vorgehen nicht nur aus legitimatorischen Überlegungen als sinnvoll angesehen, sondern auch aus rein pragmatischen Gründen: Entscheidungen, die ohne die Möglichkeit getroffen werden, diese im Zweifelsfall auch durchzusetzen, benötigen die Zustimmung der Betroffenen. Daher war es Sache der Projektleitersitzung, zentrale Probleme und neue Fragestellungen nicht nur zu diskutieren, sondern auch über entsprechende Lösungsansätze zu beraten und das weitere Vorgehen zu beschließen.

Damit das beschlossene Vorgehen möglichst alle Mitarbeiter mittrugen, wurde einmal im Jahr eine *Vollversammlung* einberufen. Hier wurden keine Entscheidungen gefällt, aber konzeptionelle und organisatorische Veränderungen des Gesamtprojekts diskutiert und Ideen gesammelt. Darüber hinaus bot die Vollversammlung ein Forum für die Diskussion von Ergebnissen und theoretischen Überlegungen, die für das Gesamtprojekt von Bedeutung waren. Die erste Vollversammlung diente außerdem dem gegenseitigem Kennenlernen.

Die *inhaltliche Arbeit* erfolgte in der Startphase fast ausschließlich in den Teilprojekten. Die einzelnen *Teilprojekte* untersuchten aus Sicht einer bestimmten Disziplin verschiedene Fragestellungen des Bedürfnisfeldes Ernährung. Die synthetische Arbeit begann langsam in Form kleinerer und größerer *Kooperationen zwischen einzelnen Teilprojekten.* Das Bedürfnisfeld Ernährung war die Klammer der inhaltlichen Arbeit. Allerdings war der Bedürfnisfeld-Ansatz bisher nur in Grundzügen entwickelt, und die Beteiligten waren sich uneinig, inwieweit das Bedürfnisfeld Ernährung konkreter Untersuchungsgegenstand ist oder ob es vornehmlich als Beispiel gilt für zu entwickelnde Strategien und Instrumente, die auch für andere Bereiche entwickelt werden. So konnten sich alle Teilprojekte innerhalb des Bedürfnisfeldes verorten, maßen diesem jedoch einen unterschiedlich großen Stellenwert zu.

6.2.4 Erfahrungen

Methodische Ebene

Lebensweltliche Problemorientierung versus ganzheitliche Betrachtung. An der 1. Vollversammlung stellte sich die Frage, ob die Teilprojekte und die teilprojektübergreifenden Kooperationen die *relevanten Probleme* im Bedürfnisfeld Ernährung umsetzungsorientiert bearbeiten und ob diese Bearbeitung auch einer *ganzheitlichen Betrachtung* unterzogen wird.[294] Beides, Problemorientierung und ganzheitliche Betrachtung, waren mit der bestehenden Struktur und Vorgehensweise nicht oder nur zufällig erreichbar.

Auch wenn die Teilprojekte und übergreifenden Kooperationen Probleme im Bedürfnisfeld Ernährung bearbeiteten, so taten sie dies vornehmlich aus disziplinärer Perspektive. Eine disziplinäre Perspektive wird aber nicht zwingend der lebensweltlichen Problematik gerecht. Zudem konnten die Teilprojekte und die vornehmlich bilateralen Kooperationen keine integrative Betrachtung garantieren, da dies weder in ihrem Interesse noch in ihrer Kompetenz lag. Damit war offen, wie eine integrative Betrachtung erfolgen könnte.

Kurze Eingabephase. Die Eingabephase für das gesamte IPG I betrug zwei Monate. Innerhalb dieser Zeit musste der Forschungsansatz gewählt, sich für ein Bedürfnisfeld entschieden und für jedes Teilprojekt eine Forschungsfrage identifiziert werden. Diese Zeit erwies sich als sehr kurz. Daher traten bei Projektbeginn eine Reihe von Fragen auf:

1. Die konkreten Forschungsinteressen der Mitarbeiter mussten sich zum Teil erst entwickeln, und zudem waren viele Mitarbeiter noch mit dem Abschluss des Vorgängerprojekts beschäftigt. Dadurch starteten die Teilprojekte zu unterschiedlichen Zeitpunkten.[295]
2. Teilweise differierten die Forschungsinteressen der Mitarbeiterinnen.[296]
3. Die Interessen und Fragestellungen einzelner Teilprojekte standen nicht mit denen des Gesamtprojekts im Einklang.[297]
4. Neben inhaltlichen Differenzen wurde zudem diskutiert, wo die vorhandenen Ressourcen eingesetzt werden sollten.[298]

---

294 Protokoll 1; Vollversammlung 1.

295 Interview 2: 1; Interview 4: 2.

296 Interview 2: 4.

297 Interview 3: 2; Interview 4: 2.

298 Interview 1: 4; Interview 2: 1; Interview 3: 2.

Viele Probleme und Fragen wurden in der Eingabephase übergangen und zeigten sich in der Startphase. Die Zeit, die in der Eingabephase fehlte, musste daher in der Startphase aufgewandt werden.

Koordinations- und Kommunikationsprobleme. Die zielorientierte Kommunikation zwischen Mitarbeiterinnen verschiedener Disziplinen und mit unterschiedlichen Erfahrungen war schwierig und konnte nicht vorausgesetzt werden. Daher erwies es sich als ein langer Lernprozess, eine Kommunikationsstruktur aufzubauen.

Die Startphase war notwendig, damit die Teilprojekte sich quasi „selbst finden konnten", was aufgrund der kurzen Eingabephase nicht früher möglich war. Diese Phase war aber nicht hinreichend, um einen Forschungsprozess zu initiieren, der die Anforderungen einer transdisziplinären Forschung im allgemeinen und des Bedürfnisfeld-Ansatzes im besonderen erfüllt.

Operative Ebene

„Postdoc-Problematik".[299] Die Träger — und vielfach operativen Projektleiter — des transdisziplinären Forschungsprozesses waren die erfahreneren Mitarbeiterinnen („Postdocs"). Aber gerade diese Mitarbeiterinnen verließen vielfach das Projekt. Dadurch wurde die Hauptlast der Arbeit auf die Doktoranden übertragen, die zwar die Motivation, nicht aber die nötige Erfahrung hatten. Daher traten verschiedentlich Überforderungssymptome auf, verbunden mit der Tendenz, sich auf die eigene Teilprojektarbeit zurückzuziehen.

Management von Kooperationen. Zwar versuchte man anfangs, Kooperationen zwischen Teilprojekten zu forcieren, doch man kam zu dem Ergebnis: Ein top-down Management von Kooperationen ist nur sehr begrenzt möglich. Die einzelnen Mitarbeiter wussten am besten, mit wem sie wie kooperieren wollen. Wenn dann von der Gegenseite auch Interesse vorhanden war, kamen Kooperationen zustande. Dafür mussten aber beide Seiten für sich einen Vorteil in der Kooperation sehen und die Erwartung hegen, dass auch das persönliche Miteinander erfolgreich verlaufen wird.

Zudem erwies es sich als sinnvoll, erst dann top-down die Bildung von Kooperationen zu forcieren, wenn die einzelnen Teilprojekte bereits die Probleme identifiziert hatten. Sie mussten die Probleme kennen, um zu wissen, in welchen Bereichen eine Zusammenarbeit fruchtbar sein könnte.[300] Hier war die IP-Leitung anfangs zu ambitiös, indem sie quasi „vom ersten Tag an" eine Zusammenarbeit über die Teilprojekte hinweg anstoßen wollte.

---

[299] Interview 1: 5f.

Erfolgreiche Kooperationen. Neben diesen eher kritischen Erfahrungen waren aber bereits in der Startphase einige erfolgreiche Kooperationen zu beobachten.

Konstruktive Atmosphäre. Die Atmosphäre im IPG I war konstruktiv. Obwohl Konflikte immer wieder auftraten, zeigte sich bei allen der Wille, allgemein tragfähige Lösungen in guter Arbeitsatmosphäre zu finden.

Somit zog man als *Fazit aus der Startphase*: Die synthetisierende Arbeit sollte frühzeitig jedoch nicht von Beginn an die analytische Arbeit in den disziplinären Teilprojekten begleiten, da vorher eine Exploration der Probleme im Untersuchungsfeld erforderlich ist.[301] Die synthetisierende Arbeit kann top-down angestoßen und gefördert werden, muss letztlich aber bottom-up entstehen.

6.3 Phase der Produktorientierung: November 1996 — August 1997

6.3.1 Zielsetzung

Nach der Startphase begann im Herbst 1996 die Phase der Produktorientierung[302], die sich bis zum August 1997 erstreckte. Zwei Ziele standen im Vordergrund:

1. Die Wahrnehmung bei den Forschenden für das *gesamte Bedürfnisfeld* sollte gestärkt und Fragen, die das Gesamtprojekt betreffen, hinreichend berücksichtigt werden.
2. Zudem sollten die *relevanten lebensweltlichen Probleme* im Bedürfnisfeld Ernährung evaluiert und akteursorientiert bearbeitet werden.

Den Blick über die spezifischen Fragestellungen der Teilprojekte hinaus sollten vor allem *inhaltlich ausgerichtete Arbeitsgruppen* einbringen, die teilprojektübergreifend zusammengesetzt waren und Fragestellungen von allgemeinen Interesse bearbeiteten. Die lebensweltliche Problemorientierung wollte man mit der *Konzentration auf konkrete Umsetzungsprodukte* erreichen. Als ein Produkt wurde die akteursgerechte Aufbereitung eines bestimmten

---

[300] Interview 2: 2; Gruppendiskussion b: 1.

[301] Gruppendiskussion b: 1.

Forschungsergebnisses verstanden. Die Arbeit der nach der Startphase disziplinär „gefestigten" Teilprojekte sollte stärker und konkreter an umsetzungs- und akteursorientierte Produktideen gebunden werden. Dadurch wollte man den lebensweltlichen Problemen gerecht werden, und zudem sollten die Produkte die Kristallisationspunkte darstellen, an denen sich die Synthese der disziplinären Perspektiven im Sinne eines Zweckzusammenhangs ausrichtet.[303]

6.3.2 Umsetzung

Die Arbeitsgruppen

Drei inhaltlich ausgerichtete Arbeitsgruppen wurden eingesetzt:

- Die *Arbeitsgruppe „Nachhaltige Entwicklung"* arbeitete an der Konkretisierung von Nachhaltigkeit im Bedürfnisfeld Ernährung.
- Die *Arbeitsgruppe „Bedürfnisfeld Ernährung"* unternahm erste Vorabklärungen zu Begriff und Struktur des Bedürfnisfeldes.[304]
- Die *Arbeitsgruppe „Restriktionen und Optionen"* entwickelte eine Heuristik, mit deren Hilfe die Möglichkeiten und Grenzen der Akteure, in Richtung einer Nachhaltigen Entwicklung zu handeln, analysiert werden können.[305]

Die Produkte

Die *AG „Produktentwicklung"* hatte den Auftrag, die Entwicklung von Umsetzungsprodukten zu unterstützen. Daher waren in dieser Arbeitsgruppe Mitarbeiter aktiv, die entweder in der Praxis tätig waren oder bereits mit der Praxis zusammengearbeitet hatten. Die Arbeitsgruppe erstellte eine Typologie von *vier Produkttypen* (vgl. Abbildung 12).

Die Produkte des Typs 1 sind klassisch wissenschaftliche Produkte. Die Produkte des Typs 2 bis 4 gehen dagegen über die eigentlich wissenschaftlichen Produkte hinaus und zeichnen sich durch eine stärkere Zielgruppenorientierung aus. So werden bei Produkten des Typs 2 die Forschungsergebnisse allgemeinverständlich aufbereitet mit dem Ziel, auch Laien die Forschung verständlich zu machen. Die Produkttypen 3 und 4 gehen noch weiter, indem

---

302 Protokoll VV1.

303 Hirsch, 1995; Diskussionspapier 1a.

304 Schneidewind, 1997; Giddens, 1988.

305 AG "Restriktionen und Optionen" (Hrsg.), 1998.

bei ihnen zusätzlich die Akteure und deren Wissen in die Forschung einbezogen wird. So versucht man bei Produkttypus 3, mit den Akteuren ein gemeinsames Verständnis des Problems zu erarbeiten und mögliche Lösungsstrategien zu diskutieren. Beim Produkttypus 4 werden die Praxisakteure selbst zu Forschenden.

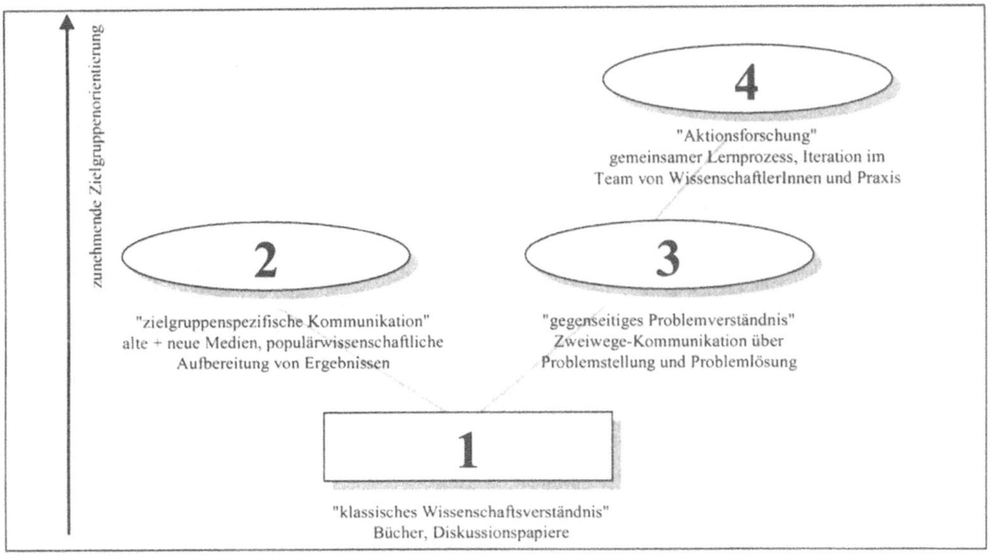

Abbildung 12: Produkttypologie der AG „Produktentwicklung".

Weil die Herstellung von Produkten des Typs 2 bis 4 für viele Mitarbeiterinnen „Neuland" bedeutete, erarbeitete die AG „Produktentwicklung" ein *Product-Package*, das als Leitfaden zur Produktbeschreibung und -planung dienen sollte. Die Produktbeschreibung sollte hierbei eine Art „Businessplan" für konkrete wissenschaftliche Umsetzungsprodukte darstellen.

Ideen für konkrete Produkte kamen sowohl aus den Teilprojekten als auch aus den Arbeitsgruppen und den Kooperationen zwischen den Teilprojekten. Es fanden sich *Teams* zusammen, welche eine Produktbeschreibung erstellten und die jeweilige Idee auf ihre Realisierungschancen „abklopften". Dabei entstanden rund 16 Produktideen, die in Form und Inhalt unterschiedlich und noch ohne einen engeren inhaltlichen Zusammenhang waren.

Die *Arbeitsgruppe „Informations- und Kommunikationsmodell"* unterstützte die Produktentwicklung, indem sie mit dem Aufbau eines Informationssystems die Kommunikation innerhalb des Projekts zu verbessern versuchte. Die Mitarbeiter sollten über diese Internet-Seite den Stand anderer Teilprojekte abrufen und sich so schnellstmöglich informieren können.

6.3.3 *Organisatorische Konsequenzen*

Mit dem Übergang zur Phase der Produktorientierung änderte sich die Organisationsstruktur (vgl. Abbildung 13). Die AGs „Produktentwicklung" und „Informations- und Kommunikationssystem" bezogen sich auf das Projektmanagement und entlasteten so die IP-Leitung.

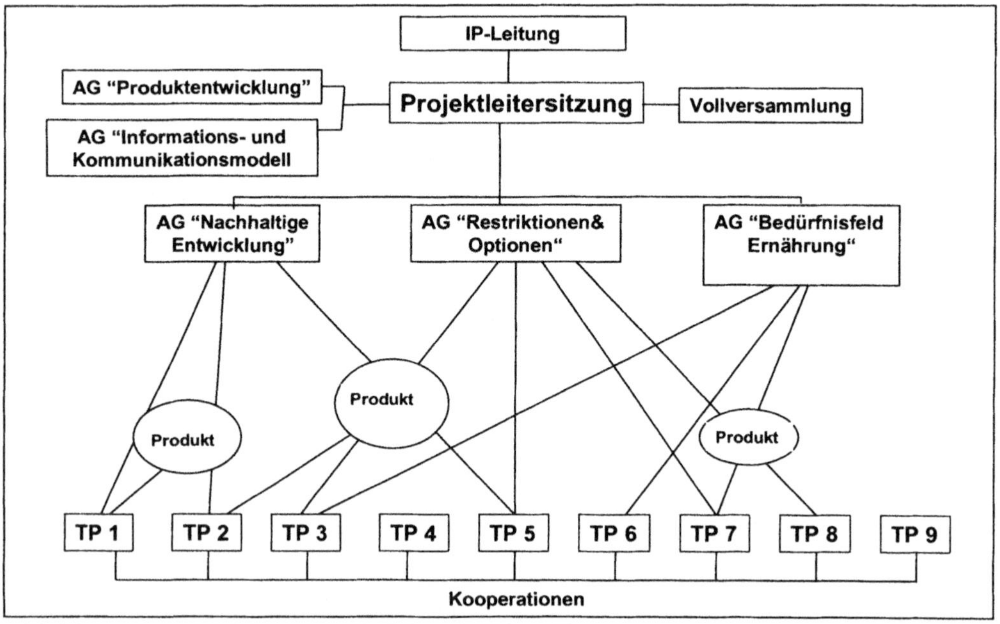

Abbildung 13: Organigramm des IPG I in der Phase der Produktorientierung.

Zudem existierten drei inhaltlich ausgerichtete Arbeitsgruppen. Im Gegensatz zu den allgemeinen Fragestellungen, die den AGs zugrunde lagen, waren die Inhalte der Umsetzungsprodukte konkret auf die Probleme der Akteure ausgerichtet. Zu jedem Produkt bestand ein Produkt-Team mit Mitgliedern aus unterschiedlichen Teilprojekten.

6.3.4 *Erfahrungen*

Einige *Probleme*, die bereits in der Startphase vorhanden waren, zeigten sich teilweise noch deutlicher und kumulierten zu einem fundamentalen Ressourcenproblem. An weiteren Problemen sind insbesondere anzuführen:

Methodische Ebene

Inhaltliche und formale Differenzen der Produkte. Die Orientierung auf Produkte ermöglichte eine auf die Bedürfnisse der Praxisakteure gerichtete Forschung. Allerdings zeigte sich erstens, dass die Produkte inhaltlich und formal zu unterschiedlich waren, um im Sinne eines Zweckzusammenhangs eine zielgerichtete Integration der disziplinären Perspektiven hinreichend zu ermöglichen. Zweitens wurde deutlich: Auch das Bedürfnisfeld Ernährung als Ganzes ist zu breit, um ein Synthesemodell abzugeben. Drittens stellten auch die inhaltlich ausgerichteten Arbeitsgruppen kein Gefäß für die Synthese dar, weil sie keine Probleme, sondern allgemeine Themen behandelten.

Kommunikations- und Koordinationsprobleme. Anfangs war die Motivation der Mitarbeiter hoch, sich einer Arbeitsgruppe und/oder einem Produktteam anzuschließen. Diese Motivation sprang teilweise in Resignation um, weil verstärkt Kommunikations- und Koordinationsprobleme auftraten. Zum einen waren hierfür die unterschiedlichen Fachsprachen und disziplinären Perspektiven verantwortlich. Zum anderen zeigten sich die unterschiedlichen Interessen der Mitarbeiter über die konkreten Ziele der Arbeit.[306]

Operative Ebene

Kommunikations-, Koordinations- und Motivationsprobleme oder das „Viele-Hochzeiten-Problem". Da es viel Zeit kostete, die Kommunikations- und Koordinationsprobleme zu klären, blieben lange Zeit konkrete Ergebnisse aus und somit auch Erfolgserlebnisse, die neue Motivation hätten geben können. Die einzelnen Mitarbeiter sahen nur, wie viel Zeit sie investierten, ohne absehen zu können, welchen Nutzen diese Investition letztlich einbringt.

Diese Probleme wurden durch die Vielzahl der Stufen inhaltlicher Arbeit und der zahlreichen Teams verstärkt. Viele Mitarbeiter waren in mehreren Teams vertreten, sie tanzten auf „vielen Hochzeiten" und hatten mit erheblichen Ressourcenproblemen zu kämpfen. Dies auch, weil die Arbeit in den Teams zusätzlich zu der Teilprojektarbeit zu verrichten war, zudem aus der Sicht der Beteiligten quasi unentgeltlich erfolgte und zu einer Zeit stattfand, wo in vielen Teilprojekten eine arbeitsintensive empirische Phase angebrochen war.

Das Ergebnis war: Die meisten Mitarbeiterinnen klagten über *Ressourcenprobleme*, was sich an dem Konflikt zeigte, Ressourcen für die *Teilprojektarbeit oder das Gesamtprojekt* einzusetzen. Hier entschieden die Mitarbeiterinnen im Zweifelsfall für das Teilprojekt bzw.

---

[306] Interview 4: 3.

für ihre Dissertation oder Habilitation.[307] Ein Projektverantwortlicher beschrieb die Situation: „...nach dem in den ersten eineinhalb Jahren alle Mitglieder unseres Teilprojekts in allen möglichen Gruppen viel Zeit abgesessen hatten, ohne dass dort greifbare Resultate erarbeitet werden konnten, (...) haben wir gesagt: Jetzt müssen wir erst mal unsere Aufgaben erledigen."[308] Daher verblieben einige Produktideen im Status der Idee, zwei Arbeitsgruppen sahen ihren Auftrag nach wenigen Sitzungen als erfüllt an und lösten sich wieder auf, einige Teams schraubten ihre Ziele herunter und wieder andere ließen bis auf weiteres ihre Arbeit ruhen.

Aber es waren auch einige *positive Erfahrungen* zu verbuchen:

1. *„Leadership".* Eine starke Leitung, die Erfahrung in transdisziplinären Forschungsprozessen gesammelt hat, ist für den Erfolg sehr von Vorteil. Diese Erfahrung unterstreicht die strategische Bedeutung der Postdocs, da sie diese Erfahrungen einbringen können.[309]
2. *Konstruktive Atmosphäre.* Trotz großer Ressourcenprobleme blieb die Atmosphäre konstruktiv, was zur Suche nach gemeinsamen Lösungen animierte.
3. *Erfolgreiche Produkte und Arbeitsgruppen.* Neben weniger erfolgreichen Arbeitsgruppen und Produkt-Teams sind auch zahlreiche erfolgreiche zu verzeichnen, die immer wieder Auftrieb gegeben haben und denen Vorbild-Charakter zukommt.[310]

6.4 Phase der Teilsynthesen: ab September 1997

6.4.1 Zielsetzung

Nach den Erfahrungen mit der Produktorientierung bestand die Herausforderung darin, einen sinnvollen Weg zu finden zwischen einem möglichst kreativen und notwendigerweise relativ offenen Prozess der Produktorientierung und einer zwangsläufig disziplinierenden Eingrenzung im Rahmen der Syntheseaktivitäten. Es wurde der vermittelnde Weg über Teilsynthesen gewählt: Die Integration disziplinärer Perspektiven sollte im Rahmen von Teilsynthesen

[307] Gruppendiskussion a: 1 und 6f.

[308] Gruppendiskussion a: 7.

[309] Interview 2: 7.

anhand von *Schlüsselherausforderungen* im Bedürfnisfeld Ernährung erfolgen. Das konkrete Ergebnis einer solchen Integration sollte dann ein Produkt sein im Sinne der vorigen Phase. Die Produktentwicklung wurde demnach beibehalten, aber sie wurde diszipliniert, indem die Produkte Schlüsselherausforderungen zugeordnet werden sollten.

Im Sinne des Bedürfnisfeld-Ansatzes wurde ein zweiter Fokussierungsschritt vorgenommen: Nach der Fokussierung auf das Bedürfnisfeld Ernährung wurden die zentralen Schlüsselherausforderungen identifiziert — sie waren die Integrationskerne der Teilsynthesen.

6.4.2 Umsetzung

Identifizierung von Schlüsselherausforderungen

Um geeignete Schlüsselherausforderungen zu identifizieren (vgl. Kapitel 4.3.2), benannten alle Teilprojekte aus ihrer Perspektive die *Schlüsselakteure und Schlüsselprozesse* im Bedürfnisfeld Ernährung. Darauf aufbauend wurden an der 2. Vollversammlung sieben *Schlüsselherausforderungen* abgeleitet, die als Integrationskerne für Teilsynthesen dienen sollten. Der Begriff Teilsynthese meint dabei den Prozess der Integration vielfältiger Perspektiven im Hinblick auf die jeweilige Schlüsselherausforderung. Die eigentliche Substanz einer solchen Teilsynthese sind die Produkte, d.h. die akteurs- und damit handlungsorientiert aufbereiteten Beiträge unserer Forschung zur Bewältigung der Schlüsselherausforderungen.

Neue Rolle der inhaltlich ausgerichteten Arbeitsgruppen

Während in der Phase der Teilsynthesen die Arbeitsgruppen, die das Projektmanagement unterstützten, weiterhin notwendig waren, machte der Eintritt in die neue Phase auch eine Neudefinition der Rolle der inhaltlich ausgerichteten Arbeitsgruppen notwendig:

- Die *AG „Nachhaltige Entwicklung"* schloss ihre Arbeit Mitte 1998 ab und konnte so ihre Ressourcen verstärkt in die Teilsynthesen und die Produktentwicklung einbringen.
- Die *AG „Bedürfnisfeld Ernährung"* hatte ihre Arbeit bereits abgeschlossen bzw. die Arbeit wurde an anderer Stelle weitergeführt.
- Die Problemstellung der *AG „Restriktionen und Optionen"* wurde als eine Schlüsselherausforderung nachhaltiger Entwicklung aufgefasst.

---

[310] Interview 1: 8; Interview 2: 6f.

6.4.3 *Organisatorische Konsequenzen*

Die Veränderungen führten zur Organisationsstruktur in Abbildung 14. Während die inhaltlich ausgerichteten Arbeitsgruppen nicht mehr im Organigramm festgehalten sind, da sie sich in Auflösung oder Umwandlung befanden, sind die Schlüsselherausforderungen bzw. Teilsynthesen neu. Hier ist insbesondere die Beziehung zwischen Produkten und Teilsynthesen/ Schlüsselherausforderungen von Bedeutung: Die Produkte sollen als konkrete Ergebnisse für eine oder mehrere Schlüsselherausforderungen aufgefasst werden.

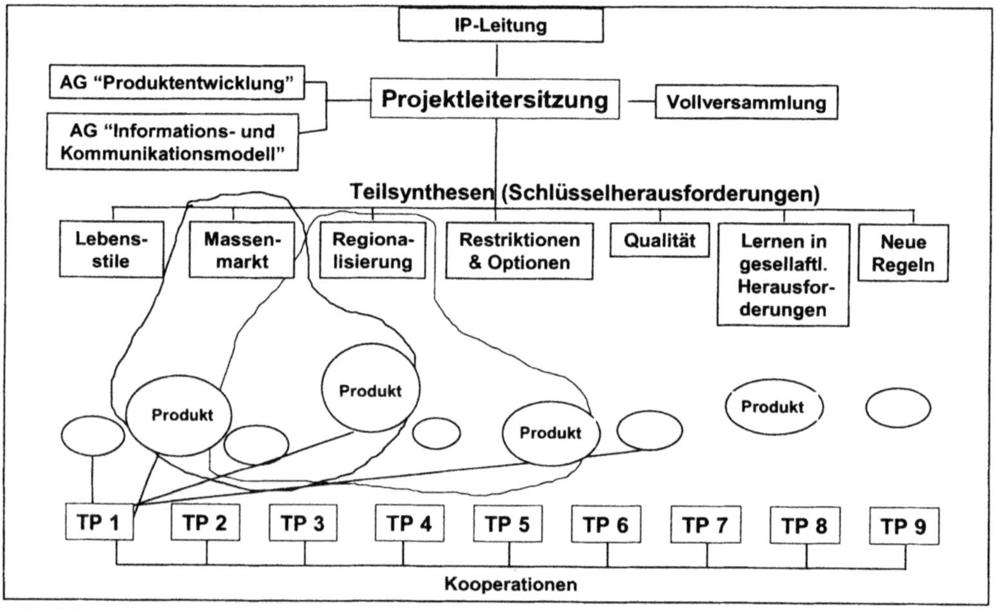

Abbildung 14: Organigramm des IPG I in der Phase der Teilsynthesen.

6.4.4 *Erfahrungen*

Mit der Teilsynthese-Struktur konnten einige Probleme entschärft werden, andere dagegen zeigen sich erst jetzt in ihrer vollen Tragweite. Durch die Fokussierung auf sechs Teilsynthesen wurde eine Konzentration der Ressourcen vorgenommen, die für teilprojektübergreifende Arbeiten zur Verfügung standen. Aber trotz dieser Konzentration blieben Zielkonflikte und Ressourcenprobleme bestehen. Eine detaillierte Aufzählung der Probleme erfolgt im folgenden Kapitel für die gesamte Projektlaufzeit.

6.5 Das Integrierte Projekt Gesellschaft I — Fazit

Die folgende Aufzählung vieler Probleme des IPG I erfolgt vor dem Hintergrund der Dimensionen und Kriterien, die in Kapitel 5.2 hergeleitet wurden. Bisher wurde das IPG I vornehmlich beschrieben. Die dabei identifizierten Probleme stellen die Grundlage dar für die vertiefende Analyse und Suche nach Lösungsmöglichkeiten in den Kapiteln 7 und 8. Dabei sollen jedoch nicht Probleme untersucht werden, die spezifisch für das IPG I waren oder spezifisch mit dem Bedürfnisfeld-Ansatz zusammenhängen, sondern Probleme, wie sie sich in ähnlichen disziplinübergreifenden Forschungsprojekten gezeigt haben. Um dies sicherzustellen, werden im folgenden Erfahrungsberichte von ähnlichen Forschungsprojekten beigezogen.

In Kapitel 5.2 wurde entschieden, die Probleme, deren Ursachen in den institutionellen Strukturen liegen, lediglich implizit im Zusammenhang mit den einzelnen methodischen und operativen Problemen zu behandeln. Dieses Vorgehen soll weitgehend beibehalten werden. Bei einem Problem erscheint es nicht sinnvoll, da es alle Probleme in kleinem oder großem Maße betrifft: *die Kürze der Eingabephase.*[311]

Es standen zwei Monate zur Verfügung, um ein Projekt zu entwerfen, das 8-12 Teilprojekte, ebenso viele Disziplinen und ca. 30 Mitarbeiter an verschiedenen Orten zu einem Ganzen integriert. Dies war auf dem Papier möglich. Während der Projektlaufzeit zeigten sich jedoch rasch viele Unstimmigkeiten, die in der Eingabephase nicht diskutiert werden konnten. Dadurch war zu Beginn viel Zeit erforderlich, um die unterschiedlichen Erwartungen und Zielvorstellungen anzupassen.[312]

Dieses Problem trat nicht nur beim IPG I auf, sondern — aufgrund der gleichen institutionellen Konstellation — im gesamten SPP Umwelt des Schweizerischen Nationalfonds, und auch in anderen Forschungsprojekten wird von dieser Problematik berichtet.[313]

---

[311] Interview 2: 2 und 4; Interview 3: 2; Interview 4: 2; Interview 5: 5f.; Gruppendiskussion: 1ff.; Interview 6: 1f.

[312] Interview 2: 2 und 4.

[313] Roux, 1997: 154; Häberli und Grossenbacher-Mansuy, 1998: 202f.; Kötter und Balsiger, 1998: 25; o.N., 1999; Jaeger und Scheringer, 1998: 22; Beck, 1998: 35.

6.5.1 Die methodische Ebene

Problemdefinition: Mond oder Meer?

Einige Mitarbeiter haben eine eindeutige Zielsetzung im IPG I vermisst. Sie hätten es vorgezogen, eine Mondfahrt zu planen, bei der das Ziel und die individuellen Beiträge klar definiert sind. Dem widersprachen eine Reihe von Mitarbeiterinnen, die den Weg des IPG I mit der Entdeckungsreise eines Kolumbus verglichen. Ziel und Weg war für sie mehr oder weniger unbekannt.[314] Wie konkret kann und soll die Problemdefinition vorgenommen werden?

Die Problematik und Schwierigkeit, eine klare Definition der Untersuchungsfragen zu erzielen, wird in Erfahrungsberichten so oft betont wie ihre Bedeutung für den Erfolg disziplinübergreifender Projekte im allgemeinen — und dies bereits seit den 50'er Jahren.[315]

Bearbeitung: Jeder für sich, alle zusammen und dann noch die Praxis

Bei der Problembearbeitung kann zwischen einer horizontalen und einer vertikalen Integration unterschieden werden. Die horizontale Integration bezieht sich auf die Synthese disziplinärer Perspektiven, die vertikale auf die Zusammenarbeit von Wissenschaft und Praxis.

Horizontale Integration. Kommunikationsprobleme: Sie sind auf unterschiedliche Fachsprachen, Theorien und Methoden zurückzuführen. Sie erschwerten die Koordination der Forschungstätigkeiten, bspw. die Abstimmung der Empirie.[316]

Leitdisziplin: Zudem gab es teilweise Konflikte darüber, ob einer Disziplin eine leitende Stellung zukommt oder ob sie zu dominant ist. Diese Konflikte wurden selten offen ausgetragen, sondern waren meistens unterschwellig vorhanden.[317]

Die genannten Probleme sind keineswegs spezifisch für das IPG I. Seitdem versucht wird, disziplinübergreifend zu arbeiten, wird das Kommunikationsproblem hervorgehoben.[318] Ähnliches gilt für die Frage einer Leitdisziplin.[319]

---

[314] Interview 4: 2; Gruppendiskussion b: 1ff.

[315] Hartmann, 1998: 176 und 220f.; Kötter, 1997: 9; Kötter und Balsiger, 1999: 105ff.; Jenni, 1996: 12; Defila und Di Giulio, 1996: 127; Defila und Di Giulio, 1996b: 113; Blackwell, 1986: 109 (first printed 1955); Jochimsen 1974: 14; Hübenthal, 1991: 149; Daschkeit, 1998: 67; Jaeger und Scheringer, 1998: 14.; Roux, 1997: 154.

[316] Interview 1: 8f.; Interview 2: 2, 4 und 6f.

[317] Interview 1: 9; Interview 2: 7.

[318] Blackwell, 1986: 109 (first printed 1955); Bella und Williamson, 1986: 349 (first printed 1976/77); Cassell, 1986, 342f. (first printed 1977); Ullmann 1976; Schurz, 1995; Schelbert, 1996: 7; Füglister, 1996: 30; Defila und Di Giulio, 1996: 126; Defila und Di Giulio, 1996b: 113; Kötter und Balsiger, 1998: 3; Hartmann, 1998: 200f.

[319] Blackwell, 1986: 112 (first printed 1955); Gräfrath et al., 1991; Strehle 1978; Drilling, 1998: 2.

Vertikale Integration. Verwendung: Forschen und beraten? Vom IPG I wurden nicht nur neue Erkenntnisse erwartet, sondern auch deren praktische Verwendung. Hierbei blieb unklar, was unter Verwendung zu verstehen ist und wie diese erfolgen sollte. Es zeigten sich zwei Probleme: Zum einen führten die Verwendungsaktivitäten zu zusätzlichen Belastungen und Ressourcenproblemen, zum anderen traten Kompetenzprobleme auf.[320] Wissenschaft verlangt analytisch-theoretische Fähigkeiten. Die Verwendung von Forschungsergebnissen verlangt dagegen Fähigkeiten u.a. in Kommunikation und im Umgang mit der Praxis. Daher sind die Wissenschaftler i.d.R. überfordert. Dem steht entgegen, dass Ingenieurwissenschaften und Managementlehre seit langem eine Umsetzung ihrer Forschung betreiben. Demnach ist bei der Frage der Verwendung zum einen zwischen der Art der Disziplin zu unterscheiden.[321] Zum anderen sind auch verschiedene Stufen der Umsetzung auseinander zu halten.

Partizipation der Praxis: Mit dem Verwendungsproblem hängt das Problem der Partizipation der Praxisakteure zusammen. Grundsätzlich bestehen eine Reihe von Möglichkeiten, und die Forschenden plädierten i.d.R. einhellig für Methodenpluralität und einem situationsadäquaten Vorgehen.[322] Daher wurde die Partizipation in den Teilprojekten auf unterschiedliche Weise vorgenommen, was jedoch nach allgemeiner Einschätzung zu spät geschah.[323]

Verwendungs- wie Partizipationsprobleme sind keine Probleme, die nur im Rahmen einer TNF auftreten; sie zeigen sich bei jeder umsetzungsorientierten Forschung. Daher existiert hier eine reichhaltige Literatur zu dieser Problematik und zu möglichen Lösungsansätzen.[324]

Evaluation: criterions, community & career

„Karrieren-Knick-Problem". Die Forschenden wiesen vielfach darauf hin, dass in ihren spezifischen Disziplinen eine transdisziplinäre Tätigkeit nicht als wissenschaftliche Leistung anerkannt wird.[325] Ein Grund dafür sei, dass sich für transdisziplinäre Forschung bisher kein internationales System des Peer-Review oder eine andere Art der Evaluation etabliert habe, die transdisziplinäre wissenschaftliche Leistung misst.[326] Wer aber eine wissenschaftliche Karrie-

---

320 Interview 1: 5f.

321 Ulrich, 1984 und 1998.

322 Interview 1: 6, Interview 3: 4f.; Gruppendiskussion a: 11f.

323 Interview 2: 1.

324 Wingens, 1988 und 1998; Beck und Bonß, 1989; Felt, Nowotny und Taschwer, 1995: 244ff.; Kirsch und Eckert, 1998; SAGUF, 1996; Gibbons et al., 1994.

325 Interview 1, 2f.; Interview 2: 2; Interview 3: 3.

326 Gruppendiskussion b: 7f.

re anstrebe, sei auf die internationale Anerkennung seiner Forschungsleistungen angewiesen. Daher waren die Forschenden einer doppelten Belastung ausgesetzt: Die Projektstruktur erforderte transdisziplinäres Arbeiten, die eigene Karriere disziplinäre Leistungen.

Evaluationsproblem. Die Experten bewerteten vornehmlich die Teilprojekte und deren disziplinäre Leistungen, weniger den transdisziplinären Forschungsprozess und das Gesamtprojekt[327] — dies übernahmen teilweise die Leiter des Diskussionsforums „Transdisziplinärer Forschungsprozess", die jedoch nur den Auftrag hatten zu beraten und nicht zu bewerten.

Die Evaluationsproblematik wurde in den letzten zwei Jahren stark diskutiert[328], wurde aber auch in den 70'er Jahren bereits als Problem erkannt und thematisiert.[329]

6.5.2 Die operative Ebene

Organisationsstruktur: Zentralisierung vs. Dezentralisierung

„Gesamt- versus Teilprojekt". Dieser Zielkonflikt konnte mit dem Übergang zu den Teilsynthesen nicht aufgelöst, aber abgeschwächt werden. Viele Mitarbeiter bewerteten ihn daher als positiv.[330] „Die Teilsynthesen waren ein sinnvoller Ansatz. (...) Bei manchen hat es mehr Erfolg, bei manchen weniger."[331] So waren einige Schlüsselherausforderungen auch aus Sicht der Teilprojekte von hohem Interesse, wodurch die Projektverantwortlichen die Bereitschaft zeigten, Ressourcen bereitzustellen.[332] Allerdings wurde bemängelt, dass die Teilsynthesen zu spät eingeführt wurden und dadurch bereits viele Ressourcen verplant waren.[333]

Fragen der Organisation stellen sich bei jedem Forschungsprojekt. Bei einem transdisziplinären Projekt scheint vielfach die Problematik zwischen Teil- und Gesamtprojekt aufzutreten, da die Teilprojekte i.d.R. disziplinär organisiert sind, das Gesamtprojekt jedoch transdisziplinär. Dies führt zu einem Zielkonflikt, wie zahlreiche Erfahrungsberichte zeigen.[334]

---

327 Gruppendiskussion a: 7.

328 Kötter, 1999; Defila und Di Giulio, 1999; Kötter und Balsiger, 1999: 115f.

329 Ullmann 1976; Russel, 1983; Jochum et al., 1983; Sharp, 1983; Kötter und Balsiger, 1998: 25ff.; Kötter, 1999; Beck, 1998: 31, 38f. und 48f.; Häberli, 1997; Jaeger und Scheringer, 1998a: 22; o.N., 1999; Cesana, 1996: 30; Schneider, 1996b: 31; Gibbons et al., 1994: 31ff. und 152ff.; Hirsch, 1999, Weyma, 1997; Hartmann, 1998: 215.

330 Interview 3: 2; Interview 4: 6; Interview 5.

331 Interview 4: 6.

332 Protokoll der 3. Vollversammlung und Kapitel 6.2.1.

333 Gruppendiskussion a: 3; Interview 5; Interview 6.

334 Blackwell, 1986: 111 (first printed 1955); Krott, 1994: 264f. und 1996.

Verhalten/Arbeitsprozesse: Wer kann wann, wo, wie und mit wem — oder auch nicht?

„Koordinations- und Kommunikationsproblem". Dieses Problem bestand während der gesamten Projektlaufzeit, die Intensität nahm allerdings ab. Durch Erfahrungen und besseres Kennenlernen entschärfte sich das Problem. So wussten die Mitarbeiter mit der Zeit besser, wie sie Kommentare der Kollegen aufzufassen hatten, mit wem sie wie zusammenarbeiten konnten, wer welche Interessen und disziplinären Hintergründe mitbringt etc.[335]

Die Koordinations- und Kommunikationsprobleme wurden bereits auf der methodischen Ebene angesprochen; sie existierten auch auf der operativen Ebene und traten in verschiedensten Facetten auf. Sie sind keine Probleme, die spezifisch für eine transdisziplinäre Forschung wären. Durch die unterschiedlichen disziplinären Fachsprachen, Verhaltensweisen, Methoden, Theorien etc. werden sie aber verstärkt.[336]

Personal: Docs, Postdocs und die Satelliten

„Postdoc-Problematik". Viele erfahrene Postdocs hatten frühzeitig das Projekt verlassen. Damit stiegen die Personen aus, die das Projekt geplant und geführt hatten. Daher wurde kritisiert, dass nicht die Personen das Projekt bearbeiten, die es geplant hätten.[337] Zudem lastete durch den Weggang der Postdocs die *Hauptlast der Forschungsaktivitäten auf den Doktoranden.*[338] Um eine gewisse Kontinuität zu wahren, erwiesen sich die Postdocs als unabdingbar.

„Doktoranden-Problem." Die Doktoranden waren bereits überlastet, da sie auf Gesamtprojektebene aktiv waren und zudem ihre Dissertation anfertigen mussten.[339] Beide Aufgaben wiesen Schnittmengen auf, waren aber selten deckungsgleich. Die Doktoranden waren demnach einer Doppelbelastung ausgesetzt, was zu erheblichen Ressourcenproblemen führte.[340]

Neben diesem Problem zeigte sich, dass die Doktoranden sich die Kompetenzen und Erfahrungen, die für eine erfolgreiche transdisziplinäre Forschungsarbeit erforderlich sind, erst aneignen mussten. Daher waren sie insbesondere zu Beginn der Forschung überfordert, lernten aber im Laufe des Forschungsprozesses schnell dazu.

---

[335] Interview 1: 9; Interview 5.

[336] Blackwell, 1986: 112 (first printed 1955); Cassel, 1986: 343 (first printed 1977); Bella und Williamson, 1986: 351ff. (first printed 1976/77); Ullmann 1976; Jochimsen 1974: 29; Häberli und Grossenbacher-Mansuy, 1998: 203f.; Defila und Di Giulio, 1996a: 126f.; Defila und Di Giulio, 1996b: 115; Füglister, 1996; Drilling, 1998: 2; Hartmann, 1998: 200.

[337] Interview 4: 9; Interview 6: 2.

[338] Gruppendiskussion b: 4f.; Interview 2: 5; Interview 3: 3; Interview 4: 5; Interview 5; Interview 6: 2f.; Interview 7: 6.

[339] Gruppendiskussion b: 4f.; Interview 2: 5; Interview 3: 3; Interview 4: 5; Interview 5; Interview 8: 2.

[340] Hofer und Stalder, 2000: 188.

Ähnlich wie bei den anderen Problembereichen ist dieser nicht zwingend spezifisch für das IPG I, sondern war ebenfalls bei anderen Projekten zu beobachten. Dabei wurde jedoch selten die Doktorandenproblematik in den Vordergrund gerückt, sondern hervorgehoben, wie bedeutend einerseits die disziplinäre Kompetenz und andererseits die Fähigkeit ist, sich auf andere Disziplinen und deren Methoden und Theorien einzulassen.[341]

Management: Satelliten schwirren um die Bodenstation

„Satelliten-Problem." Einige Projektverantwortliche waren intensiver, andere waren nicht in den Forschungsprozess des Gesamtprojekts integriert. Die Einbindung war vielfach nicht möglich, weil die Verantwortlichen systematisch überlastet waren.[342] So betreuten sie oftmals mehrere Forschungsprojekte parallel, inklusive der jeweiligen Doktoranden und Habilitanden, und wurden zudem durch die Lehre stark beansprucht. Die operative Projektleitung und den Sitz in der Projektleitersitzung übernahmen daher i.d.R. die Postdocs oder auch die Docs. Aus Sicht der IP-Bodenstation waren die Verantwortlichen daher Satelliten, die selten zur Landung ansetzten. Daher konnten sie nur geringes Verständnis für die Probleme und Anforderungen des Gesamtprojekts aufbauen. Ohne dieses Verständnis erhielten die Mitarbeiter allerdings auch keine Rückendeckung, wenn sie einen Teil ihrer Ressourcen für Tätigkeiten einbringen wollten, die auf Ebene des Gesamtprojekts lagen — insbesondere wenn daraus kein Vorteil für die Dissertation oder Habilitation resultierte.[343] Diese geringe Einbindung der Verantwortlichen führte teilweise soweit, dass die Entscheidungen der Projektleitersitzung, dem offiziellen Entscheidungsgremium des IPG I, durch Entscheidungen der Verantwortlichen de facto wettgemacht und die demokratische Struktur unterlaufen wurde.

Knappe Ausstattung der Bodenstation. Die mangelnde Integration der Projektverantwortlichen wurde durch die vertragliche Ausgestaltung des IPG I unterstützt. Jedes Teilprojekt hatte mit dem Schweizerischen Nationalfonds einen eigenen Vertrag und verfügte über eigene finanzielle Mittel. Aufgrund dieser Konstellation bestand die Gefahr, dass das Gesamtprojekt bei den Projektverantwortlichen in Vergessenheit geriet. Wenn dem durch die jährlichen Modultagungen abgeholfen wurde, so wurde diese Abhilfe durch die Evaluationspraxis wie-

---

[341] Blackwell, 1986: 110f. (first printed 1955); Beck, 1998: 44; Jaeger und Scheringer, 1998b: 5; Häberli und Grossenbacher-Mansuy, 1998: 207; Krott, 1994: 264; Defila und Di Giulio, 1996a; Drilling, 1996.

[342] Gruppendiskussion b: 4.

[343] So leisteten einige Projektverantwortliche nicht ihre Unterschrift unter die Teilsyntheseplanung, mit der sie ihre Mitarbeiter für die Teilsynthese-Arbeit teilweise freigestellt hätten, d.h. für Arbeiten auf Ebene des Gesamtprojekts, die über die Teilprojekt-Arbeiten hinausgingen. (vgl. Protokoll 3. Vollversammlung).

der wettgemacht. Verstärkt wurde die Problematik durch die knappe finanzielle Ausstattung der IP-Leitung und die fehlenden finanziellen Sanktionsmöglichkeiten. Dies wurde kritisiert und Stärkung gefordert — und nicht in erster Linie von der IP-Leitung selbst.[344]

Mangel an konzeptioneller Führung: Die Postdoc- und Doktoranden-Problematik, das Satelliten-Problem und die knappe Ausstattung der IP-Bodenstation kumulierten in einem Mangel an konzeptioneller Führung. Die Projektverantwortlichen führten die Doktoranden konzeptionell intensiv, jedoch vornehmlich disziplinär. Sie zeigten den Doktoranden selten konzeptionelle Anknüpfungspunkte zu anderen Disziplinen auf.[345] Die Doktoranden versuchten, dieses Manko durch Eigeninitiative wettzumachen, was aufgrund ihrer geringen Erfahrung schwierig war. Die Bedeutung des Problems wird anhand der Teilsynthesen mit starker konzeptioneller Führung deutlich, wie bspw. der Teilsynthese „Restriktionen & Optionen".

Solche Management-Probleme treten in ähnlicher Form in vielen Forschungsprojekten auf und werden daher in vielen Erfahrungsberichten als grundlegendes Problem angeführt, das zum Scheitern oder zum weniger erfolgreichen Abschneiden geführt hat.[346]

6.5.3 Was bleibt zu tun, oder ist alles nur ein Managementproblem?

Die Probleme zeigen: Es handelt sich um mehr als nur um Management-Probleme, und es handelt sich nicht nur um Probleme, die spezifisch für das IPG I sind oder mit der Wahl des Forschungsansatzes, des Bedürfnisfeld-Ansatzes, zusammenhängen. Dass eine TNF gelingen kann, zeigen erste Erfolge im IPG I. Daher besteht Hoffnung, und diese beruht nicht auf Naivität, sie wird genährt aus den konkreten *positiven Erfahrungen*:

1. Konstruktive Atmosphäre
2. Erfolgreiche & vielversprechende Kooperationen, Produkte, AGs & Teilsynthesen
3. Erfolgreiches Leadership einzelner Teams
4. Einigung auf die Organisation der Teilsynthesen/Schlüsselherausforderungen.

---

[344] Interview 6: 3.

[345] Villiger, Wüstenhagen und Meyer, 2000. Sie erarbeiteten ein aus betriebswirtschaftlicher Perspektive spannendes Synthesebuch, bei dessen Erarbeitung der Projektverantwortliche viele konzeptionelle Impulse gab. Er gab jedoch keine Impulse, welche Anknüpfungspunkte zu anderen Teilprojekten bestanden, wie bspw. zu der KonsumentInnenstudie der Psychologinnen und den Ökobilanzergebnissen, die im Nachhinein auch von den Forschenden selbst gesehen und als potenziell fruchtbar erachtet wurden.

[346] Krott, 1994: 251 und 261ff.; Blackwell, 1986: 111 (first printed 1955); Saxberg und Newell, 1983: 202ff.; Häberli und Grossenbacher-Mansuy, 1998: 203; Gibbons et al., 1994: 11 und 155ff.; Egger, 1996: 19f.; Scheuermann, 1999.

Die Probleme waren dabei zumindest implizit immer präsent. Aber es wurde versucht, Lösungen zu finden. Dabei hat sich gezeigt, dass die einzelnen Probleme auf der Frage basieren: *Wie kann die Integration spezialisierten Wissens erfolgen?* Im IPG I wurde diese Frage am Spannungsverhältnis von disziplinären Teilprojekten und disziplinübergreifenden Teilsynthesen explizit. Wenn daher im folgenden die einzelnen Problembereiche näher „unter die Lupe" genommen werden und versucht wird, Lösungsansätze zu finden, dann geschieht dies vor dem Hintergrund der Fragestellung nach der Integration spezialisierten Wissens; diese Frage wird die Hauptfragestellung der folgenden Untersuchungen sein.

7. Die methodische Ebene: Horizontale & vertikale Integration

Die in Kapitel 6 identifizierten methodischen Probleme sind Thema des folgenden Kapitels. Diese Probleme wurden anhand der Anforderungen abgeleitet, die in Kapitel 5.2.1 aufgestellt wurden und sich auf die theoretischen Überlegungen des Kapitels 3.3 beziehen. Aus diesem Grund werden die in Kapitel 3.3 dargelegten Überlegungen im folgenden wieder aufgegriffen und vertiefend dargestellt. Basierend auf dieser Darstellung werden die Erfahrungen im Integrierten Projekt Gesellschaft I (IPG I) zu den einzelnen Problembereichen analysiert. Diese Analyse steht unter Hauptfragestellung: *Wie kann die Integration spezialisierten Wissens erfolgen?* Hierbei wird insbesondere das Spannungsverhältnis von disziplinären Teilprojekten und disziplinübergreifenden Teilsynthesen näher betrachtet.

7.1 Problemdefinition

7.1.1 Theoretische Anforderungen

„Mond oder Meer" wurde das Problem der Problemdefinition umschrieben. Handelt es sich bei der transdisziplinären Nachhaltigkeitsforschung (TNF) um ein Projekt gleich der Reise zum Mond oder ähnelt sie eher der Entdeckungsreise eines Magellan? Ist das Problem und das Ziel der Unternehmung klar umrissen oder ist die Suche nach dem Ziel ein Teil der Reise? Das Kapitel 3.3.1 schloss mit dem Hinweis: Eine TNF behandelt einen diffusen Untersuchungsgegenstand. Um erfolgreich realisiert zu werden, bedarf sie jedoch einer konkreten Problemdefinition. Demnach ist TNF eine Reise gleich der Magellans, die einer Planung bedarf, wie sie im Apollo-Projekt erfolgt ist. Wie ist dies möglich?

In Kapitel 3.3.1 wurde ein zweistufiges Vorgehen vorgeschlagen: Im ersten Schritt erfolgt eine Definition der lebensweltlichen Problemstellung nach den Kriterien der Lebenswelt, bei der keine Umkontextualisierung in einen wissenschaftlichen Kontext erfolgt.[347] Diese Umkontextualisierung soll erst in einem zweiten Schritt erfolgen, bei dem aus der lebensweltlichen Problemstellung Fragestellungen abgeleitet werden, anhand derer eine Integration disziplinärer Perspektiven möglich wird und anhand derer sich spezifische Fragen ableiten lassen, die disziplinär bearbeitbar sind. In Kapitel 3.3.1 wurden diese Schritte postuliert, ohne im Detail zu bestimmen, wie sie umzusetzen wären. Dies wird im folgenden nachgeholt.

1. Schritt: Definition der lebensweltlichen Problemstellung

Wie betont, soll im *ersten Schritt* keine Umkontextualisierung in einen wissenschaftlichen Kontext erfolgen. Vielmehr sind die wesentlichen lebensweltlichen Charakteristika möglichst weitgehend in die Problemdefinition einzubeziehen, ohne dabei die vollständige Komplexität beibehalten zu können. Es ist eine Komplexitätsreduktion nötig, deren Anforderungen sich wesentlich von denen einer disziplinären Vorgehensweise unterscheiden.[348] Grundlegend wurden in Kapitel 3.3.1 drei Kriterien aufgestellt:

- Erhaltung des Bezugs zur Lebenswelt.
- Herstellung der relevanten Bezüge zur stofflich-energetischen Ebene und Biodiversität.
- Einlösbarkeit einer integrative Analyse.

Um den Bezug zur Lebenswelt herzustellen und das Problem nach den Kriterien und Werthaltungen der Lebenswelt zu definieren, wird es notwendig, dass der Forschende ein Verständnis von der Lebenswelt erhält. Dies ist nach Winch nur möglich, wenn der Forschende an den Lebens- und Sprachformen der Lebenswelt partizipiert und sie versteht. Werden die Verhaltensweisen ausschließlich von außen wahrgenommen, könnte deren Interpretation nicht im Sinne der Regeln und Motivationen erfolgen, die den Verhaltensweisen zugrun-

[347] Zur Definition eines lebensweltlichen Problems und zur Unterscheidung zu disziplinären Problemen Kap 3.3.1.

[348] Ulrich, 1984: 175f.; Defila und Di Giulio, 1997; Krott, 1997; Radermacher, 1997.

de liegen.[349] Kirsch schreibt:

> „Es ist also davon auszugehen, dass ein zu explizierendes Problem zunächst im Kontext der spezifischen Lebens- und Sprachform desjenigen zu sehen ist, der dieses Problem ursprünglich wahrnimmt. Das Problem kann nur verstanden werden, wenn sich der Forscher als (...) Teilnehmer dieser Lebens- und Sprachform ein ‚Know how' der sie konstituierenden Regeln und Weltanschauungen aneignet."[350]

Es eröffnet sich hier wiederum die Diskussion um ein Erklären und Verstehen von Handlungsweisen. Diese Diskussion soll im folgenden nicht erneut aufgenommen werden.[351] Vielmehr wird die Annahme getroffen: Um Möglichkeiten und Maßnahmen zu erarbeiten, wie Handlungsänderungen veranlasst werden können, bedarf es neben eines Erklärens auch eines Verstehens der Handlungsweisen, um die zugrundeliegenden Regeln und Handlungsmotivationen der Akteure erkennen zu können, aufgrund derer Handlungen vorgenommen werden. Ein solches Verstehen erscheint nur möglich, wenn der Forschende an dem entsprechenden Praxiskontext teilnimmt. *Das Kriterium, den Bezug zur Lebenswelt herzustellen, bedingt demnach die Partizipation des Forschenden an der Lebenswelt.*

Darüber hinaus ist es das Ziel der Forschung, die Möglichkeiten, Handlungen zu verändern, auch zu realisieren. Dies bedingt zum einen ein Wissen von den Handlungsrestriktionen, welche die Wahrnehmung einzelner Handlungsoptionen verhindern, und zum anderen ein Verständnis bei den Praxisakteuren für die Ziele der Forschung. Zudem ist es notwendig, das Wissen der Praxisakteure in die Forschung einzubeziehen und bei den Praxisakteuren ein Wissen von der Forschung zu platzieren. *Daher wird neben der Partizipation der Forschung an der Lebenswelt die Partizipation der Lebenswelt an der Forschung notwendig.*

Das erste Kriterium der Problemdefinition, den Bezug zur Lebenswelt herzustellen, kann durch diese doppelte Partizipation erfüllt werden. Das zweite und dritte Kriterium, die Kopplung zum natürlichen System und die integrative Analyse, sind dadurch nicht erfüllt. Die Möglichkeiten, wie diese Kriterien berücksichtigen werden können, sollen an dieser Stelle nicht diskutiert werden, da sie weitgehend vom verwendeten Forschungsansatz abhängen.

Durch die Forderung nach Partizipation ist eine Entscheidung über das methodische Vorgehen der Problemdefinition getroffen. Dabei ist offen, welche Rolle die Forschenden und die Praxisakteure dabei konkret einnehmen sollen, was in Kapitel 7.3 diskutiert wird.

---

[349] Kirsch, 1997: 184f.

[350] Kirsch, 1997: 184. Kirsch bezieht sich hierbei auf Winch, 1966.

[351] Allgemein zur Debatte um Erklären und Verstehen von Wright, 1984; Hollis, 1995; Lamnek, 1995: 219ff.

2. Schritt: Definition disziplinär bearbeitbarer Fragestellungen.

Die lebensweltliche Problemstellung gibt keinen Aufschluss darüber, welche wissenschaftliche Disziplin welche Fragestellung bearbeiten soll und wo demnach die Schnittstellen zwischen den unterschiedlichen disziplinären Perspektiven bestehen (vgl. Kapitel 3.3.1). Es ist daher eine weitergehende Problemanalyse notwendig. Durch diese Problemanalyse soll die lebensweltliche Problemstellung so zerlegt werden, dass Fragestellungen resultieren, anhand derer erstens spezifische Problemstellungen ableitbar sind, die disziplinär bearbeitet werden können, und anhand derer zweitens die Integration dieser disziplinären Perspektiven möglich wird. Es erfolgt hierbei keine Zerlegung in disziplinäre Fragestellungen, weil hierbei lebensweltlich relevante Faktoren ausgeblendet würden, aber es erfolgt eine Zerlegung in disziplinär bearbeitbare Fragestellungen. Demnach wird mit disziplinären Theorien und Methoden eine Frage bearbeitet, die außerhalb dieser Disziplin definiert wurde.

Es fragt sich hierbei, warum eine disziplinäre Bearbeitung ermöglicht werden soll. Statt dessen wäre auch eine interdisziplinäre Bearbeitung denkbar. Holzhey entgegnet dem, „dass man interdisziplinäre Arbeit von disziplinärer wissenschaftlicher Arbeit bloß im Hinblick auf den ‚Gegenstand', nicht aber im Hinblick auf ihre Methode abheben kann. Es gibt (noch?) keine spezifisch interdisziplinären Methoden."[352] Eine wissenschaftliche Bearbeitung ist demnach nur disziplinär möglich. Das Zitat von Holzhey stammt allerdings von 1974. Es ist daher angebracht zu fragen, ob in der Zwischenzeit interdisziplinäre Methoden entwickelt wurden, die eine interdisziplinäre wissenschaftliche Bearbeitung ermöglichen. Drei Möglichkeiten einer interdisziplinären Methodik sind denkbar:

Erstens ist die *Ökobilanzierung* als ein Beispiel anzuführen. Diese kann als eine interdisziplinäre Methode aufgefasst werden, da sie Erkenntnisse aus verschiedenen Disziplinen aufnimmt, für ihre Bedürfnisse interpretiert und in die Methodik integriert. Mittlerweile ist die Ökobilanzierung jedoch als eine eigene Disziplin aufzufassen, die über eine eigene Scientific Community verfügt und deren Ziel die Verfeinerung und Anwendung der Methodik ist. Im IPG I hat sich gezeigt: Fragestellungen, welche die Ökobilanzierer bearbeiten sollten, mussten an die Möglichkeiten der Methodik und somit der Disziplin angepasst werden. Die Fragestellungen waren somit zwar nicht disziplinär, da sie aus der lebensweltlichen Problematik resultierten, es war aber eine Spezifizierung notwendig, damit die Frage durch die Disziplin Ökobilanzierung bearbeitet werden konnte. Hier war es erforderlich, einen Kompromiss zu

---

[352] Holzhey, 1974: 109.

finden zwischen lebensweltlicher Relevanz und der disziplinären Bearbeitbarkeit. Im Rahmen der Arbeitsgruppe „Restriktionen & Optionen" untersuchten die Ökobilanzierer daher nur Fleisch und Gemüse. Beiden Arten waren von hoher ökologischer und lebensweltlicher Bedeutung und konnten durch die Ökobilanzierer bearbeitet werden. Die Ökobilanzierung erweist sich demnach als eine ursprünglich interdisziplinäre Methode, die sich selbst zu einer Disziplin mit disziplinären Standards und Fragestellungen entwickelt hat. Interdisziplinarität hat sich hier als ein „Durchgangsstadium" für eine neue Disziplin erwiesen.[353]

Zweitens existieren Methoden, wie bspw. die *Methoden der quantitativen und qualitativen Sozialforschung*, die von verschiedenen Disziplinen verwendet werden. Sind diese Methoden als interdisziplinär zu bezeichnen? Sie sind dann nicht als interdisziplinär zu bezeichnen, wenn sie disziplinär angewandt werden, also mit ihnen disziplinäre Fragestellungen beantwortet werden sollen. Sie können allerdings dazu dienen, disziplinübergreifende Fragestellungen zu bearbeiten. So integrierten bspw. die Psychologinnen in ihre Studie Aspekte, die aus Perspektive der Ökobilanzierung und Regionalwissenschaften relevant waren. Es fand demnach eine Integration disziplinärer Perspektiven mittels einer Methode statt. Dem lagen aber Fragestellungen zugrunde, die disziplinär bearbeitet wurden und auf disziplinären Theorien aufbauten. Es bestand eine gemeinsame Grundfragestellung und ein gemeinsames empirisches Vorgehen, es blieb aber eine disziplinäre Bearbeitung bestehen.

Drittens können Disziplinen *Methoden aus anderen Disziplinen* verwenden, was Parthey als Interdisziplinarität von Methode bezeichnet.[354] Aber auch in diesem Falle arbeitet die jeweilige Disziplin grundsätzlich disziplinär, d.h. mit ihrem bestehenden Wertegerüst und ihren theoretischen Grundlagen und Annahmen. Die Verwendung neuer Methoden eröffnet einer Disziplin neue Möglichkeiten, um bspw. bestimmte Phänomene zu untersuchen, die aus disziplinärer Perspektive relevant sind. Bildlich gesprochen, leiht sie sich einen unter Umständen größeren Hammer aus, um in der eigenen Studierstube ein größeres Modell zu hämmern.

Aufgrund dieser drei Beispiele kann Holzhey zugestimmt werden: *Die Fragestellung bzw. der Untersuchungsgegenstand kann disziplinübergreifend formuliert werden, eine wissenschaftliche Bearbeitung kann jedoch nur disziplinär erfolgen*. Daher bedarf es der Ableitung von disziplinär bearbeitbaren Fragestellungen. Wie kann eine solche Ableitung erfolgen?

---

[353] Defila und Di Giulio 1998: 117.

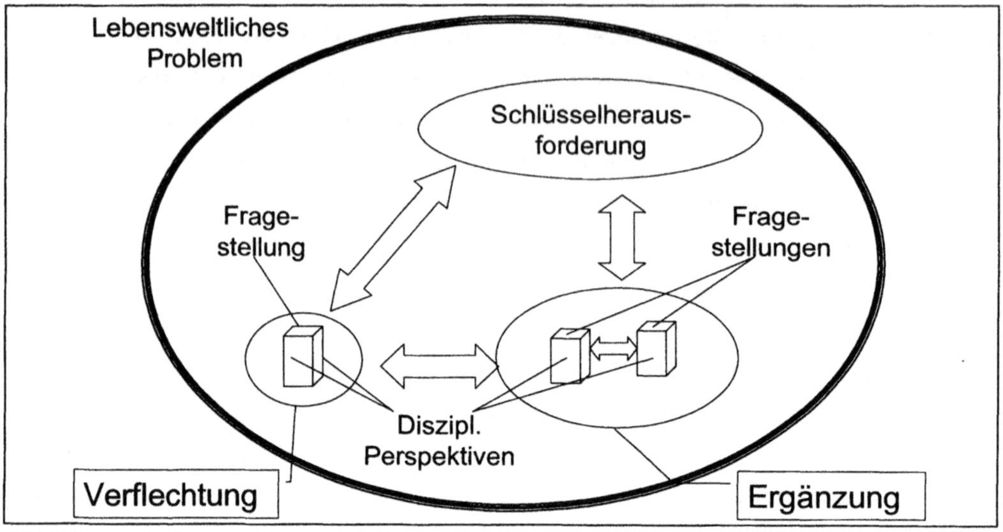

Abbildung 15: Gesamtphänomen, Untersuchungsgegenstand & -aspekt.[355]

Aufbauend auf einer Bestandsaufnahme interdisziplinären Denkens systematisiert *Hübenthal* die *Arten interdisziplinären Denkens*. Sie führt die Begrifflichkeiten Gesamtphänomen, Untersuchungsgegenstand und Untersuchungsaspekt ein und legt dar, in welcher Hinsicht Übereinstimmung vorliegen muss, damit ein Austausch zwischen Wissenschaften möglich ist (vgl. Abbildung 15).[356] Die Bestimmung des *Gesamtphänomens* entspricht der *lebensweltlichen Problemdefinition*. Im IPG I war dieses Gesamtphänomen das Bedürfnisfeld Ernährung. Anhand des Gesamtphänomens können konkretere Untersuchungsgegenstände identifiziert werden; im IPG I waren dies die *Schlüsselherausforderungen.*[357] *Untersuchungsaspekte* sind dann die spezifischen Fragestellungen, die sich disziplinär bearbeiten lassen. Insgesamt steht man bei der Problemdefinition also eher vor einem Zerlegungs- denn vor einem Syntheseproblem.[358]

Hübenthal leitet aus ihrer Untersuchung grundsätzlich drei Formen der Integration ab: [359]

---

[354] Parthey, 1996: 103.
[355] Hübenthal, 1991, 154ff.
[356] Hübenthal, 1991: 153.
[357] Zum Begriff der Schlüsselherausforderung vgl. Kapitel 4.3.2.3 und 6.4.
[358] Jaeger und Scheringer, 1998: 16.
[359] Hübenthal, 1991: 154ff.

1. *Ergänzung: Innerhalb desselben Untersuchungsgegenstandes bzw. derselben Schlüsselherausforderung werden weitgehend unabhängige Untersuchungsaspekte behandelt.* In diesem Falle bearbeiten mindestens zwei Disziplinen jeweils einen anderen Untersuchungsaspekt. Dabei können keine sich widersprechenden Ergebnisse auftreten. Vielmehr stellen die Ergebnisse der einen Untersuchung die Randbedingung für die andere Untersuchung da, sie sind exogen.
2. *Verflechtung: Derselbe Untersuchungsaspekt wird aus unterschiedlichen disziplinären Perspektiven bearbeitet.* Dies ist die engste Art der Integration, da verschiedene Disziplinen denselben Sachverhalt untersuchen, aber unterschiedliche Methoden, Theorien und Begrifflichkeiten anwenden. Bei der Verflechtung wird mit den Ergebnissen der anderen Disziplin aktiv gearbeitet, sie werden interpretiert und sind tendenziell endogenen Charakters. Zudem verflechten sich vielfach nicht nur die Ergebnisse, sondern auch die theoretischen und methodischen Vorgehensweisen. Bei der Ergänzung tauschen sich die beteiligten Disziplinen aus und können daher nicht in Kompetenzkonflikte kommen. Bei der Verflechtung dagegen sind diese Konflikte gleichsam vorprogrammiert, da zwei disziplinäre Perspektiven für eine ähnlich zu bearbeitende Fragestellung zu unterschiedlichen Ergebnissen kommen können. Wie mit diesen Konflikten umgegangen werden kann, wird im Rahmen der Inkommensurabilitätsproblematik im nächsten Kapitel diskutiert.

Hübenthal hat die Begrifflichkeiten von Gesamtphänomen, Untersuchungsgegenstand und –aspekt nicht exakt definiert, die Übergänge zwischen diesen Begriffen sind daher fließend. Das Unterscheidungskriterium ist der zunehmende Konkretisierungsgrad von Gesamtphänomen über Untersuchungsgegenstand zum -aspekt. Wie Hübenthal zugibt, können Gesamtphänomen und Untersuchungsgegenstand durchaus zusammenfallen.[360] Daher sind die zwei Vernetzungsarten als Idealtypen auf einem Kontinuum von Vernetzungsarten zu verstehen, die sich grundlegend von der dritten Form der Integration unterscheiden:

3. *Verbindung auf Metaebene: Hier liegt das Gemeinsame nicht auf Ebene der Gegenstände, sondern auf Ebene der Theorie.* Bei dieser Form liegt die Übereinstimmung auf theoretischer Ebene vor, auf der auch die Synthese erfolgt.

---

[360] Hübenthal, 1991: 153.

7.1.2 Erfahrungen

1. Schritt: Einigung auf das Gesamtphänomen Bedürfnisfeld Ernährung

Ausgangspunkt war im IPG I die Ausschreibung des Schweizerischen Nationalfonds zur 2. Phase des SPP Umwelt. Anforderung war es, ein gesellschaftswissenschaftliches Forschungsprojekt im Bereich der Nachhaltigen Entwicklung auszuarbeiten, das transdisziplinär vorgeht und Praxisakteure beizieht. Forschende fanden sich zusammen, um gemeinsam ein solches Projekt zu kreieren. Da die Vorgaben des Nationalfonds weit gefasst waren, begab man sich auf die Suche nach einem konkreteren Rahmenthema. Nach der Überlegung, das Projekt anhand eines Bedürfnisfeldes auszurichten, gelangte man zur Wahl des Bedürfnisfeldes Ernährung. Ernährung wurde dabei offiziell nach einer Reihe von Kriterien ausgewählt, die dessen ökonomische, ökologische und soziale Relevanz bestimmen sollten. Inoffiziell waren diese Kriterien nicht unbedeutend, wurden aber ergänzt durch Kriterien wie das persönliche Interesse, Kompetenz und der forschungspragmatischen Überlegung, welches Bedürfnisfeld auf die Zustimmung des Nationalfonds stoßen könnte.

Vergleichen wir dieses Vorgehen mit den theoretischen Überlegungen des vorigen Abschnitts, dann lässt sich feststellen: Durch die Wahl des Bedürfnisfeld-Ansatzes war der Bezug zur Lebenswelt grundsätzlich gegeben, die Kopplung zwischen sozio-ökonomischer und stofflich-energetischer Ebene konnte hergestellt werden und eine integrative Analyse war prinzipiell möglich. Dagegen hat weder die Forschung an der Praxis noch die Praxis an der Forschung partizipiert, als das Bedürfnisfeld Ernährung ausgewählt und definiert wurde. Die Definition nahmen die Forschenden weitgehend in Eigenregie wahr. Dabei versuchte man, Partei für eine Nachhaltige Entwicklung einzunehmen und kritisch-konstruktiv zu agieren.

2. Schritt: Von der Disziplin zum Bedürfnisfeld Ernährung

Nach dem Bedürfnisfeld-Ansatz (vgl. Kapitel 4.3) wäre die Anforderung in diesem zweiten Schritt gewesen, das Bedürfnisfeld Ernährung näher zu analysieren und die relevanten Schlüsselherausforderungen zu identifizieren.

Im IPG I gestaltete sich das Vorgehen teilweise jedoch umgekehrt. So wurde mit dem Bedürfnisfeld Ernährung ein lebensweltliches Gesamtphänomen identifiziert. Dieses wurde anschließend als Ganzes jedoch nicht näher analysiert, um Untersuchungsgegenstände zu identifizieren. Es wurden statt dessen disziplinäre Fragestellungen auf das Bedürfnisfeld Ernährung angepasst. Dadurch wurden Fragen im Bedürfnisfeld Ernährung bearbeitet. Aber sie wurden tendenziell aus dem Grund bearbeitet, weil sie aus disziplinärer Perspektive relevant erschienen. Da die beteiligten Forschenden in großen Teilen anwendungsorientiert arbeiteten, war das disziplinäre Interesse allerdings vielfach auch von lebensweltlicher Relevanz.

Wurden die „richtigen" Probleme bearbeitet? Die „Richtigkeit" eines Problems kann im Rahmen einer TNF daran bemessen werden, inwieweit es für eine Nachhaltige Entwicklung relevant ist. Diese Relevanz kann einerseits durch die Öffentlichkeit bzw. Praxis bestimmt werden, andererseits durch die Wissenschaft.

Wenn man die lebensweltliche Relevanz eines Themas daran bemisst, was in der *öffentlichen Diskussion* das vorherrschende Thema ist, dann kann das Bedürfnisfeld Ernährung als hoch relevant eingestuft werden. Diese Relevanz basierte auf einer Reihe von stark diskutierten Themen, wie Gentechnik, BSE, Schweinepest und neu aufkommende Formen von Functional und Health Food.

Eine *wissenschaftlich belegte Dringlichkeit* eines Problems kann in Bezug auf ökologische Auswirkungen bspw. durch Ökobilanzen begründet werden. Ökobilanzen im IPG I zeigten nun, dass die Unterschiede der ökologischen Belastung bspw. zwischen Gewächshaus- und Freilandproduktion wesentlich größer sind als die Unterschiede zwischen einer Freilandproduktion nach Richtlinien der Integrierten Produktion und des biologischen Landbaus.

Überträgt man dies auf das IPG I, dann lässt sich folgern: Es lag ein hoch relevantes Gesamtphänomen zugrunde. Innerhalb dieses Gesamtphänomens Ernährung wurden jedoch nur teilweise die relevanten Themen bearbeitet. Die meisten Projekte im IPG I erstellten oder änderten ihre Forschungsfrage aufgrund der öffentlichen Diskussion oder aufgrund der Ergebnisse der Ökobilanzen nicht. Bioprodukte wurden vielfach weiterhin als die ökologische Alternative gesehen und der Forschung vorangestellt.[361] Gentechnik und BSE waren hauptsächlich Gegenstand einer Dissertation. Wenn andere Forscherinnen auf diese Themen eingingen, geschah dies am Rande ihrer eigentlichen Forschungsarbeit. Die disziplinären und individuellen Interessen führten demnach dazu, dass nicht zwingend die relevanten Fragen bearbeitet wurden. Einer möglichen Änderung der Forschungsfrage wären allerdings enge Grenzen gesetzt. So hätten bspw. nur die gesellschaftlichen Aspekte der Gentechnik bearbeitet werden können, da keine naturwissenschaftlichen Kompetenzen auf diesem Gebiete im IPG I vorhanden waren.

---

[361] Villiger, Wüstenhagen und Meyer, 2000.

Zudem zeigten Präsentationen der Forschungsergebnisse vor Praxisakteuren, dass nicht immer die aus deren Sicht relevanten Probleme behandelt wurden. So sagte eine Vertreterin der Swiss Re zu einem Workshop „Nachhaltig genießen", bei dem es vornehmlich um die Vermarktung von Bioprodukten ging: „Die Fokussierung auf Bio hat mich gestört. Gentech hätte mich mehr interessiert."[362] In einem anderen Workshop zeigte sich, dass bei der verstärkten Einführung von Bioprodukten die Logistik und die Verfügbarkeit von Bioprodukten das zentrale Problem ist.[363] Im IPG I wurde weder das Logistikproblem bearbeitet, noch war Gentech ein zentrales Thema. *Demnach wurden auch aus Sicht der Praxisakteure die lebensweltlich relevanten Probleme im IPG I teilweise nicht bearbeitet.*

Die Art der Problemdefinition führte dazu, dass nur wenige Probleme definiert wurden, anhand derer sich die disziplinäre Forschung in den Teilprojekten ausrichten konnten. Statt dessen ging man von den disziplinären Arbeiten der Teilprojekte aus und fragte dann, welche Zusammenhänge bestehen und wo man kooperieren könnte. Wenn daher Integration erfolgte, war diese tendenziell disziplinär motiviert. Aus diesem Grunde versuchte man auf der zweiten Vollversammlung, nach ca. eineinhalb Jahren Projektlaufzeit, Schlüsselherausforderungen im Bedürfnisfeld Ernährung zu identifizieren, quasi die konkreten Untersuchungsgegenstände im Gesamtphänomen Ernährung auszumachen.[364] Aber auch diese Schlüsselherausforderungen waren eher Themen denn konkrete Frage- oder Problemstellungen und wurden i.d.R. keiner ausführlichen Problemanalyse unterzogen.

Eine solche Analyse erfolgte jedoch in zwei Fällen, weil dort Teilsynthese und Teilprojekt zusammenfielen und eine konkrete Fragestellung bereits im Teilprojekt bestand.[365] In einer weiteren Teilsynthese, der bisherigen Arbeitsgruppe „Restriktionen & Optionen", einigte man sich auf eine gemeinsame Fragestellung und stellte unter dieser Fragestellung einzelne Untersuchungsaspekte in ihren Zusammenhängen dar, die man vorher im disziplinären Teilprojekt unter disziplinärer Perspektive untersucht hatte.[366] In dieser Teilsynthese kam man den theoretischen Anforderungen relativ nahe, wenn auch die einzelnen Untersuchungsphänomene eher durch die Interessen und Kompetenzen der beteiligten Forscherinnen und nicht anhand der lebensweltlichen Relevanz bestimmt wurden. Bei den anderen Teilsynthesen

---

[362] Evaluation der 12. oikos-Konferenz „Märkte von morgen. Neue Chancen unter grünen Rahmenbedingungen".

[363] Protokoll zum Workshop "außer man tut es ..." der AG "Restriktionen & Optionen" am 26.03.99 in Biel.

[364] Protokoll der 2. Vollversammlung: 13ff.; Protokoll der 11. Projektleitersitzung: 2ff.

[365] Dies war das Teilprojekt „Volkswirtschaftslehre" und die Teilsynthese „Neue Spielregeln" und das Teilprojekt „Von der Nische zum Massenmarkt" und die Teilsynthese „Ökologischer Massenmarkt".

[366] Jungbluth et al., 1998.

besteht dagegen die Vermutung, dass sie vielfach keinen Mehrwert erzielten, da sie entweder ein allgemeines Thema bearbeitet haben oder nur aus einem Teilprojekt bestanden.

Die *Teilsynthese „Ökologischer Massenmarkt"* bearbeitete die Frage, welche Möglichkeiten bestehen, Bioprodukten einen größeren Marktanteil zu verschaffen. Diese Frage wurde ausschließlich von Betriebswirten bearbeitet. Eine stärkerer Zusammenarbeit mit den Psychologinnen hätte hier die Perspektive der Nachfrager eingebracht, welche die Produkte letztlich kaufen sollen. Die Perspektive der Ökobilanzierung hätte zudem gezeigt, dass Bioprodukte nicht zwingend die relevante Nachhaltigkeitsstrategie sind, sondern die Transportweise, die Konservierungsart, die Verarbeitung und die Höhe des Fleischkonsums mindestens genauso relevante Faktoren sind.[367] Beide Perspektiven wurden nur am Rande einbezogen.[368] Hier hätte ein Mehrwert realisiert werden können, wenn die Betriebswirtschaftler sich stärker an der lebensweltlichen Problematik und den dort existierenden Einflussfaktoren orientiert und mit Disziplinen zusammengearbeitet hätten, welche diese Faktoren bearbeiteten. Aus diesen Gründen besteht die Vermutung: *Ein potenzieller Mehrwert durch die Integration disziplinärer Perspektiven wurde nicht realisiert.*

Zusammenfassend zeigte die Problemdefinition im IPG I Mängel, weil vielfach keine Partizipation der Praxis an der Forschung und der Forschung an der Praxis erfolgte und daher die relevanten Schlüsselherausforderungen nicht identifiziert wurden. Zum zweiten wurde ein potenzieller Mehrwert transdisziplinärer Forschung nur in wenigen Fällen erzielt, da eine Integration disziplinärer Perspektiven nicht vorgenommen wurde. Welche Gründe lassen sich für diese methodisch unzureichende Problemdefinition anführen?

Gründe für die Art und Weise der Problemdefinition

1. *Individuelles Interesse.* Viele Forscher suchten neue Finanzquellen, um ihre Forschung fortzusetzen. Dabei hatten sie i.d.R. die gute Absicht, diese Forschung in den Rahmen einer praxisorientierten transdisziplinären Forschung zu positionieren, nicht aus Opportunismus[369], sondern aus dem Glauben an die Zukunft dieser Art der Forschung. Trotz dieser Absichten war der Ausgangspunkt die eigene disziplinäre Forschung, auf die sich schnell zurückgezogen wurde, wenn sich die Kooperationen als zu zeitaufwendig herausstellten.[370]

---

[367] Jungbluth, 2000.

[368] Villiger, Wüstenhagen und Meyer, 2000.

[369] Weingart, 1997.

[370] Gruppendiskussion a: 6f.; Interview 7: 5; Interview 8: 5.

2. *Disziplinäre Herkunft und disziplinäre Evaluation.* Die Forscher wurden in den jeweiligen disziplinären Strukturen ausgebildet und sahen vielfach dort ihre weitere Zukunft. Daher hatten sie die Fähigkeiten, eine disziplinäre Fragestellung zu definieren, und sie hatten den Anreiz, dies zu tun, weil sie gezwungen waren, ihre Arbeit an den disziplinären Kriterien auszurichten, wenn sie eine wissenschaftliche Karriere anstrebten (vgl. Kapitel 7.4). Dagegen fehlte es ihnen vielfach an Kompetenz und Anreiz, eine transdisziplinäre Fragestellung zu definieren, die den Kriterien in Kapitel 3.3.1 entsprochen hätte. Dies zeigte sich vor allem zu Beginn des IPG I, als zahlreiche disziplinübergreifende Arbeitsgruppen und bilaterale Kooperationen gebildet wurden. Die Arbeit in diesen Verbünden bestand in vielen Fällen aus Diskussionen darüber, was diskutiert und bearbeitet werden sollte. Eine systematische Problemanalyse und -definition erfolgte nicht.
3. *Mangelndes Wissen über Bedeutung der Problemdefinition.* Die Forscher waren sich teilweise der Bedeutung einer möglichst exakten Problemdefinition nicht hinreichend bewusst. Erst auf der dritten Vollversammlung wurde der Vorschlag erhoben, wir hätten unser Projekt einer Mondfahrt gleich strukturieren sollen, worauf jedoch eine Reihe von Einwänden kamen.[371] So wurde teilweise erst gegen Projektschluss die Bedeutung einer exakten, gemeinsamen und prozessuralen Problemdefinition erkannt.[372]
4. *Sehr kurze Eingabephase.* Eine ausführliche Problemanalyse war in der Eingabephase von zwei Monaten nicht möglich. Auch eine spätere Anpassung, bspw. durch zusätzliche Teilprojekte, war nur sehr begrenzt möglich. Somit war ein Vorgehen entsprechend der theoretischen Anforderungen aufgrund der institutionellen Strukturen unmöglich, was die Forscher bereits während der Eingabezeit kritisierten.[373] Allerdings zogen sie daraus nicht die Konsequenz, eine ausführliche Problemanalyse nachzuholen und die eingegebenen Fragestellungen entsprechend anzupassen.

Wenn wir uns nach dieser Beschreibung der Erfahrungen und den dabei identifizierten Gründen für die teilweise mangelhafte Problemdefinition der ursprünglichen Ausgangsfrage zuwenden, inwieweit eine *Integration disziplinärer Perspektiven* möglich ist, dann zeigt sich: Aufgrund individueller, struktureller und institutioneller Gründe erfolgte eine Problemdefinition, die eine Integration disziplinärer Perspektiven nur begrenzt ermöglichte. Es sind

---

[371] Protokoll der 1. Vollversammlung; Gruppendiskussion b: 2f.; Interview 7: 1.

[372] Hofer und Stalder, 2000.

[373] Interview 2: 2 und 4; Interview 3: 2; Interview 4: 2; Interview 5: 5f.; Gruppendiskussion a: 1ff.; Interview 6: 1f.

folglich keine methodischen Gründe für diese begrenzte Integration verantwortlich. *Aufgrund dieser individuellen, strukturellen und institutionellen Gründe waren die disziplinären Teilprojekte den disziplinübergreifenden Teilsynthesen überlegen.*

7.1.3 Lösungsansätze

Der Problemdefinition mangelte es methodisch an zu geringer Partizipation der Praxis bei der Identifikation der konkreten Fragestellungen und einer zu geringen Integration der disziplinären Perspektiven — es mangelte an vertikaler und horizontaler Integration. Wie eine verstärkte Integration disziplinärer Perspektiven erfolgen kann, ist Thema von Kapitel 7.2. Für diese methodischen Mängel wurden zudem eine Reihe individueller, struktureller und institutioneller Ursachen identifiziert. Daher sind für diese Aspekte Lösungsansätze zu suchen. Die *Frage der individuellen Interessen* und der Anreizsetzung wird in Kapitel 7.4 und 8.1 behandelt. Die *Frage der disziplinären Herkunft* ist Thema von Kapitel 8.3, die der Evaluation von Kapitel 7.4. Das Problem des mangelnden Wissens über die Bedeutung der Problemdefinition hängt eng zusammen mit der institutionellen Problematik der zu kurzen Eingabephase. Diese Problematik wurde von Forschenden wie von den Experten als bedeutend angesehen und zeigte sich auch in anderen Forschungsprogrammen.[374] Daher wurden institutionelle Veränderungen vorgenommen,[375] die im folgenden näher untersucht werden.

Anforderungen an die Phase der Problemdefinition

Ausgangspunkt der Problemdefinition ist eine lebensweltliche Problematik. Scholz und Tietje sprechen von einem ill-defined Problem.[376] Das Dilemma besteht darin, dass einerseits eine möglichst exakte Problemstellung notwendig wird, die Problemstellung jedoch einen eher diffusen Untersuchungsgegenstand bezeichnet. Während eine disziplinäre Problemstellung sich aus den bisherigen disziplinären Forschungsanstrengungen ergibt und i.d.R. sehr konkret ist, muss im Rahmen der TNF eine solche konkrete und somit auch disziplinär bearbeitbare Problemstellung erst gefunden werden — sie ist Teil des Forschungsprozesses.[377]

---

[374] Stiftung Mensch – Gesellschaft – Umwelt (MGU), 2000.

[375] Stiftung Mensch – Gesellschaft – Umwelt (MGU), 2000; Schweizerischer Nationalfonds, 1999 und 1999a.

[376] Scholz und Tietje, 2000: 23.

[377] Pohl, 1999b.

Hierfür wurde in Kapitel 7.1.1 ein *Verstehen der Problematik* als notwendig erachtet. Dieses Verstehen setzt eine *Partizipation der Forschung an der Lebenswelt* voraus. Um Anschlussfähigkeit an die Lebenswelt herzustellen und im weiteren Forschungsprozess beizubehalten wird zudem eine *Partizipation der Praxis an der Forschung* notwendig.

Ein solches Verstehen der Lebenswelt ist ein Teil der TNF, der Zeit benötigt. Diese Zeit konnte im IPG I aufgrund der knappen Eingabephase nicht aufgewendet werden. Auch wenn sie vorhanden gewesen wäre, so hätten nicht die finanziellen Ressourcen zur Verfügung gestanden, um die Zeit dafür zu verwenden. Neben *Zeit* bedarf die Problemdefinition auch der *finanziellen Unterstützung.*

Weiterhin ist zu Beginn der Problemdefinitionsphase unsicher, welche konkreten Probleme in dem Bereich bestehen. Daher können anfangs keine Aussagen darüber getroffen werden, welche disziplinären Kompetenzen notwendig sind, um die einzelnen Probleme zu bearbeiten. Diese Unsicherheit verlangt *Flexibilität* in Bezug auf die beteiligten Disziplinen. Diese Flexibilität war im IPG I nicht gegeben, da von Beginn an die beteiligten Disziplinen festlagen. Auch bestanden nur begrenzte Möglichkeiten, weitere Disziplinen beizuziehen.

Allerdings haben sich die institutionellen Strukturen bei der Projekteingabe inzwischen verändert. Die Verantwortlichen haben die Problematik erkannt und im Rahmen der Nationalen Forschungsschwerpunkte (NFS) angepasst.

Eingabephase bei den Nationalen Forschungsschwerpunkten (NFS) des Schweizerischen Nationalfonds (SNF)

Die NFS lösen die Schwerpunktprogramme des SNF ab, zielen auf eine stärkere Schwerpunktsetzung zwischen den Schweizerischen Universitäten und dem ETH-Bereich und sollen institutionell stärker verankert werden. Aus diesen Gründen soll jeder NFS einer Institution zugeordnet sein, die ein NFS personell, finanziell und ideell unterstützen muss.[378]

Die Eingabezeit für ein NFS beträgt neu ca. 1 Jahr. Die Eingabe erfolgt in drei Schritten: Erstens ist beim Nationalfonds eine Absichtserklärung einzureichen. Diese soll die Vision, die Ziele und das Hauptthema beinhalten. Diese Absichtserklärung dient dem Schweizerischen Nationalfonds (SNF) dazu, geeignete Expertinnen zu finden, welche die Projektskizze beurteilen können. Nach der Absichtserklärung wird zweitens die Projektskizze eingereicht, die konkretere Angaben enthalten soll. Diese Projektskizze wird anschließend evaluiert. Ba-

---

[378] Schweizerischer Nationalfonds, 1999.

sierend auf der Rückmeldung können die Antragsteller entscheiden, ob sie drittens einen konkreten Projektantrag ausarbeiten.

Die Antragstellung ist gegenwärtig im Gange (April 2000). Daher können zum gegenwärtigen Zeitpunkt keine Aussagen über den Erfolg dieses Eingabeverfahrens getroffen werden. Das Eingabeverfahren kann jedoch anhand der oben aufgestellten Anforderungen bewertet werden. So ist die verlängerte Eingabefrist als außerordentlich positiv zu bewerten. Allerdings stehen für die Eingabe keinerlei finanziellen Ressourcen zur Verfügung. Wenn die Antragsteller die Zeit für die Antragstellung nutzen wollen, müssen sie diese aus anderen Quellen finanzieren.

Wie beim IPG I ist ein detaillierter Forschungsplan für vier Jahre zu erarbeiten. In diesem müssen die beteiligten Partner und Disziplinen enthalten sein. Wenn aufgrund der mangelnden finanziellen Unterstützung keine ausführliche Problemdefinition vorgenommen werden konnte, dann wird ein solcher Forschungsplan zu den gleichen Problemen führen, die sich im IPG I gezeigt haben: Es werden nicht zwingend die relevanten Probleme bearbeitet.

Da das Management eines NFS über größere strukturelle Kompetenzen verfügt als das des IPG I, könnte sich die Flexibilität bezüglich der beteiligten Disziplinen erhöhen. So besteht bspw. nur ein Vertrag zwischen dem NFS-Leiter und dem SNF, es hat also nicht wie beim IPG I jedes Teilprojekt einen separaten Vertrag. Diese potenzielle Flexibilität wird jedoch aufgehoben, weil im Projektantrag konkret Auskunft gegeben werden muss über die detaillierten Budgets einzelner Teilprojekte etc. Dadurch wird es nur begrenzt möglich sein, im Laufe des Forschungsprozesses zusätzliche Kompetenzen beizuziehen.

Eingabephase bei der Stiftung Mensch-Gesellschaft-Umwelt (MGU)

Die *Stiftung Mensch-Gesellschaft-Umwelt (MGU)* in Basel hat einen ähnlichen Weg eingeschlagen, sie geht jedoch weiter: So wurde die Eingabephase auf 1 ¾ Jahre verlängert, wird teilweise finanzielle Unterstützung geleistet und die Experten des MGU evaluieren nicht nur die Anträge, sondern stehen auch beratend zur Verfügung. Zudem versuchen die Experten, Änderungen eines Forschungsprojektes, die sich aus dem Forschungsprozess ergeben, mit der nötigen Flexibilität zu beantworten.[379] Um Anschlussfähigkeit zur Praxis zu gewährleisten, ist eine Doppelträgerschaft erforderlich, d.h. die Projekte müssen auch finanziell von Praxisakteuren mitgetragen werden.

---

[379] Stiftung Mensch-Gesellschaft-Umwelt (MGU), 2000.

Zum Erfolg der Konzeption des MGU bestehen bisher ebenfalls wenig Erfahrungen. Allerdings hat sich die lange Eingabephase als nicht unproblematisch erwiesen, da sich im Personellen vieles schnell verändert.[380] Von dieser Problematik abgesehen, vermag die Konzeption jedoch am ehesten die aufgestellten Anforderungen an Zeit, finanziellen Ressourcen und Flexibilität zu erfüllen. Aber auch hier bleibt fraglich, warum die Phase der Problemdefinition ein Teil des Projektantrags ist und nicht ein Teil des Forschungsprozesses.

Im Rahmen des Bedürfnisfeld wie des Fallstudien-Ansatzes ist diese Phase ein bedeutender Teil des Forschungsprozesses. Auch die Ausführungen in Kapitel 3.3.1 und in 7.1 haben gezeigt, wie bedeutend und aufwendig dieser Prozess ist.[381] Daher soll im folgenden versucht werden, einen ersten Vorschlag zu unterbreiten, wie diese Phase auch institutionell innerhalb des Forschungsprozesses verankert werden könnte.

Problemdefinition als Teil des Forschungsprozesses — Vorschlag zur institutionellen Umsetzung

Anstelle eines sehr konkreten und vollständigen Projektbeschriebs für vier Jahre könnte ein kleines Team eine *Projektskizze* einreichen. Ziel wäre es hierbei, dieses Team für ein Jahr zu finanzieren, um eine Problemexploration zu betreiben. Dieses Team hätte dann die Aufgabe, aufbauend auf dieser Problemexploration ein *detaillierten Projektbeschrieb* zu erarbeiten. Anhand dessen könnten die Auftraggeber entscheiden, ob es sich lohnt, ein größeres Forschungsprojekt, für eine Laufzeit von mehreren Jahren zu finanzieren.

Die *Projektskizze* sollte inhaltlich vor allem beinhalten, welches lebensweltliche Problem sie näher untersuchen möchte, also bspw. welches Bedürfnisfeld, welchen Fall oder welches Syndrom. Dieser Wahl sollte eine Begründung folgen, inwieweit es für eine Nachhaltige Entwicklung als relevant eingestuft wird.

Zudem sollten erste Angaben zu möglichen relevanten Problembereichen/Schlüsselherausforderungen in der Projektskizze enthalten sein. Diese müssen nicht zwingend die sein, die später bearbeitet werden, aber sie können als erstes Suchraster für eine tiefergehende Analyse der Problematik dienen.

---

[380] Rückmeldung von U. Brunner, Vorsitzende der Expertenkommisson des MGU und Expertin im SPP Umwelt, vom 4. März 2000.

[381] Pohl, 1999b.

Neben diesen inhaltlichen Angaben sollte das antragstellende Team über die eigenen Kompetenzen Auskunft erteilen. Hier wären bspw. Angaben einzufordern, inwieweit das Team über Erfahrungen und Kontakte in dem gewählten Gebiet verfügt. Darüber hinaus sollte es angeben können, ob bereits Erfahrungen im Projektmanagement bestehen, welche wissenschaftlichen Leistungen bisher erbracht wurden und ob Kompetenzen in der Zusammenarbeit mit der Praxis vorzuweisen sind. Gemäss den Ausführungen in Kapitel 7.1.1 hätte das Team in dem ersten Jahr folgenden *Aufgaben* zu erfüllen:

- Partizipation am gewählten Praxisfeld.
- Analyse des Feldes.
- Exploration der Schlüsselherausforderungen bzw. der konkreten Problemstellungen, die einer näheren Bearbeitung bedürfen. Hier käme dann die Partizipation der Praxisakteure an der Forschung zum Tragen, d.h. die Praxisakteure würden mitbestimmen, welche Schlüsselherausforderungen bearbeitet werden sollen.

Aufbauend auf dieser Analyse hat das Team einen detaillierten Projektbeschrieb bzw. –konzeption zu entwickeln. Aus dieser soll inhaltlich hervorgehen:

1. Aus welchen Gründen ist die lebensweltliche Problemstellung von hoher Relevanz für eine Nachhaltige Entwicklung?
2. Welche allgemeinen Ziele soll das Projekt verfolgen?
3. Welche Schlüsselherausforderungen sollen aus welchen Gründen bearbeitet werden?
4. Welche disziplinären Kompetenzen sind für diese Bearbeitung erforderlich?
5. Welche konkreten Fragenstellungen sollen durch diese disziplinären Kompetenzen bearbeitet werden?
6. Wie sollen die Praxisakteure in die Forschungsarbeit eingebunden werden?
7. Wie sollen diese Kompetenzen im Sinne von Hübenthal vernetzt werden?
8. Wie soll die Integration über die Schlüsselherausforderungen hinweg erfolgen?

Neben diesen inhaltlichen Fragen sind Angaben zur Projektorganisation erforderlich, wie sie bisher auch erwartet werden. Da die inhaltlichen Voraussetzungen jedoch wesentlich fundierter sein sollten, können auch höhere Anforderungen an die Organisation und die angestrebten Ziele gestellt werden.

Die anfängliche Entscheidung über ein Projekt anhand einer knappen Projektskizze mag risikoreich erscheinen, da diese zwangsweise sehr offen bleiben wird. Nach den Erfahrungen im IPG I und im gesamten SPP Umwelt vermag zudem die Einforderung eines detaillierten Projektbeschriebs von Beginn an möglich sein. Die Fundierung eines solchen Beschriebs ist jedoch vielfach weniger tiefgehend, als sie erscheinen mag. Die Gefahr ist hierbei vielmehr, dass die relevanten Probleme erst zu spät erkannt werden, wenn die Struktur bereits festgelegt ist.

Das Risiko, anhand einer knappen Projektskizze zu entscheiden, wird zudem gesenkt, da nur darüber entschieden wird, ob ein kleines Team für ein Jahr finanziert wird, nicht aber, ob ein um ein vielfaches größeres Team für gegebenenfalls vier Jahre Gelder zugesprochen bekommt. Der Entscheid über ein größeres Projekt für eine längere Laufzeit fällt erst nach der einjährigen Vorlaufzeit. Das vorgeschlagene Vorgehen dürfte wesentlich risikoärmer sein, da eine ausführliche Analyse vorangegangen ist. Diese Analyse wird fundierter sein als die kurze Analyse im IPG I und auch als die der NFS, da sie zum einen finanziert ist und zum anderen die Forschenden einen großen Anreiz haben, ein weitergehendes Projekt zu konzipieren, das auch bewilligt wird.

Ein solches Vorgehen sollte nicht nur das Risiko für die Auftraggeber senken, sondern auch das Spannungsverhältnis von disziplinären und disziplinübergreifenden Arbeiten vermindern können. Die einzelnen Schlüsselherausforderungen sind nach der einjährigen Problemexploration bereits weitgehend identifiziert, und aus diesen wurden disziplinär bearbeitbare Fragestellungen abgeleitet. Die Fragestellungen, die detailliert disziplinär bearbeitet werden sollen, haben folglich einen gemeinsamen lebensweltlichen Ursprung, keinen disziplinären. Dadurch ist auch der Weg der Integration der disziplinären Arbeiten bereits weitgehend vorgezeichnet. Folglich verfügen die Forscher, die nach der einjährigen Problemexploration zu dem Forschungsprojekt dazustoßen, über eine detaillierte Entscheidungsgrundlage und können abschätzen, welche Fragen sie bearbeiten sollen und wie diese mit anderen Disziplinen zusammenhängen. Dadurch kann der Gefahr entgegengewirkt werden, dass Konflikte zwischen individuellen und disziplinären Interessen und Anforderungen des Gesamtprojekts im Forschungsprozess entstehen. Da aber davon auszugehen ist, dass auch bei diesem Vorgehen Änderungen im Projektverlauf auftreten, werden solche Interessenkonflikte grundsätzlich nicht vollständig vermieden werden können, aber das Potenzial kann deutlich verringert werden.

7.2 Problembearbeitung

Die Frage der Art und Weise, disziplinäre Perspektiven zu integrieren, ist nicht nur Hauptfragestellung der Kapitel 7 und 8. Es ist die Hauptfrage jeder disziplinübergreifenden Forschung, ob sie als Multi-, Inter- oder Transdisziplinarität bezeichnet wird. Der entscheidende Unterschied liegt in den Anforderungen, die an diese Integration gestellt werden. Die Anforderungen im Rahmen der TNF werden durch die Art und Weise der Problemdefinition bestimmt. Daher wird im folgenden dargelegt, welche *Anforderungen* an die Integration sich aus den drei Typen der Problemdefinition ergeben (vgl. Kapitel 7.1.1): Ergänzung, Verflechtung und Verbindung auf Metaebene. Anschließend wird die *Inkommensurabilitätsthese* vorgestellt und die Probleme und Möglichkeiten der Integration erörtert. In Kapitel 7.2.2 wird dann geprüft, inwieweit diese Möglichkeiten im IPG I genutzt wurden. Im letzten Abschnitt sollen dann wiederum erste *Lösungsmöglichkeiten* präsentiert werden, wie eine Integration disziplinärer Perspektiven im Rahmen der TNF vorgenommen werden kann.

7.2.1 Integration disziplinärer Perspektiven

Anforderungen an die Integration disziplinärer Perspektiven

Durch die Problemdefinition wird festgelegt, für welche Fragen Antworten gesucht werden und mit welchen disziplinären Perspektiven sie gefunden werden sollen. Diese Perspektiven bedürfen einer Integration. Bei der Integration stellt sich die Frage, inwieweit eine Theorie in die Sprache einer anderen Theorie übersetzt werden kann, inwieweit zwei Theorien in bezug auf ihren Inhalt verglichen werden können und inwieweit ein Forscher zwei unterschiedliche Theorien verstehen kann. Die Frage der *Übersetzbarkeit* bezieht sich dabei auf die Beziehung zwischen zwei Theorien. *Vergleichbarkeit* kann für zwei Theorien erforderlich sein, kann aber auch nur die Ergebnisse beinhalten, die aus den Anwendungen zweier Theorien resultieren. In beiden Fällen wird ein Referenzpunkt bzw. ein Kriterium notwendig, anhand dessen der Vergleich vorgenommen wird. Die Anforderung des *Verstehens* kann sich analog der Vergleichbarkeit auf eine Theorie oder ein Ergebnis einer Theorie beziehen. Dabei geht es jedoch nicht um die Beziehung zwischen zwei Theorien oder Ergebnissen, Verstehbarkeit bezieht sich auf die Beziehung zwischen einem Forschenden und einer Theorie.[382]

Im vorigen Abschnitt hatten wir drei Möglichkeiten des Zusammenspiels disziplinärer Perspektiven diskutiert: Ergänzung, Verflechtung und Verbindung auf Metabene. Welche Anforderungen ergeben sich aus den Arten der Integration:

1. an die gegenseitige *Übersetzbarkeit* zweier Theorien,
2. an die *Vergleichbarkeit* des Inhalts zweier Theorien und/oder deren Ergebnissen und
3. an das erforderliche *Verständnis* eines Forschers für eine fremde Theorie und/oder deren Ergebnisse?

Bei der *Ergänzung* untersuchen verschiedene Disziplinen unterschiedliche Untersuchungsaspekte innerhalb eines gemeinsamen Untersuchungsgegenstandes. Daher sind die Anforderungen relativ schwach: Die disziplinären Perspektiven müssen einerseits vergleichbar sein in Bezug auf die Problemstellung und die normative Grundorientierung der Nachhaltigen Entwicklung, um ihren jeweiligen Beitrag zum vorliegenden Problem bewerten zu können. Andererseits ist diese Bewertung nur möglich, wenn die disziplinären Erkenntnisse von der anderen Seite verstanden werden. Neben der Anforderung der *Vergleichbarkeit* bedingt die Ergänzung demnach auch die *Verstehbarkeit der jeweiligen disziplinären Erkenntnisse*, nicht aber die der Theorie.

Bei der *Verflechtung* wird derselbe Untersuchungsaspekt aus unterschiedlichen disziplinären Perspektiven analysiert. Hier bedarf es neben der *Vergleichbarkeit* der Theorien auch eines gegenseitigen *Verständnisses der Theorien* und deren *Aussagen*. Da sich eine neue Theoriesprache entwickeln kann, ist auch — zumindest in geringem Maße — *Übersetzbarkeit* notwendig.

Neben Ergänzung und Verflechtung ist schließlich eine *Verbindung auf Metabene* möglich. Um Theorien aufeinander beziehen zu können, wird es notwendig sein, dass die Forscher die einzelnen Theorien verstehen können. Zudem müssen die Theorien bezüglich ihrer Aussagekraft zu einer bestimmten Fragestellung verglichen werden können. Die Verbindung der Theorien bedingt zudem eine Verbindung der theoretischen Begrifflichkeiten. Eine solche Inbeziehungsetzung erfordert neben der *Vergleichbarkeit* zumindest teilweise die *Übersetzbarkeit* — mindestens der zentralen Begrifflichkeiten, die es zu verbinden gilt.

---

[382] Sankey, 1997: 112f.

Die Inkommensurabilitätsthese

Die Frage der Übersetzbarkeit und Vergleichbarkeit verschiedener Theorien wird in der Wissenschaftstheorie im Rahmen der *Inkommensurabilitätsthese* diskutiert. *Inkommensurabilität* bedeutet, dass die Begrifflichkeiten zweier Theorien insgesamt oder teilweise *nicht übersetzbar* sind. Sankey definiert Inkommensurabilität:

> „The problem has to do with the nature of the semantical relations between the languages employed by scientific theories. Broadley speaking, to say that a pair of theories is incommensurable is to say that the theories do not share a common language, or that the terms they employ do not have common meaning."[383]

Dies hat zwei Konsequenzen für den Vergleich von Theorien. Einerseits können Aussagen inkommensurabler Theorien sich *nicht widersprechen*, sie stehen in keinem logischen Konflikt. Andererseits kann der Inhalt solcher Theorien *nicht verglichen* werden, da dieser in jeweils unterschiedlichen Sprachen formuliert ist.[384]

Die These der Inkommensurabilität haben Kuhn und Feyerabend 1962 unabhängig voneinander aufgestellt. Während sie bei Kuhn Bestandteil seiner Struktur wissenschaftlicher Revolutionen war, wandte sich Feyerabend gegen die damals vorherrschende empiristische Wissenschaftsphilosophie, die davon ausging, dass die Sprache der Beobachtung unabhängig von der Theorie sei und somit ein gemeinsames Fundament für die Empirie darstellt.[385]

Später relativierten Kuhn und Feyerabend ihre These. Während Kuhn noch zu Beginn ontologische, erkenntnistheoretische und methodologische Aspekte verschiedener Theorien und Paradigmen miteinander verglich, fokussierte er in seinen späteren Aufsätzen nur auf die Klasse der „taxonomic terms or kind terms, a widespread category that includes natural kinds, artificial kinds, social kinds, and probably others"[386].

Wenn ein gemeinsames Fundament an Begrifflichkeiten vorhanden ist, dann ist nach Kuhn ein Vergleich von Theorien möglich. Problematisch wird es, wenn sich dieses Fundament im Verlauf eines Paradigmawandels verändert. Hier stellt sich die Frage, wie ein rationaler Vergleich möglich ist. Kuhn vergleicht die Übersetzbarkeit unterschiedlicher Theorien mit denen unterschiedlicher Sprachen. Bei der Übersetzung von Sprachen ist zu unterschei-

---

383 Sankey, 1994: 1.

384 Sankey, 1994: 1f.

385 Sankey, 1994: 2ff.

386 Kuhn, 1991: 4 zit. n. Chen, 1997: 258f. Vgl. im folgenden Chen, 1997. Chen hat anhand der späten Aufsätze Kuhns dessen letzte Interpretation der Inkommensurabilitätsthese aufgearbeitet.

den zwischen einem technischen und einem interpretativen Teil. Der technische Teil bezieht sich auf den Austausch von Wörtern. Der interpretative Teil ist dagegen als ein Lernprozess zu verstehen, bei dem es um das Verstehen der jeweils anderen Sprache geht. Inkommensurabilität beschränkt Kuhn ausschließlich auf den technischen Teil. Hierbei kann Inkommensurabilität auftreten, wenn ein Verstoß gegen das „non-overlap" Prinzip vorliegt, d.h. wenn ein Begriff der einen Sprache nicht exakt einem Begriff der anderen Sprache zuzuordnen ist, weil er sich mit den Bedeutungen anderer Begriffe überschneidet.

Wenn eine Sprache technisch nicht einwandfrei in eine andere übersetzt werden kann, dann bedeutet dies nicht, dass sie nicht zu verstehen ist. So ermöglicht der Prozess der Interpretation eine Verständigung. Um diese These zu untermauern, verweist Sankey einerseits auf das Sprachenlernen von Kindern. Sie können keine Übersetzung vornehmen, da sie noch keine Sprache erlernt haben. Trotzdem ist es ihnen möglich, eine Sprache zu erlernen. Andererseits führt Sankey sogenannte Bilinguals an, also Personen, die über zwei Muttersprachen verfügen und ohne Übersetzung zwischen diesen wechseln.[387] Nicht-Übersetzbarkeit geht demnach nicht einher mit Nicht-Verstehbarkeit. Wenn man diese Analogie auf Theorien überträgt, dann sind unterschiedliche Theorien verstehbar, auch wenn sie nicht übersetzbar sind. Das Problem, wie Theorien rational verglichen werden können, bleibt aber bestehen.

Ein rationaler Vergleich von Theorien erscheint nur möglich, wenn Kriterien bzw. ein Referenzpunkt vorliegt, anhand dessen verglichen werden kann. Ein solcher Referenzpunkt könnte der gemeinsame empirische Untersuchungsgegenstand sein. Dieser Untersuchungsgegenstand kann jedoch nur als unabhängige Referenz dienen, wenn eine theorieunabhängige Beobachtungssprache vorhanden ist. Die Existenz einer solchen Sprache haben Kuhn und Feyerabend in Frage gestellt.[388] Wenn eine solche Sprache nicht existiert, dann ist kein rationaler Vergleich möglich, und es besteht die Gefahr des Relativismus. Um dieser Gefahr entgegenzuwirken, wird ein Referenzpunkt notwendig, der möglichst weitgehend von den jeweiligen zu vergleichenden Theorien unabhängig ist. Bei der Suche nach einem solchen Referenzpunkt bewegt sich die gegenwärtige Diskussion.[389]

Kuhn sieht als verbleibenden Referenzpunkt die sogenannten *sekundären Wissenschaftsstandards*, wie Präzision/Genauigkeit, Konsistenz, Anwendbarkeit und Einfachheit. Diesen Standards kommt vermutlich in jeder Disziplin und somit in jeder Theorie eine gewisse

---

[387] Sankey, 1997: 113.

[388] Lueken, 1992: 17ff.; Sankey, 1994: 2, und 1997: 125ff.

[389] Lueken, 1992; Sankey, 1994 und 1997; Chen, 1997.

Bedeutung zu. Diese Bedeutung ist jedoch nicht fix, sondern wandelt sich je nach Kontext.[390]

Während Chen die *Rolle der Instrumente* als möglichen Referenzpunkt anführt,[391] geht Lüdtke einen anderen Weg.[392] Er beschreibt einen Prozess der Entdifferenzierung disziplinärer Strukturen und zeigt auf, wie disziplinäre Strukturen zusammenwirken. Diesen Prozess beschreibt er anhand der Geschichte des Virus. Zu Beginn versuchten Wissenschaftler verschiedener Disziplinen, das neue Phänomen an ihre Stammtheorie anzupassen. Da diese Anpassung wenig erfolgreich war, entstand im weiteren Diskurs eine Ko-Präsenz verschiedener disziplinärer Termini. Die Beziehung zwischen diesen Termini wurde anschließend nicht auf logischem Wege hergestellt, sondern auf analogischem; durch Metaphern, Analogien und anschaulichen Entsprechungen versuchte man in einem interdisziplinärem Diskurs, Beziehungen herzustellen, ohne dass man dabei bezug auf eine übergeordnete Instanz nahm, sei dies eine Sprache, ein Instrument o.ä. Durch diese Beziehungen entstand ein Potenzial für kooperatives Forschungshandeln, indem Methoden aus anderen Gebieten übernommen und neue Methoden entwickelt wurden. Im weiteren entwickelte sich eine *Ordnung auf Meta-Ebene*, eine neue Theoriesprache und ein neues Objekt, das Virus.

> „Unser Beispiel verrät eine 'modulare' Art und Weise der Theorieentwicklung, derzufolge sich Stücke aus Theorien verschiedener Disziplinen herauslösen lassen, um sie als Bausteine einer neuen Theorie zu verwenden, wobei sich in den neuen Kombinationen deren Bedeutungen wandeln."[393]

Für Lueken liegt die Inkommensurabilitätsproblematik in der *Unmöglichkeit, die Ebene der Theorie von der Meta-Ebene zu trennen* und einen Referenzpunkt auf Meta-Ebene zu finden.[394] Auch eine Meta-Ebene basiert auf einer Theorie, muss rational begründet werden und ist Veränderungen ausgesetzt. Inkommensurabilität besteht daher auch auf der Meta-Ebene, wo verschiedene Rahmenordnungen miteinander konkurrieren. Das Ergebnis ist ein unendlicher Begründungskreislauf.[395] Eine Außenperspektive ist nicht möglich. „In diesem Sinne drückt eine Inkommensurabilitätsthese das Scheitern des Vergleichs und die Unmöglichkeit der Trennung der Ebenen aus. Sie bestätigt den Vorrang der Teilnehmerperspektive."[396]

---

[390] Chen, 1997: 265f.
[391] Chen, 1997: 271.
[392] Lüdtke, 1995.
[393] Lüdtke, 1995: 112.
[394] Lueken, 1992: 16ff.
[395] Lueken, 1992: 17; Sankey, 1997: 138.
[396] Lueken, 1992: 17.

Bei diesen Auseinandersetzungen kann sich nach Lueken nicht auf ein regelgeleitetes Rationalitätskonzept gestützt werden. So müsste auch über rationale Regeln rational verhandelt werden, wofür nach diesem Rationalitätskonzept wiederum rationale Regeln notwendig wären. Rationalität kann sich demnach nicht ausschließlich auf Regeln stützen, sondern ist zudem durch die Teilnehmer und die Zwecke bestimmt, denen die Regeln dienen sollen. In die Entscheidung über die Zwecke und Regeln geht daher immer ein Moment der Urteilskraft ein. Es bestätigt sich hier nach Lueken *das Primat von der praktischen Vernunft*.

Dies führt zu der Frage, wie eine *vernünftige Auseinandersetzung* und Argumentation zwischen Vertretern unterschiedlicher Orientierungssysteme geführt werden könnte. Kuhn und Feyerabend halten eine rationale Diskussion unter der Bedingung der Inkommensurabilität für nicht möglich, wobei sie von einem regelgeleiteten Vernunftbegriff ausgehen. Lueken schlägt daher vor, den Vernunftbegriff von der Regelgeleitetheit zu trennen. Argumentation sei statt dessen an vernünftigen Zwecken auszumachen. Vernünftige Handlungen könnten dann zwar nicht an Kriterien festgemacht werden, aber es biete sich die Möglichkeit einer vernünftigen Auseinandersetzung zwischen Vertretern inkommensurabler Positionen.

Einer solchen vernünftigen Auseinandersetzung stehen jedoch große Verständnis- und Kommunikationsprobleme gegenüber. Diese hält Lueken für überwindbar, wenn Argumentation nicht als ein Aushandeln von Positionen verstanden wird, sondern als „ein Prozess der Transformation von Positionen durch Einsicht, in dem nicht alleine *über* etwas verhandelt, sondern auch *mit* jemandem, von dem es etwas zu lernen gibt."[397] Eine vernünftige Auseinandersetzung wird daher als ein Lern- und Transformationsprozess verstanden. Voraussetzung für das Gelingen einer solchen Auseinandersetzung ist die Bereitschaft und Motivation der Beteiligten. Dieses Vorgehen wird jedoch nicht zu einem unproblematischen Verlauf führen.[398] Lueken führt weiter aus:

> „Soll eine argumentative Überwindung von Kontroversen zwischen inkommensurablen Positionen möglich sein, so müssen besondere Schritte unternommen werden, durch die die Kontrahenten lernen können, einander erst einmal zu verstehen. Sie werden ihre 'verschiedenen Welten' vorübergehend verlassen und sich — entlastet von dem Druck, Recht behalten und sich durchsetzen zu wollen — in die jeweils andere 'Welt' begeben müssen. Und sie werden nicht unverändert in 'ihre Welt' zurückkehren."[399]

---

[397] Lueken, 1992: 20 (Hervorhebungen im Original).

[398] Lueken, 1992: 345ff.

[399] Lueken, 1992: 346f.

Sankey argumentiert ähnlich.[400] Er baut sein Modell auf vier Thesen auf:[401]

1. Es existiert kein Algorithmus für die Wahl einer wissenschaftlichen Theorie.
2. Um eine Theorie auszuwählen, benutzen Wissenschaftler verschiedene Evaluationskriterien.[402] Diese Kriterien leiten ihre Entscheidung mehr, als dass sie diese determinieren.
3. Die Evaluationskriterien, die bei der Theoriewahl verwendet werden, können bei der Anwendung auf alternative Theorien in Konflikt stehen.
4. Kein Evaluationskriterium ist unter allen Umständen gültig.

Aus diesen Thesen folgt, dass keine Regel bindend ist. Dies führt aber nicht zu einem Relativismus, wofür Sankey drei Gründe anführt: So sind erstens nicht alle Kriterien jederzeit widerlegbar. Es ist zweitens nicht rational, einer Theorie zu folgen, die alle Kriterien nicht erfüllt. Drittens dürften die Kriterien nicht wahllos gewechselt werden. Trotz dieser drei Gründe kann es für die Wahl unterschiedlicher Theorien rationale Gründe geben. Es können somit rationale Konflikte auftreten. Im Widerspruch zu einer objektiven Entscheidung stehen diese Konflikte jedoch nur, wenn man Objektivität mit Konsens verbindet. In der Trennung von Objektivität und Konsens sieht Sankey daher den Schlüssel zur Lösung des Problems.[403]

Ähnlich wie Lueken führt Sankey die Fähigkeit zu urteilen an, die einerseits auf der Bewertung der relevanten Situationsfaktoren aufbaut und andererseits auf der Bewertung, welche Situationsfaktoren relevant sind.[404] Dabei bezieht er sich auf *Browns Rationalitätsmodell*, wonach Rationalität mit der Fähigkeit einer Person verbunden wird zu urteilen.

> „Rationality ist not something which attaches to belief in virtue of objective features of what ist believed. Rather, rationality attaches to agents in virtue of the capacities which they exercise in forming their beliefs."[405]

Rationalität kann daher nicht vollständig erfasst werden, wenn es auf eine Regelkonformität beschränkt wird. Rationalität wird gerade dann notwendig, wenn keine Regeln existieren. Dies heißt jedoch nicht, dass Rationalität reduziert werden kann auf ein uneingeschränktes

---

[400] Sankey und Lueken kommen unabhängig zu sehr ähnlichen Ergebnissen. Sie unterscheiden sich vornehmlich in ontologischer Hinsicht. Während Sankey eine realistische Position vertritt, lehnt Lueken diese ab (Lueken, 1992: 73; Sankey, 1994 und 1997). Sankey betont aber, dass er seine Überlegungen als weitgehend unabhängig von seiner realistischen Position betrachtet (Sankey, 1997: xiv).

[401] Sankey, 1997: 128ff.

[402] Als Kriterien werden sekundäre Wissenschaftsstandards angeführt, wie es auch Kuhn getan hat. Sankey, 1997: 128.

[403] Sankey, 1997: 130ff.

[404] Sankey, 1997: 136ff.

individuelles Urteilen. Dieses kann — vielmehr als durch Regeln — begrenzt werden durch die Interaktion mit anderen Akteuren, durch Logik und Beobachtung. Eine rationale Entscheidung sollte daher auf Expertenwissen und sozialer Auseinandersetzung beruhen.[406]

Nach Lueken und Sankey ist Inkommensurabilität zwischen zwei Systemen möglich. Inkommensurable Positionen können aber überwunden werden, wenn ein Vernunftbegriff zugrunde gelegt wird, der nicht an einer Regelgeleitetheit festgemacht wird, sondern der auf der Fähigkeit der Akteure inkommensurabler Positionen aufbaut zu urteilen, und wenn die Akteure die Bereitschaft zeigen, in einen gemeinsamen Lernprozess einzusteigen.

Organisation der Integration

Es bleibt die Frage, wie die Integration disziplinärer Perspektiven organisiert werden soll. Grundsätzlich sind hier zwei Idealtypen aufzuführen: Erstens kann eine *Gruppenvernetzung* erfolgen oder zweitens können vornehmlich *Ergebnisse* ausgetauscht werden, die in die eigene Forschung integriert werden.[407] Welche Vor- und Nachteile weisen diese Idealtypen auf?

Die *Gruppenvernetzung* beschreibt Krott wie folgt:

> „Alle beteiligten Forscher bilden die Gruppe. Sie treten in einen intensiven Diskussionsprozess ein, in dem alle Teilnehmer in bezug auf das Forschungsvorhaben einen gemeinsamen Wissensstand erwerben. Im Rahmen des gemeinsamen Gruppenwissens werden die Forschungsfragen und das Ergebnis formuliert. Jeder (...) verfügt voll über dieses Gruppenwissen, das die vernetzte Erkenntnis darstellt."[408]

Bei der Gruppenvernetzung müssen demnach alle beteiligten Forscherinnen alle zur Anwendung gelangenden Theorien und Methoden weitgehend verstehen. Da es sich um disziplinübergreifende Teams handelt und Theorien aus verschiedenen Disziplinen diskutiert werden, können nur wenige Theorien verarbeitet werden.[409]

Von *Vorteil* bei der Gruppenvernetzung ist, dass alle Beteiligten über ein großes Verständnis der verwendeten Theorien und Untersuchungsgegenstände verfügen. Dadurch besteht ein großes Potenzial gegenseitiger Impulsgebung, da alle Beteiligten kompetent zu allen Aussagen Stellung beziehen können.

---

405 Sankey, 1997: 142f.

406 Sankey, 1997: 142ff. und 146.

407 Krott, 1996.

408 Krott, 1996: 94.

409 Krott, 1996: 94f.

Auch wenn das Problem in Teilprobleme zerlegt werden sollte, die von einzelnen Forschern bearbeitet werden. So haben bei der Gruppenvernetzung trotzdem alle das *„Big picture"* im Kopf, d.h. die Gesamtproblematik. Dadurch wird die Gefahr gemindert, bloße Suboptimierungen zu betreiben.

Problematisch erweist sich an der Gruppenvernetzung der *extreme Zeitbedarf* für die Verständigung und Begriffsklärung. Weiterhin kann man annehmen: Die Beteiligten arbeiten nur an einem Projekt, ihre Tätigkeit kann aus disziplinärer oder disziplinübergreifender Arbeit bestehen und ihre Arbeitszeit kann insgesamt nicht gesteigert werden. Wenn diese Annahmen zutreffen, dann muss die Zeit, die für die Klärung von Verständnisschwierigkeiten aufgewandt werden muss, auf Kosten einer anderen Arbeitstätigkeit gehen. Den Annahmen entsprechend kann dies nur die disziplinäre Tätigkeit sein. Aus diesem Grunde vermindert die in der Gruppenvernetzung notwendige disziplinübergreifende Klärung von Verständnisschwierigkeiten die disziplinäre Arbeit. *Die Tiefe, mit der einzelne Teilfragestellungen aus disziplinärer Perspektive bearbeitet werden, muss folglich geringer sein als bei einem Austausch von Ergebnissen.*

Ein *Hauptvorteil* bei der bloßen *Integration der Ergebnisse* besteht gerade darin, dass die potenzielle Tiefe der disziplinären Bearbeitung einzelner Teilfragen wesentlich höher ist als bei der Gruppenvernetzung. So wird bei dieser Art der Vernetzung die notwendige gegenseitige Verständigung auf ein Minimum reduziert. Es ist lediglich ein gemeinsames Problemverständnis und ein Verstehen der jeweiligen Ergebnisse erforderlich. Verständigungsschwierigkeiten, die durch unterschiedliche Vorgehensweisen auftreten könnten, sind nicht möglich, da auf dieser Ebene keine Vernetzung erfolgt. Dadurch ist einerseits eine disziplinübergreifende Bearbeitung disziplinübergreifender Probleme möglich, ohne andererseits zu viel Aufwand für die Vernetzung aufbringen zu müssen. Die Vernetzung ist hier quasi auf ein Minimum reduziert und erfolgt daher vergleichsweise effizient im Hinblick auf die zugrundeliegende Problemstellung.

Als *problematisch* erweist sich an dieser Vernetzung, dass es eine *Problemdefinition* voraussetzt. Daher stellt sich die Frage, wie eine solche gefunden werden kann. Die Problemdefinition könnte zum einen durch ein kleines Team oder durch eine *Einzelperson* erfolgen, die dann bestimmt, was die einzelnen Beteiligten zu liefern haben. In diesem Falle sind die Anforderungen an eine Einzelperson ähnlich hoch wie bei der Gruppenvernetzung. Insbesondere bei komplexeren Problemen wird eine einzelne Person leicht überfordert sein.

Aus der Art und Weise der Problemdefinition ergibt sich ein weiterer Nachteil dieser Vernetzungsart: *Die einzelnen Beteiligten verfügen nicht oder nur am Rande über das „Big Picture"*, da sie das Gesamtproblem nicht mitdefiniert und gleichsam nur den Auftrag haben, eine Teilfrage zu bearbeiten und hierzu Ergebnisse zu liefern. Die einzelnen Beteiligten sind demnach mehr oder weniger Lieferanten, sie sind aber keine Konstrukteure.

7.2.2 Erfahrungen

Die Erfahrungen im IPG I auf Ebene der Integration disziplinärer Perspektiven schließen direkt an den Erfahrungen der Problemdefinition an. Zur Erinnerung: Ausgangspunkt der Problemdefinitionen im IPG I war i.d.R. nicht die lebensweltliche Problematik im Bedürfnisfeld Ernährung, sondern eine disziplinäre Fragestellung. Dies führte in weiten Teilen zu einer friedlichen Koexistenz verschiedener disziplinärer Perspektiven, nicht jedoch zu einer Integration, wo sich diese Perspektiven ergänzen oder verflechten. Aus diesem Grunde ist es für die Frage der Art und Weise der Integration wenig interessant, auf diese Erfahrungen näher einzugehen. Von größerem Interesse ist es vielmehr, die wenigen Erfahrungen im IPG I näher zu untersuchen, wo Integration stattgefunden oder ernsthaft versucht wurde. Im letzten Kapitel wurde erwähnt, dass die Teilsynthese „Restriktionen & Optionen" am weitesten an die theoretischen Anforderungen der Problemdefinition heranreichte. Daher werden die Integrationsarbeiten dieser Teilsynthese näher betrachtet. Die für die Bewertung verwendeten Kriterien basieren auf den Ausführungen von Kapitel 5.2.1:

- War die Lebenswelt Ausgangspunkt der *Problemdefinition*?
- Anhand welcher Referenzpunkte wurde die *Wahl der Theorien* vorgenommen?
- Wie war die *Integration der disziplinären Perspektiven organisiert*?
- Hat die Integration für die Fragestellung einen *Mehrwert* geschaffen?

Teilsynthese „Restriktionen & Optionen"

Die Teilsynthese hat auf unterschiedlichen Ebenen Integrationsarbeit geleistet. Daher wird im ersten Schritt ein Überblick über die Arbeitsschritte der Teilsynthese gegeben, um im zweiten Schritt näher auf die einzelnen Integrationsarbeiten einzugehen.

1. *Ausgangspunkt waren disziplinäre Fragestellungen:* Aufgrund der Struktur des IPG I standen disziplinäre Teilprojekte mit disziplinären Fragestellungen am Anfang.[410] Diese Teilprojekte hatten das Bedürfnis, Kooperationsmöglichkeiten miteinander auszuloten. Dieses Bedürfnis beruhte einerseits auf der Absicht, den Integrationsanforderungen einer transdisziplinären Forschung zu entsprechen. Andererseits erhoffte man sich fruchtbare Impulse und Erkenntnisse für die eigene disziplinäre Forschungsarbeit.[411]
2. *Festlegung der gemeinsamen forschungsleitenden Fragestellungen:* Anfangs fanden sich die Forschenden zusammen mit dem Ziel, Akteure im Raum Bern zu untersuchen. Gemeinsamer Ausgangspunkt war demnach die Region Bern. Diesen Untersuchungsbereich grenzten die Forschenden im weiteren noch ein, indem sie sich teilweise auf bestimmte Produktgruppen beschränkten. Darüber hinaus einigte man sich auf eine forschungsleitende Fragestellung: Die Frage nach den Optionen & Restriktionen der einzelnen Akteure.
3. *Erarbeitung der Heuristik:* Um die Fragestellung gemeinsam bearbeiten zu können, erschien ein gemeinsames Synthesekonzept bzw. eine interdisziplinäre Heuristik notwendig. Daher erarbeiteten die Mitarbeiterinnen die Heuristik „Restriktionen & Optionen", die auf verschiedenen theoretischen Ansätzen basiert.[412]
4. *Identifikation und Bearbeitung von Subfragestellungen:* Parallel zu der Erarbeitung der Heuristik identifizierten die Forscherinnen gemeinsame Akteursgruppen und Subfragestellungen, die sie empirisch bearbeiteten.[413]
5. *Workshop mit Praxisakteuren:* Die Ergebnisse dieser Bearbeitung präsentierten sie an einem Workshop einzelnen Gruppen von Praxisakteuren.
6. *Auswertung und Integration:* Es erfolgte keine gesamthafte Auswertung und Integration der Ergebnisse aus den einzelnen Subfragestellungen. Den Forscherinnen fehlte hierfür die Zeit und das Interesse. Nach dem Workshop löste sich die Teilsynthese größtenteils auf, und es wurde sich auf die Abschlussarbeiten in den Teilprojekten konzentriert.[414]

Eine Integration disziplinärer Perspektiven hat auf zwei Ebenen stattgefunden: Erstens auf Ebene der Hauptfragestellung und *Erarbeitung der Heuristik*, zweitens auf Ebene der *Sub-*

---

[410] Interview 2: 1 und 6.

[411] Interview 2: 6; Hirsch Hadorn und Wölfing Kast, 1998: 3.

[412] AG "Restriktionen & Optionen", 1998.

[413] Jungbluth, Hofer und Schulz, 1998: 45ff.

[414] Interview 8: 6. Die Weiterentwicklung der Heuristik erfolgt in einem Fortsetzungsprojekt.

fragestellungen. Wenn man sich an Hübenthal und die Ausführungen zur Problemdefinition erinnert, dann ist die Erarbeitung der Heuristik eine Verbindung auf Metaebene. Die Subfragestellung zum Gemeinsamen Agrarmarketing Aargau erweist sich als eine Integration durch Ergänzung und die Untersuchung der Konsumenten als eine Verflechtung.

Integration durch Verbindung auf Metaebene: Identifikation einer gemeinsamen forschungsleitenden Fragestellung und Erarbeitung einer konzeptionellen Grundlage

Ausgangspunkt der Integration war der Bedürfnisfeld-Ansatz mit seiner Akteurs- und Handlungsorientierung und die normative Leitorientierung der Nachhaltigen Entwicklung. Vor diesem Hintergrund wurde die Überlegung angestellt: Nachhaltige Entwicklung bedarf der Änderung von Handlungen einzelner Akteure. Um Möglichkeiten von Handlungsänderungen zu eruieren, sind einerseits die Möglichkeiten (Optionen) zu identifizieren und andererseits die Restriktionen zu analysieren, welche die Wahrnehmung dieser Optionen verhindern.

Es wurde sich folglich auf eine Fragestellung geeinigt, die unabhängig von den bestehenden disziplinären Fragestellungen war und aus der lebensweltliche Problemstellung abgeleitet wurde. Um sie erfolgreich zu bearbeiten, suchte man nach einer konzeptionellen Grundlage. Da die Fragestellung nicht nach einzelnen Disziplinen strukturiert war, existierte keine disziplinäre Grundlage. Daher wurde die Entwicklung einer Heuristik notwendig, die auf Theorien unterschiedlicher Disziplinen basiert. Folgende Anforderungen lagen bei der Erarbeitung der Heuristik konkret zugrunde:

1. Es sollte ein theoretisches Vorverständnis erarbeitet werden von Akteuren, Handlungen, Handlungsstrukturen, Optionen und Restriktionen. Es ging somit um ein Handlungsmodell, das die Analyse von Handlungsrestriktionen und -optionen ermöglicht.
2. Darüber hinaus sollte dieses Handlungsmodell in der Lage sein, die Vernetzung einzelner Akteure zu thematisieren und
3. den Bezug zwischen stofflich-energetischer und sozio-ökonomischer Ebene herzustellen.

Wahl der Theorie: Für die Realisierung dieser Heuristik wurde sich auf verschiedene theoretische und methodische Eckpfeiler gestützt. Wie kam deren Wahl zustande?

- Um zu bewerten, inwieweit Handlungsoptionen nachhaltiger sind als andere, war eine *Konkretisierung der Nachhaltigen Entwicklung* nötig. Dieser Eckpfeiler war unstrittig.
- Die *Kanaltheorie* von Lewin schlugen die Psychologinnen vor. Sie begründeten dies damit, dass mit der Theorie die Verbindung zwischen den Akteuren aufgezeigt und die

Stoffströme abgebildet werden können und somit eine *Schnittstelle zur Ökobilanzierung* besteht. Diese Theorie war leicht verständlich und wurde von allen als sinnvoll anerkannt.

- Die *Methodik der Ökobilanzierung* sollte im gesamten IPG I die Kopplung zwischen sozio-ökonomischer und stofflich-energetischer Ebene sicherstellen. Daher war die Wahl dieser Methodik unstrittig.
- Die *Theorie der Strukturierung* wurde im IPG I bereits in anderen Zusammenhängen diskutiert und auf die Analyse von Bedürfnisfeldern angewandt.[415] Zudem ermöglichte sie die Analyse des Zusammenhangs von Handlung und Struktur, wodurch die Thematisierung struktureller Zwänge ermöglicht wurde.
- Die Wechselbeziehung von Handlung und gesellschaftlichen Strukturen wurde durch die *Theorie sozialer Repräsentationen* und die *ipsative Handlungstheorie* aus psychologischer Perspektive weiter konkretisiert, wodurch eine Differenzierung von potenziellen Restriktionen möglich wurde.

Die Theorien und Methoden schlugen einzelne Forscherinnen vor. Ein Grundverständnis von der Theorie erhielten die anderen Forscherinnen durch Lektüre relevanter Texte, durch kurze Präsentationen und durch Diskussionen, Ziehen von Analogien, Verwendung von Metaphern etc. Als Referenzpunkt fungierte grundsätzlich die *Grundfragestellung der Optionen und Restriktionen* und die *einzelnen Anforderungen an die Heuristik.* In argumentativer Auseinandersetzung einigte man sich auf die vier Eckpfeiler.

Wie erfolgte die Vernetzung? In Anlehnung an Krott erfolgte die Vernetzung in Form der *Gruppenvernetzung.*[416] Da bei dieser Form der Vernetzung alle Beteiligten über einen gemeinsamen Wissenstand verfügen müssen, können nur wenige Theorien verarbeitet werden. Die Teilsynthese war hier vermutlich bereits an der oberen Grenze von möglicher Anzahl und Komplexität zu verstehender Theorien. So zeigten sich während den einzelnen Sitzungen vielfach Ermüdungserscheinungen wegen der vielen und *zeitaufwendigen Verständigungsprobleme und notwendigen Begriffsklärungen.*[417] Diese Verständigungsprobleme konnten ähnlich dem Virus-Beispiel durch Analogien und Metaphern geklärt werden.

Wie ist die Erarbeitung der Heuristik zu bewerten? Fragestellung und Problem waren klar definiert. Diese Definition hatte viel Zeit gekostet. Es wussten anschließend aber alle Betei-

---

415 Mogalle, 1996; Schneidewind, 1997.

416 Hirsch Hadorn und Wölfing Kast, 1998: 9f.

ligten, was das Verbindende der Teilsynthese ist. Durch die eindeutige Fragestellung war es auch möglich, eindeutige Anforderungen an die Ausarbeitung der Heuristik zu stellen. Diese Anforderungen konnten als Kriterien für die Wahl der Theorien dienen.

Bei genauerer Betrachtung der gewählten Theorien wird deutlich: *Psychologische Konzepte dominieren die Heuristik,* und bspw. ökonomische Konzeptionen fehlen gänzlich.[418] Welche Gründe lassen sich hierfür anführen? Die Teilsynthese wurde zu Beginn von Postdocs initiiert, und im weiteren schlossen sich vornehmlich Doktoranden an. Wie alle Teilnehmer wollten auch diese Doktoranden ihre Interessen vertreten und nach Möglichkeit die Theorien einbringen, mit denen sie bereits im Teilprojekt arbeiteten. Aber sie verfügten nicht immer über die Erfahrung und den theoretischen Hintergrund, um verstärkt Theorien einzubringen und für diese zu werben.[419] Dagegen waren die beiden Teilnehmerinnen mit psychologischen Hintergrund die Mitgründer der Arbeitsgruppe, waren zudem in ihrem Teilprojekt am weitesten fortgeschritten, wussten demnach relativ konkret, was sie wollten, und verfügten als Postdocs über mehr theoretisches Wissen und Erfahrung als die meisten anderen Teilnehmer.[420] Aus diesen Gründen leisteten sie einen bedeutenden theoretischen Input und konnten diesen argumentativ erfolgreich vertreten.

Dabei kann den Psychologinnen nicht unterstellt werden, dass sie bewusst die Arbeitsgruppe dominieren wollten. Es herrschte während des gesamten Verlaufs ein sehr offenes Diskussionsklima.[421] Daher hätte kaum jemand die Hemmung gehabt, gegen diese Dominanz zu argumentieren. Es zeigte sich vielmehr: Sie fiel nur ansatzweise auf, und es gab niemanden, der bspw. ökonomische Konzeptionen hätte einführen wollen. Erst beim Reviewing der Heuristik wurde die Dominanz erkannt. Trotz konkreter Auswahlkriterien und einer offenen argumentativen Auseinandersetzung kam demnach ein Ergebnis zustande, das als rational bezeichnet werden kann und durchaus den Kriterien gerecht wird, das aber auch die Kompetenzverteilung innerhalb der Teilsynthese widerspiegelt.

Die *Integration der Theorien* und Methoden war sehr zeitaufwendig. Demnach stellt sich die Frage, ob nicht eine weniger zeitaufwendige Integrationsform möglich wäre. Der Vorteil der Gruppenvernetzung war jedoch, dass bei der Anwendung der Heuristik Zeit gespart

---

[417] Interview 1: 9; Interview 2: 7.

[418] Hirsch Hadorn und Wölfing Kast, 1998: 9; Interview 1: 9; Interview 2: 7.

[419] Interview 8: 6 und 7.

[420] Interview 2: 2 und 7.

[421] Interview 1: 8; Interview 5: 9; Interview 8: 6 und 7.

werden konnte, da die Forschenden bereits die Theorien, Methoden und Begrifflichkeiten kannten. Es bestand die Hoffnung, die Forschenden würden leichter mit der Heuristik arbeiten und sie auf die einzelnen empirischen Fragestellungen anwenden. Inwieweit diese Vorteile genutzt und der Heuristik somit ein *Mehrwert* zugesprochen werden kann, zeigen die beiden Forschungskooperationen, die aus der Teilsynthese hervorgegangen sind.

Integration durch Ergänzung: Das „Gemeinsame Agrarmarketing Aargau"

Ausgangspunkt war das „Gemeinsames Agrarmarketing Aargau" (GMA) und der Bezug zur kantonalen Agrarpolitik. Ausgangsfrage war:[422]

1. Welche Optionen und Restriktionen sind für das GMA zu identifizieren im Hinblick auf einen Beitrag zu einer Nachhaltigen Entwicklung?
2. Inwieweit trägt die Förderpolitik der kantonalen Politik dazu bei, dass das GMA einen Beitrag zu einer Nachhaltigen Entwicklung leistet?

Die erste Fragestellung wurde aus Perspektive des GMA bearbeitet, die zweite aus Perspektive der kantonalen Politik. Der Forschungskooperation lagen somit zwei Fragestellungen und zwei Akteursgruppen zugrunde, die in Wechselwirkung stehen. Die erste Fragestellung wurde von einem Regionalwissenschaftler und einer Betriebswirtin bearbeitet, die zweite von einem Volkswirt. Diese Fragestellungen haben die Forschenden unabhängig von den betroffenen Praxisakteuren aufgestellt; für das GMA hatte die Frage nur zweitrangigen Stellenwert. Im weiteren Verlauf wurden die Fragen aber an die Bedürfnisse der Praxisakteure angepasst und die Ergebnisse mit ihnen diskutiert.[423] Trotzdem kommen die Forschenden zu dem Schluss: „Wahrscheinlich haben wir mehr Input erhalten, als zur Verfügung gestellt."[424]

Wahl der Theorien: Die Wahl der Theorien beruhte auf den Entscheidungen in den Teilprojekten. In den Teilprojekten wurden aber ähnliche Akteure und Sachverhalte untersucht. Daher ist von größerem Interesse zu wissen, wie die Wahl der Theorien in den Teilprojekten zustande kam. In den beteiligten Teilprojekten bestand nur eine geringe Theorietradition. Daher wurden teilweise unterschiedliche Theorien geprüft, ob sie für die Fragestellung des jeweiligen Teilprojektes fruchtbar sind — die Fragestellung stellte den Referenzpunkt dar. Da die Fragestellungen der Teilprojekte große Schnittmengen mit denen der Forschungs-

---

[422] Maier, Schulz und Stalder, 1999: 5.

[423] Maier, Schulz und Stalder, 1999: 68f.

kooperation aufweisen, ist davon auszugehen, dass es sich um fruchtbare Theorieansätze für die konkrete Fragestellung der Forschungskooperation handelt.

Wie erfolgte die Integration? Es wurden zwei Untersuchungsaspekte, GMA und kantonale Politik, innerhalb desselben Untersuchungsgegenstandes aus verschiedenen disziplinären Perspektiven bearbeitet. Es liegt somit eine Ergänzung disziplinärer Perspektiven vor. Dabei nahm jede Seite Bezug auf die Ergebnisse der anderen Seite, ohne jedoch in deren theoretischen Herangehensweisen und Analysen vertieft einzusteigen. Es erfolgte demnach keine Gruppenvernetzung wie bei der Erarbeitung der Heuristik.

Wie ist diese Forschungskooperation zu bewerten? Als positiv hat sich die Fokussierung auf das GMA und den Kanton Aargau erwiesen, weil damit ein konkreter Untersuchungsbereich vorlag, der auch auf seine Spezifika hin untersucht werden konnte. Dies wäre bei einer allgemeinen Untersuchung von regionalen Produktorganisationen im Bezug zur kantonalen Landwirtschaftspolitik so nicht möglich gewesen, da sich die kantonalen Politiken wie die einzelnen Organisationen untereinander teilweise stark unterscheiden.

Es könnte negativ angemerkt werden, dass die *Fragestellungen* ausschließlich von den Forschenden aufgestellt wurde und nicht in Partizipation mit den Praxisakteuren. Dies war jedoch notwendig, da die Forschenden den Auftrag hatten, Strategien für eine Nachhaltige Entwicklung im Bedürfnisfeld Ernährung zu entwerfen, eine solche Strategie die Vertreter des GMA aber nur sekundär interessierte.[425]

Die *Wahl der Theorie* erfolgte in den Teilprojekten, dort vornehmlich anhand der Frage, inwieweit sich mit der jeweiligen Theorie die lebensweltliche Fragestellung abbilden lässt.[426] Dadurch bauten beide Perspektiven stark auf Kenntnissen der jeweiligen Teilprojekte auf, die sie auf das Beispiel GMA und Kanton Aargau anpassten und erweiterten. So liegt eine sehr fundierte Analyse des GMA und der Landwirtschaftspolitik des Kantons Aargau vor.

Die *Integration* erfolgte ausschließlich durch Ergänzung der beiden Perspektiven. Hier ist zu fragen, warum die Heuristik kaum Anwendung in der Forschungskooperation fand. Dies ist unverständlich, da die Forschungskooperation aus der Teilsynthese hervorgegangen ist und deren Beteiligte viel Zeit und Aufwand betrieben haben, um die Heuristik für ihre empirische Untersuchung zu entwerfen. So wird zwar bei den Ausführungen zur Forschungs-

---

[424] Maier, Schulz und Stalder, 1999: 71.

[425] Maier, Schulz und Stalder, 1999: 69.

[426] Minsch et al., 1998.

methodik und in der Einleitung explizit Bezug auf die Heuristik genommen.[427] Bei der Bearbeitung der beiden Perspektiven wird dagegen nur an wenigen Stellen explizit mit dem theoretischen Gerüst der Heuristik argumentiert.

Dieser Mangel rührte einerseits daher, dass sich im Forschungsprozess die Anwendung der Heuristik teilweise als nicht fruchtbar erwies. Allerdings bleibt unklar, warum dann zu Beginn explizit auf sie verwiesen wird. Andererseits war Zeitnot der Forschenden ein Grund, da das Diskussionspapier in der Abschlussphase fertiggestellt werden sollte. Daher brachten die Forschenden in großen Teilen ihre Teilprojektarbeiten wenig verändert in die Kooperation ein, die weitgehend nicht auf den theoretischen Grundlagen der Heuristik basierten.

Es erfolgte eine ausführliche Analyse des GMA und eine Analyse der kantonalen Landwirtschaftspolitik. Nach der jeweiligen Analyse wurden Empfehlungen aufgestellt, die auf der jeweiligen Perspektive aufbauten und durchaus die andere Perspektive betrafen. Was jedoch fehlt, ist eine Integration beider Perspektiven, die Analyse der Wechselwirkungen und die Betrachtung der Empfehlungen im Gesamtzusammenhang. Es wird jeweils aus Perspektive des GMA und der Politik eine Betrachtung vorgenommen. Es wird aber *keine Außenperspektive* bezogen, die beide Institutionen und deren Wechselwirkung betrachtet.

Aufgrund dieser geringen Integration vermag man nur einen *geringen Mehrwert* auszumachen gegenüber einer isolierten Analyse des GMA und der Politik des Kantons Aargau. Größer wird der Mehrwert allerdings, wenn man als Vergleichsmaßstab eine Analyse von regionalen Produktorganisationen und der Schweizerischen Agrarpolitik im allgemeinen heranzieht. So führt die Analyse konkret des GMA zu spezifischen Erkenntnissen für das GMA, die daher von hohem Nutzen für das GMA sein dürfte.

Integration durch Verflechtung:
Untersuchung der Bedingungen und ökologischen Konsequenzen von Konsummustern[428]

Ausgangspunkt waren Konsumentinnen im Raum Bern. Ausgangsfrage war, unter welchen Bedingungen die Konsumentinnen welche Produkte einkaufen und welche ökologischen Konsequenzen dieses Einkaufsverhalten hat. Für diese Frage fanden sich zwei Psychologinnen und ein Ökobilanzierer zusammen.

---

[427] Maier, Schulz und Stalder, 1999: 1 und 7.

[428] Jungbluth, Hofer und Schulz, 1998: 47ff.; Jungbluth, 2000; Tanner, Wölfing Kast und Arnold, 1999; Arnold, Tanner und Wölfing Kast, 1999; Wölfing Kast, 1999.

Wie erfolgte die Wahl der Theorien/Methoden? Die Wahl war weitgehend durch die disziplinären Fragestellungen vorgegeben. Um die ihre Fragestellung beantworten zu können, benötigten die Psychologinnen Ergebnisse über die stofflich-energetischen Auswirkungen der Konsumhandlungen.[429] Umgekehrt konnten die Daten zum Konsumentenverhalten für die Ökobilanzierung verwendet werden. Die Ökobilanzierung musste nun nicht mehr auf theoretisch vorhandenen Handlungsalternativen basieren, sondern konnte sich auf empirisch untersuchte Verhaltensweisen stützen. Die Wahl der beiden *disziplinären Perspektiven* resultierte aus den jeweiligen disziplinären Fragestellungen — diese bildeten den Referenzpunkt.

Die Wahl der *spezifischen disziplinären Theorien und Methoden* resultierte aus der Tradition des jeweiligen Forschungsinstituts. Die Psychologinnen bedienten sich der Handlungstheorie, die an ihrem Institut erarbeitet wurde. Der Ökobilanzierer arbeitete mit der Methode, die seine Kollegen in internationaler Kooperation weiterentwickelten.

Wie erfolgte die Integration? Es waren zwei Disziplinen und fünf Forscher beteiligt, die den gemeinsamen Untersuchungsgegenstand „Konsum" hatten, an dem sie unterschiedliche Aspekte bearbeiteten. Daher handelte es sich um eine *Integration durch Verflechtung.* Gemeinsamer Rahmen der Integration war die Heuristik, die explizit zur Anwendung kam.[430]

Die Psychologinnen untersuchten das Konsumentenverhalten und entwickelten sechs Konsumtypen. Mit Ökobilanzen konnten anschließend die ökologischen Konsequenzen der Konsumtypen untersucht werden. Anhand dieser Bewertung konnten die Psychologinnen wiederum Maßnahmen und Strategien entwerfen, wie umweltgerechter konsumiert werden kann und wie die Konsumentinnen zu einem solchen Verhalten bewegt werden können.

Für diese Art der Integration war keine Gruppenvernetzung nötig. Statt dessen erfolgte eine intensive Zusammenarbeit, als die jeweiligen Erwartungen und Möglichkeiten abzugleichen waren. Dafür war ein grundlegendes Verständnis der jeweiligen Theorien, Methoden und Vorgehensweisen nötig.

Wie ist diese Kooperation zu bewerten? Aus Sicht der Beteiligten gab es auch hier *Verständigungsschwierigkeiten,* die sich aber beseitigen ließen.[431] Insgesamt hat sich für das Ergebnis die *klare Fragestellung* als vorteilhaft erwiesen. Eine solche Fragestellung mag nicht in jedem Falle möglich sein, sie vereinfacht aber die Verständigung zwischen den Forschenden und die Kommunikation zu den Praxisakteuren.

---

429 Tanner, Wölfing Kast und Arnold, 1999: 2.

430 Jungbluth, 2000: 91ff.

431 Interview 8: 7.

Die *Wahl der Theorien und Methoden* wurde nicht durch die Problemstellung, sondern *durch die Herkunft der Forschenden* bestimmt. Dies hatte den Vorteil, dass die Forschenden keinen Aufwand für Theoriesuche und Einarbeitung betrieben haben, sondern quasi ihre Kernkompetenzen einbrachten. Es hatte aber den Nachteil, dass nicht zwingend die für den speziellen Fall fruchtbarsten Theorien zur Anwendung gelangten.[432]

Zudem war es eine *Kooperation von lediglich zwei disziplinären Perspektiven*. Dies vereinfachte die Kommunikation, verminderte die Interaktionen und folglich den Aufwand. Das ist nicht per se als ungenügend zu bewerten. Der Beizug bspw. betriebswirtschaftlicher, soziologischer und/oder volkswirtschaftlicher Perspektiven hätte aber zusätzliche Erkenntnisse einbringen können. So wurde auch versucht, die betriebswirtschaftliche Perspektive zu integrieren, was aber an dem mangelnden Willen der Betriebswirte scheiterte.[433]

Bewertet man die *Vernetzung* anhand des Ergebnisses und der eingesetzten Zeit, dann erscheint sie als sehr effizient und effektiv. So gab es zwar Verständigungsschwierigkeiten. Diese konnten aber auf ein Minimum reduziert werden, da keine aufwendige Gruppenvernetzung angestrebt wurde. Trotzdem bestand genügend Verständnis auf beiden Seiten, um die jeweils fremden Konzepte ausführlich in die eigenen Arbeiten zu integrieren.

Es konnte ein deutlicher *Mehrwert* zur rein disziplinären Forschung erzielt werden. So hätten die Konsumtypen alleine den Psychologinnen kein Aufschluss darüber erlaubt, welcher Typ aus ökologischen Gründen dem anderen vorzuziehen ist. Die Ökobilanzierung einzelner Konsumhandlungen hätte wiederum keinen Schluss zugelassen, aus welchen Gründen eine Handlung vorgenommen wurde und wie eine Veränderung bewirkt werden kann. Erst die Verflechtung beider Perspektiven ermöglichte es, die Konsumtypen ökologisch zu bewerten und Strategien zu entwerfen, wie die Konsumentinnen zu einem ökologischeren Verhalten veranlasst werden können. Insgesamt handelte es sich nur um eine kleine Kooperation. Sie zeigt aber, wie fruchtbar eine solche sein kann.

Implikationen für das Spannungsverhältnis von Teilprojekten und Teilsynthesen

Das IPG I ist als transdisziplinäres Forschungsprojekt angetreten, das Fragen im Bedürfnisfeld Ernährung disziplinübergreifend bearbeiten wollte. Neben den oben vorgestellten Ko-

---

[432] Diese Kritik gilt nur eingeschränkt für die Ökobilanzierung, weil diese zum einen auf einer umfangreichen Recherche über andere Ökobilanzmethoden aufbaut und empirische Daten integriert. Zum anderen wurden auch weitere Bewertungsmethoden dargestellt und geprüft. Jungbluth, 2000.

[433] Gruppendiskussion a: 6f.

operationen gab es jedoch nur wenige weitere disziplinübergreifende Arbeiten. Grundsätzlich lässt sich daher folgern: Das IPG I war stärker durch disziplinäre Arbeiten in Teilprojekten gekennzeichnet als durch Arbeiten in disziplinübergreifenden Teilsynthesen. Aus welchen Gründen arbeiteten die Forschenden in den obigen Kooperationen disziplinübergreifend?

Die Teilsynthese stand — wie viele andere — vielfach kurz vor der Auflösung, weil den Beteiligten wegen Teilprojektarbeiten die zeitlichen Ressourcen fehlten und zeitweise große Verständigungsschwierigkeiten bestanden. Die Teilsynthese blieb trotzdem bestehen, weil erstens die Teilnehmerinnen es durch ihren Goodwill, durch das Verwenden von Metaphern und Analogien sowie durch Impulse der erfahreneren Forscherinnen verstanden, die Verständigungsschwierigkeiten abzuschwächen. Zweitens fand die Teilsynthese zu einer klaren Fragestellung, mit der sich alle Beteiligten identifizieren konnten und die auch in den Teilprojekten von hoher Relevanz war. Drittens zeigte sich, dass sie für die Doktoranden eine Feedbackinstitution darstellte; sie konnten sich untereinander austauschen und so ihrer teilweise isolierten Arbeit im Teilprojekt entfliehen. Viertens war die Leitung sehr kompetent und gab immer wieder neue Impulse. Fünftens war die Heuristik und die Fragestellung so offen, dass sich die Teilnehmer mit ihren Teilprojektarbeiten dort wiederfinden konnten und so für ihre Arbeit ein weiteres Anwendungsfeld sahen. Schließlich gab es mit der Erstellung eines gemeinsamen Diskussionspapiers und mit der Durchführungen eines Praxisworkshops konkrete und erreichbare Ziele, die motivierten.

7.2.3 Lösungsansätze

Art der Vernetzung

Anhand der drei Beispiele wurden die Erfahrungen aufgezeigt, die mit den unterschiedlichen Arten der Vernetzung gemacht wurden. Vier Schlüsse können hieraus gezogen werden:

1. Keine Art der Integration ist per se einer anderen vorzuziehen. Statt dessen ist die Art der Vernetzung abhängig von dem zu bearbeitenden Problem.
2. Diese Abhängigkeit bedingt: Eine weitgehende Integration ist nicht generell vorzuziehen. Die vermutlich erfolgreichste Kooperation war die mit dem geringsten Integrationsgrad.
3. Die aufgezeigten Arten der Integration stellen Idealtypen dar, die fließend ineinander übergehen. Aufgrund der unscharfen Definition von Gesamtphänomen, Untersuchungsgegenstand und Untersuchungsaspekt ist keine exakte Trennung möglich.

4. Trotz der fließenden Übergänge können die einzelnen Typen helfen, eine adäquate Form der Integration zu finden und diese transparent zu machen. Die Typen stellen somit Denkfiguren dar für die Strukturierung und Kommunikation der horizontalen Integration.

Potenzielle Referenzpunkte einer TNF

Die TNF basiert auf der Integration disziplinärer Perspektiven und ist daher darauf angewiesen, dass Theorien — je nach Problemdefinition — mindestens vergleichbar sind. Hierfür benötigt sie einen Referenzpunkt. Ein allgemeingültiger Referenzpunkt existiert nicht. Auf welchen Referenzpunkt kann sich eine TNF hilfsweise stützen, insofern dieser auch nur begrenzt gültig sein mag? Wie die Erfahrungen zeigen, bieten sich drei Möglichkeiten an:

1. *Die lebensweltliche Problemstellung.* Die Integration disziplinärer Perspektiven soll anhand eines lebensweltlichen Problems erfolgen. So wurde vorgeschlagen, die Auswahl verschiedener Theorien davon abhängig zu machen, inwieweit eine Passung von disziplinärer Herangehensweise und lebensweltlicher Problemstellung möglich ist. Allerdings existiert ein lebensweltliches Problem nicht an sich, sondern wird aufgrund bestimmter Wertvorstellungen als ein solches angesehen. Anhand solcher Wertvorstellungen und der auf ihnen aufbauenden Problemdefinition kann begründet werden, inwieweit eine Passung von disziplinärer Herangehensweise und lebensweltlicher Problemstellung möglich ist. Die lebensweltliche Problemstellung alleine kann folglich nicht als unabhängiger Referenzpunkt für den Vergleich und die Verstehbarkeit disziplinärer Perspektiven dienen.
2. *Normative Grundorientierung: Nachhaltige Entwicklung.* Die geforderten Wertvorstellungen sind bei der TNF durch die normative Grundorientierung der Nachhaltigen Entwicklung grundsätzlich gegeben. Problematisch an dem Konzept der Nachhaltigen Entwicklung ist jedoch dessen prinzipielle Offenheit; in Kapitel 2.3 wurde es als eine regulative Idee definiert. Eine regulative Idee kann als Grundorientierung dienen, kann jedoch keine konkreten Konflikte lösen, sondern ist interpretationsbedürftig. Ob demnach eine konkrete Handlungsweise als nachhaltig anzusehen ist, kann nur entschieden werden, wenn das Konzept konkretisiert wird. Diese Konkretisierung bedarf jedoch weiterer Wertentscheidungen. Diese beruhen zum einen auf wachsendem naturwissenschaftlichen Wissen über Zusammenhänge in der natürlichen Umwelt. Zum anderen bedürfen sie des Einbezugs der Praxisakteure, die wiederum teilweise aufgrund wissenschaftlicher Erkenntnisse entscheiden. Aus diesem Grunde ist das Konzept der Nachhaltigen Entwicklung nicht unabhängig von der konkreten Forschungstätigkeit.

3. *Forschungsansatz und interdisziplinäre Heuristik.*[434] Die Art und Weise der Strukturierung der lebensweltlichen Problemstellung wird durch den Forschungsansatz bestimmt. Die Forschungsansätze basieren auf der normativen Grundorientierung der Nachhaltigen Entwicklung und auf einer Reihe weiterer Annahmen, theoretischer Überlegungen und mehr oder weniger konkreter Vorgehensschritte. Sie sind interdisziplinärer Natur in dem Sinne, dass sie selbst keiner Disziplin zuzuordnen sind und die Probleme unabhängig von einzelnen Disziplinen strukturieren. Damit geben die Forschungsansätze einen theoretischen Rahmen und eine gemeinsame Sprache vor. Auf diese Weise entwickelt ein Forschungsansatz heuristische Kraft.[435] Darüber hinaus kann er helfen, einzelne disziplinäre Herangehensweisen zu vergleichen, zu verstehen und teilweise anhand des theoretischen Rahmengerüstes zu übersetzen. Referenzpunkt wäre hier der Forschungsansatz.

TNF bewegt sich im Dreieck von drei Referenzpunkten, die nicht unabhängig von ihr sind: lebensweltlicher Problemstellung, konzeptioneller Grundlage und normativer Grundorientierung bzw. Empirie, Theorie und Strategie (vgl. Abbildung 16).[436] Diese drei Referenzpunkte geben den Rahmen vor für den Vergleich und die Wahl zwischen Theorien. Dabei kann die Orientierung an einem Referenzpunkt eine andere Entscheidung nahe legen als die Orientierung an einem anderen. Es können folglich rationale Konflikte auftreten, und es muss dem einen Referenzpunkt Vorrang vor dem anderen eingeräumt werden. Die Referenzpunkte sind zudem nicht unabhängig von der Forschung, sondern sind deren Bestandteil. Die TNF verfügt mit diesen Referenzen über einen Orientierungsrahmen, es bleibt aber ein Bedarf an Urteilskraft bestehen und somit ein Bedarf an argumentativer Auseinandersetzung über die konkreten Zwecke, Gegenstände und Konzepte der Forschung. Aus diesem Grunde ist der Umgang mit Inkommensurabilitätsproblemen als ein ständiger Prozess zu verstehen. Durch den Bezug auf die drei vorgeschlagenen Referenzpunkte erfolgt dieser Prozess jedoch nicht im gleichsam „leeren“ Raume.

---

[434] Zum Begriff der interdisziplinären Heuristik vgl. Liesenfeld, 1993: 261ff.

[435] Liesenfeld, 1993: 261.

[436] Kirsch, 1997: 196ff. Kirsch stellt in Anlehnung an Galtung (1978) das Dreieck von Theorie, Empirie und Werten vor und entwickelt es zu einer multilateralen Wissenschaftsauffassung weiter.

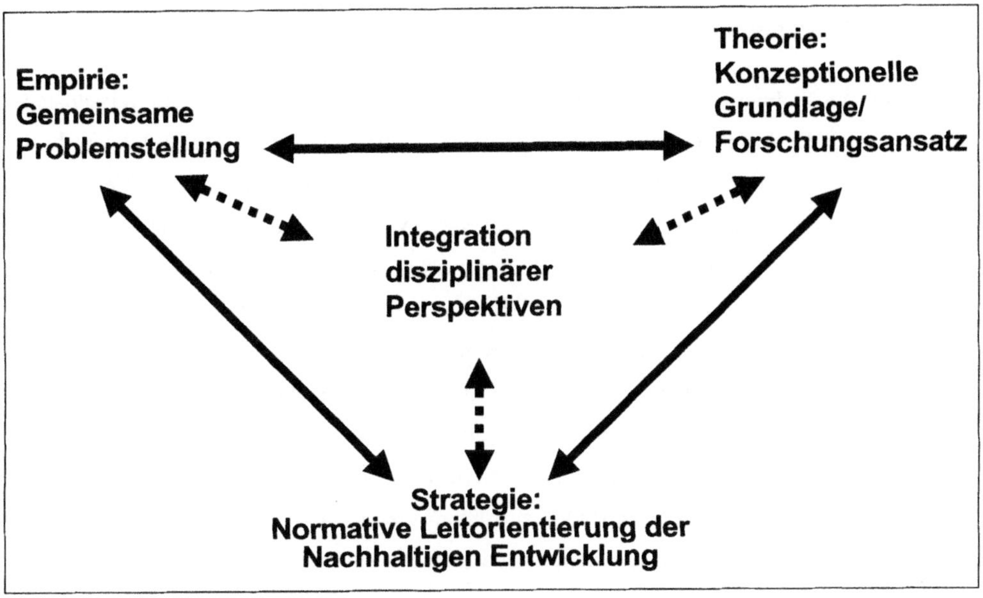

Abbildung 16: Referenzpunkte einer transdisziplinären Nachhaltigkeitsforschung.[437]

Organisation der Integration

Die Gruppenvernetzung und die Integration der Ergebnisse sind zwei Idealtypen bzw. zwei Extrema. In der Forschungspraxis sind viele Arten zu beobachten, und je nach Kontext und konkreter Fragestellung werden unterschiedliche Arten der Vernetzung sinnvoll sein. Unsere Erfahrungen zeigen: *Um den Aufwand für die Klärung von Verständnisschwierigkeiten klein zu halten, sollte der Vernetzungsgrad und die Anzahl zu vernetzender Perspektiven so gering sein, wie es die Beantwortung der Fragestellung gerade erlaubt.* Die vermutlich fruchtbarste Vernetzung im IPG I bestand aus gerade zwei Perspektiven, bei der vornehmlich die Ergebnisse ausgetauscht wurden. Zudem zeigen die in Kapitel 7.2.2 nicht erwähnten gescheiterten Kooperationsvorhaben: Wenn die Zielsetzungen und Erwartungen an die Zusammenarbeit zu hoch sind, dann können so große Verständigungsschwierigkeiten und Interessenkonflikte auftreten, dass die Kooperation scheitert, bevor ein Problem definiert wurde.

[437] In Anlehnung an Hirsch Hadorn und Minsch, 2000; Kirsch, 1997: 196ff.; Galtung, 1978: 81f.

7.3 Verwendung

Verwendung bezeichnet die vertikale Integration der TNF, das Verhältnis von Wissenschaft und Praxis und die Praxiswerdung wissenschaftlichen Wissens. In Kapitel 3.3.3 wurde das grundsätzliche Verhältnis von Forschung und Praxis geklärt. Ergebnis war ein Verständnis, wonach die Wissenschaft als kritisch-konstruktiver Akteur der Praxis gegenübertritt; vor dem Hintergrund der Nachhaltigen Entwicklung werden Handlungsweisen kritisch reflektiert und konstruktiv Optionen für Handlungsänderungen aufgezeigt. Damit die Wissenschaft diesem Verständnis gerecht wird, sind drei Anforderungen zu erfüllen (vgl. Kapitel 3.3.3): Erstens sind sozialwissenschaftliche Kenntnisse mindestens einzubeziehen, zweitens werden Umkontextualisierungen erforderlich und drittens sind die Fern- und Nebenwirkungen zu beachten, die infolge der Verwendung wissenschaftlichen Wissens erfolgen können.

In Kapitel 6 wurde gezeigt: Das IPG I wurde bei seinen vertikalen Integrationsbemühungen diesen Anforderungen nicht in jedem Falle gerecht. Insbesondere das „Wie" der Verwendung erwies sich als problematisch. Um Antworten auf diese Problematik zu finden, wird im folgenden auf die neuere Verwendungstheorie eingegangen. Anschließend werden wiederum einzelne Beispiele aus dem IPG I näher analysiert. Anhand der theoretischen Überlegungen und der Erfahrungen im IPG I wird schließlich versucht, Lösungsansätze zu entwerfen.

7.3.1 Theorie der Verwendung

Das interaktionistische Verwendungsmodell

In Anlehnung an Wingens und Strehle[438] kann das Verhältnis Wissenschaft und Praxis aus systemtheoretischer Perspektive betrachtet werden; Wissenschaft und Praxis sind zwei Systeme mit jeweils unterschiedlichen Funktionslogiken und Rationalitäten.[439] Verwendung wissenschaftlichen Wissens setzt somit eine Umkontextualisierung in den Praxiskontext voraus. Zu beachten ist dabei: So wenig, wie eine Wissenschaft existiert, so wenig existiert eine Praxis, Wissenschaft wie Praxis sind stark ausdifferenziert und verfügen über keine homogenen Funktionslogiken. Umkontextualisierungen werden daher nicht nur zwischen Wissenschaft und Praxis erforderlich, sondern auch zwischen einzelnen wissenschaftlichen Disziplinen

---

[438] Strehle, 1978; Wingens, 1988.

[439] Krohn und Küppers, 1989; van den Daele und Krohn, 1998.

und einzelnen Praxiskontexten. Im folgenden wird vereinfacht von der Wissenschaft und der Praxis gesprochen.

Die Frage, was wissenschaftliches Wissen auszeichnet und wie dessen Verwendung in der Praxis zu identifizieren ist, hat Wingens konstruktivistisch mit einem *interaktionistischen Etikettierungsansatz* gelöst. Vor dem Hintergrund der Verwendung ist wissenschaftliches Wissen das, was die Praxisakteure als solches bezeichnen. In der Praxis findet dabei das Wissen Verwendung, auf welches sich die Praxis implizit oder explizit bezieht.[440] Wingens geht demnach nicht von einem wissenschaftlichen Wissen als einer eigenen Entität aus, die es in irgendeiner Form in der Praxis zu identifizieren gilt, sondern er definiert wissenschaftliches Wissen als das, was die Praxis als solches etikettiert.

Verwendungskonzeption: Engineering und Enlightenment

Es stellt sich die Frage, wie die Interaktion erfolgt. Zwei grundsätzliche Arten von Wissen sind zu unterscheiden: *Engineering* und *Enlightenment*.[441]

Das *Engineering Concept* bezeichnet die direkte Problemlösung. Wissenschaftliches Wissen hat hier funktionalen Charakter. Die Praxis definiert und bewertet ein Problem. Um dieses zu lösen, wendet sie sich an die Wissenschaft. Die Wissenschaft gleicht einer Magd, die der Praxis dient, weil sie keinen Einfluss auf die Zielsetzung ausübt. Allerdings erweist sie sich auch als Wegweiser, weil sie vorgibt, wie die Praxis ihr Ziel zu erreichen hat.

Für ein erfolgreiches Engineering führt Wingens eine Reihe von Voraussetzungen an: eindeutige Definierbarkeit von Anfangs- und Zielzustand, abgrenzbarer Entscheidungsraum, identifizierbare Entscheidungsträger, Möglichkeit eindeutiger Schlussfolgerungen und die Verbesserung der Entscheidung durch sozialwissenschaftliches Wissen.[442]

Empirische Untersuchungen zur Verwendung haben gezeigt: Das Engineering Concept ist vor allem sinnvoll, wenn kurzfristig für eindeutig definierbare Probleme Wissen benötigt wird. Dieses Wissen kann als hard knowledge beschrieben werden, es geht um Fakten, Instrumente und Handlungsempfehlungen. Solche Probleme sind in öffentlichen Institutionen vornehmlich in den mittleren und unteren Hierarchieebenen zu finden. Auftragnehmer sind i.d.R. private Forschungsinstitute.[443]

---

[440] Wingens, 1988: 100ff.

[441] Wingens, 1988: 111ff.

[442] Wingens, 1988: 128.

[443] Wingens, 1988: 141ff.

Die Aussagen zur Reichweite des Engineering Concepts zeigen: Der potenzielle Anwendungsbereich für eine solche Verwendung ist groß. Allerdings sind die erforderlichen Voraussetzungen selten gegeben. Dadurch wird das Engineering Concept nur in wenigen Fällen konkret anwendbar.

Aber dieser Auslegung des Engineering Concepts ist entgegenzuhalten, dass Wingens es mit so vielen Anforderungen versehen hat, dass es zum Scheitern verurteilt ist. Es ist aber durchaus denkbar, dass die Wissenschaft auch im Engineering Concept nicht als eine Magd der Praxis angesehen wird, sondern als konstruktiv-kritische Akteur, als Wegbereiter. So kann die Wissenschaft ein anfangs diffuses Problem analysieren und klären helfen, die Praxis bei der Zielfindung unterstützen etc. Die Wissenschaft würde nicht in einem eng definierten Rahmen Problemlösung betreiben, sondern sie würde diesen Rahmen mitdefinieren helfen und dazu beitragen, dass die von Wingens aufgestellten Anforderungen für ein Engineering erfüllt werden.

Diese Erweiterung bewegt sich in Richtung des *Enlightenment Concepts*. Bei diesem Konzept sind weniger eindeutige Problemlösungen gefragt als vielmehr Interpretationshilfen. Verwendung wissenschaftlichen Wissens wird konzeptionell aufgefasst. Es werden keine direkten Empfehlungen gegeben, sondern ergänzende Erkenntnisse zur Verfügung gestellt.[444]

Bei einer Untersuchung, inwieweit politische Vertreter auf sozialwissenschaftliches Wissen zurückgreifen, hat sich gezeigt: Politiker erachten mit ihrer Erfahrung kompatibles wie nicht kompatibles Wissen als relevant. Die untersuchten Politiker beurteilten sozialwissenschaftliches Wissen einerseits auf ihren Wahrheitsgehalt und andererseits auf ihre Nützlichkeit.[445] Wingens schreibt:

> „Vertreter der politischen Praxis erwarten von der Sozialwissenschaft offensichtlich auch einen Beitrag 'jenseits' der direkten instrumentellen Umsetzbarkeit und 'jenseits' dessen, was ihr Fundus an Wissen (...) schon beinhaltet."[446]

In Bezug auf konzeptionelles Wissen hat sich gezeigt: Die zeitliche Perspektive, mit der Praxisakteure konzeptionelles Wissen aufnehmen bzw. einfordern, ist tendenziell langfristig. Dabei wird es vor allem von höheren Hierarchieebenen verlangt, die für Probleme auf der Makroebene Wissen benötigen. Die Quellen, auf welche die Praxisakteure zurückgreifen,

---

[444] Wingens, 1988: 129ff.

[445] Wingens, 1988: 133f.

[446] Wingens, 1988: 134.

sind vielfältig, so werden bspw. Universitäten und private Forschungsinstitute kontaktiert als auch auf die Medien verwiesen.[447] In Tabelle 4 sind die idealtypischen Eigenschaften des Engineering und Enlightenment Concepts nochmals zusammengefasst.

	Zeitliche Perspektive	**Art des Wissens**	**Hierarchie-ebene der Verwender**	**Problem-reichweite**	**Herkunft des Wissens**
Engineering Concept	kurzfristig	„hard" knowledge	Untere und mittlere Ebene	gering (Mikroebene)	Auftrags-forschung
Enlightenment Concept	langfristig	„soft" knowledge	obere Ebene	groß (Makroebene)	diverse Quellen

Tabelle 4: Idealtypische Beschreibung des Engineering und Enlightenment Concepts.[448]

Wie Wingens betont, sind die Konzeptionen nicht isoliert zu betrachten, sie stehen in einem Ergänzungsverhältnis. *System- und Zielwissen* muss für ein Engineering bereits vorliegen. Da dies vielfach nicht der Fall ist, wird ein *Enlightenment* notwendig. Als kritisch-konstruktiver Akteur stellt die Wissenschaft Interpretationshilfen, Konzepte etc. zur Verfügung. Die Praxis kann diese Konzepte zur Hilfe nehmen, um Anfangs- und Zielzustand zu definieren. Vor dem Hintergrund der Nachhaltigen Entwicklung kann die Wissenschaft diese Festlegungen wiederum kritisieren und Vorschläge unterbreiten. Dabei stellt die Wissenschaft jedoch nicht den „rationaleren" Coach dar; es besteht kein Rationalitätsgefälle. Zudem sind wissenschaftlich geschulte Personen nicht nur in der Wissenschaft anzutreffen, sondern in weitgehend allen gesellschaftlichen Bereichen.[449] Die Wissenschaft stellt folglich kein höherwertiges Wissen zur Verfügung, sie produziert ein anderes Wissen und ist damit gleichberechtigter Partner im gesellschaftlichen Such- und Lernprozess.

Aus der Erarbeitung von Systemwissen und der Definition eines Zielzustandes geht nicht hervor, wie der Zielzustand erreicht werden kann. Es fehlt ein Transformationswissen. Die Bereitstellung eines solchen *Transformationswissens* liegt im Geltungsbereich des *Engineering Concepts*.

Verstehbarkeit in vertikaler Perspektive

Die bisherigen Ausführungen zur Verwendung gehen implizit davon aus, dass Wissenschaft und Praxis sich verstehen können. Erfahrungen zeigen: Diese Annahme trifft vielfach nicht

[447] Wingens, 1988: 141ff.

[448] Wingens, 1988: 146.

zu. Da ist auf der einen Seite oftmals die Beschuldigung an die Wissenschaftler, sie seien zu kompliziert und sprächen nur in ihrer Fachsprache. Auf der anderen Seite bemängeln die Forschenden, die Praxis wende wissenschaftliche Erkenntnisse falsch an.[450]

Die Verstehbarkeit wird sich dabei i.d.R. auf die wissenschaftlichen Aussagen beschränken und nicht die Erkenntnisgewinnung umfassen. So lassen sich bspw. viele naturwissenschaftliche Theorien mit Bildern veranschaulichen, verstanden werden können diese Theorien jedoch nur mit höherer Mathematik, was in aller Regel den Forschenden vorbehalten bleibt.[451] Für den Bereich der Sozialwissenschaften diagnostiziert Walter-Busch: Die Versozialwissenschaftlichung befindet sich in einem Reifestadium. Wissenschaftler stoßen nicht auf unberührte, sondern auf sozialwissenschaftlich teilweise sehr gut informierte Praktiker.[452] So greifen Laien[453] wie sozialwissenschaftliche Experten auf gleiche Denkfiguren zurück und können sich daher verständigen. Um eine Theorie jedoch zu verstehen, müssten sie selbst zu Experten des Faches werden.[454]

> „Was Laien und Praktiker rasch als Kernaussage einer sozialwissenschaftlichen Argumentation zu durchschauen und gegebenenfalls zu rezipieren verstehen, sind eben jene *Denkfiguren (Topoi),* die offenbar selbst *in* gelehrt-elaborierten Diskursen von Sozialwissenschaftlern eine bedeutsame Rolle spielen, und die Praktikern und Laien durchaus ebenso geläufig sind wie Gelehrten."[455]

Geht man davon aus, ein solches Vorverständnis sei auch in naturwissenschaftlichen Fragen vorhanden[456], dann besteht ein grundsätzliches Verständnis, wie mit wissenschaftlichen Aussagen umzugehen ist. Dadurch wird die Wahrscheinlichkeit von Verständigungsproblemen geringer. Je nach Problematik wird sie aber weiterhin bestehen. Daher wird die vertikale Integration genauer analysiert und untersucht, wie die Umkontextualisierung konkret erfolgen kann. Einerseits werden die Perspektiven der Umkontextualisierung betrachtet, und andererseits die verschiedenen Stationen beschrieben.

---

449 Gibbons et al., 1994; Nowotny, 1999: 104.

450 Daheim et al., 1989: 217; Kirsch und Eckert, 1998: 172.

451 Tetens, 1999.

452 Walter-Busch, 1994: 91 und 93.

453 Als Laien gelten auch Wissenschaftler, die aus einem anderen Fach stammen.

454 Walter-Busch, 1994: 97. Walter-Busch zeigt dies auf am Beispiel von Luhmann und Oevermann, deren Theorien wiederum auf einer Reihe von Theorien aufbauen, über die man Kenntnisse haben müsste, um das Für und Wider diskutieren zu können. Aus diesem Grunde müsste ein Laie selbst zu einem Experten des Faches werden, um eine Theorie verstehen und diskutieren zu können.

455 Walter-Busch, 1994: 93 (Hervorhebungen im Original).

456 So existieren auch im naturwissenschaftlichen Bereich eine Reihe von Topoi, die in der Praxis Verwendung finden, wie bspw. der Evolutionsgedanke, die Schwerkraft, die kritische Masse, die Geschwindigkeit, die Artenvielfalt etc.

Perspektiven der Umkontextualisierung

In Kapitel 3.2.1 wurden drei Perspektiven der Umkontextualisierung beschrieben: die sozial-interaktive, die experimentell-praktische und die semantisch-kognitive Perspektive.[457]

Mit der *sozial-interaktiven Perspektive* wird eine Umkontextualisierung umschrieben, die vom Laborkontext der Forschung und den Forschungsakteuren zum Praxiskontext und den Praxisakteuren erfolgt. Es verändert sich somit der Kontext der beteiligten Akteure und das soziale Umfeld inklusive der Wertstrukturen.

Analog ist eine Umkontextualisierung in *experimentell-praktischer Perspektive* erforderlich. Hierbei sind Einflussfaktoren in die Forschung einzubeziehen, die im Praxiskontext bedeutend sind, dies jedoch nicht zwangsläufig im Laborkontext sein müssen. Das zu untersuchende Problem und dessen Bearbeitung wird demnach vom Praxiskontext in den Laborkontext transformiert, soll aber an den Praxiskontext anschlussfähig bleiben. Um diese Anschlussfähigkeit zu gewährleisten, ist eine Partizipation der Praxisakteure notwendig.[458]

Auch die Umkontextualisierung in *semantisch-kognitiver Perspektive* bedingt die Partizipation der Praxisakteure. Mit semantisch-kognitiv wird der normative Rahmen des jeweiligen Kontextes umschrieben. In der Wissenschaft ergibt sich dieser durch die Zugehörigkeit zu einer Scientific Community. Wenn Erkenntnisse integriert werden sollen, die aus unterschiedlichen Disziplinen stammen, können daher Inkommensurabilitätsprobleme auftreten (vgl. Kapitel 7.2). Diese Problematik wird verstärkt, wenn Kommensurabilität mit dem normativen Rahmen der Praxis hergestellt werden soll. Zudem existieren auch in der Praxis verschiedene normative Leitbilder, die inkommensurabel sein können.

Um eine Umkontextualisierung auf semantisch-kognitiver Ebene zu realisieren, wird daher der Einbezug der Praxisakteure und deren Wertvorstellungen notwendig. Die TNF bezieht sich hierbei grundsätzlich auf die normative Grundorientierung der Nachhaltigen Entwicklung. Durch die prinzipielle Offenheit der Nachhaltigen Entwicklung werden Differenzen entstehen, wenn versucht wird, das Konzept zu konkretisieren. Deren Offenlegung führt aber gerade dazu, sie zu thematisieren und die existierenden Wertvorstellungen zu reflektieren — auf Seiten der Praxis wie auf Seiten der Wissenschaft.

Die Umkontextualisierung ist somit auf die Partizipation der Praxisakteure angewiesen. Einem partizipativen Vorgehen werden allgemein folgende *Vorteile* zugesprochen:

---

[457] Bonß, Hohlfeld und Kollek, 1993c: 182f.

[458] Rylko-Bauer et al., 1989: 10ff.; Kirsch, 1998; Daheim et al., 1989: 220; Weymann und Wingens, 1989: 287; Schneider, 1989.

- Indem die Praxisakteure partizipieren, wird die *Wissenschaft demystifiziert*. Die Praxisakteure erhalten ein Verständnis von den verwendeten Methoden und können die Empirie beeinflussen. Dies sorgt für eine *größere Akzeptanz* der wissenschaftlichen Ergebnisse, hilft, Vertrauen aufzubauen, und steigert das gegenseitige Verständnis. Das führt bei den Praxisakteuren zu einem verstärkten Willen, Forschungsergebnisse zu verwenden.[459]
- Der Rückkopplung zwischen Wissenschaft und Praxis kommt eine *Informations-, Kontroll- und Korrekturfunktion* zu: Erstens werden die Praxisakteure über vorläufige Ergebnisse informiert. Zweitens können sie kontrollieren, inwieweit die Forschung im Zeitplan liegt. Drittens können sie korrigierend auf die bearbeiteten Themen und Fragen wirken.[460]
- Die Partizipation kann zu einer besseren *Identifizierung der Möglichkeiten* führen, wie Forschung verwendet werden kann.[461]
- Auf Seiten der Forschung ermöglicht die Partizipation der Praxis ein *Verstehen des Praxiskontextes*, der dortigen Regeln, Normen und Sachzwänge.[462]
- Um Einflussfaktoren der Praxis einzubeziehen, ist eine enge Zusammenarbeit insbesondere in der *konzeptionellen Phase* bedeutend.[463]
- Die Bearbeitung lebensweltlicher Probleme ist auf die *Praxisakteure angewiesen*.[464]

Insgesamt führt Partizipation zum *Aufbau eines Kontaktnetzes* zwischen Wissenschaft und Praxis, bedingt einen *andauernden Dialog* und bewirkt i.d.R. einen *Lernprozess auf beiden Seiten*. Partizipation der Praxis konstituiert damit die Faktoren, die Huberman und Gather Thurler als Faktoren für eine erfolgreiche Verwendung identifiziert haben.[465]

Diese Reihe an Vorteilen und die Ausführungen zur Umkontextualisierung, welche die Notwendigkeit der Partizipation gezeigt haben, geben keine Antwort auf die Frage, „wie?" und „wie weit?" Partizipation erfolgen sollte. Die Frage des Wie lässt sich unabhängig von der konkreten Forschungsfrage nur schwer beantworten. Hier sind eine Reihe von Möglichkeiten der quantitativen und vor allem der qualitativen Sozialforschung denkbar, die bis hin zu teilnehmender Beobachtung und Aktionsforschung gehen. Die Diskussion der einzelnen

---

459 Rylko-Bauer et al., 1989: 11.
460 Schneider, 1989: 314.
461 Rylko-Bauer et al., 1989: 11.
462 Kirsch und Eckert, 1998: 170f.
463 Weymann und Wingens, 1989: 287f.; SAGUF, 1996: 3.
464 Weymann und Wingens, 1989: 287f.

Methoden und deren Vor- und Nachteile übersteigt jedoch den Rahmen dieses Kapitels.[466]

Zum „wie weit?" der Partizipation lassen sich dagegen grundsätzliche Aussagen treffen. Wenn die Forschung die Praxis beobachtet und große Distanz hält, dann kann sie Handlungsweisen der Praxis erklären, sie kann diese jedoch nicht verstehen.[467] Arbeitet die Forschung dagegen zu eng mit der Praxis zusammen, besteht die Gefahr, von ihr instrumentalisiert zu werden. Wissenschaft wird hierbei zu einem Legitimierungsinstrument der Praxis und verdoppelt lediglich das Wissen der Praxis. Sie produziert kein neues Wissen und folglich keinen Mehrwert für die Praxis, abgesehen von einer kurzfristigen Legitimierung einzelner Handlungsweisen.[468] Aus diesen Gründen sollte Wissenschaft eine gewisse Distanz zur Praxis halten und ihre Selbständigkeit bewahren. Dann ist sie in der Lage, die Handlungsweisen der Praxis kritisch zu reflektieren und ihr neue Erkenntnisse zu liefern.[469] Schneider schreibt:

> „Um erfolgreich zu sein, muss anwendungsorientierte Wissenschaft deshalb über die Schranken wissenschaftsinterner Relevanzkriterien hinausblicken und zusätzliche Strukturbezüge des jeweiligen Praxiskontextes in sich aufnehmen. Dabei dürfen die Schranken, die Wissenschaft und Praxis voneinander trennen, jedoch nicht nur als bloßes Hemmnis betrachtet werden (...). Diese Schranken sichern zugleich Identität und Autonomie der Wissenschaft als Bedingung ihrer Attraktivität für potenzielle Nutzungsinteressen. (...) Gefunden werden muss die rechte Balance zwischen Öffnung und Schließung, die berechtigte Nutzungsinteressen von missbräuchlichen Instrumentalisierungsversuchen zu trennen erlaubt."[470]

Es ist demnach eine Balance notwendig zwischen Partizipation der Praxis an der Forschung und Autonomie der Forschung. Dabei erweist sich als zusätzliches Problem, dass Wissenschaft und Praxis über jeweils „kontextabhängige Eigenrationalitäten"[471] verfügen, was zu tendenziell inkompatiblen Interessen führt. So konstatiert Schneider der Praxis wie der Wissenschaft ein strategisches Verhalten, das vertraglich nicht zu regeln ist.[472]

Im folgenden werden mögliche Stationen beschrieben, anhand derer aufgezeigt werden kann, auf welcher Stufe die Balance zwischen Öffnung und Schließung der Wissenschaft gefunden werden kann.

---

[465] Grossenbacher-Mansuy, 1997: 12f., der sich auf Huberman und Gather Thurler, 1991, bezieht.

[466] Mayring, 1996; Lamnek Bd. 1 und 2, 1995; Gutscher, Hirsch und Werner, 1996; Flick, 1991; Hollis, 1995.

[467] Kirsch und Eckert, 1998: 170f.

[468] Weymann und Wingens, 1989: 297.

[469] Wingens, 1988: 155ff.; Weymann und Wingens, 1989: 292; Schneider, 1989: 302f.

[470] Schneider, 1989: 302f.

[471] Lau, 1989: 388.

[472] Schneider, 1989: 326.

Stationen der Umkontextualisierung

Kirsch und Eckert unterteilen das Spannungsfeld zwischen Wissenschaft und Praxis in vier Sphären (vgl. Abbildung 17):[473] Grundlagenforschung, Kunstlehre, Anwendungsfälle, Probleme und Praktiken der Praxis.

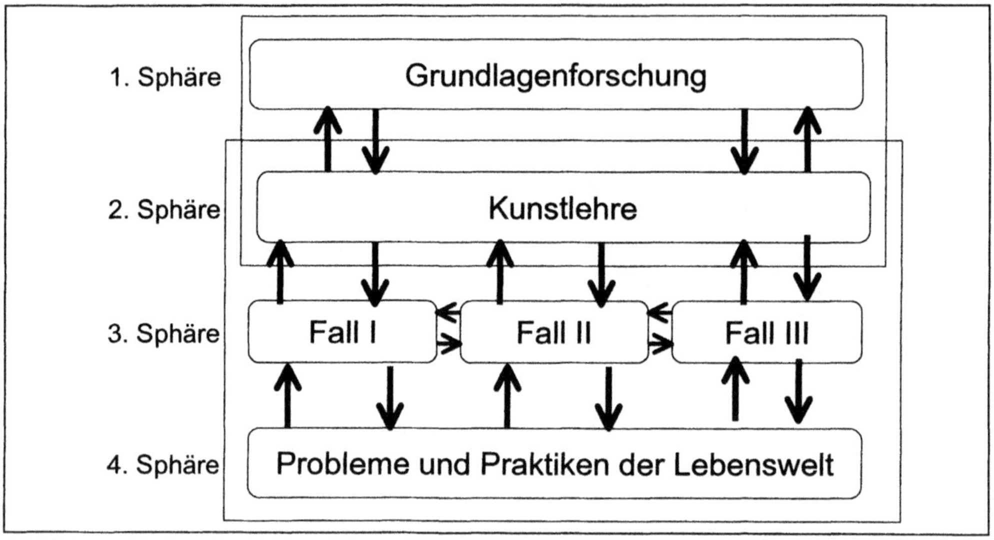

Abbildung 17: Das Spannungsfeld zwischen Wissenschaft und Praxis.[474]

Die *Grundlagenforschung* ist die alleinige Domäne der Wissenschaft. Hier werden vornehmlich idealisierte Sachverhalte untersucht und nach nomologischen und allgemeingültigen Aussagen gestrebt. Diese Untersuchung erfolgt in einem fortlaufenden Spezialisierungsprozess. Die spezialisierten Disziplinen der Grundlagenforschung finden in einer *praxisorientierten Kunstlehre* wieder zueinander. In der Kunstlehre werden praxisorientierte Denkmodelle und Heuristiken erstellt, wie bspw. Managementkonzepte. Diese Kunstlehre ist interdisziplinär und anwendungsorientiert. In dieser Sphäre werden im Sinne des Enlightenment Concepts der Praxis Interpretationsschemata zur Verfügung gestellt.

Die Schemata basieren jedoch nicht ausschließlich auf theoretischem Grundlagenwissen, sondern integrieren zusätzlich Wissen aus den einzelnen *Anwendungsfällen* der Praxis, der dritten Sphäre. Die Schemata werden demnach einerseits zur Analyse der Praxisfälle ange-

[473] Kirsch und Eckert, 1998.

[474] In Anlehnung an Kirsch und Eckert, 1998: 170.

wandt. Andererseits passen sie sich iterativ an diese Anwendungsfälle und deren Veränderungen an. Kirsch und Eckert schreiben:

> „Aus der Sicht der Praxis wirkt die Kunstlehre zu 'theoretisch', und Vertreter der 'Grand Theory' wenden sich mit Grausen von der — in ihrer Sicht — diffusen, unreifen, nie abgeschlossenen Kunstlehre ab."[475]

Die Anwendungsfälle entstammen den *Problemen und Praktiken der Praxis*, die dort i.d.R. diffus existieren, ohne jedoch expliziert zu werden; d.h. die Praxis handelt und hat vielfach die Vermutung, es bestände ein Problem. Was aber das Problem konkret ist, zeigt sich erst bei einer genaueren Analyse und Strukturierung. Diese Analyse und Strukturierung wird in der dritten Sphäre im Rahmen der Anwendungsfälle vorgenommen, wobei sich auf die Interpretationsschemata der Kunstlehre gestützt wird. Während auf der Stufe der Kunstlehre der Praxis Schemata im Sinne des Enlightenment Concepts zur Verfügung gestellt werden, ist es auf der Stufe der Anwendungsfälle möglich, konkrete Maßnahmen zu erarbeiten und vorzuschlagen. Es erfolgt ein Engineering.

Die erste Sphäre ist Domäne der Wissenschaft, die vierte Sphäre Domäne der Praxis. Das Spannungsfeld zwischen Wissenschaft und Praxis zeigt sich in der zweiten und dritten Sphäre. Hier treffen Theorie und Praxis zusammen. Dieses Zusammentreffen interpretieren Kirsch und Eckert anhand des Vorgehens in der Rechtswissenschaft.[476] In Kontinentaleuropa orientiert man sich am römischen Recht und geht systematisch subsumptionslogisch vor, d.h. ein konkreter Praxisfall wird von einem Juristen den gegebenen Rechtssätzen untergeordnet, der daraus seine Schlüsse ableitet. Im amerikanischen Recht wird dagegen fallweise vorgegangen. Hier wird sich an ähnlichen Fällen und deren Entscheiden orientiert.

Wenn die theoretische Fundierung der Kunstlehre und der Fallanalyse gewährleistet und wenn gleichzeitig auf die Bedürfnisse der Praxis eingegangen werden soll, dann kann kein Vorgehen überzeugen. Es bleibt die Schwierigkeit, den Bogen von den Grundlagenwissenschaften hin zu den konkreten Praxisfällen zu schlagen. Da der Bogen einen weiten Radius umfasst, wird die Suche nach einer Brücke erforderlich, nach vermittelnden Akteuren.

---

475 Kirsch und Eckert, 1998: 176.

476 Kirsch und Eckert, 1998: 177ff.

Vermittlung wissenschaftlichen Wissens

Anbar spricht von sogenannten „bridge scientists"[477], bezieht sich dabei aber auf den horizontalen Brückschlag zwischen einzelnen Disziplinen. Sogenannte „bridge scientists" könnten jedoch auch die Vermittlung von Wissenschaft und Praxis übernehmen und vertikal die Brücke schlagen. Hirsch spricht hierbei von „Wissenschaftsconsultants"[478]. Diese Berater haben eine wissenschaftliche Laufbahn absolviert und verfügen über ein wissenschaftliches Grundverständnis. Gleichzeitig besitzen sie Kompetenzen und Erfahrungen im Umgang mit der Praxis. Dadurch können sie als Mittler zwischen Wissenschaft und Praxis fungieren, Übersetzungsarbeit leisten und schließlich die Vermittlung des Wissens fördern.[479]

Die Vermittlung wissenschaftlichen Wissens kann auf unterschiedlichste Arten erfolgen. Neben diversen Formen der schriftlichen Präsentation, wird Wissen in Form von Vorträgen, Diskussionen, formellen und informellen Dialogen, Filmen, Spielen etc. dargelegt. Lange Zeit war die Präsentation weitgehend auf schriftliche Darlegung beschränkt, und bereits die populärwissenschaftliche Aufbereitung war eher die Ausnahme.

In den letzten Jahren wurden verstärkt neue Kommunikationsformen gesucht. So entstand bspw. im Rahmen des IPG I ein Planspiel zur Lebensmittelbranche, eine homepage, bei der die Konsumentinnen ihren Ernährungsstil bewerten können, wurde ein gemeinsames Unternehmen gegründet, wurden Studienmaterialen für Bildungsinstitutionen entwickelt, wurden zahlreiche Praxisworkshops durchgeführt, wurde Beratungsaufträge angenommen etc.[480]

Diese Beispiele zeigen vielfältige Möglichkeiten. Diese Möglichkeiten werden einerseits vor allem dann verstärkt genutzt, wenn auf Seiten der Wissenschaftler die Auffassung sinkt, eine Umkontextualisierung ihrer Ergebnisse komme einem Verlust an Wissenschaftlichkeit und sinkender Reputation in der eigenen Scientific Community gleich. Andererseits bietet sich der Beizug von Kommunikationsexperten an. Diese können helfen, je nach spezifischer Zielgruppe das adäquate Kommunikationsmittel zu finden. Das bisher aufgeführte Engineering und Enlightenment kann bspw. zu einem Enlightainment weiterentwickelt werden. Unter Enlightainment wird dabei die Einbindung wissenschaftlicher Inhalte in eine spannende und unterhaltsame Rahmenhandlung verstanden.[481]

---

[477] Anbar, 1986.

[478] Interview 1, 7f.

[479] Lehmann, 1997: 33.

[480] Minsch und Mogalle, 2000b.

[481] Bovenschulte und Wissel, 1999.

> „Das Vermittlungskonzept Enlightainment zielt also nicht darauf ab, Wissenschaft und Technik in Form von isolierten Ergebnissen, Geräten, Verfahren und Prozessen zu präsentieren bzw. zu erklären. Vielmehr sollen deren positive und negative Auswirkungen in ihren ökonomischen, sozialen und auch politischen Bezügen gezeigt werden. (...) Über das Aufzeigen von Berührungsängsten, Vernetzungen und Zusammenhängen wird dadurch ein komplexer Inhalt transparent, weil er nachvollziehbar gemacht wird. Diese Transparenz, also *das Erkennen von Auswirkungen, Möglichkeiten und Problemen,* bildet die Voraussetzung für eine bewusste Auseinandersetzung mit Wissenschaft und Technik, an die sich die Vermittlung von existierenden Anwendungen, Perspektiven und Visionen sowie Grundlagen anschließt.“[482]

Ein solches Enlightainment ist jedoch nicht durchweg positiv zu beurteilen.[483] So zeigt Weingart, dass Medien nicht als bloße Vermittler von wissenschaftlichem Wissen fungieren, sondern selbst Wissen produzieren. Sie sind daher nicht als Transportmittel für wissenschaftliches Wissen zu verstehen, sondern als ein Konkurrent zur Wissenschaft im Wettbewerb um die Adäquatheit der Beschreibung realer Vorgänge. Wenn die Wissenschaften demnach auf die Medien treffen, ist ihr abstraktes Kriterium der Wahrheit konfrontiert mit dem Kriterium der öffentlichen Aufmerksamkeit. Dies wird problematisch, wenn die mediale Präsenz für Wissenschaftler wichtiger wird, um gesellschaftliche Legitimation zu erlangen und finanzielle Ressourcen zu sichern. Es besteht dann die Gefahr, dass die Medien indirekt Einfluss auf die Wissenschaft ausüben und wissenschaftsinterne Kriterien durch das Kriterium der öffentlichen Aufmerksamkeit beeinflusst bzw. überlagert werden.

Die Vermittlung wissenschaftlichen Wissens stellt somit hohe Anforderungen an die Wissenschaftler, die einerseits offen sein sollen gegenüber Vermittlungsmethoden, die aus der Medien-, Werbe- und PR-Branche stammen, und andererseits sollten sie bemüht sein, ihre Unabhängigkeit zu wahren. Die Wissenschaftler sind somit nicht nur einem wissenschaftsinternen Abwägen und Reflektieren ausgesetzt, sie müssen diese Reflexion auch in vertikaler Perspektive vollführen. Vor diesem Hintergrund werden im folgenden Abschnitt konkrete vertikale Integrationsversuche im IPG I analysiert. Folgende Fragen stehen im Vordergrund:

1. Welche Art von Wissen wurde für die Praxis erarbeitet (Enlightenment und Engineering)?
2. Inwieweit nahmen die Praxisakteure Bezug auf das Wissen (Etikettierung)?
3. Wie ist die Umkontextualisierung erfolgt?
4. In welchen Sphären fand die Forschung vornehmlich statt?
5. Wie erfolgte die Vermittlung der Ergebnisse?

---

482 Bovenschulte und Wissel, 1999: 27 (Hervorhebungen im Original).

483 Weingart, 1998.

7.3.2 Erfahrungen

Anhand von zwei Beispielen soll aufgezeigt werden, wie die vertikale Integration im IPG I erfolgte und wie versucht wurde, wissenschaftliches Wissen der Verwendung zuzuführen: Erstens anhand die Studie „Jenseits der Öko-Nische" der Betriebswirtschaftler und zweitens anhand der Teilsynthese „Restriktionen & Optionen".

„Jenseits der Öko-Nische"

Hauptfragestellung der Studie war, warum vergleichsweise ökologische Produkte im Markt i.d.R. in der Marktnische verharren und welche Möglichkeiten bestehen, diese Produkte auf dem Massenmarkt zu positionieren. Unter dieser Fragestellung wurden drei Branchen untersucht: Die Lebensmittel-, die Energie- und die Textilbranche.[484]

Welche Art von Wissen wurde erarbeitet? Es wurde sowohl Wissen im Sinne des *Enlightenment Concepts* als auch im Sinne des *Engineering Concepts* erarbeitet. So führten die Forschenden jeweils eine Wettbewerbsanalyse durch und entwickelten eine *Landkarte des ökologischen Massenmarkts*. Dieser Landkarte kommt Konzeptcharakter zu, da sie aufzeigt, welche grundsätzlichen Möglichkeiten bestehen, von der Nische auf den Massenmarkt zu gelangen. Damit wird den Praxisakteuren ein Interpretationsrahmen zur Verfügung gestellt, der ihnen ermöglicht, ihre eigenen Strategien zu verorten und mit anderen potenziellen Strategien zu vergleichen. Darüber hinaus wurde für jede Branche eine konkrete *Massenmarktstrategie* entwickelt, die Unternehmen konkrete Empfehlungen ausspricht, wie nach Ansicht der Forschenden eine erfolgreiche Massenmarktstrategie umgesetzt werden könnte.

Inwieweit nahmen Praxisakteure Bezug auf das Wissen? Ob das Wissen *Verwendung* in der Praxis gefunden hat, wurde im IPG I nicht systematisch untersucht. Allerdings wurde bei der Erarbeitung auf konkrete Praxiserfahrungen zurückgegriffen und die Ergebnisse den Praxisakteuren in verschiedenen Formen präsentiert.[485] Die Praxisakteure nahmen das Wissen auf und verwendeten es explizit, so bspw. ein Vertreter der Migros. Wenn daher ein Unternehmen in der Schweiz in einer der drei Branchen mit vergleichsweise ökologischen Produkten den Massenmarkt erreichen will, dann wird er die Studie vermutlich zu Rate ziehen.

---

[484] Villiger, Wüstenhagen und Meyer, 2000.

[485] So bspw. auf der 12. oikos-Konferenz „Märkte von morgen — Neue Chancen unter grünen Rahmenbedingungen", die im Juni 1999 an der Universität St. Gallen stattfand. Auf dieser Konferenz wurde die Studie in einem Plenumsvortrag präsentiert und in drei Branchenworkshops diskutiert.

Wie erfolgte die Umkontextualisierung? In *sozial-interaktiver Perspektive* nahmen die Betriebswirte bereits eine Brückenfunktion ein, da sie die Betriebswirtschaft im Sinne einer anwendungsorientierten Managementlehre verstanden.[486] Die Betriebswirtschaft befindet sich daher auf der Stufe einer Kunstlehre mit engem Bezug zu den einzelnen Anwendungsfällen. In *experimentell-praktischer Perspektive* fand eine Umkontextualisierung in dem Sinne statt, dass während der Problembearbeitung enger Kontakt zur Praxis gehalten, zahlreiche Interviews geführt und konkrete Unternehmen untersucht wurden. Daher erfolgte keine Idealisierung der Problemstellung nach wissenschaftlichen Kriterien, sondern die relevanten Einflussfaktoren des lebensweltlichen Problems fanden Eingang in die Forschung. In *semantisch-kognitiver Perspektive* wurde vor allem auf ökonomische und ökologische Aspekte der Nachhaltigen Entwicklung Bezug genommen. Die gemeinsame Basis von Praxis und Wissenschaft war hier, ökologische und ökonomische Verbesserungen zu erzielen.

In welchen Sphären fand die Forschung vornehmlich statt? Die Forschung erfolgte fast ausschließlich in der Schnittstelle zwischen konkreten Anwendungsfällen und der Sphäre der Kunstlehre. Dabei wurden die Erkenntnisse aus den Anwendungsfällen zu einer Kunstlehre verallgemeinert. Bei der Analyse der Anwendungsfälle und bei der Entwicklung der Kunstlehre wurden bestehende Kunstlehren beigezogen, so vor allem Porters Wettbewerbstheorie. Erkenntnisse der Grundlagenforschung, wie bspw. der Psychologie, oder der eher anwendungsorientierten Ökobilanzierung, wurden nicht verwendet.

Wie erfolgte die Vermittlung der Ergebnisse? Die Vermittlung erfolgte vornehmlich auf klassischen Wegen, in Aufsätzen, Vorträgen, Gesprächen und Beratungsprojekten.

Fazit: Inwieweit gesamthaft eine erfolgreiche vertikale Integration erfolgt ist, lässt sich abschließend schwer bewerten, da die Verwertung nicht systematisch untersucht wurde und der beobachtete Zeitraum zu kurz war. Positiv hervorzuheben ist aber, dass trotz des kurzen Zeitraums das Wissen explizit Verwendung gefunden hat. Auch ließ sich ein gemeinsames Problemverständnis von Wissenschaft und Praxis beobachten. So waren Praxisakteure nicht mit jedem einzelnen Vorschlag einverstanden, konnten sich aber mit der Problemstellung und der Herangehensweise identifizieren.[487] Es zeigte sich auch: Es gab keine grundlegenden Verständnisschwierigkeiten zwischen Unternehmensvertretern und Betriebswirten.

---

486 Ulrich, 1984.

487 Die Abschlussveranstaltung des IPG I fand am 10. Februar 2000 statt im Design Center Langenthal, Schweiz. Anwesend war u.a. ein Vertreter der Migros, eine Vertreterin der Coop und zwei Vertreter der Bio Suisse.

Was sind die Gründe für diese erfolgreiche vertikale Integration? Hier ist erstens anzuführen, dass die Betriebswirtschaftslehre im Sinne einer Managementlehre praxisorientiert arbeitet. Unabhängig von ihrer Eingebundenheit in ein transdisziplinäres Forschungsprojekt untersucht sie Probleme der Unternehmenspraxis. Daher besteht zweitens auf Seiten der Wissenschaft wie auf Seiten der Praxis eine langjährige Erfahrung in der Zusammenarbeit; es wird eine ähnliche Sprache verwendet, die Akteure kennen sich vielfach persönlich und viele Praxisakteure haben selbst eine betriebswirtschaftliche Ausbildung genossen.[488] Drittens fungiert die Betriebswirtschaftslehre in ihrer Rolle als Managementlehre bereits als eine Brücke zwischen Grundlagenwissenschaft und konkreter Anwendung. Sie versteht sich als eine Kunstlehre zwischen konkreten Anwendungsfällen und der Grundlagenorientierung vieler anderer sozialwissenschaftlicher Disziplinen. Die Managementlehre kann demnach ähnlich den Ingenieurswissenschaften als eine industrialisierte Wissenschaft verstanden werden, die Konzepte mit dem Ziel erarbeitet, den Erfolg von Unternehmen zu steigern.

Teilsynthese „Restriktionen & Optionen"

Welche Art von Wissen wurde für die Praxis erarbeitet? Der Schwerpunkt lag auf der Entwicklung einer Heuristik, die es ermöglichen sollte, Handlungshemmnisse und Handlungsoptionen einzelner Akteursgruppen zu analysieren. Es wurde daher Konzeptwissen, und mit der Anwendung der Heuristik auf Akteursgruppen wurde zudem Handlungswissen erarbeitet.

Inwieweit wurde dieses Wissen nach Auffassung der Praxisakteure verwendet? Analog dem vorigen Beispiel wurde auch hier die Verwendung nicht systematisch untersucht. Allerdings fand ein Praxisworkshop statt, aufgrund dessen Aussagen getroffen werden können, inwieweit das Wissen bei den Praktikern auf Resonanz gestoßen ist. Hier hat sich gezeigt: Die Heuristik, also konzeptionelles Wissen im Sinne des Enlightenment, wurde von den Praxisakteuren nicht aufgenommen. So nahmen die Praxisakteure in den Diskussionen keinen expliziten Bezug auf die theoretischen Gedanken und Begrifflichkeiten der Heuristik. Dagegen wurden die konkreten Handlungsvorschläge und die akteursspezifischen Ergebnisse, wie bspw. die Ökobilanzierung von Lebensmitteln und die KonsumentInnenstudie, aufgenommen und diskutiert. Diese Aufnahme erfolgte nicht konfliktlos, sondern die Praxisakteure verglichen die Ergebnisse mit ihren eigenen Aussagen und kritisierten diese vielfach, wenn sie mit ihren Erfahrungen nicht übereinstimmten oder ihre Überzeugungen in Frage stellten.

---

488 Grossenbacher-Mansuy, 1997: 12. Mit Verweis auf Huberman/Gather Thurler (1991) führt Grossenbacher-Mansuy

Wie ist die Umkontextualisierung erfolgt? Die Fragestellung der Handlungsrestriktionen und -optionen wurde unabhängig von den Praxisakteuren aufgestellt. Unabhängig von diesen erfolgte auch die Entwicklung der Heuristik. Bei der konkreten Anwendung der Heuristik auf praktische Fragestellungen wurden die Praxisakteure zwar in die Forschung einbezogen, nicht jedoch bei der Festlegung der Fragestellung; diese war vornehmlich von dem wissenschaftlichen Interesse der beteiligten Disziplinen geprägt.

Eine Umkontextualisierung in *sozial-interaktiver Perspektive* erfolgte, nachdem die Fragestellung festgelegt und die Heuristik entwickelt war, indem empirische Untersuchungen vorgenommen wurden. Zudem erfolgte eine Umkontextualisierung, als die empirischen Ergebnisse den Praxisakteuren in einem Workshop präsentiert wurden. Für die Konzeption und Durchführung des Workshops wurde ein Berater engagiert, der über Erfahrung in der Vermittlung zwischen Wissenschaft und Praxis verfügte. In *experimentell-praktischer Perspektive* wurde die Kunstlehre auf praktische Anwendungsfälle angewandt, die Besonderheiten dieser Fälle flossen jedoch nicht zurück in die Weiterentwicklung der Heuristik. In *semantisch-kognitiver Perspektive* stützten sich die Wissenschaftler auf das Leitbild der Nachhaltigen Entwicklung. Bei der Übertragung dieses Leitbildes auf die praktischen Anwendungsfälle zeigte sich: Dort waren vielfach andere Werte vorherrschend.[489]

Wie wurde sich in den vier Sphären positioniert? Die an der Arbeitsgruppe beteiligten Wissenschaftler stammten teilweise aus Grundlagenwissenschaften, teilweise aus angewandten Wissenschaften der zweiten Sphäre. Der Schwerpunkt bei der Erarbeitung der Heuristik lag auf der Schnittstelle zwischen Grundlagenwissenschaften und Kunstlehre. Die dabei resultierende Kunstlehre, die Heuristik, wurde anschließend auf die dritte Phase, die Anwendungsfälle übertragen. Damit positionierte sich die Arbeitsgruppe stärker in der ersten und zweiten Sphäre im Vergleich zu den Betriebswirten aus dem vorigen Beispiel.

Wie erfolgte die Vermittlung der Ergebnisse? Die Vermittlung erfolgte einerseits durch verschiedene wissenschaftliche und populärwissenschaftliche Schriften, andererseits durch einen Praktikerworkshop, auf dem die Ergebnisse in möglichst einfacher Form präsentiert und mit den Akteuren diskutiert wurden.

Fazit: Analog den Betriebswirten ist eine abschließende Bewertung der vertikalen Integration nicht möglich. Einige Aussagen lassen sich aber aufgrund der Erfahrungen im Praxisworkshop treffen. Die theoretisch entwickelte Heuristik erwies sich als zu theoretisch für die

als einen Erfolgsfaktor für die Verwendung an, dass ein Kontaktnetz geschaffen, verstärkt und gepflegt wird.

Praxis; sie wurde dort nicht verstanden und stellte somit für die Praxisakteure keine Interpretationshilfe dar. Die konkreten Ergebnisse wurden dagegen von den Praxisakteuren aufgenommen und teilweise kritisch diskutiert. Bei diesen Diskussionen zeigte sich zudem, dass aus Perspektive der Praxis teilweise nicht die relevanten Probleme bearbeitet wurden. So waren bspw. nach deren Ansicht die Logistik-Strukturen ein großes Hemmnis, um Bioprodukte zu forcieren — ein Problem, das von keinem Wissenschaftler bearbeitet wurde.

Weiterhin zeigte sich teilweise bei den Wissenschaftlern ein Unwohlsein, wenn es um die Umkontextualisierung ihrer Ergebnisse ging. Hier bestand die Angst, unwissenschaftlich zu werden. Dies zeigte sich bspw. an den Diskussionen zum Titel des Praxisworkshops. Die Streitfrage war: Soll der Titel lang und exakt sein oder kurz, knapp, aber unpräzise? Die Erfahrungen des beigezogenen Beraters führten zu kurz und knapp, was bei einigen Beteiligten Unbehagen hinterließ.

Der Beizug des Beraters erwies sich als grundsätzlich richtig, aber als unzureichend. Der Brückenschlag zu den Praxisakteuren erfolgte in dieser Arbeitsgruppe tendenziell zu spät und ausschließlich über die beteiligten Teilprojekte. Die Wissenschaftler entwickelten ihre theoretische Brille, definierten die Fragestellung und legten den normativen Rahmen fest, bevor intensive Kontakte zur Praxis gesucht wurden. Dieser Kontakt wurde größtenteils durch einzelne Teilprojekte hergestellt, weniger durch einzelne Kooperationen von Teilprojekten und nicht durch die Arbeitsgruppe als Ganzes — die Zusammenarbeit in der Arbeitsgruppe erfolgte weitgehend auf theoretischer Ebene. Ein Grund für diesen späten und ungenügenden Einbezug der Praxis dürfte in der Herkunft der Forschenden liegen. So stammten sie vielfach aus den Grundlagenwissenschaften und hatten daher im Vergleich zu den Betriebswirten nur eine geringe Tradition und geringe Erfahrung in der Zusammenarbeit mit Praxisakteuren. Daher erfolgte in allen drei Perspektiven eine unzureichende Umkontextualisierung, und somit konnte nur teilweise eine vertikale Integration sichergestellt werden.

Vergleich von „Jenseits der Nische" und der Teilsynthese „Restriktionen & Optionen"

Um mögliche Erfolgsfaktoren für eine erfolgreiche vertikale Integration zu identifizieren, bietet sich ein Vergleich der beiden Beispiele an. In beiden Fällen wurde versucht, sowohl Konzepte als auch konkrete Empfehlungen zu entwickeln, also sowohl ein Enlightenment als auch ein Engineering zu verfolgen. Daher sind sie daran zu messen, inwieweit ihnen das ge-

---

[489] Maier, Schulz und Stalder, 2000: 39; Gruppendiskussion b: 6.

lang. Insbesondere im Rahmen des Enlightenment waren die Betriebswirte nachweislich erfolgreicher. Welche Gründe können hierfür angeführt werden?

Die Betriebswirtschaft ist eine Kunstlehre und somit näher an der Praxis als die Grundlagenwissenschaften. In der Arbeitsgruppe „Restriktionen & Optionen" wurde dagegen stärker versucht, Grundlagentheorien zu einer Kunstlehre zu integrieren und diese auf die Praxis anzuwenden. Sie war somit stärker theorieverhaftet. Zudem war bei den Betriebswirten die Tradition und Erfahrung im Umgang mit Praxisakteuren größer als bei der Arbeitsgruppe, was die Umkontextualisierung erleichterte. Ein weiterer wesentlicher Unterschied war: Die Betriebswirte nahmen keine horizontale Integration vor, d.h. sie arbeiteten nicht mit anderen wissenschaftlichen Disziplinen zusammen und standen folglich auch keinen Schwierigkeiten gegenüber, wie sie disziplinäres Wissen integrieren sollen. Dies führte weiterhin dazu, dass ihre Forschung nur auf eine Akteursgruppe zielte, die Unternehmen. Sie hatten daher keine Probleme, die aus unterschiedliche Rationalitäten und Sprachen einzelner Akteursgruppen in der Praxis hätten resultieren können.

Die Arbeitsgruppe „Restriktionen & Optionen" dagegen nahm eine anspruchsvolle horizontale Integration vor und zielte auf eine Reihe von Akteuren im Bedürfnisfeld Ernährung. Sie hatte folglich ein wesentlich anspruchsvolleres Programm zum Ziel — in horizontaler wie in vertikaler Perspektive. Diesem anspruchsvollem Ziel konnte sie jedoch in vertikaler Perspektive nur in geringem Maße gerecht werden.

Insgesamt waren für den Erfolg der Betriebswirte folgende Faktoren ausschlaggebend:

- Erfahrung und Tradition.
- Fokussierung auf eine Akteursgruppe.
- Früher Einbezug und ständiger Kontakt zu den Praxisakteuren.
- Starke Praxisorientierung.

7.3.3 Lösungsansätze

Die vertikale Integration im allgemeinen und die Verwendung wissenschaftlichen Wissens im besonderen soll in drei idealtypische Schritte unterteilt werden (vgl. Abbildung 18):

1. Partizipation der Forschung an der Praxis.
2. Partizipation der Praxis an der Forschung.
3. Verwendung wissenschaftlichen Wissens in der Praxis.

1. Partizipation der Forschung an der Praxis

Ausgangspunkt einer TNF ist die Lebenswelt und die dortigen Probleme. Daher ist der erste Schritt einer TNF die Identifikation und Definition des lebensweltlichen Problems. Um dieses zu identifizieren, ist es erforderlich, dass die Forschung die Handlungsweisen der Praxis nicht nur erklären, sondern auch verstehen kann, d.h. ein Verständnis der Regeln und Motivationen erhält. Aus diesem Grunde soll die Forschung an der Lebenswelt partizipieren (vgl. Kapitel 7.1.1). Der Ausgangspunkt der vertikalen Integration ist demnach die dritte und vierte Sphäre. Aus diesem Grunde dominiert in diesem ersten Schritt die Praxis den Prozess.

Insbesondere Forschende aus Grundlagenwissenschaften verfügen i.d.R. nicht über die Kompetenzen für eine Zusammenarbeit mit Praktikern. Daher wird eine Vermittlungsperson erforderlich, ein sogenannter *Bridge-Scientist* oder *Wissenschaftsconsultant*, der zwischen Wissenschaft und Praxis vermitteln und übersetzen kann. Auf diese Weise kann er helfen, Probleme und Praktiken der Praxis zu Anwendungsfällen zu strukturieren. Hierbei benennen die Praktiker ihre Probleme. Die Forschenden wiederum helfen, die Probleme mit Hilfe ihrer disziplinären Perspektiven und ihrer Kunstlehren zu analysieren und zu strukturieren — die Wissenschaft bietet im Sinne des Enlightenment Concepts Interpretationshilfe.

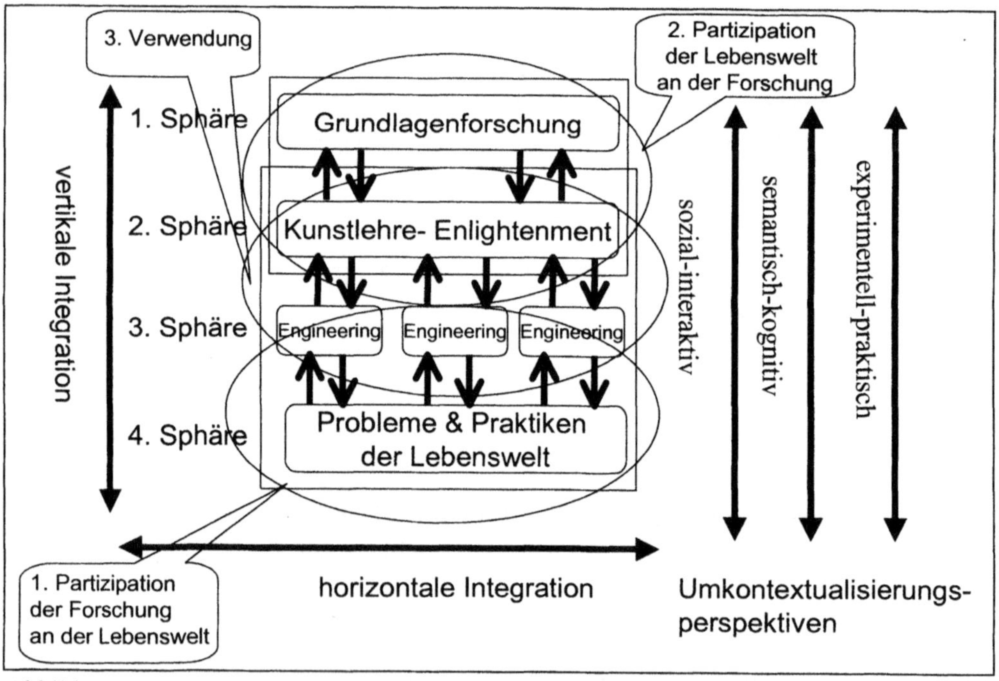

Abbildung 18: Konzeption der vertikalen Integration.

Dieser Vermittlungsprozess stellt hohe Anforderungen an den Moderator. Zudem wird der Prozess mit steigender Anzahl Akteursgruppen wesentlich schwieriger, da zu den möglichen Verständnisproblemen zwischen Wissenschaft und Praxis zusätzlich Inkommensurabilitäts- und Verständnisprobleme auf horizontaler Ebene auftreten können. Das Beispiel „Jenseits der Öko-Nische" hat gezeigt, wie gering Verständigungsprobleme sein können, wenn auf jeder Seite eine homogene Akteurgruppe angesiedelt ist. Die Erfahrungen in der Arbeitsgruppe „Restriktionen & Optionen" zeigten dagegen die Schwierigkeiten, wenn vertikal wie horizontal ein gemeinsames Verständnis erarbeitet werden muss.

Aus diesen Gründen vermag der erste Schritt der schwierigste und wichtigste zu sein. Eine gemeinsame Sprache wird eingeübt und das gemeinsame Problemverständnis erarbeitet. Somit wird kein direkter Beitrag zur Lösung eines Problems geleistet; man weiß am Schluss lediglich, was das Problem im Kontext der Praxis ist. Dieser Beitrag ist allerdings nicht zu unterschätzen, da die entscheidenden Praxisakteure identifiziert und der Status Quo festgelegt wird. Damit werden erste Anforderungen an eine Verwendung im Sinne des Engineering Concepts erfüllt, und es wird ein gemeinsames Verständnis aufgebaut — beides notwendige Investitionen für eine erfolgreiche Zusammenarbeit und Verwendung (vgl. Kapitel 7.1).

2. Partizipation der Praxis an der Forschung

Dieser zweite Schritt ist im Zusammenhang mit dem zweiten Schritt der Problemdefinition zu sehen (vgl. Kapitel 7.1.1). Ziel ist es, die identifizierten Probleme bzw. Schlüsselherausforderungen in den wissenschaftlichen Kontext zu verlagern und transdisziplinär zu bearbeiten. Hierfür sind die Schlüsselherausforderungen einerseits in disziplinär bearbeitbare Fragestellungen zu zerlegen. Damit dabei die Verbindung zur Lebenswelt erhalten bleibt und auf das spezifische Wissen der Praxisakteure zurückgegriffen werden kann, wird andererseits eine Partizipation der Praxisakteure an der Forschung erforderlich. Die Forschenden dominieren in dieser Phase den Prozess. Sie definieren die zu bearbeitenden Probleme und bestimmen, mit Hilfe welcher Disziplin welche Methoden und Theorien bearbeitet werden.

Bei diesem Schritt erfolgt demnach eine Umkontextualisierung hin zur Kunstlehre bis hin zur Grundlagenwissenschaft. Die Ergebnisse dieser Bearbeitung sind auf horizontaler Ebene anschließend zu integrieren. Diese Integration erfolgt in vertikaler Perspektive auf Ebene der Kunstlehre. Sie erfolgt somit weder im Kontext einer reinen Grundlagenwissenschaft noch im Kontext der Praxisakteure. Die dabei entstehende Kunstlehre hat vornehmlich Konzeptcharakter, demnach ist sie vor dem Hintergrund des Enlightenment Concepts zu sehen. Diese

Kunstlehre lässt sich auf die konkreten Anwendungsfälle anwenden. Dadurch wird es möglich, im Sinne des Engineering Concepts spezifische Empfehlungen zu erarbeiten. Während der Analyse besteht zwar Kontakt zu den relevanten Praxisakteuren, aber die Analyse liegt primär in den Händen der Wissenschaftler. Erst im dritten Schritt erfolgte das Zurückspielen in die Praxis und somit die erneute Umkontextualisierung in den Praxiskontext.

3. Verwendung wissenschaftlichen Wissens in der Praxis

Beim dritten Schritt, der Verwendung, treffen sich Wissenschaft und Praxis gleichsam in der „Mitte", auf der Ebene von allgemeiner Kunstlehre und spezifischen Anwendungsfällen. Während im ersten Schritt die Praxis den Prozess dominierte und im zweiten die Wissenschaft, stehen sich nun beide Seiten gleichberechtigt gegenüber. Die Wissenschaft geht in ihrer Rolle als kritisch-konstruktiver Akteur vor. Sie kritisiert vor dem Hintergrund der Nachhaltigen Entwicklung die Handlungsweisen der Praxis und unterbreitet Handlungsoptionen, bspw. in Form von Visionen, Strategien und Instrumenten. Was sie unterbreitet und wie sie dabei vorgeht, liegt in ihrer Domäne.

In der Domäne der Praxis liegt dagegen die Rezeption dieser Vorschläge, d.h. die letztliche Verwendung. Wie Erfahrungen zeigen, kann die Verwendung auf unterschiedliche Arten erfolgen. Sie kann direkt zu Handlungsänderungen führen, was jedoch in den seltensten Fällen erfolgt. Vielfach werden in erster Linie Wahrnehmungsänderungen erzielt, die langfristig zu Handlungsänderungen führen können. Die Vorschläge können auch in den politischen Prozess Eingang finden und dort über Jahre hinweg diskutiert, angepasst und verändert werden. Dies war bspw. der Fall bei der Konzeption der Ökologischen Steuerreform.

Das Beispiel der Ökologischen Steuerreform zeigt neben den langen Zeiträumen, die mit der Verwendung einhergehen können, auch die Schwierigkeiten, wenn mehrere Akteursgruppen betroffen sind. Eine Ökologische Steuerreform betrifft potenziell alle Akteure, die Energie verbrauchen. Und alle Akteure könnten von den eingenommenen Beträgen profitieren. Dies führt zu Interessenkonflikten, welche die öffentliche Diskussion bestimmen. Die Wissenschaft kann diese Konflikte nicht lösen. Sie kann aber Möglichkeiten aufzeigen, auf die jeweiligen Vor- und Nachteile hinweisen und Transparenz und Redlichkeit in der öffentlichen Diskussion fördern. Es ist jedoch zu bedenken: Auch der einzelne Wissenschaftler ist von einer Steuerreform betroffen und wird seine eigenen Interessen vertreten wird. Eine quasi außenstehende Beobachterrolle kann daher auch die Wissenschaft nicht einnehmen.

Beispiel „Ökologische Steuerreform"
Ausgangspunkt der Ökologischen Steuerreform war das Kapitel 5.4.4 „Energieabgabe als Beitrag zur Rentenfinanzierung", nur wenige Seiten, von Binswanger verfasst, in dem Buch „Arbeit ohne Umweltzerstörung", das Binswanger 1983 gemeinsam mit Frisch und Nutzinger geschrieben hatte.[490] Die dort enthaltene Idee nahmen parallel von Weizsäcker und Nutzinger/Zahrnt auf und entwickelten sie weiter.[491] Dort wurde auch erstmals von einer ökologischen Steuerreform gesprochen. Als entscheidende Faktoren für die Aufnahme führt Binswanger an: „Die Idee war einleuchtend, begrenzt und packbar."[492]

Anschließend wurde die Idee unter dem Stichwort „Ökologische Steuerreform" in breiten politischen Kreisen diskutiert, zu Beginn auf Ebene der Europäischen Union. Die Zustimmung der EU-Umweltminister war vorhanden, die EU-Finanzminister lehnten aber auch aufgrund des starken Drucks der Industrie ab. In der Folge kamen Initiativen auf nationaler Ebene auf und wurde weitere Forschung betrieben, ökonometrische Modelle entworfen u.v.a.m.

Nach ungefähr 10 Jahren der Publikation von Binswanger wurde die Idee erstmals Realität. Dabei wurde die Idee nicht exakt so umgesetzt, wie sie ursprünglich gedacht war, sondern mit einer Reihe von Änderungen, Anpassungen an die Interessenlagen und das in der jeweiligen politischen Situation Machbare. Aber die Grundidee, Energie zu besteuern und Lohnnebenkosten zu senken, hat sich gehalten. Binswanger zieht das Fazit: „Es ist die Chance und die Pflicht der Wissenschaft, Ideen zu generieren, da die Politiker keine Zeit dafür haben."[493]

Wie ist diese Verwendungskonzeption einzuordnen?

Diskussionen um eine transdisziplinäre Forschung sind vielfach auch Diskussionen um die Freiheit der Forschung, da die Fokussierung auf lebensweltliche Probleme als eine externe Steuerung der Wissenschaft angesehen werden kann. So wurde auch auf der Internationalen Transdisziplinaritätstagung im Februar/März 2000 in Zürich diese Diskussion vor allem an zwei Vorträgen deutlich:[494] Richard Ernst, Professor für Chemie und Nobelpreisträger, verwies auf die Kreativität und Leistungen einer freien Forschung verwies und sich vehement, wenn auch nicht dogmatisch gegen eine zu starke externe Steuerung der Wissenschaft wandte. Uwe Schneidewind, ein ungefähr 30 Jahre jüngerer Managementprofessor, übertrug im Gegenzug die neueren Konzeptionen des Wissensmanagements auf die Wissenschaft. Es zeigte sich der alte Streit um die Rolle der Wissenschaft, es zeigte sich aber auch ein Generationenkonflikt und zugleich ein Konflikt zwischen Grundlagenwissenschaft und Kunstlehre: Die Tradition der Forschungsfreiheit stand einer funktionalen Sichtweise gegenüber, wonach Wissen als Produkt anzusehen ist, das es effizient zu managen gilt.

---

490 Binswanger, Frisch und Nutzinger, 1983.

491 Weizsäcker, 1989; Nutzinger und Zahrnt, 1989.

492 Interview mit H. C. Binswanger am 13.03.2000.

493 Interview mit H. C. Binswanger am 13.03.2000.

494 Ernst, 2001; Schneidewind, 2001; Thompson Klein et al., 2001. Die Tagung „International Transdisciplinarity Conference: Joint Problem-Solving among Science, Technology and Society" fand vom 27. Februar bis 1. März, 2000 an der ETH Zürich statt.

Die obige Verwendungskonzeption vermag auf den ersten Blick nahe Schneidewinds Managementkonzeption zu liegen. Dem ist aus zwei Gründen nicht so. Schneidewind wendet die Ansätze des Wissensmanagement auf die wissenschaftliche Wissensproduktion an. In der Produktion von Wissen besteht aber ein grundlegender Unterschied zwischen Unternehmen und Wissenschaft (vgl. Kapitel 5.2.2) Während in Unternehmen das kommerziell nutzbare Ergebnis zählt, kommt es in der Wissenschaft neben dem Ergebnis auf den Weg der Erkenntnisgewinnung an. Dabei ist es zweitrangig, inwieweit dieses kommerziell nutzbar sein könnte. Zweitens ist die Produktion von Wissen das ureigenste Metier der Wissenschaft. Das hat auch die Managementlehre erkannt, die für die Weiterentwicklung des Wissensmanagements vielfach auf die Erkenntnis- und Wissenschaftstheorie zurückgreift und diese für die Unternehmenspraxis fruchtbar zu machen versucht. Diese zwei Gründe zeigen: Die Übertragung des Wissensmanagements auf die wissenschaftliche Wissensproduktion schießt über das Ziel hinaus, da sie zu einer unwissenschaftlichen Wissenschaft führen könnte, der es nicht mehr um Transparenz und intersubjektive Nachvollziehbarkeit ihres Vorgehens ginge, sondern ausschließlich um die Produktion möglichst nützlicher Produkte.

Wie erfolgt aber die Wissensproduktion in der Wissenschaft, und inwieweit sollte diese in möglichst großer Freiheit erfolgen? Wissenschaft ist ein vielfach unvorhersehbarer Prozess. In diesem Sinne ist Wissenschaft als Kunst zu verstehen. Dieser Kunst auch finanzielle Freiheit zu geben, kann durchaus im Sinne der Gesellschaft liegen. So zeigen nicht wenige Beispiele, welche Erfolge eine solche Wissenschaft letztlich erzielen kann.

Gänzliche Freiheit wäre jedoch weder mit der obigen Verwendungskonzeption zu vereinbaren, noch lassen sich die gesellschaftlichen Vertreter überzeugen, die Verwendung finanzieller Mittel ausschließlich der Wissenschaft zu überlassen. Es bedarf eines Mittelweges. Wie dieser Mittelweg aussehen könnte, wurde kurz in Kapitel 2.2 aufgezeigt: Die industrialisierte Forschung erfolgt im Rahmen einer kontrollierten Autonomie. Es stellt sich die Frage, wie eng dieser Rahmen gezogen werden sollte und inwieweit die Wissenschaft ihn mitbestimmt. Bei der Aushandlung dieses Rahmen werden die Wissenschaftler möglichst viel Freiheit für sich reservieren wollen und dies mit der Unvorhersagbarkeit ihrer Forschung legitimieren. Auf der anderen Seite werden die gesellschaftlichen Vertreter stehen, welche die legitimen Interessen der finanzierenden Gesellschaft vertreten.

Wissenschaft und Gesellschaft treten somit in einen Aushandlungsprozess. Ausgangspunkt sind die Bedürfnisse der Praxis. Die Praxis definiert die zu bearbeitenden Probleme. Wie diese Probleme anschließend konkret definiert, unter welcher Perspektive sie betrachtet und welche wissenschaftlichen Fragen daraus abgeleitet werden, liegt in Händen der Wissenschaft. Diese bestimmt, welche Disziplinen beteiligt werden und wie diese die Probleme bearbeiten — die eigentliche wissenschaftliche Wissensproduktion liegt in Händen der Wissenschaftler. Diese verfügen in ihrem ureigensten Metier weiterhin über die Freiheit, die sie für sich reservieren wollen. Die vorgestellte Verwendungskonzeption kann nicht das grundsätzliche Probleme zwischen Freiheit und Steuerung der Wissenschaften lösen. Es kann aber helfen, den Aushandlungsprozess im Sinne einer kontrollierten Autonomie zu gestalten.[495].

[495] Eine solche kontrollierte Autonomie wird mit der Einrichtung Nationaler Forschungsschwerpunkte verfolgt. Extern werden Forschungsschwerpunkte vorgegeben, die jedoch sehr allgemein gehalten sind. Innerhalb eines solchen Forschungsschwerpunktes besteht grosse Autonomie der Forschenden. Schweizerischer Nationalfonds, 1999: 6.

7.4 Evaluation

Es besteht Einigkeit, dass TNF evaluiert werden muss. Es besteht auch Einigkeit, dass eine solche Evaluation über eine Evaluation der disziplinären Leistungen hinausgehen muss. Uneinigkeit besteht dagegen vor allem in zwei Punkten: So ist man sich erstens über die Ziele uneinig, die eine solche Evaluation erfüllen soll, und zweitens, wie man diese Ziele erreichen kann. Wer soll in welcher Phase der TNF nach welchen Kriterien was evaluieren? Dieser Frage wird in den folgenden Kapiteln nachgegangen. Dies erfolgt vor dem Hintergrund der Leitfrage, wie die Integration disziplinären Wissens erfolgen kann und wie das Spannungsverhältnis von disziplinärer und disziplinübergreifender Forschung zu beurteilen ist. Hierfür wird im ersten Abschnitt auf allgemeine theoretische Ausführungen zur Forschungsevaluation eingegangen, um anschließend erste Überlegungen zur Evaluation transdisziplinärer Forschung darzulegen. Im zweiten Abschnitt werden wiederum die Erfahrungen im IPG I dargelegt, um im dritten Abschnitt zu versuchen, erste Lösungsansätze zu erarbeiten.

7.4.1 Disziplinäre und transdisziplinäre Forschungsevaluation

Evaluation meint grundsätzlich die Bewertung eines Sachverhaltes, sei dies eine politische Maßnahme, eine bestimmte Ausbildungsart, ein neuer Organisationstyp in einem Unternehmen oder eine spezifische Forschung. Jede Evaluation steht vor einer Reihe von Fragen: Welche *Ziele* sollen mit der Evaluation verfolgt werden? *Wer* soll die Evaluation vornehmen? Nach welche *Kriterien* und in welcher *Phase* eines Projektes soll sie erfolgen? Diese Fragen leiten die folgenden Ausführungen, zu Beginn die Ausführungen zur Evaluation disziplinärer Forschung, anschließend die zur Evaluation transdisziplinärer Forschung.

Disziplinäre Forschungsevaluation

Ziele der Forschungsevaluation. Ausgangspunkt der Forschungsevaluation ist die Frage nach der Qualität der Forschung. Da Wissenschaft und somit auch die wissenschaftliche Ergebnisse kontextbehaftet sind, kann es keinen allgemeingültigen Begriff von wissenschaftlicher Qualität geben. Qualität selbst ist kontextbehaftet.

Wenn nicht nur eine singuläre Bewertung erfolgen soll, dann ist der Vergleich von Forschung notwendig. Innerhalb eines Forschungsparadigmas ist ein Vergleich möglich, weil ein einheitliches Werteschema existiert. Soll jedoch Forschung verglichen werden, die in unterschiedlichen Kontexten erfolgt, ist dies nur möglich, wenn ein unabhängiger Referenzpunkt existiert. Da ein solcher nicht existiert (vgl. Kapitel 7.2.1), wird ein Hilfskriterium notwendig. Hornbostel führt das Kriterium des Konsenses an. Konsens wiederum lässt sich nur in einem sozialen Aushandlungsprozess erzielen.[496]

Das Qualitätsziel ist jedoch nur das Oberziel, hinter dem sich weitere höchst heterogene Ziele verbergen. Hierbei ist zu unterscheiden zwischen den Zielen, die die jeweilige Scientific Community setzt, und den Zielen der wissenschaftsexternen Stellen.

Wissenschaftsintern erfolgt die Evaluation i.d.R. innerhalb einer Disziplin. Dort ist es das Ziel festzustellen, inwieweit eine Arbeit wissenschaftlichen Standards genügt, inwieweit sie State of the Art ist, wie innovativ und kreativ sie ist, welche Methoden zur Anwendung gelangen etc. Wissenschaftsintern geht es demnach ausschließlich um die Qualität. Qualität wird dabei vor dem Hintergrund der jeweiligen Disziplin oder Teildisziplin und den dort vorherrschenden Werten definiert. Wissenschaft erweist sich als selbstevaluierendes System.[497]

Dieses selbstevaluierende System ist verstärkt einer externen Evaluation ausgesetzt. Hier evaluieren vor allem *wissenschaftsexternen Stellen*, die staatliche Gelder verteilen. Auch für diese ist die Qualität der Forschung von Bedeutung. Aber zum einen muss deren Qualitätsbegriff nicht zwingend dem entsprechen, was in dem jeweiligen wissenschaftlichen Kontext darunter verstanden wird. Zum anderen kommen weitere Ziele hinzu, bspw. inwieweit in dem gewünschten Bereich geforscht wurde, d.h. wurden die aus gesellschaftlicher Perspektive „richtigen“ Dinge erforscht (Effektivität). Neben der Effektivität ist zudem die Effizienz bedeutend, also die Frage, ob die eingesetzten Mittel zielgerichtet verwendet wurden.

Personen der Forschungsevaluation. Die wissenschaftsinternen Ziele werden auch wissenschaftsintern verfolgt, d.h. die Wissenschaftler einer Disziplin evaluieren die Forschung von Wissenschaftlern derselben Disziplin. Innerhalb einer Disziplin wird die Evaluation auf verschiedenen Ebenen vorgenommen, so einerseits im direkten Umfeld, gleichsam durch die Laborkollegen. Andererseits erfolgt die Evaluation in der Scientific Community, hier vor allem auf Ebene des Zeitschriftenwesen.[498]

Die wissenschaftsexternen Ziele werden grundsätzlich auch durch wissenschaftsexterne Personen verfolgt. Hierbei stellt sich jedoch das Problem, dass die wissenschaftsexternen

---

[496] Hornbostel, 1997: 73 und 159.

[497] Krohn und Küppers, 1989: 73ff.; Kötter, 1999: 1.

[498] Krohn und Küppers, 1989: 80ff.

Personen nicht über das spezialisierte Wissen der einzelnen Wissenschaftler verfügen können. Sie müssen mit Wissen „'aus zweiter Hand'"[499] arbeiten, also mit dem Wissen der wissenschaftlichen Experten. Solche Experten werden daher zur wissenschaftsexternen Evaluation beigezogen. Die Evaluation erfolgt demnach auch hier weitgehend wissenschaftsintern. Allerdings verfolgt diese Evaluation Ziele, die wissenschaftsextern vorgegeben sind.

Kriterien der Forschungsevaluation. Die Suche nach Kriterien erfordert die Konkretisierung des Qualitätsbegriffs. Wenn auch quantitativ bewertet werden soll, dann ist zudem die Operationalisierung konkreter Merkmale notwendig. Mit Qualität werden i.d.R. Merkmale verbunden wie die Berücksichtigung des State of the Art einer Disziplin, die Originalität, die saubere Verwendung der angewandten Methode etc. Diese Merkmale sind jedoch unscharf und nicht exakt definiert. Sie dienen eher als Heuristik und sind Grundlage für weitere Konkretisierungen hin zu operationalisierbaren Indikatoren. Solche Wissenschaftsindikatoren „stellen vielmehr eine auf ein bestimmtes Ziel hin gerichtete Selektion, Transformation und Kombination von Daten dar, die ohne normative und definitorische Vorgaben nicht möglich sind."[500] Evaluation erfolgt somit immer aus einer bestimmten Perspektive. Aus diesem Grunde ist die Einigung auf Indikatoren und Vorgehensweisen nicht nur eine Frage des State of the Art der Forschungsevaluation, es ist auch eine Frage der Ziele und somit selbst ein sozialer Aushandlungsprozess.[501] Im folgenden werden die wichtigsten Bewertungsverfahren überblicksartig angeführt und erläutert, warum welche Kriterien verwendet werden.

Qualitative Bewertung: Das Peer Review. Als *qualitatives Verfahren* findet vornehmlich das *Peer Review* Anwendung. Peer Review bezeichnet „die Bewertung einer wissenschaftsbezogenen Angelegenheit durch kompetente Personen"[502]. Die Offenheit der Definition deutet auf die Offenheit des gesamten Verfahrens hin. Das Verfahren wird sowohl angewendet bei ex ante als auch bei ex post Entscheidungen. Ebenso wie der Gegenstandsbereich sind auch die Urteilskriterien variabel, ist die Wahl der kompetenten Personen ungeregelt und der Umgang mit Konflikten zwischen den evaluierenden Personen.[503]

---

[499] Weingart, 1991: 228.

[500] Hornbostel, 1997: 181.

[501] Hornbostel, 1997: 181f.

[502] Hornbostel, 1997: 195.

[503] Hornbostel, 1997: 195f.

Um das Peer Review zu bewerten, sind daher die genauen Umstände zu kennen, nach denen es erfolgt. So ist es zwar das im Wissenschaftsbereich am häufigsten verwendete Verfahren, es ist aber auch das umstrittenste.[504] Ein Kritikpunkt ist bspw. die *mangelnde Konsistenz* der Entscheidungen. Diese Inkonsistenzen werden u.a. auf die Reputation der evaluierten Forschenden zurückgeführt, deren Herkunft oder die Wahl der Peers.[505]

Diese Gründe versucht man durch ein *Blind Review* zu umgehen. Hierbei wird nur das Manuskript an die Peers gesandt und versucht, alle Hinweise auf den Autor zu verdecken. Ziel ist, dass die Peers nur den Aufsatz bewerten, unabhängig von der Herkunft und Person. Gegen das Blind Review wird angeführt, dass die Peers trotzdem den Autor in den meisten Fällen erkennen. Dieser Einwand könnte insbesondere dann zum Tragen kommen, wenn die spezifische Scientific Community sehr klein ist, so dass jeder jeden kennt.

Aus diesem Grund haben Lee et al. das Blind Review von Research Proposals untersucht, die bei der Korea Science and Engineering Foundation in Südkorea eingereicht wurden. Dabei zeigte sich, dass die Reviewer ca. zwei Drittel der Autoren nicht erkannten. Gesamthaft zeigte sich die Effektivität des Blind Review auch für ein kleines Land wie Südkorea mit einer begrenzten Anzahl von Reviewern.[506]

Weiterhin wird gegen das Peer Review angeführt, dass die Reviewer verstärkt Artikel bevorzugen, die ihrer eigenen Meinung entsprechen. Zudem wird kritisiert, Peer Review sei innovationsfeindlich, verhindere interdisziplinäre und fördere Mainstream-Forschung.[507] Aus diesen Gründen wird das Peer Review als nicht valide angesehen. Schließlich ist es zeitintensiv und daher auch kostenintensiv.[508]

Für das Peer Review spricht die hohe Flexibilität und falladäquate Justierung. Es ist möglich, der Kontextgebundenheit der Forschung gerecht zu werden. Dadurch wird abweichenden Urteilen Raum gegeben. Die Gutachter stehen hier als Garanten für gute und schlechte Forschung.[509] Zudem wurde festgestellt: Arbeiten, die bei einem Journal abgelehnt und anschließend in einem anderen veröffentlicht wurden, werden signifikant weniger zitiert als die beim erstenmal angenommen Arbeiten.[510] Becher charakterisiert das Peer Review treffend:

---

504 Hornbostel, 1997: 195f.; Lee et al., 1999: 19.

505 Hornbostel, 1997: 200f.; Lee et al., 1999: 19.

506 Lee et al., 1999.

507 Lee et al., 1999: 19; Rojo, 1999: 498; Hornbostel, 1997: 203.

508 Strömholm, 1999: 492.

509 Lee et al., 1999: 19; Hornbostel, 1997: 196.

510 Hornbostel, 1997: 208. Hornbostel verweist auf Daniel, 1992.

„Most of those who advocate parliamentary democracy as a method of government are prepared to acknowledge its manifold weaknesses: their defence of it rests on the claim that there is no preferable substitute. So too, it can be argued, the exercise of peer group judgement must be tolerated, for all ist admitted faults, because no one has yet come up with an approach for academic evaluation that would not be discernibly worse."[511]

Quantitative Bewertungen: Input-, Output- und Prozess-Indikatoren. Insbesondere wissenschaftsexterne Stellen streben eine breitere Evaluation an, die über einzelne Projekte hinausgeht und bei der z.B. die Produktivität der Disziplinen im Vergleich bewertet werden soll. Hierfür sind Verfahren notwendig, die eine größere Aggregation zulassen.

Eine Aggregation ist nur möglich, wenn die Ausprägungen bestimmter Qualitätsmerkmale vergleichbar sind. Daher sind diese Ausprägungen zu operationalisieren, d.h. mit Eigenschaften in Verbindung zu bringen, die vergleichbar sind.[512] Aufgrund eines stärkeren wissenschaftsexternen Interesses an solchen Indikatoren und der parallel dazu zunehmenden Verfügbarkeit von Daten wurden in den letzten Jahren zahlreiche Indikatoren entwickelt und weiter verfeinert. Im folgenden werden die Indikatoren überblicksartig vorgestellt, die der Schweizerische Wissenschaftsrat verwendet, der sich auf internationale Standards stützt.[513]

Der Schweizerische Wissenschaftsrat unterscheidet zwischen Input-, Output- und Prozess-Indikatoren.[514] Bei den *Input-Indikatoren* stehen folgende im Vordergrund:

- F&E-Aufwendungen gemessen am BIP, pro Bürger und im internationalen Vergleich.
- Welche Sektoren finanzieren F&E?
- Welche Sektoren führen in welchem Maße F&E durch?
- Wie viel Personal wird in den einzelnen F&E-Sektoren beschäftigt?

Output-Indikatoren: Während mit den Input-Faktoren eine quantitative Gesamterfassung möglich ist, wird eine Gesamterfassung des Outputs schwieriger, da der Output unterschiedlichen Charakters ist und sich daher nicht auf eine Größe, wie z.B. Kapital oder Personal, zurückführen lässt. So ist bspw. bei der Messung des Outputs anhand von Publikationen zwischen den unterschiedlichen Arten der Publikationen zu unterscheiden. Der Output

---

511 Becher, 1989, zit. n. Strömholm, 1999: 491.

512 Kötter, 1999: 4 und Hornbostel, 1997: 239.

513 Da Pozzo, 1998: XXIV. Vgl. allgemein zur Evaluation Hornbostel, 1997, und Scientometrics, einem internationalen Journal zu quantitativen Aspekten der Wissenschaftsforschung und Wissenschaftspolitik.

514 Vgl. im folgenden Schweizerischer Wissenschaftsrat, 1998.

kann aber auch in Form von Patenten, Firmengründen und konkreten Produkten erfolgen. Zudem geben Output-Faktoren nur den kurzfristigen Output wieder, können aber keinen Aufschluss über den langfristigen Output bieten. Als positive Faktoren lassen sich dagegen anführen, dass die Indikatoren eine internationale Vergleichbarkeit zulassen, Inhalte und Wandel von F&E erfasst werden kann, sich aktuelle Tendenzen erkennen lassen und auch quantitativ kleine Gebiete erfassbar sind.[515]

Die quantitativen Indikatoren weisen eine Reihe von Schwächen auf; bspw. wird bei der Zitationsanalyse, die sich auf den SSCI stützt, kritisiert, dass der SSCI nur wenige europäische Journals beinhaltet.[516] Zudem zeigen Studien, dass Überblicksartikel oder Artikel, die Methoden beschreiben, häufiger zitiert werden als andere Artikel.[517] Darüber hinaus wird die Zitation als Ausprägung gesehen, durch die auf die Qualität einer Publikation geschlossen wird.[518] Dies mag vielfach der Fall sein, Hornbostel bemängelt aber:

> „Was das Zitierverhalten von wissenschaftlichen Autoren (...) bestimmt, ist bis heute keineswegs geklärt. Seit Beginn der Zitationsanalysen wurde sowohl das Fehlen einer einheitlichen 'Theorie des Zitierens' beklagt als auch das Fehlen eines ausreichenden empirischen Wissens um die Motive der zitierenden Autoren und die Funktionen von Zitaten im Wissenschaftssystem."[519]

Weiterhin hat sich gezeigt: Auch wenn Untersuchungen auf dem gleichen Datenmaterial basieren, können sie zu unterschiedlichen Ergebnissen führen. Als Gründe sind dabei anzuführen[520]: *Auswahl* der Institutionen und/oder Zeitschriften, die der Untersuchung zugrunde liegen, das *Zeitintervall*, über das eine Untersuchung erfolgt, die *Binnenvarianz*, wenn bspw. wenige Artikel eine hohe Zitationsrate aufweisen, diese Artikel zudem Methoden beschreiben und daher erfahrungsgemäss stärker zitiert werden, die *Datenqualität,* so existieren in den Datenbanken vielfach fehlerhafte Autoren- oder Institutionennamen, und die *Wahl von Gewichtungsfaktoren*, d.h. wie stark werden bspw. bestimmte Journals gewichtet und welche Journals liegen einer Untersuchung zugrunde. Aus diesen Gründen sind die Indikatoren nicht mechanisch zu verwenden, sondern verlangen eine ausführliche Interpretation.[521]

---

515 Schweizerischer Wissenschaftsrat, 1998: 29.

516 Hornbostel, 1997: 241; Phelan, 1999: 126ff.

517 Phelan, 1999: 123; Schweizerischer Wissenschaftsrat, 1998: 29.

518 Phelan, 1999: 118f.

519 Hornbostel, 1997: 284.

520 Hornbostel, 1997: 317ff.; Phelan, 1999.

Prozess-Indikatoren: Bei den Prozess-Indikatoren untersucht der Schweizerische Wissenschaftsrat ausschließlich die internationalen Kooperationen in der Wissenschaft. In Anlehnung an die EU-Wissenschaftspolitik erachtet er internationale Forschungskooperationen als bedeutend für die Qualität der Forschung.[522]

Phase der Forschungsevaluation. Die Evaluation von Forschung erfolgt ex ante, während des Prozesses und ex post. Ex ante werden Forschungsgesuche auf ihre Forschungsfähigkeit und –würdigkeit beurteilt.[523] Bei der Prozessevaluation werden laufende Forschungsprozesse daraufhin geprüft, inwieweit vereinbarte Ziele und Schritte eingehalten werden, welche Schwierigkeiten sich bisher gezeigt haben und wie diese überwunden werden können. Hierbei geht es um ein Coaching, weniger um eine Bewertung der Ergebnisse. Die ex post Evaluation beschäftigt sich dagegen weitgehend mit den Forschungsergebnissen.

Evaluation transdisziplinärer Forschung

Die Verfahren der disziplinären Forschungsevaluation weisen eine Reihe von Problemen auf. Diese Probleme erklären jedoch nicht, warum von Seiten der transdisziplinär Forschenden wie von Seiten der transdisziplinären Peers verstärkt der Ruf nach transdisziplinären Evaluationsmethoden erklingt. Die Gründe hierfür sind vielmehr in der unterschiedlichen Problemstruktur und Problembearbeitung transdisziplinärer Forschung zu suchen. Wie bereits erläutert, wird bei der disziplinären Evaluation ausschließlich die disziplinäre Arbeit betrachtet. Die Evaluationsindikatoren erfassen somit nur diesen Bereich der Forschung. Dies ist legitim, wenn dieser Bereich derjenige ist, der von Interesse ist. Bei der transdisziplinären Evaluation ist dies jedoch nur ein Teilbereich, und noch nicht einmal der entscheidende. Aus diesem Grunde werden Indikatoren nötig, die auch die Bereiche erfassen, die über disziplinäre Arbeiten hinausgehen und für transdisziplinäre Forschung entscheidend sind. Die Suche nach solchen Indikatoren steht erst am Anfang. Entsprechend gering ist die Literatur.[524] Die Arbeiten beschäftigen sich vornehmlich mit qualitativer Evaluation. Eine Ausnahme bilden

---

[521] Phelan, 1999: 134f.; Meyer-Krahmer, 1999: 414; Hornbostel, 1997: 320; Da Pozzo, 1998: XI.

[522] Schweizerischer Wissenschaftsrat, 1998: 44ff.

[523] Kötter, 1999: 3f.

[524] Zur Evaluation transdisziplinärer Forschung liegen u.a. vor: Defila und DiGiulio, 1999; Kötter, 1999; Krott, 1997 und 2000; Hirsch Hadorn, 1999; Arbeitsgruppe „Interdisziplinarität - Evaluationskriterien“, 1998; Jenni, 2000; Burger, 2000; Rosenblum, 1997; Spaapen und Wamelink, 2000. Ein grosser Teil dieser Arbeiten beruht jedoch auf kurzen Vorträgen oder Konferenzbeiträgen.

Parthey und Bordons et al., die quantitative Indikatoren entwickelt und angewandt haben.[525] Im folgenden werden wiederum erst die Ziele der transdisziplinären Forschungsevaluation erläutert, anschließend wird auf die evaluierenden Personen und Kriterien eingegangen und die einzelnen Phasen der Evaluation kurz erläutert.

Ziele transdisziplinärer Evaluation. Analog der disziplinären Forschungsevaluation ist es das Hauptziel, die Qualität der Forschung zu ermitteln und zu bewerten. Inwieweit sich die Qualität transdisziplinärer Forschung von der disziplinären unterscheidet war bereits Thema in Kapitel 3 und wird bei den Qualitätskriterien weiter ausgeführt.

Neben der Qualität ist auch die Effektivität bedeutend, also die Frage, welcher Gegenstandsbereich erforscht wird. Ergibt sich dieser Gegenstandsbereich in der disziplinären Forschung weitgehend aus der Disziplin selbst, so ist bei der transdisziplinären Forschung der Gegenstandsbereich in der Lebenswelt angesiedelt und i.d.R. aus Perspektive wissenschaftsexterner Akteure problembehaftet. Wissenschaftsextern ist daher die Frage der Effektivität im Rahmen der TNF von wesentlich höherer Relevanz.

Bei der Frage der Effektivität gilt es jedoch nicht nur zu klären, welcher Gegenstandsbereich untersucht werden soll. Zudem ist zu klären, was von der Forschung erwartet wird und welchen Erwartungen die Forschung gerecht werden kann und soll. TNF kann einerseits in dem Sinne verstanden werden, dass dringende lebensweltliche Probleme mit Hilfe der Wissenschaft gelöst werden. Andererseits kann sie in erster Linie einen wissenschaftlichen Beitrag anstreben und daneben einen Beitrag zur Lösung eines lebensweltlichen Problems erzielen.[526] Im folgenden wird vom ersten Fall ausgegangen.

Darüber hinaus stellt sich die Frage, was für eine Art von Beitrag zu einem lebensweltlichen Problem von der Forschung zu erwarten ist.[527] Im vorigen Kapitel wurde grundsätzlich zwischen einem Enlightenment und einem Engineering unterschieden, zwischen einem eher konzeptionellen Beitrag der Forschung und einem direkten Handlungswissen (vgl. Kapitel 7.3). Hier sind die Erwartungen zwischen Forschern und Peers abzugleichen.

Neben der Effektivität und diesen Erwartungen spielt die Effizienz der Forschung eine wichtige Rolle. Dies ist insbesondere der Fall, weil die finanziellen Mittel knapper werden, die Erwartungen an die Wissenschaft steigen und transdisziplinäre Forschung zudem in aller

---

[525] Parthey, 1996 und 1999; Bordons et al., 1999.

[526] Kötter, 1999: 11.

[527] Kötter, 1999: 12.

Regel in größeren Forschungsverbünden erfolgt, sie Forscher mehrerer Disziplinen umfasst und daher einem hohen Koordinationsbedarf ausgesetzt ist, der eines effizienten Managements bedarf (vgl. Kapitel 8).

Personen der Forschungsevaluation. Ähnlich der disziplinären Evaluation soll die transdisziplinäre durch wissenschaftsinterne und wissenschaftsexterne Stellen vorgenommen werden.[528] Für die *wissenschaftsinterne* Evaluation sind verschiedene Varianten denkbar, von denen jede für sich alleine vermutlich nicht vollständig befriedigen kann, deren Kombination jedoch vielversprechend erscheint. So kann die Forschung durch *inter- oder transdisziplinäre Gutachter* evaluiert werden. Da diese vielfach nicht bzw. noch nicht existieren, werden in der Evaluationspraxis *Forscher mit vorwiegend disziplinärer Erfahrung* herangezogen. Damit diese nicht ausschließlich nach disziplinären Kriterien beurteilen, sollten sie nach Krott diszipliniert werden, d.h. „inhaltsreiche Vorgaben"[529] für die Bewertung erhalten.[530] Wie diese Vorgaben aussehen könnten wird im Rahmen der Kriterien diskutiert.

Zudem schlägt Krott[531] eine Evaluation durch *Wissenschaftsforscher* vor. Je nach disziplinärer Herkunft hätten diese einerseits die Aufgabe, die verwendeten Methoden und Theorien zu prüfen, und andererseits, das Management und die ökonomische Effizienz des Forschungsprozesses zu untersuchen. Diese Art der Evaluation kann über die Rekonstruktion des Forschungsprozesses hinaus die Ursachen aufdecken, warum bestimmte Probleme aufgetreten sind. Die Forscher selbst können diese Ursachen vielfach nicht erkennen, da sie im Forschungsprozess integriert sind und dadurch eine andere Perspektive einnehmen, durch die ihnen weitgehend ein unvoreingenommener Blick verwehrt bleibt. Speziell für die Prüfung des Managements und der Organisation schlägt Kötter vor, neben Fachgutachtern *Organisationsspezialisten* beizuziehen.[532]

Auch *wissenschaftsextern* sind verschiedene Möglichkeiten denkbar. So können, wie bei der disziplinären Forschung, die finanzierenden Stellen evaluieren. Auch diese werden wiederum Wissenschaftler beiziehen, da sie nicht über das notwendige Wissen verfügen können.

---

[528] Krott, 1997.

[529] Krott, 1997: 273.

[530] Hirsch et al., 1996/97: 7; Di Giulio und Defila, 1998. Hier werden Vorschläge für konkrete Kriterien gemacht, anhand derer eine Evaluation vorgenommen werden könnte. Dabei kommen sowohl methodologische als auch operative, d.h. das Management betreffende, Kriterien zur Anwendung.

[531] Krott, 1997: 270ff.

[532] Kötter, 1999: 14.

Bei diesen beigezogenen Wissenschaftlern bestehen dann die gleichen Probleme wie bei der wissenschaftsinternen Evaluation. Sie sind disziplinär geschult, stehen in einer disziplinären Tradition und kennen die jeweiligen disziplinären Evaluationskriterien. Da transdisziplinäre Kriterien erst in Ansätzen existieren, werden sie tendenziell dazu neigen, vornehmlich disziplinär zu evaluieren. Daher ist es auch bei der wissenschaftsexternen Evaluation erforderlich, dass die beigezogenen Experten inhaltsreiche Vorgaben erhalten.

Eine transdisziplinäre Forschung bearbeitet lebensweltliche Probleme, und dabei partizipieren i.d.R. auch *Praxisakteure*. Aus diesem Grunde wird vielfach gefordert, dass auch diese Akteure die Forschung evaluieren sollten. Nicht ausschließlich, aber diese könnten die praktische Relevanz der Forschung beurteilen. Bei der Evaluation durch die Praxisakteure ist jedoch Vorsicht geboten, da die Wissenschaft weder die volle Verantwortung dafür übernehmen kann, ob ihre Ergebnisse in der Praxis zur Anwendung kommen, noch, ob die Ergebnisse bei den Praxisakteuren letztlich auf Zustimmung stoßen. Daher sollte die Evaluation nicht ausschließlich von der Bewertung der Praxisakteure abhängig gemacht werden.

Defila/Di Giulio weisen zudem daraufhin, dass die Anforderungen an die Gutachter nicht zu unterschätzen sind, da sie eine hohe Kompetenz aufweisen und zudem über große zeitliche Ressourcen verfügen müssen, die eine ausführliche Evaluation erfordert.[533]

Kriterien transdisziplinärer Forschungsevaluation. Rosenblum untersuchte interdisziplinäre Forschungsgesuche nach der Ko-Zitationsanalyse. Dabei stellte er fest, dass die Literatur, auf die in diesen Projekten verwiesen wurde, jeweils aus den beteiligten Stammdisziplinen stammt. Es wurde jedoch kaum auf ähnlich gelagerte interdisziplinäre Projekte und Publikationen verwiesen.[534] Hirsch Hadorn[535] sieht hier ein zentrales Problem der Bewertung transdisziplinärer Forschungsprojekte im Vergleich zur Bewertung disziplinärer: Bei der disziplinären Forschung besteht eine Community, es existiert ein gemeinsamer Wissenskorpus und es kann sich auf ein State of the Art, auf eine Benchmark, gestützt werden. Community, gemeinsamer Wissenskorpus und Benchmark sind ausschlaggebend für die Evaluation disziplinärer Projekte. In der transdisziplinären Forschung bestehen diese Referenzpunkte nicht. Wenn demnach transdisziplinäre Forschung anhand solcher Referenzen gemessen werden soll, dann wird dies zur Folge haben, dass eine disziplinäre Evaluation erfolgt. Da transdis-

---

533 Defila und DiGiulio, 1999: 16.

534 Rosenblum, 1997.

535 Hirsch Hadorn, 1999: 2.

ziplinäre Forschung auf disziplinäres Wissen angewiesen ist und auf diesem aufbaut, ist eine solche Bewertung ein notwendiger Bestandteil. Sie ist jedoch nicht hinreichend, da nicht die disziplinäre Bearbeitung im Vordergrund steht. Diese ist vielmehr Instrument für die transdisziplinäre Bearbeitung lebensweltlicher Probleme, also Instrument und Voraussetzung für eine Integration disziplinärer Perspektiven und einer Integration zwischen Wissenschaft und praktischer Problemstellung.

Wie könnte eine adäquate transdisziplinäre Evaluation erfolgen? Das Fehlen solcher Referenzpunkte könnte darauf zurückzuführen sein, dass transdisziplinäre Forschung sich in einer Pionierphase befindet und sich erst eine Scientific Community und ein gemeinsamer Wissenskorpus bilden muss.[536] Hiergegen sprechen eine Reihe von Gründen: Eine interdisziplinäre Forschung existiert bereits seit längerem, und auch eine an den Problemen der Praxis orientierte Umweltforschung besteht seit vielen Jahren. Zumindest bei der Umweltforschung hat sich eine Community entwickelt, aber gerade diese verweist auf das Problem: Die zu bearbeitenden Probleme sind heterogen und auch die Disziplinen und Methoden, mit denen diese Probleme bearbeitet werden.[537] Daher ist nur in Ansätzen die Entwicklung eines gemeinsamen Wissenskorpuses festzustellen.

Als das wesentliche Unterscheidungsmerkmal TNF zur disziplinären Forschung gilt die Problemstrukturierung. „Die Problemstellung allein erzwingt die Forschungsform"[538]. Die Bildung einer transdisziplinären Community und eines gemeinsamen transdisziplinären Wissenskorpus wäre daher vergleichbar mit der Bildung einer disziplinären Community und eines disziplinären Wissenskorpus. Aufgrund der Ausdifferenzierung der Disziplinen erscheint die Gründung einer solchen Community utopisch. Da TNF auf diesem ausdifferenzierten Wissenskorpus der Disziplinen aufbaut und diesen entsprechend der Problemstellung neu strukturiert, ist auch die Bildung einer transdisziplinären Community und noch mehr die Bildung eines transdisziplinären Wissenskorpus auf inhaltlicher Ebene als utopisch. Möglich erscheint dagegen eine Community und ein gemeinsamer Wissenskorpus auf Ebene der Methodologie. Hier hat sich in den letzten Jahren eine Community gebildet.[539]

---

[536] Hirsch Hadorn, 1999: 3; Interview 7: 3f.

[537] Hirsch Hadorn, 1999, 3.

[538] Kötter, 1999: 11; Kötter und Balsiger, 1999.

[539] So erfolgten im Rahmen des Schwerpunktprogramms Umwelt des Schweizerischen Nationalfonds drei Diskussionsforen zu methodischen Fragen transdisziplinärer Forschung. Zudem fand vom 27.02. bis 1.03.2000 in Zürich eine internationale Tagung zu transdisziplinärer Forschung statt. Darüber hinaus hat die Schweizerische Akademische Gesellschaft für Umweltforschung und Ökologie ein Transdisziplinaritätsnetzwerk ins Leben gerufen (vgl.: http://www.unibas.ch/mgu/sagufnet/.

Was bedeutet das Fehlen eines inhaltlichen Wissenskorpus für die transdisziplinäre Evaluation? Ein inhaltlicher Korpus könnte sich bilden, wenn die transdisziplinäre Forschung sich ausdifferenziert und sich quasi transdisziplinäre Disziplinen bildeten. Denkbar wäre hier bspw. ein Bereich Nachhaltigkeitsforschung mit Disziplinen, die sich einzelnen Bedürfnisfeldern oder Syndromen widmeten. Eine solche Disziplin zeichnet sich u.a. ab im Rahmen der stadtökologischen Forschung.[540] Allerdings weist auch die stadtökologische Forschung ein hohes Maß an Heterogenität auf, so dass es zweifelhaft bleibt, ob es generell möglich ist, dass sich eine relativ homogene transdisziplinäre Forschungsrichtung entwickeln kann.

Auch in den Anfängen der disziplinären Forschung waren die zugrundeliegenden Gegenstandsbereiche von hoher Heterogenität, was zu einer weiteren Ausdifferenzierung führte. Überträgt man diese Entwicklung auf eine potenziell transdisziplinäre Entwicklung hieße das am Beispiel der stadtökologischen Forschung, dass auch diese sich in der Folge ausdifferenzieren müsste. Transdisziplinäre Forschung würde demnach einer Ausdifferenzierung ähnlich der disziplinären Forschung ausgesetzt, die letztlich wiederum eine Integration erfordern könnte, eine möglicherweise trans-transdisziplinäre Forschung. Hiervon ist man jedoch gegenwärtig weit entfernt. Es bleibt abzuwarten, inwieweit eine Ausdifferenzierung stattfindet, sich ein spezifischer transdisziplinärer Wissenskorpus bilden wird, der Benchmarks setzt, und sich somit Referenzpunkte herausbilden für eine inhaltliche Evaluation transdisziplinärer Forschung. Gegenwärtig ist es erforderlich, nach anderen Möglichkeiten der transdisziplinären Forschungsevaluation zu suchen, die über eine disziplinäre hinausgehen. Hirsch Hadorn schlägt als Dimensionen für eine solche Bewertung drei Leitfragen vor:[541]

1. Wie wurde der Untersuchungsgegenstand festgelegt?
2. Wie werden die verschiedenen Disziplinen aufeinander bezogen?
3. Welche Rolle bezieht die Wissenschaft gegenüber der Gesellschaft?

Diese Fragen entsprechen dem, was in Kapitel 3.3 mit Problemdefinition, horizontaler und vertikaler Integration umschrieben wurde. Es sind Dimensionen einer transdisziplinären Forschung, anhand derer eine Evaluation vorgenommen werden kann. Diese Dimensionen sind jedoch noch keine Kriterien. Ähnlich der disziplinären Forschung wird es notwendig, spezifische Merkmale dieser Dimensionen zu identifizieren und Kriterien abzuleiten. Hierbei kann wiederum zwischen *quantitativen und qualitativen Kriterien* unterschieden werden.

---

[540] Friederichs und Holländer, 1999.

Bordons et al. untersuchten, inwieweit das Multidisciplinary Research Programm (MRP) an der Universidad Complutense de Madrid (UCM) disziplinübergreifende Forschung gefördert hat.[542] Hierfür bedienten sie sich folgendes *quantitativen Indikators*:

> „Interdisciplinary in the UCM is measured through the collaboration of authors from different institutional addresses within the UCM, either as co-authors in a Scientific publication or as colleagues in a research project."[543]

Bordons et al. sind überzeugt, dass ein Zusammenhang zwischen Zusammenarbeit und realisierter Interdisziplinarität besteht.[544] Sie führen jedoch auch eine Reihe von Problemen für ein solches Maß an:[545]

- Einzelne Forscher, die interdisziplinär forschen, werden nicht erfasst.
- Dagegen wird die Zusammenarbeit von Wissenschaftlern zweier eng verwandter Disziplinen als interdisziplinäre Forschung angesehen.
- Teilnehmer eines interdisziplinären Projektes müssen nicht als Ko-Autoren auftreten.
- Wie bereits bei der disziplinären Zitationsanalyse angeführt, ist die Datenbasis und der Zeitraum der Untersuchung bedeutend für das Ergebnis der Untersuchung.
- Es kann interdisziplinär geforscht, aber separat publiziert werden.

Parthey[546] sieht dagegen als entscheidendes Merkmal interdisziplinärer Forschung nicht die Zusammensetzung einer Forschergruppe nach disziplinärer Herkunft an, weshalb er die Ko-Autorschaft nur als ergänzendes Maß für Interdisziplinarität verwendet.[547] Als entscheidend für interdisziplinäre Forschung sieht Parthey statt dessen an, inwieweit einer Disziplin Wissen fehlt, um ein Problem zu bearbeiten. So sind interdisziplinäre Forschungssituationen dadurch gekennzeichnet, dass sich Problemformulierung und Methodenbegründung auf unterschiedliche wissenschaftliche Disziplinen beziehen. Auf diesem Verständnis von Interdisziplinarität basierend entwickelt Parthey zwei Indikatoren:[548]

---

541 Hirsch Hadorn, 1999: 3.

542 Bordons et al., 1999: 384f.

543 Bordons et al., 1999: 385.

544 Bordons et al. verweisen hier auf die Ausführungen von Qin et al., 1997. Bordons et al., 1999: 395.

545 Bordons et al., 1999: 395ff.

546 Parthey, 1996 und 1999.

547 Parthey bezieht sich hierbei auf Darvas und Haraszathy, 1983, die bei ihren Untersuchungen keine signifikante Korrelation zwischen Interdisziplinarität und Ko-Autorschaft finden konnten. Parthey, 1996: 108f.

548 Parthey, 1996: 105 und 109.

1. Ist das Problem disziplinübergreifend oder in einer Disziplin formuliert?
2. Interdisziplinarität von Problem und Methode: „'Die in der Forschungsgruppe zur Bearbeitung Ihres Problems verwendeten Methoden (1) sind in demselben Wissensbereich begründet, in dem Ihr Problem formuliert ist, (2) sind in einem Wissensbereich begründet, der verschieden von dem Wissen ist, in dem Ihr Problem formuliert ist'"[549].

Parthey wie Bordons et al. haben das Ziel, Interdisziplinarität zu messen. Bordons et al. möchte die Wirksamkeit eines Forschungsprogramms testen, das zum Ziel hat, Interdisziplinarität zu fördern. Parthey möchte darüber hinaus den Grad an Interdisziplinarität eruieren. Beide Ziele sind grundsätzlich legitim, weisen aber zwei Nachteile auf: Erstens basieren sie auf einer bestimmten Vorstellung von dem, was Interdisziplinarität auszeichnet, bei Bordons ist es die Ko-Autorschaft, bei Parthy die Interdisziplinarität von Problem und Methode. Hierbei bleibt fraglich, inwieweit diese Vorstellungen allgemeine Anerkennung erhalten. Zweitens ist fraglich, ob es sinnvoll ist, Interdisziplinarität zu messen. Wenn Interdisziplinarität als ein Wert an sich gesehen wird, vermag dessen Messung sinnvoll sein. Wenn Interdisziplinarität Forschung jedoch lediglich als Notwendigkeit erachtet wird, um lebensweltliche Probleme zu bearbeiten, dann ist es uninteressant, inwieweit Inter- oder Transdisziplinarität tatsächlich realisiert wurde. Entscheidend ist, wie erfolgreich das zugrundeliegende Problem bearbeitet wurde. Die erfolgreiche Problembearbeitung muss jedoch nicht zwingend mit dem Maß an disziplinübergreifenden Arbeiten korrelieren. Daher wäre es naheliegender, nach Indikatoren zu suchen, wie eine erfolgreiche Problembearbeitung gemessen werden kann. Da der Erfolg der Problembearbeitung normativ geprägt ist, bleibt jedoch fraglich, ob die Entwicklung quantitativer Indikatoren möglich ist. Daher werden im folgenden qualitative Evaluationskriterien vorgestellt.

Den bisher umfassendsten Versuch, *qualitative Kriterien* zu entwickeln, haben Defila/Di Giulio unternommen.[550] Ihr Ausgangspunkt sind transdisziplinäre Forschungsprojekte, die sich aus disziplinären Teilprojekten zusammensetzen und über eine Laufzeit von ca. 4 Jahren erfolgen. Ihr Ziel war keine theoretische Auseinandersetzung, sondern die Entwicklung eines praktisch anwendbaren Vorschlages für die Evaluation von Forschungsgesuchen, Zwischenberichten und Endergebnissen. Hierbei stützten sie sich auf die Erfahrungen im Rahmen des SPP Umwelt und ähnlich orientierter Forschungsprogramme in Deutschland und Österreich.

---

[549] Parthey, 1996: 109.

Im folgenden wird sich auf die Darstellung für die Gesuchsevaluation des Rahmenprojektes beschränkt, da diese am umfassendsten ist und auch weitgehend die Kriterien für die Ergebnisevaluation umfasst. Die Ableitung von Kriterien erfolgte anhand einzelner Dimensionen. Diese Dimensionen beinhalten zwar die Dimensionen von Problemdefinition, horizontaler und vertikaler Integration, gehen aber darüber hinaus, indem auch Managementaspekte aufgeführt werden. Konkret wird sich auf folgende Dimensionen gestützt:

1. *Formale Anforderungen*
2. *Inhalt/Ziele*
   - Darstellung des gesellschaftlichen Problems, der Problemrelevanz und inwieweit eine transdisziplinäre Herangehensweise notwendig ist zur Problemlösung.
   - Ziele und Fragen nach dem angestrebten Beitrag zur Problemlösung, der Zielkongruenz zwischen Gesamt- und Teilprojekten, der Realisierbarkeit der Ziele u.a.
   - Originalität
   - Partizipation: Wurden Anwender bereits bei der Problemdefinition einbezogen? Leitet sich deren Einbezug aus den Zielen und Fragen ab? Ist geklärt, welchen Beitrag die Anwender leisten sollen?
   - Resultate/Produkte. Hier wird gefragt, inwieweit die Produkte realisierbar sind, ob deren Entwicklung eindeutig geregelt ist, ob sie den Zielen entsprechen etc.
3. *Integration/Synthesebildung,* d.h. wie die Integration und Synthese der Forschungsanstrengungen gewährleistet werden soll.
4. *Wissenschaftlichkeit:* Ist der State of the Art aufgearbeitet? Ist das Forschungsprojekt in sich schlüssig? Sind die Teilprojekte aufeinander abgestimmt? Ist der Zeitplan realistisch?
5. *Wissens- und Technologietransfer (Umsetzungskonzept):* Wie wird die Anwendung in der Praxis sichergestellt? Sind die Ressourcen hinreichend? etc.
6. *Projektorganisation/Projektmanagement*
   - Organisation gegen innen und außen
   - Infrastruktur
   - Kosten/Nutzen
7. *Kompetenz der Gesamtprojektleitung.*
8. *Gesamteinschätzung* im Hinblick auf Relevanz, Qualität und Realisierbarkeit.

---

[550] Defila und Di Giulio, 1999.

Für die Evaluation eines Teilprojektes werden weitgehend die gleichen Dimensionen und Fragen vorgeschlagen, die dann aus Perspektive eines Teilprojektes zu beantworten sind. Die Fragen sind grundsätzlich qualitativer Natur. Dabei sind die Fragen teilweise so konkret, dass der Eindruck entsteht, sie dienen eher der Entwicklung eines transdisziplinären Forschungsprojekts denn der Evaluation. Grundsätzlich können sie sowohl bei der Evaluation als auch bei der Entwicklung eines Projektes helfen. Dabei ist zu beachten, dass die Kriterien spezifisch auf das Projektdesign im SPP Umwelt abgestellt sind. Daher könnte eine zu starke Orientierung an den Kriterien zu eingrenzend wirken und alternative Projektdesigns verhindern, die möglicherweise für eine spezifische Problemstellung angebrachter wären. So war eine Rückmeldung auf den Kriterienkatalog: „Man muss aufpassen, dass mit den Kriterien nicht eine Reglementierung vorgenommen wird, die letztlich wirklich erfolgreiche Forschung auf der Suche nach neuen Problemlösungen verhindert."[551] Inwieweit die Kriterien reglementieren, liegt jedoch in der Art und Weise der Anwendung.

Die Kriterien können einerseits strikt ausgelegt werden, so dass eine Nichtbeachtung zu negativen Urteilen führt. Bei einer weniger strikten Anwendung können die Kriterien als eine Checkliste aufgefasst werden mit Aspekten, die bei der Evaluation beachtet werden sollen. Wie mit diesen Aspekten im konkreten Fall umgegangen wird und wie dieser Umgang zu bewerten ist, wäre dann aber von Fall zu Fall zu entscheiden. Bei einer offenen Anwendung besteht ein größerer Interpretationsbedarf. Dadurch können zwar leichter unterschiedliche Urteile und somit Konflikte entstehen. Diese Offenheit kann jedoch den jeweiligen spezifischen Kontexten besser gerecht werden und alternative Vorgehensweisen zulassen. Da bisher wenig Erfahrung besteht, wie transdisziplinäre Forschungsprojekte konzipiert werden sollten, erscheint es notwendig, verschiedene Projektdesigns zu erproben.

7.4.2 Erfahrungen

Die Evaluation erfolgte im IPG I vornehmlich auf zwei Ebenen: Auf Ebene des SPP Umwelt und auf Ebene der jeweiligen disziplinären Scientific Communities. Die Erfahrungen in diesen beiden Kontexten werden im folgenden näher analysiert.

---

551 Rückmeldung eines Experten zum Kriterienkatalogs. Defila und Di Giulio, 1999: 38.

Evaluation auf Ebene des SPP Umwelt

Das *Ziel* der Evaluation war grundsätzlich, die Qualität der transdisziplinären Forschungsprojekte zu bewerten. Unter Qualität wurde einerseits die disziplinäre Qualität und Relevanz der Fragestellungen verstanden. Andererseits die disziplinübergreifende Vernetzung und die Kooperation mit den Praxisakteuren und die Umsetzungsorientierung der Forschung.[552]

Die Evaluation nahm eine vom SPP Umwelt zusammengesetzte *Expertenkommission* vor. Diese Kommission bestand aus erfahrenen und kompetenten Forschern verschiedener Disziplinen, die teilweise selbst in disziplinübergreifenden Projekten arbeiteten. Einzelne Experten stammten auch aus der Praxis oder konnten auf längere Praxiserfahrungen zurückblicken.[553] Mit dieser Wahl sollte sichergestellt werden, dass nicht ausschließlich eine disziplinäre Evaluation erfolgt, sondern auch eine transdisziplinäre. Zudem wurden zwei Wissenschaftstheoretiker beigezogen, die jedoch nur beraten, nicht aber evaluieren sollten. Diese bewerteten vor allem, inwieweit der Forschungsprozess den Anforderungen an eine transdisziplinäre Forschung gerecht wurde. Sie waren jedoch keine Mitglieder der Expertenkommission, weshalb ihren Bewertungen nicht der gleiche Stellenwert zukam.[554]

Die *Kriterien*, die zur Anwendung gelangten, waren teilweise unklar. So wurde oftmals nach klassischen Kriterien evaluiert, wie bspw. die Anzahl der Publikationen und die Art der Journals, in denen publiziert wurde. Darüber hinaus kamen Kriterien zur Anwendung, wie die Intensität der disziplinübergreifenden Vernetzung, die Anzahl und Qualität der Praxiskooperationen und der konkreten Umsetzungsprodukte. Insgesamt waren sich die Experten aber nicht sicher, welche Kriterien beigezogen werden sollten.[555] Daher gaben sie eine Studie in Auftrag, die solche Kriterien erarbeiten sollte.[556] Diese Studie lag jedoch erst bei der Schlussevaluation vor und sollte nicht im Nachhinein zur Evaluation verwendet werden.

Wie erfolgte die Bewertung durch die Expertenkommission? Aus der Perspektive der Forschenden war vielfach unklar, was die Experten als bedeutend für eine TNF halten.[557] Die Forschenden hatten manchmal den Eindruck, Zusammenarbeit mit der Praxis und konkrete Umsetzungsprodukte seien das bedeutende Kriterium. Dann erschien es ihnen wieder, auf-

---

552 Ausführungsplan zum SPP Umwelt für die Beitragsperiode 1996-1999 vom Februar 1995: 1ff. und 19.

553 Rückmeldung von U. Brunner, Vorsitzende der Expertenkommisson des MGU und Expertin im SPP Umwelt, vom 4.03.2000 und Ausführungsplan zum SPP Umwelt für die Beitragsperiode 1996-1999 vom Februar 1995: 19.

554 Balsiger und Kötter, 1998: 1.

555 Balsiger und Kötter, 1998b: 3f.

556 Defila und Di Giulio, 1999: 4.

557 Interview 4: 6; Interview 2: 5; Interview 3: 6; Interview 5: 4; Interview 8: 3.

grund der Rückmeldungen der Experten, dass Publikationen in internationalen Journals mit hohem Impact bedeutend sind, also die klassisch disziplinäre Arbeit.[558] Dieser Eindruck bei den Forschenden lässt sich durch verschiedene Gründe erklären: Einerseits zeigte sich in diesen Eindrücken die Unsicherheit und die Heterogenität der Experten. So waren nicht nur die entscheidenden Kriterien intransparent, auch die Experten selbst waren scheinbar unsicher, was die wesentlichen Kriterien sind. Andererseits wurde die Unsicherheit auf Seiten der Forschenden durch die äußerst kurzen Zwischenevaluationen bestärkt. So waren die Zwischenpräsentationen auf netto ca. 3 Stunden beschränkt. In diesen 3 Stunden sollten 25-30 Forscherinnen ihre Ergebnisse präsentieren und die Experten ihre Meinungen äußern. Dies führte zu einer Reihe von Missverständnissen, die aufgrund der Zeitknappheit nicht ausgeräumt werden konnten. Zudem waren die schriftlichen Rückmeldungen der Experten so kurz, dass sie bei den Forschenden mehr Verwirrung denn Aufklärung stifteten — die Kommentare zu den Teilprojekten waren selten länger als 5 Zeilen.[559]

Die Schlusstagung des IPG I zeigte, dass diese Unklarheiten aufgelöst werden können, wenn mehr Raum für die Evaluation zur Verfügung steht. So war die Schlusstagung auf einen Tag angesetzt, und zwischenzeitlich wurde das Publikum in Gruppen aufgeteilt. Dadurch stand allen Forschenden wesentlich mehr Zeit für die Vorstellung ihrer Ergebnisse zur Verfügung, und es bestand mehr Raum für ausführliche Diskussionen und Klärungen. Dadurch konnten Ängste und Missverständnisse weitgehend vermieden werden.[560]

Daneben zeigte die Schlusstagung einen weiteren entscheidenden Aspekt der Evaluationsproblematik: Nach langen Diskussionen zwischen den Forschenden innerhalb des IPG I wurde die Schlusstagung nach disziplinären Teilprojekten strukturiert, nicht nach disziplinübergreifenden Fragestellungen, und auf ein wissenschaftliches Publikum ausgerichtet, nicht auf die Praxisakteure. Zudem erfolgte im Anschluss an die Schlusstagung eine Schlussevaluation durch einen Vertreter der Expertenkommission. Dieser Vertreter erwähnte dabei vornehmlich die Ergebnisse und Fragestellungen von einem der neun Teilprojekte und schloss von diesem auf das gesamte IPG I. Der verantwortliche Experte hatte, vermutlich aufgrund seines eigenen Forschungsfeldes und seiner eigenen Ausbildung, ein großes Interesse an diesem Teilprojekt und kannte daher dessen Forschungsergebnisse sehr gut. Diese diskutierte er bei der

---

558 Rückmeldung der Expertenkommision zur 2. Modultagung vom 22. Januar 1998.

559 Rückmeldungen der Expertenkommission zur 1., 2. und 3. Modultagung; Protokoll vom 28.04.1998 zur Sitzung am 23.04.1998 zum Umsetzungsprogramm des IPG I.

560 Integriertes Projekt Gesellschaft I (Hrsg.), 2000.

Schlussevaluation. Die starke Betonung eines Teilprojektes und weitgehend einer Disziplin schien dem Experten jedoch nicht bewusst zu sein, sondern erfolgte vermutlich implizit mit der Absicht, das gesamte IPG I abschließend und adäquat zu bewerten.

Die disziplinäre Strukturierung der Schlusstagung und die disziplinäre Evaluation lassen folgende These zu: Die Experten waren unsicher, nach welchen Kriterien sie das IPG I bewerten sollten. Dadurch tendierten sie dazu, auf disziplinäre Kriterien zurückzugreifen, die seit langem existieren und die sie aufgrund ihrer disziplinären Ausbildung kannten. Die Forschenden wiederum reagierten auf die unklaren Bewertungen und auf die Tendenz zu verstärkt disziplinärer Bewertung der Experten mit verstärkt disziplinärer Forschung. Diese Reaktion lag vielfach in ihrem Interesse, da sie disziplinären Kriterien bereits durch deren Bekanntheit und Klarheit besser gerecht werden konnten und sie diesen gerecht werden mussten, wenn sie sich in ihrer Scientific Community bewähren wollten. Fähigkeiten und Interessen von Experten wie von Forschenden trafen sich bei der disziplinären Evaluation.[561] Übertragen auf die Fragestellung von disziplinärer versus disziplinübergreifender Forschung kann auch im Rahmen der Evaluationsproblematik geschlossen werden: *Die disziplinübergreifende Forschung war bei der Evaluation systematisch benachteiligt.*

Evaluation auf Ebene der Scientific Community

Die Evaluation innerhalb der Scientific Community erfolgte in zwei Bereichen: Einerseits innerhalb der direkten Community, also durch die Institutskollegen und bei Doktoranden und Habilitanden insbesondere durch den verantwortlichen Professor. Andererseits in der weiteren Community, bspw. bei der Einreichung von Artikeln in peer reviewed Journals oder bei Vorträgen auf Konferenzen. Im folgenden wird sich auf die Darstellung in der weiteren Scientific Community beschränkt, da hier die Problematik deutlich wird.

Die Evaluationsproblematik innerhalb der *Scientific Community* zeigte sich am deutlichsten bei den Psychologinnen. In einem Interview äußerte eine Psychologin:

> „Innerhalb der einzelnen Disziplinen, zumindest bei uns in der Psychologie, wird transdisziplinäre Forschung nicht anerkannt. Zudem gibt es kaum transdisziplinäre Journals. So kann man disziplinäre Artikel schreiben, in denen alles transdisziplinäre weggelassen wird. Dann kann aber das Problem auftreten, dass man zu wenig an den disziplinären Grundlagen gearbeitet hat und es daher nicht ausreichend ist."[562]

---

[561] Diese These wurde auf der Schlussveranstaltung des IPG I am 10. Februar, 2000 in Langenthal/Schweiz allen Forschenden und den anwesenden Mitgliedern der Expertenkommission präsentiert. Grundsätzlicher Widerspruch wurde nicht erhoben, wenn die These auch nicht von allen in vollem Maße geteilt wurde. Mogalle, 2000.

[562] Interview 2: 2.

Wird eine wissenschaftliche Karriere angestrebt, was i.d.R. nur innerhalb einer Disziplin möglich ist, wird es notwendig, sich innerhalb dieser Disziplin zu profilieren. Wenn dort nur disziplinäre Forschung anerkannt wird, hat die Forscherin ein existentielles Interesse, disziplinär zu forschen. Bei den Psychologinnen wurde dieses Problem gelöst, indem die Forscherin mit wissenschaftlichen Ambitionen für die disziplinären Artikel zuständig war. Die andere Forscherin hatte das Ziel, längerfristig in der Beratungspraxis zu arbeiten. Sie übernahm daher die Erarbeitung von disziplinübergreifenden und praxisorientierten Artikeln.[563]

Diese Problematik zeigte sich jedoch nicht in allen Teilprojekten. Bspw. werden innerhalb der Betriebswirtschaftslehre disziplinübergreifende Arbeiten durchaus anerkannt. Der Grund hierfür liegt in der hohen Praxis- und Anwendungsorientierung der BWL. Das Evaluationsproblem wird daher auch als weniger dringlich empfunden.[564]

7.4.3 Lösungsansätze

Eine Reihe von Maßnahmen lassen sich aus den theoretischen Ausführungen und den Erfahrungen ableiten. Hierbei kann zwischen kurzfristigen und langfristigen Maßnahmen unterschieden werden.

Langfristige Lösungsmaßnahmen: Institutionelle Verankerung und transdisziplinäres Journalwesen
Eine institutionelle Verankerung TNF würde entsprechende Karrieremöglichkeiten jenseits der disziplinären Strukturen schaffen. Allerdings ist die Heterogenität der Fragestellungen und Themen so groß, dass es bisher nicht absehbar ist, wie solche institutionellen Strukturen in der Praxis aussehen könnten. Erste Ansätze existieren jedoch bereits, so bspw. die interfakultäre Koordinationsstelle für allgemeine Ökologie an der Universität Bern.[565] Zudem wird die Institutionalisierung durch die nationalen Forschungsschwerpunkte (NFS) des Schweizerischen Nationalfonds gefördert, die über 5 bis 10 Jahre erfolgen und disziplinübergreifend angelegt sind. Auflage für ein NFS ist, dass der Schwerpunkt an eine Institution angelegt ist. Diese Institution muss ein finanzielles Commitment leisten und den NFS unterstützen.[566]

---

[563] Interview 2: 3.

[564] Interview 4: 5; Interview 5: 3.

[565] http://ikaoewww.unibe.ch/ und Defila und Di Giulio, 1998.

[566] Schweizerischer Nationalfonds, 1999.

Über diese institutionelle Verankerung hinaus ist der Aufbau einer Scientific Community und eines Publikationswesen vordringlich. Erst wenn ein solches Publikationswesen besteht, ist es möglich, quantitative Indikatoren für eine transdisziplinäre Forschung zu entwickeln, die auf Zitationsanalysen beruhen. Zitationsanalysen genießen in der disziplinären Forschung einen hohen Stellenwert. Aber die disziplinäre Forschung kann auf ein hochgradig ausdifferenziertes Zeitschriftenwesen und auf große Datenbanken zurückgreifen.

Solange Datenbanken für transdisziplinäre Forschungsvorhaben nicht existieren, kann nur auf die bestehenden disziplinären Datenbanken zurückgegriffen werden. In den dort enthaltenen Journals publizieren auch viele Forscher aus transdisziplinären Projekten, jedoch nicht ihre disziplinübergreifenden Arbeiten, sondern ihre disziplinären Beiträge zu diesen disziplinübergreifenden Arbeiten. Diese disziplinären Beiträge sind vielfach nicht hinreichend für disziplinäre Journals. Wenn man daher mittels einer quantitativen Zitationsanalyse ein Vergleich der Produktivität von disziplinärer und transdisziplinärer Forschung anstellen möchte, wie es der Präsident der Expertenkommission des SPP Umwelt gefordert hat[567], dann muss die TNF schlechter abschneiden, da ihre Besonderheiten systematisch ausgeblendet werden.

Indikatoren nehmen nur einen begrenzten Ausschnitt wahr, sie selektieren, und bisher selektieren sie vor dem Hintergrund der disziplinären Forschungsevaluation, was legitim ist. Nicht legitim ist dagegen die Anwendung dieser „Evaluationsbrille" auf die Evaluation TNF. Der Forderung nach quantitativer Evaluation kann daher nur nachgekommen werden, wenn eine andere „Evaluationsbrille" aufgesetzt wird. Durch diese Brille muss man jedoch auch etwas sehen können. Dies ist erst möglich, wenn eine transdisziplinäre Scientific Community und ein transdisziplinäres Journalwesen entsteht. Hierbei ist unsicher, ob dies aufgrund der Heterogenität möglich ist. Eine Reihe von Journals sind in der Vergangenheit jedoch bereits entstanden, wie bspw. GAIA, Ecological Economics, Issues in Integrative Studies u.a. Dies sind vergleichsweise wenige, die vielfach noch nicht in den Datenbanken aufgenommen sind.

Kurzfristige Lösungsmaßnahmen: Qualitative Evaluation

Defila und Di Giulio haben mit ihrem Kriterienkatalog einen beachtenswerten Vorschlag unterbreitet, der seine Leistungsfähigkeit in der Evaluationspraxis zeigen muss.[568] Im folgenden wird sich in vielen Bereichen auf diesen Vorschlag gestützt. Es wird jedoch eine andere Struktur bzw. eine andere Dimensionierung vorgeschlagen. Zudem werden die Ergebnisse

---

[567] Thierstein, 1999: 3.

der Erörterungen in Kapitel 7 und 8 beigezogen. Hierbei gilt es, einerseits möglichst konkret zu werden und andererseits ist zu beachten, dass keine zu starke Reglementierung vorgenommen wird, die alternative Vorgehensweisen auszuschließen droht.

Ziele der Evaluation. Ziel ist die Bewertung der *Qualität*, der *Effektivität* und *Effizienz* der TNF. Die *Effektivität* ergibt sich durch die Wahl des Untersuchungsgegenstandes, also durch die Wahl der lebensweltlichen Problematik. Für diese Problematik soll System-, Ziel und Transformationswissen bereitgestellt werden. Das Ziel ist somit nicht eine TNF per se, sondern alleine die lebensweltliche Problemstellung verlangt eine TNF.[569] Die *Qualität* der Forschung bemisst sich daher nicht daran, inwieweit transdisziplinär geforscht wurde, sondern inwieweit die beabsichtigten Wissensarten erarbeitet wurden. Diese Wissensarten sind Gegenstand der inhaltlichen Ergebnisevaluation.

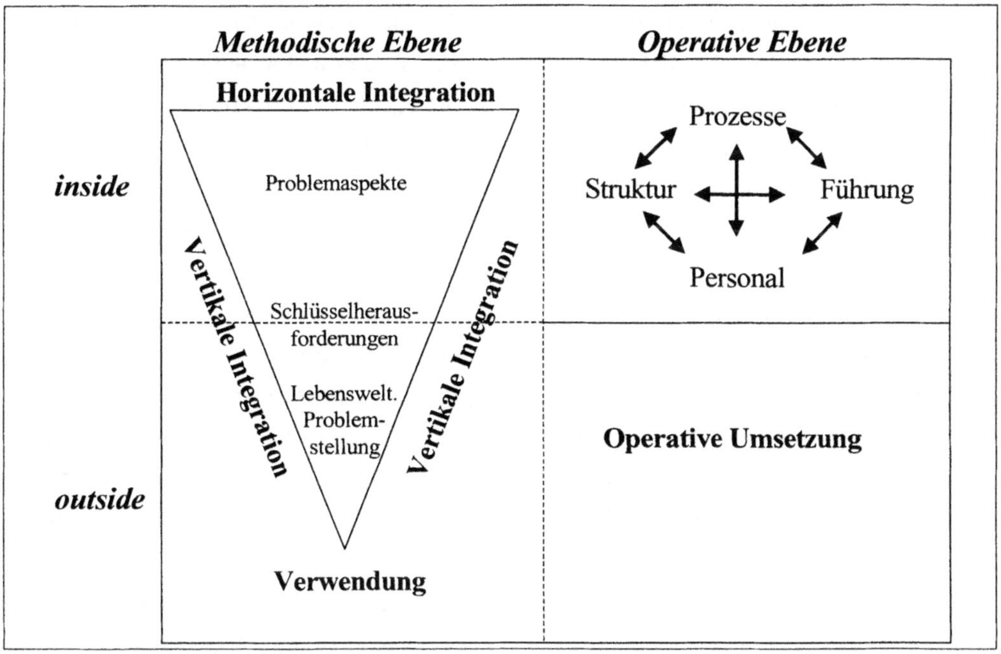

Abbildung 19: Dimensionen der Evaluation.

---

568 Defila und Di Giulio, 1999.

569 Kötter, 1999: 11.

Um die Erarbeitung dieser Wissensarten zu erreichen, konnten in den vorigen Kapiteln auf *methodischer Ebene* eine Reihe von Anforderungen identifiziert werden. Diese beziehen sich auf die Forschung innerhalb des Forschungsprojektes, sie beziehen sich aber auch auf die Beziehung von Forschung und Praxis. Daher besteht hier eine *forschungsinterne Dimension (inside)* und eine *forschungsexterne Dimension (outside)* (vgl. Abbildung 17).

Für die *effiziente* Erfüllung dieser methodischen Anforderungen ist der Stand der Methodenentwicklung und die *interne operative Struktur* eines Forschungsprojektes bedeutend. Hier spielt die Organisationsstruktur, das Forschungspersonal, die Führungsstruktur und die Zusammenarbeit der Forscherinnen eine bedeutende Rolle (vgl. Kapitel 8). Die Evaluation hat somit auch die operative Ebene ins Blickfeld zu nehmen. Allerdings kann auf methodischer wie auf operativer Ebene kein Patentrezept entwickelt werden. Viele Organisationsstrukturen sind denkbar, weisen unterschiedliche Vor- und Nachteile auf und können sich in unterschiedlichen Kontexten als unterschiedlich effizient erweisen. Aus diesem Grunde ist ein Maß an Offenheit erforderlich. Um dieses Maß zu sichern und neue Organisationsstrukturen zu ermöglichen, erscheint auf operativer Ebene Coaching und Beratung insbesondere in der Anfangsphase erfolgversprechender als Bewertung und Kontrolle.

Personen der Forschungsevaluation. Die Dimensionen der transdisziplinären Forschungsevaluation verlangen verschiedene Kompetenzen, über die verschiedene Personen verfügen. Daher wird es erforderlich, dass Evaluatoren aus unterschiedlichen Bereichen beizuziehen.

Auf methodischer Ebene ist zwischen dem wissenschaftsinternen und dem wissenschaftsexternen Bereich zu unterscheiden. Im *wissenschaftsinternen Bereich* ist die disziplinäre Forschung zu evaluieren, was Personen mit dem jeweiligen disziplinären Background verlangt. Zudem ist die disziplinübergreifende Arbeit zu bewerten, die horizontale Integration. Hier können Personen mit wissenschaftstheoretischem Hintergrund hilfreich sein, wie es sich im SPP Umwelt gezeigt hat und wie es bspw. Krott fordert.[570]

Im *wissenschaftsexternen Bereich* steht die Beziehung von Wissenschaft und Praxis im Vordergrund, also die Problemdefinition und die vertikale Integration. Um zu evaluieren, inwieweit den Bedürfnissen der Praxis Rechnung getragen wird, bedarf es Personen, welche die Perspektive der Praxis einnehmen. Dies können die Praxisakteure selbst sein, es können aber auch Berater beigezogen werden. Da es auch um die Problemtransformation in den wis-

---

[570] Krott, 1997: 270ff.

senschaftlichen Kontext geht, wird es erforderlich, Personen beizuziehen, die diesen Transformationsprozess bewerten können. Hier bieten sich wiederum Wissenschaftstheoretiker an.

Die *interne operative Struktur* verlangt Kompetenzen in der Organisation von Forschungsprojekten. Eine solche Organisation ist ähnlich der Projektorganisation in privaten Unternehmen (vgl. Kapitel 5.2.2). Daher können Organisationsberater beigezogen werden.[571]

Kriterien der Forschungsevaluation

Methodische Ebene — Problemdefinition

- *Problemauswahl.* Hierbei ist die Relevanz eines Problems für eine Nachhaltige Entwicklung bedeutend. Daher können folgende Kriterien herangezogen werden:
  - Ökologische Relevanz
  - Ökonomische Relevanz
  - Gesellschaftliche Relevanz
- *Problemabgrenzung.* In Kapitel 3.3.1 und in Kapitel 7.1.1 wurden für die Abgrenzung einer lebensweltlichen Problemstellung drei Kriterien aufgestellt:
  - Erhaltung des Bezugs zur Lebenswelt.
  - Herstellung der relevanten Bezüge zur stofflich-energetischen Ebene und Biodiversität.
  - Einlösbarkeit einer integrativen Analyse.

  Um diese Kriterien zu erfüllen, sind innerhalb eines lebensweltlichen Problems Schlüsselherausforderungen zu identifizieren. Daher ist als weiteres Kriterium anzuführen:
  - Inwieweit wurden solche Schlüsselherausforderungen identifiziert?

Methodische Ebene — vertikale Integration

- *Problemanalyse — Partizipation der Forschung an der Praxis.* In Kapitel 7.1 wurde hervorgehoben: Eine ausführliche Analyse des gewählten Problems ist bedeutend, um die Schlüsselherausforderungen zu erkennen und ein Verständnis für die Problematik und die beteiligten Akteure zu erlangen. Um dies sicherzustellen sind zwei Kriterien anzuführen:
  - Inwieweit ist sichergestellt, dass die Forschung ein Verständnis von der Problematik erhält bzw. inwieweit partizipiert sie an der Praxis?
  - Inwieweit wurde vor dem Projektdesign eine Problemanalyse vorgenommen?

---

[571] Kötter, 1999: 14.

- *Problembearbeitung — Partizipation der Praxis an der Forschung.* Die Problembearbeitung erfolgt im Rahmen der horizontalen Integration. Aus vertikaler Perspektive ist jedoch bedeutend:
  - Wie erfolgt die Umkontextualisierung der lebensweltlichen Problembereiche in den wissenschaftlichen Kontext?
  - Erfolgt die Partizipation der Praxisakteure an der Problembearbeitung?
- *Verwendung wissenschaftlichen Wissens in der Praxis.* Da die praktische Verwendung nicht im Einflussbereich der Wissenschaft liegt, kann sie nicht daran bewertet werden, inwieweit das Wissen praktische Verwendung findet. Sie kann jedoch an der Art und Weise gemessen werden, wie sie das Wissen der Verwendung zuzuführen beabsichtigt:
  - Was für eine Art von Wissen soll der Verwendung zugeführt werden (Enlightenment und/oder Engineering)?
  - Wie soll das Wissen der Verwendung zugeführt werden (schriftlich, mündlich, visuell)?
  - Welche Mittel sollen dazu verwendet werden (Buch, Konferenz, Film etc.)?
  - Ist der Einsatz externer Experten geplant?

Methodische Ebene — horizontale Integration

- *Art der transdisziplinären Integration.* Auf horizontaler Ebene erfolgt die transdisziplinäre Analyse der identifizierten Schlüsselherausforderungen. Für diese Analyse ist es erforderlich, disziplinär bearbeitbare Problemaspekte zu identifizieren und zu definieren, deren Integration anhand einer Schlüsselherausforderung erfolgen soll. Daher lassen sich folgende Fragen aufstellen:
  - Liegen der transdisziplinären Analyse die Schlüsselherausforderungen zugrunde?
  - Welche disziplinär bearbeitbaren Problemaspekte wurden identifiziert und definiert?
  - Welche Art der Integration wird vorgenommen (Ergänzung, Vernetzung, Integration auf Metaebene)?
  - Sind die notwendigen disziplinären Perspektiven einbezogen?
  - Sind die Teilfragestellungen hinreichend aufeinander abgestimmt?
- *Wahl der Referenzpunkte.* Um Inkommensurabilitätsprobleme möglichst zu vermeiden, wird der Bezug auf gemeinsame Referenzpunkte erforderlich (vgl. Kapitel 7.2):
  - Auf welche Referenzpunkte wird sich gestützt bzw. welche finden Verwendung?

- *Organisation der Integration.* In Kapitel 7.2 wurde zwischen der Gruppenvernetzung und Integration der Ergebnissen unterschieden. Diese beiden Arten der Integration wurden als zwei Extrempunkte auf einem Kontinuum angesehen. Daher stellt sich die Frage:
  - Wo wird sich bei der Organisation der Integration verortet zwischen einer Gruppenvernetzung und einer Integration der Ergebnisse?

Interne operative Ebene

- *Organisationsstruktur.* In Kapitel 8.1.1.2 werden folgenden Anforderungen an die Organisationsstruktur eines transdisziplinären Forschungsprojektes aufgestellt: Sie sollen Innovationen fördern, flexibel sein und die Zusammenarbeit fördern. Aus diesen Anforderungen lassen sich folgenden Fragen ableiten:
  - Besitzt die Organisationsstruktur die nötige Flexibilität, um auf Änderungen im Umfeld reagieren zu können?
  - Wurde nach Disziplinen oder nach disziplinübergreifenden Fragen strukturiert?
  - Inwieweit wurde eine Passung von Individualzielen und Kollektivzielen in der Organisationsstruktur berücksichtigt?
  - Wie ist die Belohnungsstruktur für die Forschenden ausgestaltet?
- *Organisationsprozesse.* Eine TNF basiert auf der Zusammenarbeit von Forschenden aus verschiedenen Disziplinen. Daher ist zu bewerten, inwieweit die Faktoren Berücksichtigung erlangen, die eine Zusammenarbeit fördern. Diese werden in Kapitel 8.2 näher thematisiert. Anhand der dort identifizierten Faktoren lassen sich folgende Fragen ableiten:
  - Inwieweit soll versucht werden, kohäsive Teams aufzubauen?
  - Inwieweit wird auf Prozessebene versucht, eine Passung von Individualzielen und Kollektivzielen herzustellen?
  - Inwieweit wird eine ausreichende Face-to-face-Kommunikation sichergestellt?
  - Inwieweit wird versucht, Vertrauen aufzubauen?
- *Personal.* Anhand der Ausführungen zu den Anforderungen an das Personal einer TNF in Kapitel 8.3 lassen sich eine Reihe von Fragen für die Evaluation aufstellen:
  - Wie ist die Personalstruktur (Verhältnis von Doktoranden zu Postdocs und Professoren)?
  - Inwieweit verfügen die Forschenden über die notwendigen disziplinären, wissenschaftspropädeutisch-transdisziplinären und sozial-emotionalen Kompetenzen?
  - Wie erfolgte die Personalauswahl?

- *Führung*

  Die Führung eines transdisziplinären Forschungsprojektes wird in Kapitel 8.4 näher untersucht. Aufgrund der Überlegungen, die dort angestellt werden, ergeben sich für die Evaluation folgende Fragen:
  - Über welche Kompetenzen verfügt die Führung?
  - Verfügt die Führung über die notwendigen Führungskompetenzen?
  - Verfügt die Führung über hinreichende finanzielle Ressourcen?

Gesamtevaluation — Ergebnisbewertung. Die Ergebnisbewertung kann an zwei Aspekten erfolgen: Einerseits an der Erreichung der selbst gesteckten Ziele eines Forschungsprojektes und andererseits an der Bereitstellung von System-, Ziel und Transformationswissen, das eine TNF generell erarbeiten soll.

- *Zielerreichung*
  - Welche Ziele werden/wurden sich gesetzt?
  - Inwieweit wurden die selbst gesteckten Ziele erreicht?
- *Bereitstellung von System-, Ziel- und Transformationswissen*
  - Inwieweit wurde Systemwissen erarbeitet?
  - Inwieweit wurde Zielwissen erarbeitet?
  - Inwieweit wurde Transformationswissen erarbeitet?

Phasen der Forschungsevaluation. Die aufgestellten Kriterien sind bis auf die Dimension der Gesamtevaluation weitgehend auf eine Gesuchsevaluation ausgerichtet, da sich diese als sehr bedeutend für einen erfolgreichen Projektverlauf erwiesen hat. Die aufgestellten Kriterien gelten aber grundsätzlich auch für die Prozess- und Schlussevaluation. Gesuchsevaluation ist vor allem bedeutend:

- Die *interne operative Struktur*, da sie ausschlaggebend ist für Effizienz und Erfolg der Forschung über den gesamten Forschungsablauf.
- Das *methodisches Vorgehen*, da es verantwortlich ist für die Art und Weise der Integration disziplinärer Perspektiven, also für den Teil, der sich in der Vergangenheit als der vermutlich kritischste Teil disziplinübergreifender Forschung herausgestellt hat.
- Die *Wahl des Untersuchungsgegenstandes*, da dieser Effektivität der Forschung bestimmt.
- *Kontakte zu Wissenschaft und Praxis* in den betreffenden Gebieten.

Fazit. Die transdisziplinäre Forschungsevaluation soll eine Reihe von Zielen verfolgen. Oberziel ist die Bewertung der Qualität der Forschung. Daneben werden eine Reihe weiterer Ziele auf unterschiedlichen Ebenen verfolgt: Wissenschaftsinterne und -externe Ziele stehen neben der Effizienzfrage auf operativer Ebene. Um diese Ziele adäquat erreichen zu können, bedarf es des Beizugs unterschiedlicher Kompetenzen. Aus dieser Konstellation ergeben sich eine Reihe von weiterführenden Fragen:

1. Eine Gesamtevaluation ist nur möglich, wenn eine *Integration der einzelnen Evaluationen* erfolgt. Aber in welcher Beziehung stehen hierbei die einzelnen Teilevaluationen und wie sollen deren Beiträge gewichtet werden? Zudem können die Teilevaluationen zu unterschiedlichen Ergebnissen kommen. Wie wird dann mit *Konflikten* umgegangen?
2. Die vorgeschlagene idealtypische Evaluation ist mit einem hohem Zeitaufwand und *hohen Kosten* verbunden. Inwieweit lohnt sich dieser Aufwand?

7.5 Fazit

Wie kann die Integration spezialisierten Wissens erfolgen? Das war die Hauptfrage des zweiten Teils dieser Arbeit. Hierfür wurde in Kapitel 7 das Spannungsverhältnis von disziplinären Teilprojekten und disziplinübergreifenden Teilsynthesen im IPG I auf methodischer Ebene näher untersucht, da hierbei die Probleme deutlich werden zwischen Entwicklung spezialisierten Wissens auf der einen und Integration dieses Wissens auf der anderen Seite. Das Ergebnis dieser Untersuchung ist im folgenden kurz zusammengefasst:

Problemdefinition: Transdisziplinäre Forschung verlangt eine möglichst konkrete Problemdefinition, die über die Festlegung eines gemeinsamen Themas hinausgeht. Eine solche Definition ist nicht nur äußerst schwierig zu erarbeiten, sie benötigt auch Zeit für die Exploration der spezifischen Schlüsselherausforderungen. Aufgrund der kurzen Eingabezeit von zwei Monaten war dies im IPG I nicht möglich. Daher ist das IPG I mit disziplinären Fragestellungen gestartet, die schneller und einfacher erarbeitet werden konnten. Die disziplinübergreifenden Fragestellungen für die Teilsynthesen konnten dagegen erst im Laufe des Forschungsprozesses identifiziert werden. Dies führte zu einer Benachteiligung der Teilsynthesen, da deren Bearbeitung sich nach den disziplinären Fragestellungen richten musste.

Problembearbeitung: Disziplinübergreifende Arbeit ist integrativ. Bei der Integration verschiedener disziplinärer Perspektiven kann es zu Inkommensurabilitätsproblemen kommen. Das heißt, Theorien verschiedener Disziplinen können nicht aufeinander bezogen werden, weil sie nicht übersetzbar und nicht vergleichbar sind. Diese Problematik erschwert disziplinübergreifende Arbeiten gegenüber den disziplinären. Daher hatten die Forschenden eher Anreize, disziplinär zu arbeiten, was zum Vorteil der disziplinären Teilprojekte war.

Verwendung: Praktische Verwendung wissenschaftlichen Wissens verlangt kommunikative Kompetenzen, die Bearbeitung von explizit lebensweltlichen Problemen und die Anpassung der wissenschaftlichen Arbeiten an den Praxiskontext. Im IPG I wurden teilweise disziplinäre Fragestellungen von Personen bearbeitet, die wissenschaftlich geschult waren. Diese Personen strebten Verwendung an, auch wenn diese nicht in ihrem Kompetenzbereich lag. Positive Erfahrungen wurden hier mit Mitarbeitern erzielt, die Beratungserfahrung haben, diese waren aber in der Minderheit und finanziell knapp ausgestattet. Dadurch bestanden größere Anreize, disziplinär zu forschen als disziplinübergreifend und praxisorientiert.

Evaluation: Auf Seiten der Evaluierenden war festzustellen: Das IPG I evaluierten Wissenschaftler, die vornehmlich disziplinär geschult waren. Teilweise verfügten diese Wissenschaftler über Erfahrung in disziplinübergreifender Forschung und im Umgang mit der Praxis. Trotzdem bewerteten sie vornehmlich nach disziplinären Kriterien. Diese Kriterien kannten sie, und es lagen keine transdisziplinären Kriterien vor, die sie hätten anwenden können. Darüber hinaus erfolgte keine Bewertung durch die Praxis.

Auf der Seite der Forschenden zeigte sich: Die Forscher waren vielfach unsicher, nach welchen Kriterien sie bewertet werden. Teilweise wurde Umsetzungsorientierung gefordert, teilweise streng disziplinäre Arbeiten und Veröffentlichungen in disziplinären Journals. Die Forschenden reagierten auf diese Unsicherheit, in dem sie das taten, was sie kannten und konnten: Sie konzentrierten sich auf die disziplinäre Forschung. Diese Reaktion wurde verstärkt durch die Anforderungen, die an einen Wissenschaftler gestellt werden, der eine wissenschaftliche Karriere anstrebt. Für eine solche Karriere muss ein Forscher den Kriterien der jeweiligen Disziplin gerecht werden, was i.d.R. nur durch disziplinäre Arbeiten möglich ist. Aus diesen Gründen wurden starke Anreize gesetzt, disziplinär zu arbeiten, wodurch die disziplinären Teilprojekte gestärkt wurden.

In allen vier methodischen Problembereichen war folglich festzustellen: *Es bestand ein wesentlich stärkerer Anreiz für die Forschenden, disziplinär zu forschen. Die disziplinären Teilprojekte waren den disziplinübergreifenden Teilsynthesen systematisch überlegen.* Daher wurden Lösungsansätze gesucht, wie diese Überlegenheit abgebaut werden könnte. Diese Lösungsansätze werden im 9. Kapitel zusammenfassend dargestellt. Im Kapitel 8 wird die Fragestellung der Integration spezialisierten Wissens auf operativer Ebene näher untersucht.

8. Die operative Ebene: Das Forschungsprojekt als Unternehmung

Wie kann die Integration spezialisierten Wissens erfolgen? Im letzten Kapitel wurde diese Frage auf methodischer Ebene behandelt. Dies wird auf operativer Ebene fortgesetzt. Den Ausgangspunkt bildet das Spannungsverhältnis von disziplinären Teilprojekten und disziplinübergreifenden Teilsynthesen. Konkret werden folgenden Fragen bearbeitet: *Welche Organisationsstruktur fördert die Zusammenarbeit und somit die Integration? Wie kann diese Zusammenarbeit unterstützt werden? Welche Fähigkeiten müssen die einzelnen Mitarbeiter mitbringen? Wie kann die Integration geführt werden?* Hierfür wird sich an dem Untersuchungsschema orientiert, das in Kapitel 5.2.2 hergeleitet wurde (vgl. Abbildung 20).

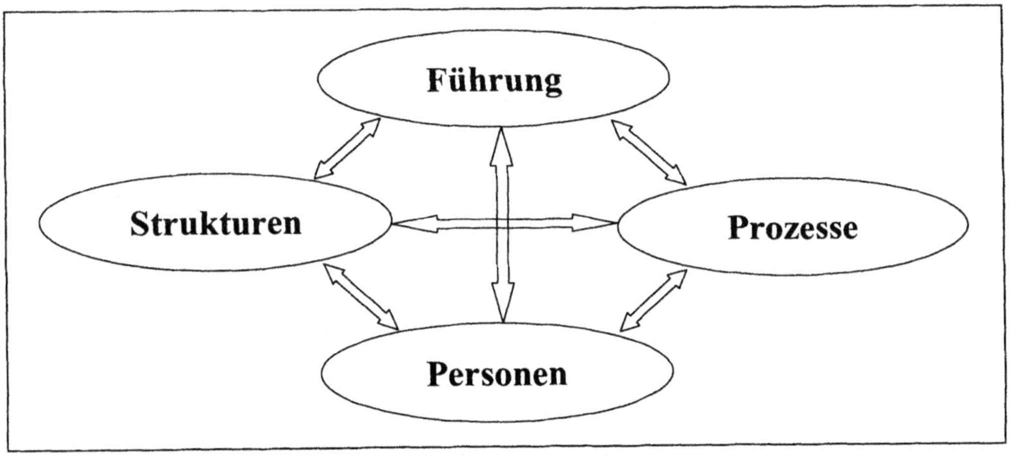

Abbildung 20: Untersuchungsschema für die operative Ebene.

8.1 Organisationsstruktur

8.1.1 Mögliche Organisationsprofile und theoretische Anforderungen

Die Landkarte

Gomez/Zimmermann haben eine Landkarte entworfen, anhand derer sie verschiedene Organisationsprofile einordnen.[572] Die Dimensionen zeigen hierbei Grundfragestellungen einer Organisationsstruktur auf. Diese Landkarte ist in Abbildung 21 dargestellt.

- *Technostruktur vs. Soziostruktur.*[573] Bei der Sachorientierung steht die Sache im Vordergrund, bei der Personenorientierung die Mitarbeiter. Formalisierung bezeichnet ein stark geregeltes Zusammenarbeiten, Symbolorientierung baut eher auf informellen Regelungen auf. Dementsprechend ist für eine Technostruktur ein großer Industriebetrieb beispielhaft. Beratungsunternehmen, Werbeagenturen etc. gleichen dagegen eher einer Soziostruktur, bei denen das Personal von hoher Bedeutung ist.
- *Paläste vs. Zelte.*[574] Effizienz heißt hier „tue die Dinge richtig", Effektivität „tue die richtigen Dinge". Organisation auf Dauer bezeichnet prinzipiell eine Organisationsstruktur ohne zeitliche Befristung, bei einer Organisation auf Zeit ist dagegen das Ende bereits zu Beginn abzusehen. Daher werden unter Palästen Organisationsprofile zusammengefasst, die prinzipiell unendlich existieren sollen, wie z.B. die staatliche Bürokratie. Mit Zelten lassen sich dagegen Projekte beschreiben, die von Beginn an zeitlich begrenzt sind.
- *Hierarchien vs. Netze.*[575] Monolithik und Polyzentrik kann auch mit Zentralisierung und Dezentralisierung von Entscheidungskompetenzen umschrieben werden — und bezeichnet das Problem, das im IPG I zwischen Teilprojekten und Gesamtprojekt aufgetreten ist. Mit steiler bzw. flacher Konfiguration wird der Grad der Hierarchisierung einer Organisationsstruktur umschrieben. Hierarchie bezeichnet daher eine Struktur mit vielen Ebenen, wie sie klassische Bürokratien auszeichnen. Netze sind dagegen Organisationsstrukturen, die durch flache Struktur und horizontale Vernetzung gekennzeichnet sind.

---

[572] Gomez und Zimmermann, 1993.

[573] Gomez und Zimmermann, 1993: 34ff.

[574] Gomez und Zimmermann, 1993: 58ff.

[575] Gomez und Zimmermann, 1993: 81ff.

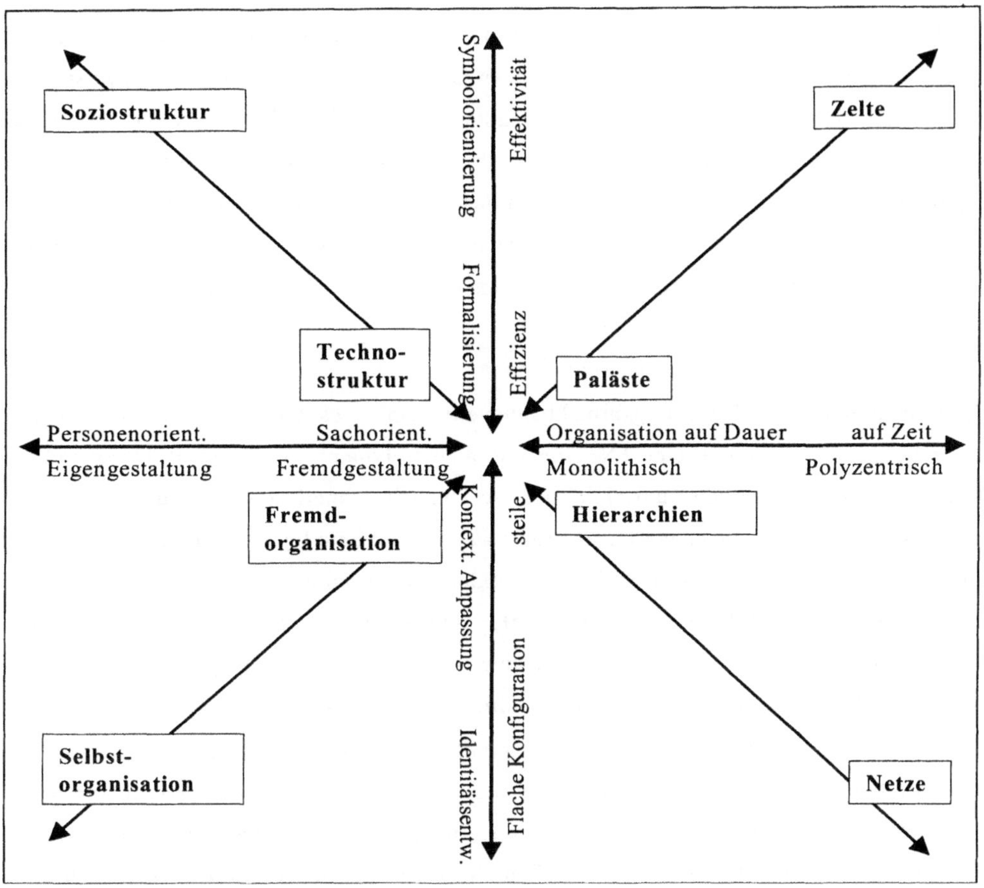

Abbildung 21: Landkarte der Organisationsprofile.[576]

- *Fremdorganisation vs. Selbstorganisation.*[577] Bei der kontextuellen Anpassung wird auf die Außenwelt fokussiert, an die sich die Organisation anpassen soll. Bei der Identitätsentwicklung liegt der Fokus dagegen auf den internen Fähigkeiten, die es zu entwickeln gilt, mit dem Ziel, die Umwelt anzupassen. Fremdgestaltung drückt aus, dass die Struktur top-down gestaltet wird. Bei der Eigengestaltung wird eine bottom-up Gestaltung angestrebt. Beispielhaft für eine Selbstorganisation sind High-Tech-Unternehmen, die von F&E geprägt sind. Durch eine Fremdorganisation zeichnen sich dagegen Unternehmen mit einer klaren Produktpalette aus, die es rasch an Entwicklungen des Marktes anzupassen gilt.

[576] Gomez und Zimmermann, 1993.

Diese Landkarte dient der Orientierung. Es kann jedoch keine Aussage getroffen werden, welche Organisationsstruktur wann vorzuziehen ist. Zum einen existiert kein Organisationsprofil, das in jedem Fall die beste Lösung darstellt. Zum anderen kann auch das für ein bestimmtes Umfeld als angemessen angesehene Profil nicht alle Probleme lösen. Jede Art der Organisation geht mit Vor- und Nachteilen einher und steht vor einer Reihe von Dilemmata, mit denen nur besser oder schlechter umgegangen werden kann. Daher hängt die Angemessenheit einer Organisationsstruktur auch von den Vorstellungen der Akteure ab.

Anforderungen an das Organisationsprofil

Grundsätzlich soll ein Forschungsprojekt *innovativ* sein — es geht um die Produktion von etwas Neuem. Zudem agiert eine TNF vielfach in einer dynamischen Umwelt. Daher soll die Struktur *flexibel* genug sein, um sich an diese Umwelt schnell anpassen zu können. Und schließlich soll die *Zusammenarbeit gefördert werden*, um eine Integration disziplinärer Perspektiven zu ermöglichen. Diese Zielsetzung bildet den Ausgangspunkt für die Ableitung der Anforderungen. Kieser fasst in einem Aufsatz empirische Ergebnisse zusammen, aufgrund derer er Aussagen trifft, welche Ausprägungen einer Organisation die Anpassungs- und Innovationsfähigkeit steigern.[578] Hierauf wird sich im folgenden gestützt:

- Da Zusammenarbeit gefordert ist, sollten die Aufgaben nicht zu stark zergliedert, sondern Spezialbereiche zusammengeführt werden. Zudem sind die Forscher in verschiedenen Bereichen aktiv und nehmen unterschiedliche Aufgaben wahr; in einem Falle können sie die Verantwortung inne haben, im anderen Fall bieten sie nur eine spezielle Dienstleistung an. Diese Anforderungen bedingen eine *flache Konfiguration* mit wenigen Hierarchiestufen.
- Es bedarf der Integration disziplinärer Perspektiven. Hier stellt sich die Frage von zentral vs. dezentral bzw. von monolithisch vs. polyzentrisch. Generell sollte eine *Polyzentrik* angestrebt werden, um flexibel zu bleiben und den Mitarbeitern Freiraum zu gewähren. Damit aber das gemeinsame Ziel angestrebt wird, bedarf es eines klaren Rahmens.
- Da Forschungsprojekte i.d.R. über einen bestimmten Zeitraum erfolgen, ist eine *Organisation auf Zeit* vonnöten. Die Dauer der Projekte variiert von einigen Monaten bis zu einigen Jahren. Dabei ist zudem der Ablauf eines Forschungsprojekts unsicher, was Veränderungen erfordern kann. Daher ist eine flexible Organisation auf Zeit anzustreben.

---

577 Gomez und Zimmermann, 1993: 111ff.

578 Kieser, 1993: 70ff.

- Forschung hat i.d.R. das Ziel, etwas Neues zu entwickeln. Daher sollte sich die Organisationsstruktur durch *Effektivitätsorientierung* auszeichnen.
- Um etwas Neues zu generieren, bedarf es eines freien Umfeldes. Daher sollte die Struktur eher durch *Symbolorientierung* denn durch Formalisierung geprägt sein.
- Da es bei der Generierung von Neuem auf die beteiligten Personen und deren Wissen ankommt, ist bei der Organisationsstruktur auf eine starke *Personenorientierung* zu achten.
- Die Erfahrungen im IPG I haben gezeigt: Neue Ideen kommen bottom-up, selten top-down. Daher sollte die Organisationsstruktur Raum für Ideen bieten. Dafür muss ein Maß an Autonomie und der Möglichkeit zur *Eigengestaltung* bzw. Selbstorganisation bestehen.
- Die Fokussierung auf die Personen und deren Wissen legt primär eine Innenorientierung bzw. Identitätsentwicklung nahe. Eine TNF verlangt jedoch die Partizipation der Praxisakteure und somit eine Außenorientierung. Diese Außenorientierung darf allerdings nicht im Sinne einer kontextuellen Anpassung missverstanden werden. Ganz im Gegenteil: Es geht um die Gestaltung der Außenwelt in Richtung einer Nachhaltigen Entwicklung.[579]

Zeichnet man die Anforderungen in Abbildung 15 ein, kommt ein Profil zustande, das am äußeren Rand der Landkarte positioniert ist. Daher werden im folgenden Organisationsprofile vorgestellt, die diesen Anforderungen gerecht werden. Dabei wird zwischen organisationsinternen und –externen Profilen unterschieden.

8.1.2 Organisationsinterne Profile: Modularisierung

Modulare Organisationsprofile

Unter dem Begriff Modularisierung werden Ansätze zusammengefasst, die sich als Antworten auf die klassischen Organisationsstrukturen verstehen. Diese zeichneten sich durch Hierarchisierung und Schwerfälligkeit aus. Die Modularisierungs-Konzepte haben das Ziel, diese Schwerfälligkeit zu überwinden. Hierfür wird die Restrukturierung eines Unternehmens in dezentrale Module vorgeschlagen, die eigenverantwortlich arbeiten.[580]

---

579 Gomez und Zimmermann, 1993: 115.

580 Picot et al., 1996: 201.

Diese Restrukturierung soll mit dem *Abbau von Hierarchien* einhergehen.[581] Reichwald und Koller zeigen: Bei hoher Komplexität und Variabilität der Aufgabe ist eine zentrale Unternehmensstruktur innovationsfeindlich, und die Fixkosten durch Lern- und Betriebsgrößeneffekte sinken nicht, da diese Effekte aufgrund der Geschwindigkeit des Wandels nicht wirken.[582] Wenn Unternehmen solchen Aufgaben gegenüberstehen, ist daher eine dezentralisierte Struktur vorzuziehen, bei dem das Unternehmen in Module aufgeteilt wird.

Die *Koordinationsform* zwischen einzelnen Modulen ist nicht hierarchisch, sondern kooperativ oder kompetitiv. Vielfach agieren die Module als Profit Center, die im Wettbewerb stehen.[583] Dieser Wettbewerb erfordert eine starke *Kundenorientierung.* Kunden sind hierbei nicht primär die externen, sondern die internen Abnehmer von Zwischenprodukten.[584]

Da viele Schnittstellen ein hohes Maß an Kooperation erfordern, was zu hohen Transaktionskosten führt, sollen sie vermindert werden. Daher wird die *Integration der Aufgaben* für ein Produkt gefordert.[585] Im wesentlichen unterscheiden sich die Modularisierungs-Konzepte in der Art der Modularisierung. Neben der Konzentration auf Prozesse und der Organisation nach Profit Centern führen Picot et al. folgende Möglichkeiten an:[586]

- Modularisierung nach Produkten.
- Modularisierung nach Kernkompetenzen.
- Modularisierung nach Regionen.

Nicht jede Modularisierungsart ist streng von einer anderen zu trennen. So kann die Modularisierung nach Produkten zur Folge haben, dass der jeweilige Produktionsprozess in einem Modul zusammengefasst wird und somit indirekt eine Modularisierung nach Prozessen vorgenommen wird. Daher sind die Modularisierungsarten eher als Eckpunkte eines Möglichkeitsraumes zu verstehen, innerhalb dessen die Modularisierung erfolgt.

Mit der Modularisierung wird eine starke Dezentralisierung erreicht; die Module arbeiten eigenverantwortlich und sind als Unternehmen im Unternehmen aufzufassen, insbesondere wenn sie als Profit Center geführt werden. Diese Dezentralisierung kann zu Verselbständigungstendenzen der Module führen. Diese *Verselbständigungstendenzen* werden in der Lite-

---

[581] Peters, 1993.

[582] Reichwald und Koller, 1996: 232ff.; Kieser, 1993: 70f.

[583] Picot et al., 1996: 205f.; Reichwald und Koller, 1996: 249ff.

[584] Picot et al., 1996: 203.

[585] Picot et al., 1996: 203f.

ratur seit langem diskutiert. Dort sind auch eine Reihe von Lösungsvorschlägen zu finden:[587]

1. *Koordination durch interne Märkte.* Die einzelnen Module treten im Sinne von Cost- oder Profit-Centern als Anbieter und/oder Nachfrager von internen Leistungen auf, für die interne Verrechnungspreise gelten.
2. *Beibehaltung einer hierarchischen Koordination.* Hierbei sind die Module in eine klassische Hierarchie eingebunden, die deren Aktivitäten koordiniert.
3. *Partizipative Zielermittlung.* Die Gruppenmitglieder bestimmen zusammen mit den Vorgesetzten die Gruppenziele und gleichen sie mit dem Gesamtzielsystem ab.
4. *Konzept der überlappenden Gruppen nach Likert.* Hier fungiert je ein Mitarbeiter aus einer Gruppe als Bindeglied zur nächst höheren Gruppe. Dieser Mitarbeiter hat als Aufgabe, die Verselbständigungsbestrebungen seiner eigenen Gruppe in Grenzen zu halten und die Gruppenziele mit den Zielen der nächst höheren Gruppe in Einklang zu bringen.

Erfahrungen

Ohne auf die dargestellten Theorien Bezug zu nehmen, wurden im IPG I einzelne der oben vorgestellten Ansätze umgesetzt. Allerdings handelte es sich dabei nur um einzelne Aspekte, so dass die Ansätze nicht gesamthaft anhand der Erfahrungen bewertet werden können. Zudem war die Zeit zu kurz, um diese Aspekte abschließend beurteilen zu können.

Eine modulare Struktur war vom Schweizerischen Nationalfonds vorgegeben, indem eine Struktur mit Teilprojekten und Gesamtprojekt verlangt wurde. Diese modulare Struktur wurde weiter ausgebaut, indem Arbeitsgruppen und Teilsynthesen gebildet wurden. Die Bildung dieser Module erfolgte im Fall der Teilprojekte anhand einer wissenschaftlichen Disziplin, im Fall der Arbeitsgruppen anhand eines gemeinsamen Oberthemas und im Fall der Teilsynthesen anhand einer Schlüsselherausforderung. Welche Erfahrungen wurden erzielt?

Modularisierung nach einer wissenschaftlichen Disziplin: Die *Teilprojekte* waren autonom, hatten ihre eigenen Verträge mit dem SNF, die Mitarbeiter kannten sich vielfach bereits aus früheren Projekten und waren i.d.R. am selben Ort. Dabei zeigte sich: Die Teilprojekte funktionierten für sich genommen in den meisten Fällen gut, aber sie wiesen gegenüber dem Gesamtprojekt starke *Verselbständigungstendenzen* auf.[588]

---

586 Picot et al., 1996: 215ff.

587 Reichwald und Koller, 1996: 248ff.

588 Minsch, 1995b.

Modularisierung nach einem gemeinsamen Oberthema: Die *Arbeitsgruppen* bestanden aus Mitarbeitern unterschiedlicher Disziplinen, waren geographisch an unterschiedlichen Orten angesiedelt und hatten kein eigenes Budget, sondern wurden durch die Teilprojekte finanziert. Diese Arbeitsgruppen zeigten weniger Verselbständigungstendenzen, was daher rührt, dass das Oberthema vornehmlich aus der Perspektive des Gesamtprojekts gewählt wurde und für dieses relevant war. Hier zeigte sich vielmehr das *Problem der mangelnden Verbindlichkeit* und der *unklaren Zielfestlegung.* Mit guten Absichten gewählt, scheiterte diese Modularisierungsform schnell an den mangelnden Kräften und dem fehlenden Willen, auch in schwierigen Zeiten das Thema weiter zu bearbeiten (vgl. Kapitel 6.3).

Modularisierung nach einer gemeinsamen Fragestellung: Die *Teilsynthese-Teams* waren grundsätzlich wie die Arbeitsgruppen organisiert, nur die Fragestellung war konkreter und von höherer Relevanz für die Teilprojekte. Es zeigten sich unterschiedliche Ergebnisse: Einige Teilsynthesen waren erfolgreich, andere bestanden vornehmlich auf dem Papier.

Die *mangelnde Verbindlichkeit,* die bei den Arbeitsgruppen aufgetreten war, sollte bei den Teilsynthesen durch *Verträge* vermieden werden. Diese Verträge enthielten konkrete Ziele, Mittel und Zeiten und sollten den Auftrag konkret festlegen. Jedoch waren einige Teilprojektverantwortliche nicht bereit, einen solchen Vertrag zu unterzeichnen.[589] Dadurch unterliefen sie die Entscheidungen der Projektleitersitzung und bewirkten eine ähnliche Unverbindlichkeit, die bereits bei den Arbeitsgruppen zu beobachten war. Es waren vor allem die Teilsynthesen erfolgreich, deren Auftrag große Schnittmengen mit den Teilprojekten aufwies bzw. wo Teilprojekt und Teilsynthese weitgehend deckungsgleich waren und wo sich die Doktoranden gegenseitig stützten und daher auch die Dissertation davon profitierte.

Insgesamt lassen sich als positive Erfahrungen aufführen: Die Mitarbeiter waren bereit, in einem Modul mitzuarbeiten, und innerhalb der Teams kamen viele Ideen auf. Negativ anzumerken ist dagegen die mangelnde Verbindlichkeit, mit der die Aufgaben teilweise in den Arbeitsgruppen und Teilsynthesen angegangen wurden, und im Falle der Teilprojekte die Verselbständigungstendenzen, wie sie in Kapitel 6.5.2.1 beschrieben wurden.

Wie wurde im IPG I mit den Verselbständigungstendenzen umgegangen? Ohne dies bewusst mit Bezug auf Likert zu tun, war im IPG I je ein Mitarbeiter eines Teilprojekts und später zusätzlich je ein Mitarbeiter eines Teilsynthese-Teams Mitglied der Projektleitersitzung, dem Entscheidungsgremium im IPG I. Auch eine partizipative Zielermittlung wurde

[589] Protokoll 3. Vollversammlung: 7.

vorgenommen; so einerseits im Prozess der Projekteingabe und andererseits auf der zweiten Vollversammlung, bei der die Schlüsselherausforderungen partizipativ identifiziert und ausgewählt wurden. Eine hierarchische Koordination konnte dagegen nicht beibehalten werden, da es diese nie gab. Von Beginn an hatte jedes Teilprojekt einen eigenen Vertrag mit dem Schweizerischen Nationalfonds und war rechtlich weitgehend selbständig.

Obwohl die Ziele partizipativ ermittelt wurden und die Gruppen sich überlappten, konnten die Verselbständigungstendenzen nicht gebremst werden. Diese Erfahrungen schwächen die Bedeutung der partizipativen Zielermittlung und der überlappenden Gruppen nicht ab. Die Erfahrungen sind als positiv, wenn auch nicht als hinreichend zu bewerten.[590]

Lösungsvorschläge

Die Modularisierung scheint grundsätzlich ein vielversprechender Weg zu sein. Bedeutend ist aber die Art und Weise, wie diese Modularisierung vorgenommen wird. So ist zu klären, nach welcher Funktion die Module gebildet werden und wie potenziellen Verselbständigungstendenzen Einhalt geboten werden kann.

Soll disziplinübergreifende Zusammenarbeit gefördert werden, erweist sich die Modularisierung nach einer wissenschaftlichen Disziplin nicht als sinnvoll, insbesondere wenn die Module so ausgestattet sind, dass sie kaum Interesse an modulübergreifenden Aktivitäten entwickeln.[591] Die Modularisierung nach einer allgemeinen Fragestellung erscheint vielversprechender. Sollen lebensweltliche Probleme Gegenstand der Forschungsarbeit sein, sollte dies auch in den Modulen zum Ausdruck kommen. Zwei Fragen sind hier zu klären: Wie erfolgt die *Exploration der lebensweltlichen Fragestellungen bzw. der Schlüsselherausforderungen*? Wie wird das *disziplinäre Fachwissen* gepflegt und weiterentwickelt?

Die Module können erst gebildet werden, wenn die lebensweltlichen Fragestellungen identifiziert sind. Dies ist bei der Konzeption eines Forschungsprojektes i.d.R. nicht der Fall. Vor der eigentlichen Modularisierung sind daher die Fragestellungen zu identifizieren. Dies bedingt, dass der Modularisierung eine *explorative Phase* vorgeschaltet ist.[592]

---

[590] Hartmann hat in einer empirischen Untersuchung Betriebswirte und Psychologen zu den Erfolgsfaktoren interdisziplinärer Forschungsprojekte befragt. Die partizipative Zielermittlung wurde dabei als ein wichtiger Erfolgsfaktor ermittelt. Hartmann, 1998.

[591] Krott, 1996: 88. Krott betont insbesondere die starke Stellung disziplinärer Fachbereiche, wodurch disziplinübergreifende Kooperationen stark erschwert werden – und somit auch die Modularisierung nach disziplinübergreifenden Fragestellungen (vgl. Kapitel 8.1.3.3).

[592] Vgl. auch Gruppendiskussion a und Kapitel 7.1.3.

Wie kann gewährleistet werden, dass nicht nur transdisziplinär gearbeitet, sondern auch das disziplinäre Fachwissen gepflegt wird, wenn keine disziplinären Module existieren? Hier bieten sich zwei Möglichkeiten an: Zum einen kann die Pflege und Weiterentwicklung innerhalb der disziplinübergreifenden Zusammenarbeit erfolgen. Zum anderen können die Projekte so konzipiert sein, dass die beteiligten Forscher nur einen Teil ihrer Zeit für disziplinübergreifende Arbeiten aufbringen und den anderen Teil streng disziplinär arbeiten. Diese disziplinäre Arbeit könnte einerseits in disziplinären Modulen erfolgen, die zusätzlich zu den anderen Modulen aufgebaut werden, oder andererseits in disziplinären Projekten, die unabhängig vom transdisziplinären Forschungsprojekt sind. Auf die Vor- und Nachteile der jeweiligen Variante wird in Kapitel 8.1.3.3 näher eingegangen.

8.1.3 Organisationsexterne Profile: virtuelle Integration

Strategische Netzwerke und virtuelle Unternehmen

Vergleich von strategischen Netzwerken und virtuellen Unternehmen. Während die Modularisierung sich mit intraorganisationalen Beziehungen befasst, werden im folgenden Strukturen zwischen Organisationen betrachtet, d.h. interorganisationale Beziehungen. Auch diese Strukturen sind als Antworten auf eine Umwelt zu verstehen, die durch eine höhere Dynamik und stärkeren Wettbewerb gekennzeichnet ist. Intern haben Unternehmen vielfach eine Reorganisation im Sinne der oben beschrieben Modularisierung vorgenommen. Extern sind sie verstärkt Kooperationen eingegangen und haben Netzwerke aufgebaut, i.d.R. mit dem Ziel, an die Kompetenzen zu gelangen, die sie benötigen, um speziellere Kundenwünsche zu erfüllen, die sie aber nicht selbst besitzen.[593]

Die Entwicklung der Halbleiterindustrie[594] zeigt: Es sind eine Reihe interorganisationaler Beziehungen in der Praxis zu beobachten.[595] Eine theoretische Erklärung dieses Phänomens steht jedoch bisher weitgehend aus. Ohne näher auf die theoretische Diskussion eingehen zu wollen, kann an dieser Stelle festgehalten werden: Die Netzwerke erweisen sich aus transaktionskostentheoretischer Sicht teilweise als effizienter. Dies scheint aber nicht die einzige Ursache für die Bildung von neuen interorganisatorischen Beziehungen zu sein. Viel-

---

593 Davidow und Malone, 1992; Sydow, 1992; Ortmann und Sydow, 1999; Aulinger, 1996.

594 Voskamp und Wittke, 1997.

595 Aulinger, 1996: 77.

mehr spielen Faktoren eine Rolle, die ökonomischen Ursprungs sind, sich jedoch nicht leicht messen bzw. erkennen lassen, wie dies bei Transaktionskosten der Fall ist. Diese Faktoren sind innerhalb und außerhalb einer interorganisationalen Beziehung zu finden:

- *Intern: Synergiepotenziale und Lernprozesse.* Innerhalb eines Netzwerks können die beteiligten Organisationen durch ihre komplementären Kompetenzen voneinander profitieren, Synergiepotenziale realisieren und voneinander lernen. Dadurch haben sie kurzfristig Vorteile, indem sie ein bestimmtes gemeinsames Ziel effizienter und kompetenter erreichen können. Sie haben auch langfristige Vorteile, da die Zusammenarbeit zu Lernprozessen und neuem Wissen führen kann, das langfristig nutzbar gemacht werden kann.[596]
- *Extern: Strukturpolitik.* Ein Netzwerk verfügt über mehr finanzielle Ressourcen und Autorität. Dadurch kann die Umwelt erfolgreicher mitgestaltet werden. So kann ein Netzwerk den Markt aktiv beeinflussen und Lobbying betreiben.[597]

Zwei Beziehungsarten werden in der Literatur besonders häufig aufgegriffen: Strategische Netzwerke[598] und virtuelle Unternehmen[599]. Diese unterscheiden sich vor allem in einem Punkt: Strategische Netzwerke haben einen Fixpunkt, d.h. sie sind asymmetrisch und verfügen vielfach über eine fokale Unternehmung, welche die „Fäden in der Hand hat". Virtuelle Unternehmen dagegen sind symmetrisch organisiert, bei ihnen gibt es kein Machtzentrum. Wenn man ein Markt-Hierarchie-Kontinuum aufspannt, dann tendieren strategische Netzwerke in Richtung Hierarchie, virtuelle Unternehmen in Richtung Markt. In Tabelle 5 sind die beiden Beziehungsarten näher dargestellt.

Ein Vergleich der Eigenschaften von strategischen Netzwerken und virtueller Organisation mit den Anforderungen an das Organisationsprofil einer TNF zeigt: Eine virtuelle Organisation entspricht diesen Anforderungen in größerem Maße als strategische Netzwerke. Daher wird im folgenden näher auf virtuelle Unternehmen eingegangen.

---

[596] Schreyögg, 1996: 389; Sydow, 1992; Aulinger, 1996.

[597] Schneidewind, 1998: 286ff.

[598] Sydow, 1992; Sydow et al., 1995; Sydow und Windeler, 1997; Ortmann und Sydow, 1999; Picot et al., 1996; Schreyögg, 1996.

[599] Davidow und Malone, 1992; Picot et al., 1996; Chesbrough und Teece, 1996; Scholz, 1997; Bund, 1997; Sieber, 1997; Wüthrich et al., 1997; Schuh et al., 1998; Wolter et al., 1998; Meffert, 1999. Virtuelle Unternehmen werden in der Literatur unterschiedlich definiert und umfassen je nach Definition strategische Netzwerke und beziehen sich auch auf intra-organisationale Beziehungen (Wüthrich et al., 1997: 93 ff.).

	Strategisches Netzwerk[600]	Virtuelles Unternehmen[601]
Definition	„... eine auf die Realisierung von Wettbewerbsvorteilen zielende, polyzentrische, gleichwohl von einer oder mehreren Unternehmungen *strategisch* geführte Organisationsform ökonomischer Aktivitäten zwischen Markt und Hierarchie (...), die sich durch komplex-reziproke, eher kooperative denn kompetitive und relativ stabile Beziehungen zwischen rechtlich selbständigen, wirtschaftlich jedoch zumeist abhängigen Unternehmungen auszeichnet."[602]	... ist ein Netzwerk aus Unternehmensteilen, die nicht ausschließlich rechtlich und wirtschaftlich voneinander abhängig sind, die projektbezogen zusammengesetzt sind, fortwährend kommunizieren und sich koordinieren, eine offene Struktur mit wechselnden Partnerschaften aufweisen, bei dem kein Teil per se dominant ist, das Erscheinungsbild gegenüber Kunden einheitlich ist und wo weitgehend auf Hierarchiebildung verzichtet wird.
Konfiguration	Prinzipiell polyzentrisch, aber i.d.R. mit einer fokalen Unternehmung, die strategisch führt.	Polyzentrisch, keine Hierarchie.
Zentralisierung vs. Dezentralisierung	Teilweise zentral, d.h. es existiert ein Zentrum.	Dezentral, d.h. es existiert kein Zentrum.
Dauer	Langfristig.	Kurzfristige Bearbeitung, aber längerfristiges Netzwerk.
Ziel, Anwendungsfelder	Effizienzorientierung, wie z.B. bei industrialisierten Massenmärkten.	Effektivitätsorientierung, wie z.B. bei komplexen Problemstellungen.
Regeln	Formalisierung.	Symbolorientierung.
Sach- vs. Personenorientierung	Eher Personenorientierung.	Klare Kompetenz- und somit Personenorientierung.
Gestaltung	Teilweise Eigengestaltung im Rahmen der gemeinsamen Strategie, die i.d.R. das fokale Unternehmen vorgibt.	Eigengestaltung.
Intern/extern	Es besteht ein rekursives Verhältnis. Dieses Verhältnis ist eher stabil, das Netzwerk eher geschlossen.	Auch hier besteht ein rekursives Verhältnis. Dieses ist eher offen und vergleichsweise instabil.
Beispiele	Franchising wie z.B. McDonald's, strateg. Allianzen, Joint Ventures.	Virtuelle Fabrik Euregia Bodensee, CobiNet-Heidiland.

Tabelle 5: Vergleich von strategischen Netzwerken und virtuellen Unternehmen.

Virtuelle Unternehmen. Hauptziel eines virtuellen Unternehmens ist die *flexible Kombination verschiedener Kernkompetenzen*, um Kundenbedürfnisse besser zu befriedigen und Geschäfte zu realisieren, die ein Unternehmen alleine nicht hätte durchführen können.[603] Unter

[600] Sydow, 1992: 81f. und 309f.; Ortmann und Sydow, 1999: 212.

[601] Wolter et al., 1998: 7f. und 171ff.; Meffert, 1998: 2; Sieber, 1997: 277; Bund, 1997: 248ff.; Picot et al., 1996: 396.

[602] Sydow, 1992: 82.

[603] Wüthrich et al., 1997: 43; Schuh et al., 1998, 29 und 49f.

einer Kernkompetenz ist hierbei ein Wissen bzw. Können zu verstehen, das vielseitig anwendbar ist, sich nicht imitieren lässt und das der Kunde im Endprodukt wahrnimmt.[604]

Die Kernkompetenzen werden in *Kooperationen im Forschungs- und Entwicklungsbereich* eingebracht und können neu kombiniert werden.[605] Zwei Arten von Innovationen lassen sich unterscheiden: autonome und systemische Innovationen. Autonome Innovationen werden auch unabhängig von anderen Innovationen realisiert. Systemische Innovationen sind dagegen von der Realisierung anderer Innovationen abhängig.[606] Bei diesen besteht somit eine große Abhängigkeit von den Partnern und folglich ein großes Risiko für das Gelingen der Zusammenarbeit. Daher sind die Partner auf Absicherung bedacht. Diese Absicherung kann über feste Regelungen oder Vertrauen erfolgen.[607]

In virtuellen Organisationen ist es grundsätzlich schwierig, formale Regelungen zu entwerfen, da die Zusammenarbeit nur kurzfristig ist und flexibel verändert wird.[608] Regelungen sind notwendig, diese können jedoch nicht den Detailgrad von integrierten Organisationen erreichen. Dadurch steigt der Bedarf an Vertrauen in den Kooperationspartner. Durch die geringe Integration und die Dezentralisierung sinkt aber das Potenzial, Vertrauen zu bilden.[609]

Der Vertrauensbedarf wird durch die grundsätzliche Unvorhersehbarkeit von Innovationsprozessen verstärkt. Aufgrund dieser Unvorhersehbarkeit kann nicht sichergestellt werden, dass die Kooperation zu einer Win-Win-Situation führt.[610] Daher sieht sich jeder Partner der Gefahr gegenüber, Know-how in eine Kooperation einzubringen, ohne dass er auch im gleichen Maße einen Nutzen erhält. So besteht die Chance, gegenseitige Lernprozesse zu bewirken und einen Know-how-Transfer zu realisieren. Es besteht jedoch die Gefahr, Wettbewerbsvorteile zu verlieren — insbesondere bei konkurrierenden Unternehmen.[611] Folglich ist ein großes Maß an Vertrauen notwendig.[612]

Um die Schere zwischen abnehmendem Potenzial der Vertrauensbildung und steigendem Bedarf zu schließen, muss nach Schuh et al.[613] eine virtuelle Organisation auf einem lang-

---

[604] Prahalad und Hamel, 1991.

[605] Bund, 1997.

[606] Chesbrough und Teece, 1996: 64ff.

[607] Krystek und Zumbrock, 1993: 5. Vgl. Kapitel 7.2.2.

[608] Wüthrich et al., 1997: 155, die auf die rechtlichen Probleme im Euregio-Projekt hinweisen.

[609] Chesbrough und Teece, 1996: 66; Schuh et al., 1998, 80ff.; Meffert, 1998: 4.

[610] Bund, 1997: 250f.

[611] Sieber, 1997: 276f.; Meffert, 1998: 4.

[612] Meffert, 1998: 4.

[613] Schuh et al., 1998: 63f.

fristig ausgelegten Unternehmensnetzwerk aufbauen. Dieses Netzwerk stellt die Basis für projektbezogene und zeitlich begrenzte Zusammenarbeit da. Unternehmen, die diesem Netzwerk neu beitreten wollen, müssen sich strengen Aufnahmeregelungen stellen. Aufnahmeregelungen und Langfristigkeit stellen ein notwendiges Maß an Vertrauen sicher.

Die Virtualisierung führt zu einer Reihe von Möglichkeiten, die unternehmerische Leistungserstellung neu zu organisieren. Ein Beispiel ist die virtuelle Fabrik Euregio Bodensee.

Virtuelle Fabrik Euregio Bodensee[614]

1995 schlossen sich auf Initiative des Instituts für Technologiemanagement der Universität St. Gallen 14 Firmen in der Bodenseeregion zur virtuellen Fabrik Euregio Bodensee zusammen. Alle Firmen sind rechtlich weiterhin selbständig und verfügen über ein Stammgeschäft. Damit die Firmen in der Lage sind, Aufträge anzunehmen, die keines der Unternehmen alleine ausführen kann, wurde der virtuelle Verbund geschaffen. Das Ziel ist somit, durch die Kombination von Kernkompetenzen und die Zusammenlegung von Kapazitäten Zusatzgeschäfte zu generieren. Die einzelnen Unternehmen sind folglich nicht abhängig von Aufträgen aus dem Unternehmensverbund.[615]

Die Struktur der Euregio Bodensee basiert auf einem permanenten Kooperationsnetzwerk. Ein solches Netzwerk ist notwendig, um Kooperationsbereitschaft und Vertrauen aufzubauen. Mitglied in dem Netzwerk kann eine Firma nur nach vorheriger Prüfung werden. Dabei können auch direkte Konkurrenten bestehender Partnerunternehmen aufgenommen werden.

Je nach Auftrag wird aus dem Netzwerk eine virtuelle Fabrik zusammengestellt. Hierfür bestehen eine Reihe von Spielregeln und verschiedene Rollen bzw. Aufgaben:

Der *Netzwerkcoach* ist für die Aufnahme neuer Unternehmen zuständig, schult die Partner, nimmt vertrauensbildende Maßnahmen vor und betreut die IuK-Struktur. Der *Broker* vertreibt die Leistungen und Kompetenzen des Netzwerkes, akquiriert Aufträge und fungiert als Mittler zwischen Netzwerk und Kunde. Der *Leistungsmanager* erhält vom Broker die Kundenanfragen, erfasst die Leistungen, die zur Erfüllung des Auftrages notwendig sind, stellt die Struktur zusammen und entwirft einen Zeitplan. Der *Auftragsmanager* übernimmt den Auftrag vom Leistungsmanager und führt den Auftrag durch. Der *Auditor* überwacht die Durchführung und die Einhaltung der Spielregeln. Der *In-/Outsourcingmanager* ist die Kontaktperson für den Leistungs- und Auftragsmanager. Er klärt intern die Kapazitäten und Kompetenzen ab und übernimmt die Kalkulation und die Koordination der innerbetrieblichen Auftragsabwicklung. Die Auftragsabwicklung wird durch eine *Technologiekapazitätendatenbank* unterstützt, in der die Kompetenzen der Teilnehmer beschrieben sind.

Die einzelnen Rollen sind nicht zwingend mit Personen gleichzusetzen; verschiedene Rollen können von einer Person wahrgenommen werden. Mit diesen Rollen sind vielmehr Aufgaben bezeichnet, die erfüllt werden müssen, um einen reibungslosen Ablauf zu gewährleisten.

Die *Vermarktung* der Euregio Bodensee lief anfangs unter dem Namen des Netzwerkes. Auf diese Weise konnten neue Partnerfirmen gefunden werden, aber nur wenige Kunden. Der Auftritt als Netzwerk erlaubte keinen spezifischen Zugang zum Kunden — hier bestand die Gefahr der Profillosigkeit. Daher schien es erfolgversprechender, bestimmte Marktsegmente zu identifizieren und diese spezifisch anzugehen. Hier hat sich die Bildung von Produktclustern als erfolgreich erwiesen, die ein Team von vier bis sechs Partnerunternehmen erarbeitet. Diese Produktcluster können unter einer Corporate Identity des Gesamtverbundes vermarktet werden.

---

[614] Wütherich et al., 1997: 148ff.; Schuh et al., 1998.

[615] Schuh et al., 1998: 88f.

Was sind die Voraussetzungen für ein virtuelles Unternehmen?

1. *Ausgeprägte Kooperationsfähigkeit und -bereitschaft.* Jedes einzelne Unternehmen und insbesondere dessen Mitarbeiter müssen nicht nur die Fähigkeit besitzen zu kooperieren. Sie müssen auch die Bereitschaft zeigen, von diesen Fähigkeiten Gebrauch zu machen.[616] Diese Bereitschaft ist vor allem wichtig, wenn zu Beginn keine Win-Win-Situation sichergestellt ist. Dies ist vielfach bei F&E-Kooperationen der Fall, die per se unsicher sind.
2. *Bildung von Vertrauenskapital.* Die Kooperationsbereitschaft basiert weitgehend auf Vertrauen. Förderlich für die Bildung von Vertrauen sind z.B. gemeinsame Wertvorstellungen und harmonierende Anreizstrukturen (vgl. Kapitel 7.2.2).[617]
3. *Aufbau und Pflege von Kernkompetenzen.* Sie sind die Grundlage für den Erfolg von virtuellen Unternehmen. Diese sind zu identifizieren, weiter zu entwickeln und zu pflegen.[618]
4. *Einsatz moderner Informations- und Kommunikationstechnologien (IuK).* Einheitlicher Auftritt gegenüber dem Kunden und effiziente Zusammenarbeit erfordern moderne IuK.[619]
5. *Sicheres Stammgeschäft.* Für Schuh et al. ist es zudem wichtig, dass die einzelnen Unternehmen über ein sicheres Stammgeschäft verfügen und nicht von Aufträgen aus dem virtuellen Verbund abhängig sind. Vier Gründe führen sie hierfür an: Um das Gleichgewicht zwischen Vertrauen und fruchtbarem Wettbewerb zu erhalten, darf erstens der Konkurrenzkampf um Aufträge nicht zu groß werden. Zweitens zeigt ein gesundes Stammgeschäft, dass die Kompetenzen auch außerhalb des Verbundes eingesetzt werden. Drittens sind virtuelle Unternehmen einer hohen Dynamik ausgesetzt, so dass eine permanente Auslastung nicht sichergestellt werden kann. Viertens steigt bei gesundem Stammgeschäft die Wahrscheinlichkeit, dass das Prinzip des „Gebens und Nehmens" funktioniert. Aus diesen Gründen soll ein Unternehmen maximal 20 Prozent seiner Aufträge aus dem virtuellen Verbund erhalten.[620]

---

[616] Schuh et al., 1998: 82ff.

[617] Schuh et al., 1998: 80ff.; Konradt, 1999.

[618] Schuh et al., 1998: 76f.; Chesbrough und Teece, 1996.

[619] Schuh et al., 1998: 131ff.; Konradt, 1999: 106.

[620] Schuh et al., 1998: 88f.

Erfahrungen — auf dem Weg zu einem virtuellen Unternehmen?
Das IPG I weist viele Parallelen zu einem virtuellen Unternehmen auf. Es tritt nach außen einerseits als eine einheitliche Organisation auf, andererseits in Form einzelner Module, die nicht explizit auf das Gesamtprojekt verweisen. Die dezentralen Teilprojekte sind an unterschiedlichen Orten angesiedelt und über IuK vernetzt. Jedes Teilprojekt verfolgt zum einen seine eigenen Zielsetzungen, zum anderen ist es den Zielsetzungen des IPG I untergeordnet. Durch seine vierjährige Laufzeit kann es als ein quasi dauerhaftes Netzwerk angesehen werden. Auf diesem Netzwerk baut die kurzfristigere Zusammenarbeit in den Teilsynthesen und Arbeitsgruppen auf. In diese Zusammenarbeit werden die Kernkompetenzen eingebracht, die in Teilprojekten erarbeitet werden. Die Integration erfolgt anhand eines Kundenwunsches.

Wurden im IPG I Synergiepotenziale genutzt und fanden Lernprozesse statt? Lernprozesse sind schwer zu messen. Es besteht aber die Vermutung, dass diese teilweise stattfanden. So haben bspw. viele Beteiligte gelernt, was unter einer TNF zu verstehen ist und mit welchen Schwierigkeiten sie einhergeht. Zudem erhielten viele Mitarbeiter ein Verständnis von den Perspektiven und Methoden anderer Disziplinen. Diese Lernprozesse zeigten sich i.d.R., wenn versucht wurde, zusammen zu arbeiten und Synergiepotenziale zu nutzen. Dieser Versuch fand vor allem in der AG „Restriktionen & Optionen" statt (vgl. Kapitel 7.2.2).

Lernprozesse und Synergiepotenziale waren in dieser Arbeitsgruppe auf zwei Ebenen zu beobachten. Zum einen löste die Entwicklung des gemeinsamen theoretischen Gerüstes Lernprozesse in der transdisziplinären Zusammenarbeit aus.[621] Zum anderen waren in den einzelnen Kooperationen Lernprozesse zu beobachten und wurden Synergien genutzt, bei denen gemeinsam empirische Untersuchungen vorgenommen wurden.[622] Darüber hinaus war Flexibilität, Kreativität, Spaß und gegenseitige Hilfe zu beobachten. Sie war gerade für junge Wissenschaftler eine Feedback-Institution für das Stammgeschäft — die Forschenden zogen auch Profit für ihre Dissertationen aus der Zusammenarbeit.[623]

In Teilbereichen konnten somit die Vorteile einer virtuellen Organisation beobachtet werden. *Warum wurden diese Potenziale in anderen Bereichen nicht im gleichen Maße genutzt?*

1. *Kooperationsfähigkeit und -bereitschaft.* Einige erfahrene Forscher interessierten sich stärker für ihre eigenen Fragen als für die Potenziale einer disziplinübergreifenden Zusammenarbeit — ihnen fehlte es weniger an der Fähigkeit als an der Kooperationsbereit-

---

621 Maier et al., 1998.
622 Jungbluth et al., 1998.

schaft. Beispielhaft hierfür ist die Aussage eines Mitarbeiters: „Wir haben lange im Teilprojekt gearbeitet, möchten unsere Ergebnisse gerne der Allgemeinheit anbieten und würden uns freuen, wenn die Gesamtheit damit etwas anfangen kann."[624] Er stieß nicht nur auf kein Gegeninteresse, er hatte auch selbst nie Interesse an den Ergebnissen anderer Forscher gezeigt. Es war ein großes Angebot an disziplinären Ergebnissen vorhanden, dem eine nur geringe Nachfrage gegenüberstand — ein ungenutztes Synergiepotenzial.

Bei den jüngeren Wissenschaftlern war dagegen vielfach die Kooperationsbereitschaft vorhanden. Hier mangelte es eher an der Kooperationsfähigkeit. Dieser Mangel beruhte auf fehlender Erfahrung und Wissen darüber, was die eigene Disziplin zu leisten im Stande ist, was sie demnach zu einer gemeinsamen Fragestellung beitragen kann und in welchem Verhältnis disziplinfremdes Wissen zur eigenen Disziplin steht.

Beispielhaft war die Arbeitsgruppe „Restriktionen & Optionen". Sie war lange damit beschäftigt, eine gemeinsame Fragestellung zu finden und die disziplinären Zugänge zu verorten. Man wollte etwas zusammen tun, und man hatte das Gefühl, dass Synergiepotenziale vorliegen. Man wusste aber nicht, wo sie zu verorten sind.[625]

2. *Vertrauenskapital* war zu Beginn nur geringfügig vorhanden, da sich die einzelnen Mitarbeiter kaum kannten. Da die Teilprojekte an unterschiedlichen Orten angesiedelt waren, erwies sich das Kennenlernen und die Vertrauensbildung zwischen Mitarbeitern unterschiedlicher Teilprojekte als schwierig; dies war vornehmlich bei gemeinsamen Sitzungen möglich. Diese Sitzungen fanden jedoch i.d.R. unter großem Zeitdruck statt, was der Vertrauensbildung wenig förderlich war. Dies war der Bildung von Vertrauen eher abträglich und führte teilweise zu Misstrauen, was in Diskussionen über Copyrights und in der Angst einzelner Mitarbeiter, ihre Ideen zu verlieren, zum Vorschein kam.[626]

   Vertrauen wurde dagegen vor allem dort gebildet, wo viel zusammengearbeitet wurde, die persönliche „Chemie" stimmte und viel Face-to-face-Kommunikation stattfand. Dies ist ein wenig überraschendes Ergebnis, auf das im nächsten Kapitel näher einzugehen ist.
3. Die *Kernkompetenzen*, das disziplinäre Fachwissen, wurde in den Teilprojekten weiterentwickelt. Dies war das Stammgeschäft der Forschenden.

---

[623] Interview 1: 8; Interview 8: 8.

[624] Gruppendiskussion b: 1.

[625] Vernetzungs-Matrix für die Fallstudie „Restriktionen & Optionen" vom 16.01.97, Einladung zur Sitzung am 29.04.97 und Protokoll der Sitzung vom 29.04.97.

[626] Interview 5: 8f.

4. *IuK* wurde eingesetzt. Ein großer Teil der Kommunikation erfolgte über Email, FTP-Server und Telephon. Regelmäßig wurden zudem diverse Sitzungen einberufen, hier fand folglich Face-to-face-Kommunikation statt.
5. Die Teilprojekte verfügten über ein *gesundes Stammgeschäft*. In der Nachschau erwies sich dieses als eher zu gesund, und das aus drei Gründen:
   1. *Finanziell:* Die Teilprojekte hatten ihr eigenes Budget, das sie durch disziplinäre Zusammenarbeit nicht steigern konnten; die „Zusatzaufträge", die der virtuelle Verbund IPG I den einzelnen Mitarbeitern der Teilprojekte anbot, hat denen neben dem Stammgeschäft zusätzliche Arbeit, aber kein zusätzliches Einkommen eingebracht.
   2. *Intellektuell:* Durch die Zusatzaufträge hätten Synergiepotenziale und Lernprozesse realisiert werden können, die vorteilhaft für das Stammgeschäft gewesen wären. Diese Potenziale schienen für viele Mitarbeiter den Zusatzaufwand nicht aufzuwiegen. Ihnen fehlte es an der intellektuellen Neugier und Kooperationsbereitschaft.
   3. *Evaluativ:* Die disziplinübergreifende Zusammenarbeit hätte auch größere wissenschaftliche Anerkennung einbringen können. In Kapitel 7.4 wurde ausführlich dargelegt, aus welchen Gründen dies nicht der Fall war.

Kernkompetenzen waren vorhanden und IuK wurde genutzt; diese beiden Erfolgsvoraussetzungen hat das IPG I erfüllt. Es mangelte dagegen teilweise an Vertrauen, teilweise an der Kooperationsfähigkeit und/oder -bereitschaft, und das Stammgeschäft war zwar gesund, aber dessen Gesundheit ließ die disziplinäre Zusammenarbeit kränkeln und nicht etwa aufblühen. Dies hing mit der Struktur des IPG I zusammen, die den Mitarbeitern nur wenig Anreize setzte, Zusatzaufträge anzunehmen. Die Annahme eines Zusatzgeschäfts wurde eher als sozialer Akt denn als ein zusätzliches Geschäft angesehen. Mit zunehmender Projektlaufzeit nahm zudem der Druck in den Teilprojekten zu. Dadurch sank die Bereitschaft, quasi sozial tätig zu werden und Zusatzgeschäfte zu übernehmen bzw. fortzuführen. *Die Rückbesinnung auf das disziplinäre Stammgeschäft in den Teilprojekten war insbesondere in der Endphase die dominierende Strategie, und die Integration disziplinären Wissens blieb zweitrangig.*

Auch in der Arbeitsgruppe Restriktionen & Optionen sah man sich diesen Problemen gegenüber. Sie existierte zwar in der Endphase weiter, deren Aufgaben waren bei den Mitarbeitern aber explizit nachgeordneter Priorität.[627] Die Arbeitsgruppe löste sich trotzdem nicht

---

[627] Interview 8: 6; Protokoll Arbeitsgruppe Restriktionen & Optionen vom 3.05.99; vgl. a. die Mail-Korrespondenz im

auf, da das nötige Vertrauen existierte, Synergien genutzt wurden und der zusätzliche Beitrag nicht als freiwilliger sozialer Akt angesehen wurde. Im Verlauf der Arbeitsgruppe konnte zudem Kooperationsfähigkeit aufgebaut werden. Trotzdem stand die Arbeitsgruppe vielfach vor der Auflösung. Eine Leiterin der Arbeitsgruppe sagte dazu: „Die Leute stehen unter Druck im Teilprojekt. Daher muss man an die Arbeitsgruppe glauben und Vertrauen haben. Ansonsten besteht die Gefahr, dass sie zusammenbricht und sich auflöst."[628]

Lösungsansätze — von der Dominanz des Stammgeschäfts zu dessen Auflösung?

Die Ausführungen zu den Erfolgsvoraussetzungen zeigen die Ansatzpunkte für Lösungsmaßnahmen: Erstens kann versucht werden, Kooperationsfähigkeit zu entwickeln. Dies ist Thema von Kapitel 8.4. Zweitens war vielfach ein Mangel an Kooperationsbereitschaft auszumachen. Wie diese Bereitschaft gefördert werden kann, wird im folgenden und in Kapitel 8.2 diskutiert. Drittens stellt sich die Frage der Vertrauensbildung. Dies ist Thema von Kapitel 8.2.2. Schließlich ist viertens zu untersuchen, wie man die Dominanz des Stammgeschäfts schwächen, ihm einen kleine Schnupfen verleihen kann. Krott schreibt: „Interdisziplinarität erfordert zusätzliche Anreize, um den Abstand zwischen den Disziplinen zu überwinden."[629] Hier können finanzielle, intellektuelle und evaluative Anreize gesetzt werden:

Finanzielle Anreize: Die Auflösung des Stammgeschäfts. Eine virtuelle Fabrik kann den Netzwerkpartnern keine konstante Auslastung ihrer Kapazitäten gewährleisten. Daher sollte ein Unternehmen über ein gesundes Stammgeschäft verfügen und maximal 20 Prozent seiner Aufträge aus dem virtuellen Verbund erhalten.

Diese Problematik war im IPG I nicht gegeben, da es für eine Grundauslastung hätte sorgen können. Die Teilprojekte müssten nicht über ein gesundes Stammgeschäft verfügen, das sich zudem als zu dominant erwiesen hat. Um disziplinübergreifende Tätigkeiten zu stärken, könnte das Stammgeschäft aufgelöst werden. Die einzelnen Mitarbeiter wären dann nicht Mitglieder von disziplinären Teilprojekten, sondern von disziplinübergreifenden Gruppen. Ein Zielkonflikt zwischen Stamm- und Zusatzgeschäft könnte nicht entstehen. Wenn Forscher im IPG I arbeiten wollten, müssten sie demnach Kooperationsbereitschaft zeigen und disziplinübergreifend arbeiten, da es keine anderen Tätigkeiten im IPG I zu vergeben gäbe.

Vorfeld der Sitzung vom 3.05.99.

628 Interview 1: 8.

629 Krott, 1997b: 557. Krotts Aussage basiert auf der Evaluation des interdisziplinären Programms zur Waldschadensforschung in Österreich, an dem von 1983 bis 1991 ca. 200 Forscher aus 25 Instituten und fünf Universitäten mitwirkten (Krott, 1994).

Intellektuelle Anreize: Der gesunde Mix von Stamm- und Zusatzgeschäft. In den Teilprojekten wird das disziplinäre Fachwissen weiterentwickelt. Ein Wegfall der disziplinären Teilprojekte könnte daher die Weiterentwicklung des Fachwissens verhindern und langfristig die Leistungsfähigkeit des virtuellen Verbundes vermindern. Aus diesem Grunde wäre ein gesunder Mix von disziplinärem und disziplinübergreifendem Geschäft anzustreben.

In diesem Falle müssten größere Anreize für disziplinübergreifende Aufträge vorhanden sein, um das disziplinäre Stammgeschäft in seiner bisherigen Dominanz zu mindern. Zudem sollte die Kooperationsbereitschaft verstärkt werden.

Welche Konsequenzen haben die Ausführungen für ein virtuelles IPG I? Die Anforderung, die Partner müssten über ein gesundes Stammgeschäft verfügen, könnte beibehalten werden, jedoch in abgeschwächter Form. Verfügen ja, um die disziplinäre Fachkompetenz weiterzuentwickeln, in abgeschwächter Form, um disziplinübergreifende Tätigkeiten sicherzustellen. Es handelt es sich dann nicht um Stamm- und Zusatzgeschäft, sondern um zwei Stammgeschäfte: dem disziplinären und dem disziplinübergreifenden. Beide sollten sich die Waage halten. Sie stehen aber nicht isoliert nebeneinander, sondern verästeln sich und nutzen Synergien. Der gesamte Output wäre entsprechend über 100 Prozent. Eine solche 50/50-Regel klingt plausibel, könnte sich aber als naiv erweisen, wie *zwei Einwände* zeigen:

Forscher, die das eine und das andere tun, können in keiner der beiden Funktionen den Standard der Forscher erreichen, die sich ausschließlich einer Funktion widmen. Krott spricht von einem „ganzen Fehlschlag durch halbe Interdisziplinarität“[630]. Kann diese Doppelfunktion die Anforderung erfüllen, in beiden Bereichen beste Ergebnisse zu erzielen?

Die Exzellenz in disziplinübergreifenden Tätigkeiten bedarf langfristig der Pflege und Weiterentwicklung der disziplinären Kompetenzen. Daher kann zumindest langfristig die Fokussierung auf disziplinübergreifende Aufgaben nicht zu besten Ergebnissen führen. Wenn ein Forscher ausschließlich in seinem Fachgebiet arbeitet, dann wird er dort tiefer vorstoßen können, als dies jemand kann, der auch disziplinübergreifend arbeitet.[631] Andererseits kann dieser Forscher neue Ideen, Impulse und Perspektiven in die disziplinäre Fragestellung einbringen.[632] Krott entgegnet dem:

---

[630] Krott, 1996: 89.

[631] Interview 1: 2. Dies kann insbesondere bei Doktoranden problematisch sein, da als Dissertation i.d.R. ein Beitrag zur disziplinären Theorie- oder Methodenentwicklung erwartet wird, nicht jedoch ein Synthesebeitrag im Rahmen einer disziplinübergreifenden Tätigkeit. Bei dieser ist zudem der Einzelbeitrag schwer zu messen, ein Einzelbeitrag ist jedoch Anforderung an eine Dissertation.

[632] Interview 1: 3.

„Insgesamt bewirkte das zusätzliche Ziel der Interdisziplinarität einerseits die erhebliche Schwächung der Konzeption und Durchführung der disziplinären Teilprojekte. Andererseits gelang es dem Zusatzziel Interdisziplinarität jedoch nicht, die Forschungsaktivitäten ausreichend zu vernetzen (...). Die nur teilweise interdisziplinäre Ausrichtung von Forschungsprogrammen verfehlt damit beide Erkenntnisziele, das der streng disziplinären Höchstleistung und das der integralen Vernetzung. (...). Sie können die schwierigen Vernetzungsaufgaben nur mit klarer Schwerpunktsetzung Interdisziplinarität meistern.“[633]

Ein weiterer Einwand gegen eine 50/50-Regel könnte in den unterschiedlichen Anreizstrukturen von disziplinübergreifenden Forschungsprojekten und disziplinären Instituten gesehen werden und in der zeitlichen Reichweite von disziplinären und disziplinübergreifenden Tätigkeiten. Viele virtuelle disziplinübergreifende Forschungsprojekte sind zeitlich befristet. In ihnen sind i.d.R. Forschende disziplinärer Institute engagiert. Die Leiter dieser Institute haben in erster Linie ein Interesse an dem langfristigen Überleben und Erfolg dieses disziplinären Instituts. Dieser Erfolg basiert weitgehend auf disziplinären Leistungen. Die Leiter werden daher leicht für disziplinübergreifende Forschungsprojekte zu gewinnen sein, weil ihnen dies zu zusätzlichen Ressourcen verhilft. Innerhalb eines solchen Projektes werden sie aber verstärkt dafür eintreten, dass ihre Mitarbeiter möglichst viel Freiraum für disziplinäres Arbeiten erhalten.[634] Im IPG I weigerten sich bspw. einige Projektverantwortliche, ihre Mitarbeiter verbindlich für disziplinübergreifende Tätigkeiten freizustellen.

Wenn die 50/50-Regel von Beginn an festgesetzt wird, liegen 50 Prozent der finanziellen Ressourcen direkt bei der Projektleitung. Dann ist der finanzielle Anreiz für diese Institutsleiter wesentlich geringer, sich in einem solchen Projekt zu engagieren. Wenn sie weitere Möglichkeiten sehen, Ressourcen zu akquirieren, werden sie versuchen, diese zu erschließen. Für ein Institut mit hoher Reputation wird dies vermutlich leicht möglich sein. Schließt man von der Reputation auf die wissenschaftlichen Leistungen, wird es ein Institut mit hervorragenden wissenschaftlichen Leistungen in der jeweiligen Disziplin sein. Gerade solche Institute sollte der Initiator eines disziplinübergreifenden Projektes aber für sich zu gewinnen versuchen. Vor dem Hintergrund dieser Ausführungen, die vornehmlich auf finanzielle Anreize abstellen, sieht sich der Initiator eines disziplinübergreifenden Forschungsprojektes im Wettbewerb mit anderen potenziellen Forschungsprojekten, die disziplinärer orientiert sind und den Bedürfnissen eines Institutsleiters eher gerecht werden könnten.

---

633 Krott, 1996: 90.

634 Krott, 1996: 88f.

Aufgrund der beiden Einwände — des notwendigen Aufwandes, beste disziplinäre Leistungen hervorzubringen, und der Anreizkonstellation bei den Institutsleitern — könnte sich eine 50/50-Regel als nicht anwendbar erweisen. Durch den Versuch, beides zu realisieren, könnte beides scheitern. Es besteht hier ein unauflösliches Dilemma. Für den Umgang sollen drei Lösungsmöglichkeiten vorgeschlagen werden, die sich in der Praxis bewähren müssen:

1. *Beibehalten der 50/50-Regel.* Trotz der negativen Erfahrungen in der Vergangenheit kann versucht werden, disziplinäres wie interdisziplinäres Arbeiten zu verbinden. Aufgrund der Erfahrungen muss die Realisierung folgenden Anforderungen genügen: Zwischen disziplinären Instituten und der Gesamtprojektleitung muss eine Machtbalance hergestellt werden. Diese ist auf finanzieller Ebene zu realisieren, indem 50 Prozent der finanziellen Ressourcen durch die Projektleitung vergeben werden. Auf intellektueller Ebene ist sicherzustellen, dass die disziplinären Institutsleiter in die inhaltliche Ausgestaltung der interdisziplinären Arbeiten eingebunden sind und sich auch mit diesen identifizieren. Auf evaluativer Ebene sollte verstärkt versucht werden, transdisziplinäre Evaluationskriterien zu finden und explizit festzuschreiben (vgl. Kapitel 7.4).
2. *20/80-Regel, d.h. 20 Prozent disziplinäre Arbeit, 80 Prozent disziplinübergreifende Arbeit.* Da eine disziplinübergreifende Arbeit auf disziplinäres Wissen angewiesen ist, bedarf die Fokussierung auf disziplinübergreifende Fragestellungen ein Minimum an disziplinärer Tätigkeit, vermutlich mindestens 20 Prozent.

   Diese Regel kann sinnvoll sein, wenn es sich um ein dringendes lebensweltliches Problem handelt. Die Weiterentwicklung disziplinären Wissens würde für eine begrenzte Dauer zurückgestellt werden. Ein solches Vorgehen wird bei Institutsleitern jedoch nur auf Resonanz stoßen, wenn entweder keine alternativen Finanzquellen zur Verfügung stehen oder sich ein Reputationsgewinn versprochen wird. Da disziplinübergreifende Forschung existentiell auf disziplinäres Wissen angewiesen ist, können solche Projekte nur zeitlich begrenzt sein.
3. *80/20-Regel, d.h. 80 Prozent disziplinäre Arbeit, 20 Prozent disziplinübergreifende Arbeit.* Diese Regel wird am ehesten der Forschung im IPG I gerecht. Disziplinübergreifende Arbeit wurde zwar teilweise erfolgreich realisiert, den großen Teil der Ergebnisse wiesen aber die Teilprojekte auf. Die disziplinübergreifende Arbeit basiert bei der 80/20-Regel auf kleinen dezentralen Kooperationen. Es erfolgt keine umfassende Integration disziplinärer Perspektiven, sondern eine Ergänzung für spezifische Fragestellungen, die ohne großen Aufwand möglich ist (vgl. Kapitel 7.1 und 7.2). Inwieweit eine solche Inte-

gration der Problemstellung gerecht wird, hängt von der Art der Problemstellung ab. So wird die disziplinübergreifende Integration auf ein Minimum reduziert. Dieses Minimum kann für die disziplinübergreifende Fragestellung aber durchaus sehr fruchtbar sein. Zudem sind die Realisierungschancen als wesentlich größer einzustufen als bei den voher genannten Optionen.

Diese drei Lösungsmöglichkeiten stellen eher Möglichkeiten als Lösungen dar. Das Dilemma zwischen disziplinärer und disziplinübergreifender Forschung vermögen sie nicht aufzulösen. Sie zeigen aber die grundsätzlichen Möglichkeiten der Gewichtung von disziplinären und disziplinübergreifenden Arbeiten mit ihren Vor- und Nachteilen auf.

Welche Aufgaben bestehen in einem virtuellen Forschungsprojekt? In Anlehnung an Euregia Bodensee lassen sich folgende Aufgabenbereiche bestimmen:

Es wird ein Netzwerkcoach benötigt, der das Netzwerk betreut. Hier sind zwei Aufgabenbereiche zu unterscheiden: Strategie und Operation. Der *operative Netzwerkcoach* ist für ein funktionierendes Kommunikationsnetzwerk zuständig. Der *strategische Netzwerkcoach* betreut die einzelnen Mitglieder und deren Kompetenzen. Zudem ist er für die Aufnahme neuer Netzwerkpartner zuständig. Hierbei arbeitet er mit dem *Broker* zusammen, der das Netzwerk nach außen vertritt. Mit dem Broker erarbeitet er Vorschläge für die langfristige Strategie des Netzwerkes. Die Strategie bezieht sich auf die Positionierung des Netzwerkes im Markt für disziplinübergreifende Forschungsarbeiten. Hier stellen sich Fragen nach den bestehenden und wünschbaren Produktclustern. Für das IPG I wäre bspw. die Frage zu beantworten, ob langfristig ein Bedarf für Ökobilanzierung und speziell für Ökobilanzierung im Lebensmittelbereich existiert.

Neben dem Netzwerkcoach haben Schuh et al. einen *Leistungs- und Auftragsmanager* eingeführt. Der Leistungsmanager kann zusammen mit Broker und Netzwerkcoach das zu bearbeitende Problem definieren. Anhand dieser Problemdefinition kann er die notwendigen disziplinären Leistungen erfassen und die Struktur zusammenstellen. Der Auftragsmanager führt dann konkret den Auftrag durch, er betreut die Integration der disziplinären Perspektiven und leistet methodische Hilfestellung. Er ist Moderator und Coach der Gruppe.

Der *Broker* vertritt das Netzwerk gegenüber den Praxisakteuren, klärt deren Bedürfnisse und Probleme ab und vermarktet die einzelnen Produkt- bzw. Kompetenzcluster. Er ist der Übersetzer zwischen wissenschaftlichem Kontext und Praxis. Die Erfahrungen im IPG I haben gezeigt: Zwischen Praxis und Wissenschaft bestehen vielfach Kommunikationsschwierigkeiten (vgl. Kapitel 6.5.1.2 und 6.5.1.3). Der Broker soll daher die Kommunikation zwischen beiden moderieren und bei Verständnisproblemen aushelfen. Er kann als „*Wissenschaftsconsultant*" bezeichnet werden (vgl. Kapitel 7.3).[635]

Der Netzwerkcoach und der Leistungs- und Auftragsmanager wirken tendenziell nach innen, sie vermitteln horizontal zwischen den Disziplinen. Der Broker dagegen wirkt tendenziell nach außen, er vermittelt vertikal zwischen Wissenschaft und Praxis. Die Erfahrungen zeigen: *Beide Schnittstellen sind „wunde" Punkte.*

Die vertikale Schnittstelle: Ein Leistungs- und Auftragsmanager könnte zusammen mit einem strategischen Netzwerkcoach das gesamte Netzwerk betreuen und sich mit dem Broker abstimmen. Der Broker vertritt das gesamte Netzwerk nach außen. Problematisch ist hieran die Schnittstelle zwischen Broker und Leistungs- und Auftragsmanager und die Anforderung an beide, über ein vertieftes Verständnis aller Bereiche bzw. Disziplinen zu verfügen.

Die horizontale Schnittstelle: Die vertikale Schnittstelle zwischen Leistungs- und Auftragsmanager und Broker lässt sich auflösen, indem eine Person beide Aufgabenbereiche übernimmt. Um den Arbeitsaufwand erträglich zu halten, müsste diese Person nicht das gesamte Projekt vertreten, sondern bspw. nur den Kompetenzbereich Ökobilanzierung. Der große Vorteil ist das Wegfallen der vertikalen Schnittstelle, da diese nun in „einer Hand" läge. Problematisch ist, dass die Gesamtsicht fehlt. Nach innen übernimmt dies der strategische Netzwerkcoach, jedoch nicht nach außen So würden nach außen nur spezifische Kompetenzbereiche vertreten. Die Kunden verlangen aber vielleicht gerade die Kombination verschiedener Kompetenzcluster. Beide Möglichkeiten haben demnach ihre Vor- und Nachteile. Welche Organisation konkret vorzuziehen ist, muss daher im konkreten Fall entschieden werden.

---

[635] Interview 1: 8.

8.1.4 Zwischenfazit

Eine Organisationsstruktur für ein transdisziplinäres Forschungsprojekt soll Innovationen fördern, die rasche Anpassung an eine dynamische Umwelt ermöglichen, die Integration disziplinärer Perspektiven sicherstellen und flexibel sein. Die Konzepte einer modularen Organisationsstruktur weisen in diese Richtung. Daher war ein Lösungsvorschlag, ein Forschungsprojekt nach Teilsynthesen zu modulieren, nicht nach disziplinären Teilprojekten.

Dieser Lösungsvorschlag wurde im Rahmen der Konzeption der virtuellen Unternehmung näher untersucht. Ein wesentliches Merkmal einer virtuellen Unternehmung ist die Nutzung von Synergien zwischen den verbundenen Unternehmen. Diese Synergien wurden im IPG I aus mehreren Gründen nicht genutzt: Es mangelte vielfach an der Kooperationsfähigkeit und –bereitschaft, teilweise fehlte es an Vertrauen und schließlich erwies sich das disziplinäre Stammgeschäft aus finanziellen, intellektuellen und evaluativen Gründen als zu gesund. Daher zeigte sich der Rückzug auf das Stammgeschäft insbesondere in der Schlussphase als die dominierende Strategie. Die disziplinären Stammgeschäfte erwiesen sich als systematisch überlegen. Daher lag auch hier der Lösungsvorschlag nahe, das disziplinäre Stammgeschäft zugunsten disziplinübergreifender Zusatzgeschäfte aufzulösen.

Die positive Erfahrungen zeigen die Potenziale, die in einer dezentralen Netzwerkstruktur schlummern, die negativen Erfahrungen zeigen dagegen die Schwierigkeiten, diese Potenziale aus ihrem Schlummer zu reißen. Im folgenden wird es daher darum gehen: Erstens die *zwischenmenschlichen Probleme* näher anzuschauen (Kapitel 8.2). Hier sind mangelndes Vertrauen und Probleme der Gruppenarbeit anzuführen. Zweitens sind die *Anforderungen an die Mitarbeiter* näher zu untersuchen (Kapitel 8.3). Drittens stellt sich die Frage, wie die *Führung* eines solches Forschungsprojektes sinnvollerweise ausgestaltet sein sollte (Kapitel 8.4).

8.2 Organisationsprozesse

Wie kann die Zusammenarbeit über Disziplinen hinweg gefördert werden? Das ist die Leitfrage des Kapitels 8. In Kapitel 8.1 wurden die Strukturen untersucht, jetzt stehen die Prozesse im Vordergrund: Wie laufen Gruppenprozesse ab und welche Faktoren beeinflussen diese Prozesse? Und welche Rolle spielt speziell Vertrauen hierbei?

8.2.1 Gruppenprozesse

Einflussfaktoren für die Gruppenleistung

Im folgenden sind die Prozesse innerhalb der Module näher zu untersuchen. Dabei wird dargelegt, welche Auswirkungen die Gruppenprozesse auf die Beziehungen zwischen den Modulen haben. Grundlage bilden empirische Untersuchungen aus der Sozialpsychologie.

Eine *Gruppe* kann in Anlehnung an Rosenstiel definiert werden als eine Mehrzahl von Personen, die über einen längeren Zeitraum in direkter Interaktion stehen, zwischen denen sich verschiedene Rollen und gemeinsame Normen gebildet haben und die durch ein Wir-Gefühl verbunden sind.[636] Die Anforderung der direkten Interaktion ist vor dem Hintergrund neuer Informations- und Kommunikationstechniken (IuK) zu differenzieren. Da beim IPG I ein großer Teil über IuK erfolgt, soll auch diese Interaktion als direkte angesehen werden.

Mit zunehmender *Gruppengröße* steigt die Möglichkeit, Teilnehmer aus unterschiedlichen Disziplinen beizuziehen, was eine größere Vielfalt und ein größeres Problemlösungspotenzial bewirkt. Mit zunehmender Gruppengröße zeigt sich aber auch der Ringelmann-Effekt, d.h. die Einzelleistung sinkt, bspw. aufgrund von Trittbrettfahrereffekten oder steigendem Koordinationsaufwand. Wie diese Effekte konkret zu bewerten sind und wie groß daher eine Gruppe im Optimalfall sein sollte, ist vor allem abhängig von der Art der Aufgabe.[637]

Inwieweit die *Heterogenität einer Gruppe* die Effektivität steigert, ist auch von der Art der Aufgabe abhängig. Bei Aufgaben, die eine transdisziplinäre Forschung bearbeiten soll, wird ein gewisses Maß an Heterogenität als notwendig angesehen, da die Aufgaben sehr vielschichtig sind. Mit Zunahme der Heterogenität wird grundsätzlich das Problemlösungspotenzial erhöht, aber die Gefahr von Koordinations- und Verständnisschwierigkeiten wächst.

---

636 Rosenstiel, 1992: 261.

637 Wilke und van Knippenberg, 1996: 469ff.; Staehle, 1991: 262.

Auch die *Persönlichkeitsmerkmale* der Beteiligten haben Einfluss auf den Gruppenprozess. Auf diese Merkmale wird im Abschnitt 8.3 konkret einzugehen sein.

Für die *Kommunikationsstrukturen* ist festzuhalten: Die Kontakthäufigkeit allgemein und speziell Face-to-face-Kommunikation wirken sich positiv auf die Gruppenleistung aus. So können zu Beginn die Kontakte rein von sachlichen Belangen geprägt sein. Studien haben gezeigt, dass längerfristig auch der Beziehungsaspekt bedeutend wird und i.d.R. die zwischenmenschliche Sympathie steigt.[638]

Die *Umwelt-Variablen* der Gruppen im IPG I wurden bereits ausführlich im letzten Kapitel diskutiert. Ähnliches gilt für die *Art der Aufgabe* (vgl. Kapitel 7.1). Die Aufgaben sind lebensweltlicher Herkunft und verlangen das Wissen verschiedener Disziplinen, womit i.d.R. verschiedene Individuen einhergehen. Die Art der Aufgabe verlangt somit eine Gruppe, wobei diese Gruppe aber nicht ständig als Gruppe arbeiten muss.

Die *Kohäsion einer Gruppe* ist ein Maß für deren Stabilität und Attraktivität[639]; eine hohe Kohäsion erhöht den Zusammenhalt. Kohäsion wird zum einen durch Sympathie zwischen den Mitgliedern erreicht, die bspw. durch eine hohe Kontakthäufigkeit hervorgerufen wird. Andererseits kann bereits bestehende Kohäsion Sympathie bewirken. Weiterhin kann die Kohäsion gesteigert werden, indem man die Bedürfnisse der Teilnehmer untersucht und versucht, diese durch die Gruppe zu befriedigen.[640]

Allerdings wirkt sich eine hohe Kohäsion nicht zwingend positiv auf die Gruppenleistung im Sinne der Gesamtorganisation aus. Es ist lediglich sicher, dass in hochkohäsiven Gruppen die Konformität im Leistungsverhalten steigt. Die Kohäsion wirkt sich dann positiv auf die Leistung der Gesamtorganisation aus, wenn sich die Gruppe mit deren Zielen identifiziert. Ist dies nicht der Fall, besteht die Gefahr von Verselbständigungstendenzen. Um die Identifikation zu erreichen, verweist Staehle auf das Modell der überlappenden Gruppen (vgl. Kapitel 8.1.2.1). In diesem Modell partizipieren die Gruppen am Zielfindungsprozess.[641]

Neben der Kohäsion ist die *Dependenz* der Mitglieder von dieser Gruppe ein wichtiger Einflussfaktor auf die Gruppenleistung. So kann die Kohäsion gering, die Dependenz aber groß sein. Bei niedriger Kohäsion, aber hoher Dependenz, existiert eine Gruppe weiter, und

---

[638] Rosenstiel, 1992: 263f.

[639] Gebert und Rosenstiel, 1996: 127f.; Staehle, 1991: 257.

[640] Rosenstiel, 1992: 275.

[641] Staehle, 1991: 258f.; Rosenstiel, 1992: 275.

die Fluktuationsrate ist gering, allerdings steigt die Fehlzeitenrate stark.[642] Meyerson et al.[643] betonen zudem die Bedeutung der Interdependenz für die Bildung von Vertrauen.

Weiterhin sind *Belohnungen* ein wichtiger Einflussfaktor. Wenn Kontakte als positiv angesehen werden, kann bereits deren Häufigkeit als Belohnung gelten.[644] Sie können auch finanzieller oder materieller Art sein, indem bspw. ein Mitglied durch eine Gruppe an das Wissen gelangt, das es für andere Tätigkeiten benötigt. Zand[645] hebt zudem die Bedeutung der Belohnungssysteme für die Bildung von Vertrauen hervor. Hier muss darauf geachtet werden, dass die Anreize, die durch das Belohnungssystem gesetzt werden, mit den Zielen einer Gruppe und mit dem Ziel der Zusammenarbeit in Einklang stehen.

Einen weiteren Einflussfaktor stellt die *Dauer der Zusammenarbeit* dar. Erfahrungen zeigen, dass Gruppen erst eine Phase des „Forming, Storming, Norming"[646] durchlaufen müssen, bevor sie auch ein „Performing" zeigen.

Es lassen sich folglich eine Reihe von Einflussfaktoren ausmachen, welche die Leistung von Gruppen steigern oder senken können. Aber auch wenn diese Faktoren so gelagert sind, dass sie sich positiv auf die Gruppenleistung auswirken und das Leistungspotenzial der Gruppe optimal ausgeschöpft wird, stellt sich die Frage, ob eine Gruppe unabhängig arbeitenden Individuen überlegen ist. Studien zum Brainstorming zeigen bspw. die Überlegenheit von Individuen: Sie sammeln mehr und kreativere Ideen.[647] Warum sind Gruppen vielfach weniger produktiv als Individuen?

1. In geringem Maße ist das Problem des *Trittbrettfahrens* bzw. des *sozialen Faulenzens* eine Ursache für den Produktivitätsverlust. So arbeiten Individuen bspw. produktiver, wenn anstelle einer Gruppenbewertung eine individuelle Bewertung vorgenommen wird.
2. Auch wenn beim Brainstorming eine Bewertung der Beiträge untersagt ist, äußern viele Gruppenmitglieder Ideen nicht, weil sie *Bewertungsangst* verspüren.
3. Die Hauptursache für die Produktivitätseinbussen bei Gruppen scheint aber in der *Produktivitätsblockierung* zu liegen. In der Gruppe darf nur eine Person zur gleichen Zeit sprechen, alle anderen müssen zuhören und warten. Dadurch können Ideen verloren gehen.

---

[642] Gebert und Rosenstiel, 1996: 129.
[643] Meyerson et al., 1996.
[644] Roesenstiel, 1992: 264.
[645] Zand, 1997: 118f. und 128f. Vgl. auch Kapitel 7.2.2.
[646] Rosenstiel, 1992: 272.

Auch wenn die Art der Aufgabe Gruppenarbeit erfordert, so sensibilisieren diese Ergebnisse dafür, Gruppenarbeit nicht in jedem Falle vorzuziehen. Nach Stroebe und Diehl hält sich in breiten Kreisen die Illusion, Gruppen seien effektiver als Individuen. Sie führen diese Illusion auf zwei Gründe zurück: Erstens produzieren zwei Köpfe mehr als einer, wenn auch nicht unbedingt doppelt so viel. Zweitens zeigen Untersuchungen, dass Gruppenmitglieder unfähig sind, zwischen den eigenen Ideen und denen anderer zu unterscheiden.[648]

Erfahrungen

Spannungsverhältnis zwischen Teilprojekten und Teilsynthesen. Vor dem Hintergrund der angeführten Einflussfaktoren kann das Spannungsverhältnis zwischen disziplinären Teilprojekten und disziplinübergreifenden Teilsynthesen näher betrachtet werden. Wenn wir die einzelnen Faktoren Schritt für Schritt betrachten und ihre Ausprägung jeweils für ein Teilprojekt und für eine Teilsynthese darlegen, dann zeigt sich die Überlegenheit der Teilprojekte deutlich. Lediglich beim Faktor Gruppengröße lässt sich kein eindeutiger Vorteil ausmachen, bei den anderen Faktoren zeigen sich dagegen deutliche Unterschiede:

Heterogenität der Gruppe: Die Teilprojekte waren disziplinär organisiert und somit vornehmlich *homogen*. Die Teilsynthesen waren dagegen disziplinübergreifend besetzt und *heterogen*. Die Mitarbeiter konnten demnach davon ausgehen, dass in den Teilsynthesen eher Verständigungs- und Koordinationsprobleme auftreten als in Teilprojekten.

Kommunikationsstrukturen: Die Mitarbeiter der Teilprojekte waren i.d.R. am selben Ort. Daher waren nicht nur die Kontakte häufiger, sondern sie waren meistens auch *Face-to-face*. Zudem kannten sich die Mitarbeiter eines Teilprojektes teilweise bereits aus früheren Projekten. Dagegen waren in den Teilsynthesen die Kommunikationsstrukturen entgegengesetzt; die Mitarbeiter waren an unterschiedlichen Orten, wodurch die Kontakthäufigkeit geringer und die Kontakte viel über *IuK* erfolgten. Auch kannten sich die Mitarbeiter der Teilsynthesen i.d.R. nicht, Vertrauen musste erst aufgebaut werden. Insgesamt waren die Kommunikationsstrukturen in den Teilprojekten für eine vertrauensvolle Zusammenarbeit günstiger.

Art der Aufgaben: Die Aufgaben der Teilprojekte waren disziplinär und in den Projekteingaben in weiten Teilen bereits umschrieben. In den Teilsynthesen waren die Aufgaben disziplinübergreifend und komplexer. Zudem waren die Aufgaben wesentlich weniger durchdacht, da für diese keine Projekteingabe verfasst werden musste. Somit waren die Aufgaben

---

[647] Stroebe et al., 1992; Wilke und van Knippenberg, 1996: 471ff.

der Teilsynthesen nicht nur *komplexer*, sondern auch *diffuser* als die der Teilprojekte. Aus diesem Grunde war die Bearbeitung der Aufgaben in den Teilsynthesen weniger attraktiv.

Kohäsion: Wenn eine hohe Kohäsion von der Sympathie abhängt, und diese Sympathie wiederum u.a. von der *Kontakthäufigkeit* bestimmt wird, dann hatten die Teilsynthesen gegenüber den Teilprojekten einen komparativen Nachteil. Hierfür sind drei Gründe anzuführen: Erstens waren die Mitglieder der Teilsynthesen an verschiedenen Orten angesiedelt, wodurch die Anzahl *direkter Kontakte* eingeschränkt war. Zweitens wurden die Teilsynthesen gegründet, als es die Teilprojekte bereits zwei Jahre gab und sich eine kohäsive Gruppe bilden konnte. Wenn man drittens davon ausgeht, dass viele Mitarbeiter eine Dissertation oder Habilitation zu schreiben hatten, dann wurden deren Bedürfnisse durch die Teilprojekte tendenziell besser befriedigt — die *Belohnung* erfolgte in den Teilprojekten.

Dependenz: Jeder Mitarbeiter hatte einen Arbeitsvertrag mit einem Teilprojekt, er war demnach finanziell abhängig vom jeweiligen Teilprojekt. Wie beschrieben, hatten die Mitarbeiter zudem vielfach das Ziel, eine disziplinäre Arbeit zu verfertigen. Diese Arbeit wurde i.d.R. vom Verantwortlichen des Teilprojekts bewertet und abgenommen. Neben die *finanzielle Abhängigkeit* stellte sich eine *leistungsmäßige Abhängigkeit.*

Belohnungen: Die Mitarbeiter erhielten verschiedene Arten von Belohnungen tendenziell eher im Teilprojekt: Finanzielle Belohnungen, inhaltliche Belohnung aufgrund der disziplinären Aufgabe und personelle Belohnung durch die größere Kontakthäufigkeit.

Dauer der Zusammenarbeit: Die Teilprojekte dauerten i.d.R. wesentlich länger als die Teilsynthesen, da sie früher gegründet wurden, aber mit den Teilsynthesen zum Ende der Projektlaufzeit ausliefen. Aufgrund dieser *längeren Dauer* verfügten die Teilprojekte über eine längere „Performance"-Phase. Zudem waren die Teilprojekte vielfach gerade dann in die „Performance"-Phase übergegangen, als die Teilsynthesen starteten und in eine Phase des „Forming, Storming, Norming" eintraten.

Der Vergleich zeigt: *Aus der Perspektive der Mitarbeiter erschienen die Teilprojekte wesentlich attraktiver als die Teilsynthesen.* Diese Schlussfolgerung mag den Eindruck vermitteln, die Mitarbeiter hätten sich entweder für ein Teilprojekt oder eine Teilsynthese entscheiden müssen. Dies traf nicht zu. Die Mitarbeiter sollten sowohl in einem Teilprojekt als auch in einer Teilsynthese aktiv sein. Durch die Gegenüberstellung von Teilprojekt und Teilsynthese lässt sich aber erklären, warum viele Mitarbeiter sich im Laufe der Projektzeit immer

[648] Stroebe et al., 1992 und Wilke und van Knippenberg, 1996: 474f.

stärker in die Teilprojekte zurückzogen und die Teilsynthesen in der Priorität der Mitarbeiter fast gänzlich an zweiter Stelle hinter den Teilprojekten rangierten.

Gruppenprozesse innerhalb der Teilsynthesen. Wenn die Teilprojekte eine so starke Überlegenheit vorweisen konnten, fragt man sich, wie sechs Teilsynthesen gebildet werden und weitgehend bis zum Ende der Projektlaufzeit überleben konnten. Um dies zu beantworten, sind die Teilsynthesen im einzelnen zu betrachten:

- Zwei Teilsynthesen waren identisch mit dem Teilprojekt und zeichneten sich demnach durch die Vorteile aus, die für Teilprojekte beschrieben wurden.
- Eine Teilsynthese war identisch mit einer Dissertation. Diese Teilsynthese war daher weniger eine Gruppe als eine „one-man-show".
- Zwei Teilsynthesen „schrammten" am Rande der Existenz entlang. Es gab einen Austausch von Ergebnissen, es gab aber keine konkrete Zusammenarbeit; die Kohäsion war gering, was auf geringe Kontakthäufigkeit und wenig gegenseitige Sympathie zurückzuführen ist. Daher war eine nur wenig vertrauensvolle Zusammenarbeit zu beobachten.[649] Es besteht die Vermutung, dass die Teilsynthesen nur weiter existierten, weil die Mitarbeiter einerseits innerhalb des IPG I nicht des Vorwurfs bezichtigt werden wollten, eingegangene Verpflichtungen nicht einzulösen, und sie andererseits außerhalb des IPG I gegenüber dem SNF über einen Ausweis verfügen wollten, disziplinübergreifend gearbeitet zu haben. Es war eine Dependenz von der Teilsynthese gegeben, die diese am Leben hielt.
- Die Teilsynthese „Restriktionen & Optionen" entsprach am stärksten der beabsichtigten Konzeption einer Teilsynthese. Sie bestand aus Mitgliedern verschiedener Disziplinen, die eine gemeinsame Fragestellung bearbeiteten. Warum war sie erfolgreicher?
  1. Sie wurde *vor allen anderen Teilsynthesen* gegründet, und die Startphase fiel größtenteils in die Startphase der Teilprojekte. Dadurch waren die Ressourcen der Mitarbeiter nicht so stark in den Teilprojekten verplant. Zudem konnten auch die Teilprojekte noch keine Performance vorweisen.
  2. *Kohäsion* wurde durch viele Treffen aufgebaut. Dadurch war die Kontakthäufigkeit hoch. Dies förderte Sympathie und Vertrauen.
  3. Es wurde sich *viel Zeit für die Zielfindung* genommen, um Individual- und Kollektivziele aneinander anzupassen. Hierdurch stieg die *Dependenz* der Mitglieder von der Teilsynthese, da ihre eigenen Arbeiten auf der anderer Mitglieder aufbauten.

---

[649] Interview 5: 8f.

4. Durch die *Anpassung der individuellen und kollektiven Ziele* wurde eine intellektuelle Belohnung geschaffen. Eine *finanzielle Belohnung* wurde zusätzlich erreicht, indem für Arbeiten der Teilsynthese zusätzliche Gelder akquiriert werden konnten. Für eine *evaluative Belohnung* hat sich die Leitung der Teilsynthese an diversen Forschungsgesprächen eingesetzt und der Teilsynthese über das IPG I Bekanntheit verschafft.
5. Alle genannten Punkte wurden durch eine *starke konzeptionelle und soziale Führung* unterstützt. Diese Führung versuchte einerseits, die Gruppe zusammenzuhalten, und andererseits unterstützte sie die Mitglieder konzeptionell.

Aufgrund dieser Faktoren war in der Teilsynthese eine so ambitionierte Zusammenarbeit zu beobachten, dass die Gruppe mehrere Führungswechsel überlebte, da zwei tragende Postdocs zwischenzeitlich die Gruppe verließen, um sich neuen Tätigkeiten zu widmen.

Lösungsmöglichkeiten

Es bieten sich zwei Ansatzpunkte an: Erstens kann man versuchen, das Spannungsverhältnis zwischen Teilprojekten und Teilsynthesen stärker zugunsten der Teilsynthesen zu gestalten. Zweitens können die Gruppenprozess innerhalb der Teilsynthesen verbessert werden.

Das Spannungsverhältnis zwischen Teilprojekten und Teilsynthesen. Welche Möglichkeiten bieten sich an, um die Teilsynthesen attraktiver zu gestalten?

1. *Aufbau von Dependenz und Änderung der Belohnungsstruktur:* Die Mitarbeiter waren vom Teilprojekt abhängig, nicht von einer Teilsynthese. Daher wäre zu überlegen, ob die Dependenz vom Teilprojekt verringert und die von der Teilsynthese erhöht werden sollte. Hier sind finanzielle, intellektuelle und evaluative Anreize denkbar (vgl. Kapitel 8.1.3.3).
2. *Veränderung der Arbeits- und Kommunikationsstrukturen:* Die Mitarbeiter waren bei den Teilprojekten angesiedelt. Dadurch war viel direkte und informelle Kommunikation möglich, aufgrund derer tendenziell Sympathie und Kohäsion stiegen. Für die Teilsynthesen galt dies nicht. Daher könnte man Mitarbeiter und Teilsynthesen zusammenlegen. Diese Lösung klingt überzeugend, bringt jedoch *zwei Probleme* mit sich: Auf *institutioneller Ebene* dürften sich die gegenwärtigen universitären Strukturen als Hindernis erweisen. Die Universitäten sind disziplinär strukturiert, was einer disziplinübergreifenden Stellenbesetzung entgegen steht. Auf *forschungspraktischer Ebene* erweist sich eine Zusammenlegung von Mitarbeitern und Teilsynthesen als schwierig, da die disziplinübergreifenden

Fragestellungen der Teilsynthesen erst erarbeitet werden müssen. Diese Problematik kann durch eine Veränderung der Eingabephase gelöst werden (vgl. Kapitel 7.1.3).

3. *Früherer Start der Teilsynthesen.* Durch die Veränderung der Eingabephase ließe sich die Dauer der Zusammenarbeit in den Teilsynthesen verlängern. Aber auch vor dem Hintergrund des bestehenden Eingabeprozederes hätten die Teilsynthesen früher starten können, wie dies bei der Teilsynthese „Restriktionen & Optionen" der Fall war. Diese begann ihre Arbeit rund ein Jahr vor den restlichen Teilsynthesen. Dies hatte den Vorteil, dass zu diesem Zeitpunkt die Teilprojekte noch nicht die „Performing"-Phase erreicht hatten und die Mitarbeiter daher noch offener waren, ihre Arbeiten an die anderer Mitglieder anzupassen, was sich insbesondere bei empirischen Untersuchungen als fruchtbar erwies. Daher kritisierten einzelne Mitarbeiter den späten Start der Teilsynthesen.[650]

Für die Heterogenität der Gruppe und die Art der Aufgabe wurden keine Maßnahmen angeführt, da diese Eigenschaften essentiell für eine TNF sind. In Tabelle 6 sind die Unterschiede und Maßnahmen zur Stärkung der Teilsynthesen nochmals zusammengefasst.

Eigenschaften einer Gruppe	**Teilprojekte**	**Teilsynthesen**	**Maßnahmen zur Förderung der Teilsynthesen**
Zusammensetzung	Gruppe ist homogen.	Gruppe ist heterogen.	
Art der Kommunikation	Face-to-face-Kommunikation.	Kommunikation vornehmlich über IuK.	Regeln setzen für IuK. Face-to-face-Kommunikation ermöglichen.
Art der Aufgabe	Gut strukturiert.	Komplex/diffus.	
Kohäsion	Kohäsion ist hoch, da hohe Kontakthäufigkeit, viel gemeinsame Zeit und Belohnung durch Teilprojekt.	Kohäsion meist gering, da geringe Kontakthäufigkeit, weniger gemeinsame Zeit und keine direkte Belohnung.	Forschung nach Teilsynthesen strukturieren. Teilsynthesearbeiten belohnen.
Dependenz der Teilnehmer von der Gruppe	Dependenz hoch, da finanzielle und leistungsmäßige Belohnung durch Teilprojekt.	Dependenz gering, da kaum Belohnung über Teilsynthese, weder finanziell noch leistungsbezogen.	Belohnung anhand der Teilsynthesearbeiten vornehmen. Anpassung von Individual- und Kollektivziel.
Dauer der Zusammenarbeit	Hoch (4 Jahre).	Geringer (2-3 Jahre).	Teilsynthesen früh starten und Dauer der Zusammenarbeit erhöhen.

Tabelle 6: Spannungsverhältnis zwischen Teilprojekten und Teilsynthesen.

---

[650] Interview 5: 9; Interview 7: 5.

Gruppenprozesse innerhalb der Teilsynthesen. Die Maßnahmen für die Stärkung der Teilsynthesen gegenüber den Teilprojekten, dienen auch der Verbesserung des Gruppenprozesses innerhalb der Teilsynthesen. Daher gelten sie auch im folgenden. Zusätzlich sind anzuführen:

1. *Gemeinsame Fragestellung statt gemeinsames Thema:* In einigen Teilsynthesen war das Verbindende ein gemeinsames Thema, es gab jedoch keine konkrete, gemeinsame Fragestellung. Vielmehr beschäftigten sich die einzelnen Mitglieder mit Fragen, die mit dem gemeinsamen Thema zusammenhingen, ohne dabei aber ein integratives Element ausfindig zu machen. Daher konnte bei diesen Teilsynthesen kein Mehrwert geschaffen werden, der über die Addition der Teilprojektarbeiten hinausgegangen wäre.
   Wenn anstelle eines gemeinsamen Themas eine gemeinsame Fragestellung definiert wird, kann die Integration der disziplinären Arbeiten anhand dieser Fragestellung erfolgen und aufeinander angepasst werden — ganz im Sinne der methodischen Ausführungen in Kapitel 7. Diese Bearbeitung würde es ermöglichen, dass nicht nur zusammengetragen, sondern auch voneinander gelernt wird, da die Beiträge ineinander greifen. Eine konkrete gemeinsame Fragestellung hätte zudem eine integrative Wirkung auf die Gruppe. Das Gruppenziel ist eine konkrete Frage, mit der man sich einfacher identifizieren kann als mit einem allgemeinen Thema. Hierdurch würde die Kohäsion erhöht.
2. *Konzeptionelle Führung sichern.* Es hat sich gezeigt: Die Aufgaben der Teilsynthesen sind unstrukturiert, komplex und vielfach lag nur eine gemeinsames Thema zugrunde. Da es sich um lebensweltliche Fragestellungen handelt, die i.d.R. nicht nach wissenschaftlichen Disziplinen strukturiert sind, werden diese aus disziplinärer Perspektive komplizierter und unstrukturierter sein als rein disziplinäre Fragestellungen. Dieses Problem kann daher nicht gelöst, aber gemindert werden, wenn der Problemdefinition verstärkte Beachtung geschenkt (vgl. Kapitel 7.1) und, wie angeführt, das gemeinsame Thema in eine gemeinsame Fragestellung überführt wird. Dies lässt sich erreichen, indem eine Teilsynthese eine konzeptionelle Führung durch eine erfahrene Forscherin erhält. Diese Führung kann helfen, das gemeinsame Thema zu analysieren und zu konkretisieren. Erst eine solche Analyse ermöglicht einzelnen Forschern festzustellen, was sie konkret leisten und welche Impulse sie selbst erhalten können. Dies ist wiederum Voraussetzung für die Anpassung der Individualziele mit dem Kollektivziel der Teilsynthese.

3. *Aufbau von Kohäsion:* Eine solche Führung kann nicht nur konzeptionell wirken, sie kann auch den Aufbau einer kohäsiven Gruppe unterstützen. Hierfür ist zudem eine hohe Kontakthäufigkeit notwendig, die viel Face-to-face-Kommunikation beinhalten sollte. Dies bedingt stabile Kommunikationsstrukturen. Der Aufbau solcher Strukturen wird erschwert, wenn die Mitarbeiter an unterschiedlichen Orten angesiedelt sind. Daher sollte sich eine Gruppe in der Anfangszeit viel Zeit für Face-to-face-Kommunikation nehmen, um Sympathie aufzubauen und eine kohäsive Gruppe zu entwickeln. Diese Phase des „Forming, Storming, Norming" ist wesentlich, da in ihr die Investitionen vorgenommen werden, die beim „Performing" von großem Nutzen sind: Es wird ein gemeinsames Verständnis aufgebaut, Vertrauen geschaffen und der Umgang mit Konflikten einstudiert.
4. *Passung von Individual- und Kollektivzielen:* Die Kohäsion wirkt sich nur dann auf die Leistungsfähigkeit der Gruppe positiv aus, wenn sich alle Mitglieder mit den Gruppenzielen identifizieren und diese im Einklang mit den Zielen der Gesamtorganisation stehen. Daher ist in der Anfangsphase viel Zeit darauf zu verwenden, die Ziele der Gruppe zu bestimmen und eine weitreichende Deckung von Individual- und Gruppenzielen zu erreichen — wofür wiederum eine starke konzeptionelle Führung erforderlich ist.

In Tabelle 7 sind die Erfahrungen und Lösungsansätze zusammengefasst.

Erfahrungen zum Gruppenprozess in den Teilsynthesen	**Mögliche Lösungsansätze**
Gemeinsames Thema war die Klammer.	Identifikation und Definition einer gemeinsamen Fragestellung und der einzelnen Beiträge.
Vielfach nur geringe Führung.	Konzeptionelle & soziale Führung sichern, um Definition der gemeinsamen Problemstellung und den Aufbau von Kohäsion zu unterstützen.
Geringe Kohäsion und geringe Dependenz.	Schaffen von Dependenz durch Verkopplung der Beiträge. Änderung der Belohnungsstruktur. Erhöhung der Kontakthäufigkeit, in Aufbauzeiten insb. der Face-to-face-Kontakte.
Viel Kommunikation über IuK.	Aufstellen von Regeln für IuK. Schaffen von Raum für Face-to-face-Kommunikation.
Konflikt zwischen Individual- und Kollektivzielen.	Schaffen von Harmonie durch Anpassung der Individual- und Kollektivziele.

Tabelle 7: Der Gruppenprozess in den Teilsynthesen und mögliche Lösungsansätze.

8.2.2 Vertrauen

Immer wieder wurde in den letzten Abschnitten die Bedeutung von Vertrauen betont. Was ist aber konkret unter Vertrauen zu verstehen? Was erhofft man sich durch ein verstärktes Vertrauen? Wie kann der Aufbau von Vertrauen gefördert werden?

Vertrauen in Organisationen und temporären virtuellen Teams

Was ist Vertrauen? Vertrauen ist ein Begriff, der alltäglich benutzt wird, ohne dass man sich über dessen Bedeutung Gedanken macht. Die zahlreichen Definitionen zeigen jedoch viele unterschiedliche Auffassungen.[651] Nach Krsytek und Zumbrock ist ein vertrauensvolles Verhalten ein Verhalten, „das

- die eigene Verwundbarkeit steigert,
- gegenüber einer Person erfolgt, die nicht der persönlichen Kontrolle unterliegt, und
- in einer Situation erfolgt, in der der erlittene Schaden, wenn ein anderer diese Verwundbarkeit ausnützt, größer ist als der gewonnene Vorteil, wenn der andere sie nicht ausnützt."[652]

Ein vertrauensvolles Verhalten steigert die eigene Verwundbarkeit, ohne das zwingend ein Nutzen resultiert. Die Verwundbarkeit und die mangelnden Kontrollmöglichkeiten verbinden auch andere Definitionen mit dem Begriff des Vertrauens.[653] Differenzen zeigen sich dagegen bei der Frage, warum eine Person sich vertrauensvoll verhält. Huemer et al.[654] zeigen Erklärungen auf, die sich zwischen den Polen von Strategie und Zuneigung einordnen lassen. Der rationale Vertrauensbegriff geht davon aus, dass ein Akteur einem anderen vertraut, weil es für ihn von Nutzen ist. Der emotionale Vertrauensbegriff baut dagegen auf Altruismus oder Zuneigung auf — ich vertraue Dir, weil Du nett bist, nicht weil Du nützlich bist.

Diese Zuneigung ließe sich bspw. auf eine *menschliche Grunddisposition* zurückführen, demnach Vertrauen in gewissem Maße angeboren wäre. Ein resultierender Nutzen wäre rein zufällig. Vertrauen ist hier folglich „als eine Art ökonomischer Luxus zu begreifen"[655].

---

[651] Aulinger, 1999; Huemer et al., 1998; Lewicki/Bunker, 1996.

[652] Krystek und Zumbrock, 1993: 5; Zand, 1997: 91.

[653] Luhmann, 1989: 24; Huemer et al., 1998.

[654] Huemer et al., 1998.

[655] Wurche, 1994: 147.

In den vorigen Kapiteln wurde Vertrauen als grundlegender Faktor betrachtet, um den potenziellen Nutzen von Kooperationen auszuschöpfen. Vertrauen ist demnach weniger ein Luxus als eine Notwendigkeit. Daher liegt es nahe, sich auf die strategische Variante von Vertrauen zu stützen und es aus *ökonomischer Perspektive* zu betrachten.

Wenn eindeutige Win-win-Situationen vorliegen, kann das Schenken von Vertrauen ökonomisch erklärt werden.[656] Problematisch wird es, wenn keine eindeutigen Win-win-Situationen vorliegen. Zur Erklärung wird vielfach das Gefangenendilemma herangezogen.[657]

Das Gefangenendilemma

	Kurt schweigt	*Kurt gesteht*
Karl schweigt	2 Jahre, 2 Jahre	10 Jahre, 0 Jahre
Karl gesteht	0 Jahre, 10 Jahre	5 Jahre, 5 Jahre

Karl und Kurt sind wegen Mordes angeklagt. Es kann ihnen jedoch nur ein Überfall nachgewiesen werden, aufgrund dessen sie beide 2 Jahre ins Gefängnis müssten. Karl und Kurt sitzen jetzt in Untersuchungshaft und können nicht miteinander in Kontakt treten. Von der Justiz wird ihnen das Angebot gemacht, dass, wenn einer gesteht, er aufgrund der Kronzeugenregelung freigesprochen wird und der andere 10 Jahre ins Gefängnis muss. Wenn beide den Mord gestehen, erhalten sie mildernde Umstände und müssen 5 Jahre ins Gefängnis.

Betrachtet man das Gefangenendilemma als Spiel mit einer Runde, dann wird die für beide Akteure optimale Lösung nicht erreicht — angenommen beide Akteure agieren rational.[658] Dieses Dilemma kann nur überwunden werden, wenn beide Akteure jeweils davon ausgehen, dass der andere so handelt wie er selbst. Damit setzt sich aber jeder Akteur einer hohen Verwundbarkeit aus. Wie kann ein kooperatives und somit vertrauensvolles Verhalten im Gefangenendilemma erklärt werden? Die ökonomische Theorie führt das Superspiel ein, d.h. ein endloses Spiel. Wenn beide Spieler dann kooperativ beginnen, kann die Kooperation im Gefangenendilemma erklärt werden.

Nach Wurche[659] sind die Anforderungen, die eine solche Erklärung voraussetzt, in der Praxis nur in Ausnahmen gegeben. So wird erstens vorausgesetzt, dass beide Spieler kooperativ beginnen, ohne zu erklären, warum sie dies tun sollten. Zweitens ist in der Praxis eine Kooperation selten endlos, und gegen Ende einer Kooperation treten egoistische Verhaltenswei-

[656] Wurche, 1994.

[657] Watzlawick et al. 1969: 209ff.; Wurche, 1994; Schrader, 1993.

[658] Watzlawick et al. 1969: 211.

[659] Wurche, 1994: 151ff. Zur Kritik an der ökonomischen Perspektive siehe Loose und Sydow (1994: 164ff.).

sen auf. Drittens mangelt es vielfach an der Möglichkeit, in der Zukunft Vergeltung zu üben. Schließlich sind viertens in der Praxis selten so eindeutige Situationen wie im Gefangenendilemma anzutreffen. So sind die zukünftigen Erträge vielfach ungewiss, wodurch „temporäre Asymmetrien"[660] auftreten können, d.h. ein Akteur könnte von der Kooperation zeitweise stärker als ein anderer profitieren. Wurche schreibt:

> „Da es uns jedoch um die Lösung von Problemlagen gelegen ist, wie sie häufig in der Praxis auftreten, wäre es unzweckmäßig, Kooperationen *per definitionem* mit einem völlig durchschaubaren Positiv-Summen-Spiel gleichzusetzen und damit zahlreiche *faktisch* auftretende Problemlagen schlicht aus der Betrachtung 'hinauszudefinieren'."[661]

Um demnach aufzuzeigen, warum kooperiert wird, kann der Begriff des Vertrauens eingeführt werden. Vertrauen ist dann eine notwendige Bedingung, „damit vielversprechende Situationen auch tatsächlich im beiderseitigen Interesse *genutzt* werden können."[662] Luhmann spricht hier vom „Problem der *riskanten Vorleistung*"[663].

Nach diesem Verständnis lässt sich Vertrauen weder auf Altruismus noch auf Strategie zurückführen.[664] Altruismus wäre Luxus, Strategie wäre Armut. Es ist ein Verständnis von Vertrauen notwendig, das Vertrauen sowohl auf Strategie als auch auf Zuneigung zurückführt.[665] Ein Akteur hat in diesem Sinne zur Ausfüllung *„unspezifizierter und unkontrollierbarer Handlungsspielräume"*[666] nicht nur aus seiner Sicht rational zu handeln, sondern er hat bei seinem Handeln zudem die Interessen des Partners zu bedenken, auch wenn dies kurzfristig nicht zu der für ihn erstbesten Variante führt. *Um die für beide Seiten optimale Konstellation zu erreichen, müssen beide Seiten auf emotionaler Ebene verbunden sein, damit sie schließlich auf strategischer Ebene kooperieren.*

Lewicki/Bunker[667] unterscheiden mit Bezug auf Shapiro et al. zwischen Vertrauen, das auf Abschreckung bzw. Kalkulation beruht, Vertrauen, das auf Wissen basiert, und Vertrauen, das seine Wurzeln in der Identifikation mit dem Partner hat. Diese drei Vertrauensarten

---

660 Wurche, 1994: 153.
661 Wurche, 1994: 154 (Hervorhebungen im Original).
662 Wurche, 1994: 156 (Hervorhebungen im Original).
663 Luhmann, 1989: 23 (Hervorhebungen im Original).
664 Luhmann, 1989: 97ff.
665 Huemer et al., 1998.
666 Wurche, 1994: 155 (Hervorhebungen im Original).
667 Lewicki und Bunker, 1996.

beschreiben sie als Stufen in einem Vertrauensbildungsprozess: Das Abschreckungsvertrauen bildet hierbei die unterste Stufe und erfolgt in sehr vielen Beziehungen. Dieses basiert zu großen Teilen auch auf institutionellen Regelungen, der Möglichkeit zur Kontrolle und der geringen Verwundbarkeit. Über die Stufe des Vertrauens, das auf Wissen beruht, kann Vertrauen erreicht werden, bei dem sich zwei Akteure miteinander identifizieren.

Was bedeutet Vertrauen für die Zusammenarbeit in Organisationen? Bleicher[668] spricht von einer Zeitschere: Die Umwelt der Unternehmen wird nicht nur komplexer, sondern sie wird dies mit steigender Geschwindigkeit. Die Unternehmen müssen darauf möglichst rasch reagieren. Hierfür bedarf es flexiblerer Organisationsformen. Um den Wandel zu diesen Formen zu bewältigen und eine erfolgreiche Zusammenarbeit der Mitarbeiter zu bewirken, ist Vertrauen notwendig. Dessen Bildung benötigt Zeit, die aber immer weniger vorhanden ist. Daher sieht Bleicher Vertrauen als das *Grundprinzip für den Umgang mit Wandel* und für die Funktionsweise flexibler Organisationsformen an.

Nach Creed und Miles[669] erfordern unterschiedliche Organisationsformen ein unterschiedliches Ausmaß an Vertrauen. Vertrauen ist für sie ein Allokationsmechanismus, der bspw. bei Netzwerk-Organisationen *vorherrschend ist* — ohne Vertrauen sind sie nicht lebensfähig.

Huemer et al.[670] untersuchen die Bedeutung von Vertrauen für die Wissensproduktion in Unternehmen. Hierbei stützen sie sich auf eine autopoietische Erkenntnistheorie. Organisatorisches Wissen wird demnach in einem selbstreferentiellen Prozess entwickelt, indem Akteure ihr Wissen miteinander verknüpfen und weiterentwickeln. *Vertrauen erweist sich hierfür als notwendig*, um trotz der hohen Dynamik und Unsicherheit in Organisationen die Bereitschaft zu erzeugen, *Wissen miteinander zu verknüpfen und neues Wissen zu schaffen.*

Neben diesen Ausführungen, welche die Notwendigkeit von Vertrauen in Netzwerk-Organisationen betonen, sind weitere *positive Wirkungen* von Vertrauen anzuführen:[671]

- *Komplexitätsreduktion.* Indem ein Akteur bestimmte Verhaltensweisen anderer Akteure voraussetzt oder es unterlässt, über einen Sachverhalt weitere Informationen einzuholen, vertraut er und reduziert die Komplexität einer Situation.[672] Luhmann schreibt:

---

668 Bleicher, 1995.

669 Creed und Miles, 1996.

670 Huemer, 1998.

671 Krystek und Zumbrock, 1993: 13ff.; Zand, 1997: 122; Huemer et al., 1998.

672 Luhmann, 1989.

„Ohne jegliches Vertrauen aber könnte er morgens sein Bett nicht verlassen. Unbestimmte Angst, lähmendes Entsetzen befielen ihn. Solch eine unvermittelte Konfrontierung mit der äußersten Komplexität der Welt hält kein Mensch aus."[673]

- *Verringert soziale Unsicherheit.* Mit der Reduktion der Komplexität geht auch eine Verringerung sozialer Unsicherheit einher.[674]
- *Kommunikationswirkungen.* Mit der Höhe des Vertrauens steigt nicht nur das Ausmaß der Kommunikation, sondern auch die Qualität.
- *Gruppeneinfluss.* Ein vertrauensvoller Umgang in einer Gruppe ermöglicht nonkonformes Verhalten. Eine Person, der die Gruppe vertraut, genießt eine Art „Narrenfreiheit", die genutzt werden kann, ohne dass ein Gruppenausschluss droht.
- *Problemlösungsfähigkeit im Team.* Ein vertrauensvoller Umgang in einer Gruppe hat positive Auswirkungen auf die Teamarbeit: Ideen werden offener ausgetauscht, Ziele und Probleme besser geklärt, der gegenseitige Einfluss nimmt zu, es wird intensiver nach Handlungsalternativen gesucht, es besteht eine größere Motivation, um Entscheidungen durchzusetzen, und die Gruppenkohäsion ist größer.

Wie kann Vertrauen in Organisationen entwickelt werden? Aus soziologischer Perspektive gelangt Zucker zu drei Ebenen für vertrauensbildende Maßnahmen: Institution, Prozess und Charakter.[675] Überträgt man diese Ebenen auf eine Organisation, dann bezeichnet die institutionelle Ebene die Organisationsstrukturen, die Prozessebene die Interaktion zwischen Organisationsmitgliedern und die Charakterebene die individuellen Eigenschaften der Mitarbeiter. Anhand dieser Ebenen können verschiedene Maßnahmen verortet werden:

Institutionelle Ebene: Wie Creed und Miles[676] betonen, basiert die Netzwerk-Struktur auf Vertrauen als Allokationsmechanismus. Wenn sich die Mitarbeiter dessen bewusst sind, sie also wissen, dass ohne Vertrauen die Organisation nicht überlebensfähig ist, dann stellt die Wahl dieser Organisationsform bereits eine Maßnahme dar, um Vertrauen zu erzeugen. Die Wahl bedeutet, dass an die Vertrauenswürdigkeit der Mitarbeiter geglaubt wird. Damit bildet sie einen *kooperativen Einstieg*, wodurch Vertrauen bewirkt werden kann.

---

673 Luhmann, 1989: 1.
674 Zand, 1997: 97ff.
675 Creed und Miles, 1996: 18.
676 Creed und Miles, 1996: 26.

Weitere mögliche Maßnahmen auf institutioneller Ebene sind:

- *Integrierte Belohnungssysteme.*[677] Ein Belohnungssystem darf nicht ausschließlich den individuellen Wettbewerb fördern, da dies Misstrauen zwischen den Mitarbeitern bewirkt. Statt dessen sollte man ein gemischtes System etablieren: Ein Teil beruht auf den Erfolgen der Zusammenarbeit, ein Teil beruht auf individuellen und somit kompetitiven Elementen.
- *Vertrauen benötigt Grenzen.* Es können bspw. bestimmte Aufgaben das Handeln einer Person begrenzen. Dabei wird vertraut, dass die Aufgabe erledigt wird. Ist dies nicht der Fall, weil bspw. die Kompetenzen fehlen, kann langfristig kein vertrauensvolles Verhältnis bestehen. Nach Handy muss Vertrauen dann mit Konsequenzen einhergehen:

  > „When trust proves to be misplaced - not because people are deceitful or malicious but because they do not live up to expectations or cannot be relied on to do what is needed - then those people have to go. Where you cannot trust, you have to become a checker once more, with all the systems of control that involves."[678]

- *Vertrauen benötigt Regeln.* Um Vertrauen „in eine gerechte Verteilung der Früchte zu schaffen"[679], hält Aulinger u.a. institutionelle Regeln für notwendig.[680]

Prozessebene:

- *Vertrauen benötigt Berührung.*[681] Personen vertrauen sich, wenn sie vorher in Berührung gekommen sind, d.h. sich persönlich kennen und schätzen gelernt haben. Hierfür ist insbesondere Face-to-face-Kommunikation und geographische Nähe notwendig. Aber es kann auch Berührung geben, die zu Missachtung und Misstrauen führt. Daher sollte versucht werden, Personen in Netzwerken zur Zusammenarbeit zu bewegen, die sich kennen und auf eine gemeinsame Geschichte zurückblicken können. So beschreibt Handy:

  > „I am always surprised to find how few of the participants have met each other in person, even if they have worked together before. I am then further surprised by how quickly a common mood develops. You can almost watch the culture grow, and you wonder how they could have worked effectively without it."[682]

---

[677] Zand, 1997: 118f. und 128f.
[678] Handy, 1995: 46.
[679] Aulinger, 1999: 106.
[680] Aulinger, 1999: 107.
[681] Handy, 1995: 44ff.
[682] Handy, 1995: 47.

- *Reziprozität erhöht Vertrauen.*[683] Teamführer sollten nicht versuchen, Vertrauen sehr schnell und radikal zu bewirken. Sie sollten versuchen, durch ihre Handlungen bei den Mitarbeitern langsam ein reziprokes Verhalten hervorzurufen. Durch diese Langsamkeit verunsichern sie einerseits nicht die Mitarbeiter. Andererseits vermindern sie ihre eigene Verwundbarkeit, da sie quasi nur mit dem „kleinen Finger" einsteigen. Eine solche fortschreitende Interaktion kann eine Vertrauensspirale in Gang setzen.[684] Barnes betont, dass Situationen entstehen können, bei denen es oftmals eines Handelns bedarf, das so tut, als ob Vertrauen bestünde. Vertrauen basiert oftmals auf einer self-fulfilling prophecy.[685]
- *Vertrauen benötigt Führung.* Erfolgreiche und vertrauensvolle Teams verlangen Führung. Allerdings ist hierbei nicht der eine Führer gefragt, sondern je nach Situation und Erfordernissen können die Führung unterschiedliche Personen übernehmen.
- *Analyse der Beziehungen.* Ein effizienter Teamführer sollte regelmäßig seine Beziehung zu den Mitarbeitern und die Beziehungen der Mitarbeiter untereinander reflektieren, um Veränderungen festzustellen und Maßnahmen zu identifizieren, wie er diese Beziehungen vertrauensvoller gestalten kann.

Charakterebene: Creed und Miles[686] sprechen von *individuellen Prädispositionen*, inwieweit Vertrauen geschenkt wird. Diese Prädispositionen beruhen auf der individuellen Entwicklung und auf kulturellen Aspekten. Sie lassen sich mit Bezug auf Symbole und Rituale verstärken; sie grundsätzlich zu ändern, erweist sich aber als schwierig. Der *Human Investment Philosophy*, die Miles und Creed[687] vorschlagen, liegt die Annahme zugrunde, dass der Einzelne grundsätzlich bereit ist, vertrauensvoll zu handeln, gleichzeitig aber Angst hat, zu viel Vertrauen zu schenken, da er dann verwundbar wird. Geht man von dieser Annahme aus, kann die Führung eines Teams versuchen, Vertrauen zu wecken und im Sinne der oben angeführten Reziprozität eine Vertrauensspirale in Gang zu setzen.

Die angeführten Maßnahmen beziehen sich auf Teams in Organisationen, die durch Face-to-face-Kommunikation interagieren. Was bedeutet dies für Teams, bei denen die Teammitglieder an unterschiedlichen Orten angesiedelt sind und vielfach über IuK interagieren?

---

683 Zand, 1997: 128ff.

684 Zand, 1997: 93ff.; Schrader, 1993: 249; Creed und Miles, 1996: 18. Vgl. hierzu a. Gebert/Rosenstiel, 1996: 143; Krystek und Zumbrock, 1993: 10ff.

685 Barnes, 1981.

686 Creed und Miles, 1996: 18.

Vertrauen in temporären virtuellen Teams. Um Vertrauen aufzubauen, erscheint das Erfordernis der Berührung am Grundlegendsten zu sein. Dieses Erfordernis ist in virtuellen Teams schwer zu erfüllen. Aber gerade in solchen Teams ist Vertrauen ein Schlüsselfaktor. Ist Vertrauen in virtuellen Teams möglich, und wenn ja, wie lässt es sich aufbauen?

Jarvenpaa und Leidner[688] haben sich dieser Frage angenommen und insgesamt 75 globale studentische Teams daraufhin untersucht. Es zeigte sich: *Grundsätzlich kann Vertrauen in virtuellen Teams aufgebaut werden, bei denen keine Face-to-face-Kommunikation möglich ist. Dieses Vertrauen kann sogar sehr schnell entstehen.*

Jarvenpaa und Leidner versuchen die Existenz von Vertrauen in solchen Teams in Anlehnung an Meyerson et al. mit dem Konzept des *Swift Trust* zu erklären:[689]

> „In temporary teams, members have to behave as if trust existed rather than spending time developing it or waiting to see who is or is not trustworthy. Hence, trust is not based on deterrence, knowledge, nor identification. Rather it is based on self-fulfilling prophecy"[690].

In temporären Teams besteht vielfach nicht die Zeit, Vertrauen über ein persönliches Kennenlernen aufzubauen; eine bestimmte Aufgabe hat in einer bestimmten Zeit erledigt zu werden, wofür verschiedene Personen mit unterschiedlichen Kompetenzen zusammenarbeiten müssen. Diese Zusammenarbeit gestaltet sich einfacher und erfolgversprechender, wenn die Teilnehmer so tun, als ob sie sich kennen und vertrauen. Vertrauen bezieht sich hierbei eher auf eine Handlung und weniger auf eine Person.[691] Damit ein solches Swift Trust entstehen kann, muss zum einen die *Interdependenz* der Teammitglieder moderat sein. Zum anderen nimmt der *Teamleiter* eine Schlüsselrolle ein. Aus welchen Gründen konnte in vielen Teams kein Vertrauen aufgebaut werden bzw. warum ging vorhandenes Vertrauen wieder verloren? Jarvenpaa und Leidner führen hier eine Reihe von Gründen an:[692]

Viele Teams waren nicht in der Lage, mit technischen Unsicherheiten umzugehen, wie vor allem mit der Unvorhersagbarkeit der Kommunikation. Vielfach fehlte zu Beginn eine persönliche Einführung. Die Teams mit hohem Vertrauen tauschten dagegen insbesondere am Anfang eine Reihe von persönlichen Informationen aus. Teams mit geringem Vertrauen be-

---

687 Miles und Creed, 1995.
688 Jarvenpaa und Leidner, 1997.
689 Meyerson et al., 1996.
690 Jarvenpaa und Leidner, 1997: 5.
691 Meyerson et al., 1996: 191.
692 Jarvenpaa und Leidner, 1997: 20ff.

saßen oft Führer, die die Dinge betonten, die zu beanstanden waren, ohne dass sie Lösungen vorschlugen und die Teammitglieder motivierten. In Teams mit wenig Vertrauen fehlte die Begeisterung und der Optimismus, erfolgreich zusammenarbeiten zu können.

Aus welchen Gründen konnte in einzelnen Teams Vertrauen aufgebaut werden? Die bereits oben angeführten Gründe für das Fehlen von Vertrauen waren in Teams mit hohem Vertrauen nicht gegeben. Die Wendung dieser Gründe in eine positive Beschreibung kann demnach zur Kennzeichnung der Teams dienen, die hohes Vertrauen aufgewiesen haben. Darüber hinaus sind weitere Gründe anzuführen, die alle auf der Prozessebene liegen:

- *Rollen sollten sich eher entwickeln und nicht zugewiesen werden.*
- *Substantielle Antworten und Feedbacks.* Die Teilnehmer in Teams mit hohem Vertrauen konnten sicher sein, dass ihre Beiträge auch gelesen und wahrgenommen werden.
- *Erfolgreiche Wandlung von der Orientierung an sozialen und prozessuralen Aspekten hin zur Orientierung an der Aufgabe.* Teams, die anfangs hohes Vertrauen am Ende aber geringes aufwiesen, waren nicht in der Lage, sich an der Aufgabe zu orientieren, und diskutierten lange Zeit über prozessurale Aspekte.
- *Aktive Reaktion auf Krisen und Probleme.* Auch in Teams mit hohem Vertrauen existierten Probleme. Diese wurden aber aktiv angegangen.

Zudem verweisen Jarvenpaa und Leidner auf die geringen Unterschiede von virtuellen Teams und Teams mit Face-to-face-Kommunikation: „they socialize, they define roles, they develop schedules, and they take initiative in task-related work."[693] Der Unterschied bzw. die Schwierigkeit in virtuellen Teams ist dagegen die Unsicherheit, ob die anderen Teammitglieder die eigenen Nachrichten *lesen:* „Do you read me?"[694] Für diese Unsicherheit lassen sich aber Verhaltensmaßnahmen entwerfen. Es ist somit kein essentieller Unterschied zwischen beiden Arten von Teams festzustellen.

Ein weiterer Unterschied ist, dass persönliche Eigenschaften, wie Aussehen, Größe, Stimme etc. bei virtuellen Teams nicht wahrgenommen werden können. Jarvenpaa und Leidner äußern die Vermutung, dass dadurch Vertrauen sogar schneller aufgebaut werden kann.[695]

---

[693] Jarvenpaa und Leidner, 1997: 27.

[694] So der Titel des Ergebnisberichts der Studie von Jarvenpaa und Leidner, 1997.

[695] Jarvenpaa und Leidner, 1997: 24.

In viele Fällen handelt es sich nicht um rein virtuelle Teams, sondern um Teams, die an unterschiedlichen Orten angesiedelt sind, aber in gewissen Abständen zusammenkommen. Nach Handy wäre es bei solchen Teams sinnvoll, wenn sie zu Beginn möglichst viel Face-to-face kommunizieren könnten. Nach Jarvenpaa und Leidner könnte es dagegen eine Strategie sein, ein Team virtuell starten zu lassen, da dann nicht die einzelnen physischen Eigenschaften der Teilnehmer eine Rolle spielen und dadurch schneller Vertrauen geschaffen werden kann. Die Ausführungen zum Konzept des Swift Trust unterstützen diese Überlegungen. Die Teams könnten sich rasch der Aufgabe widmen, ohne ein Vertrauen aufbauen zu müssen, das auf Identität beruht. Allerdings sprechen Jarvenpaa und Leidner nicht ab, dass ein auf Zuneigung beruhendes Vertrauen für die Zusammenarbeit von Vorteil ist. Sie zeigen lediglich auf, dass ein vertrauensvolles Verhalten auch auf anderen Wegen erreicht werden kann. Daher könnte es sich für temporäre virtuelle Teams anbieten, sich rasch der Aufgabe zu widmen, sich dabei mit der Zeit aber auch persönlich näher zu kommen. Vertrauensbildung stände nicht am Anfang, sondern würde während der eigentlichen Bearbeitung quasi nachgeholt. Vertrauensbildung wäre ein begleitender Prozess — „Kennenlernspiele" zu Beginn entfielen.

Erfahrungen

Vertrauen hat existentielle Bedeutung für disziplinübergreifende Zusammenarbeit. Ohne Vertrauen erfolgt kein Austausch von Wissen — das ist knapp skizziert die These von Huemer et al.[696] Diese These gilt auch für das IPG I. Disziplinübergreifende Zusammenarbeit und Austausch von unveröffentlichtem Wissen kam nur dann zustande, wenn genügend Vertrauen vorhanden war. Dass dies nicht immer der Fall war, zeigen Mitteilungen in Interviews.[697] Die hohe Bedeutung von Vertrauen in Forschungsprojekten wird verständlich, wenn man berücksichtigt, dass Wissen das einzige Gut ist, das ein Wissenschaftler besitzt und das ihn in seiner Karriere voranbringt. Während bei veröffentlichten Forschungsergebnissen der Urheber eindeutig auszumachen ist, ist dies bei nicht veröffentlichtem Wissen nicht der Fall. Aber vielfach gilt es, gerade dieses Wissen in einem transdisziplinären Forschungsprozess zu verbinden. Das Wissen behält dabei i.d.R. nicht seine ursprüngliche Form, sondern verändert sich durch die Verbindung und Anwendung auf spezifische Fragestellungen.[698] Problematisch wird es, wenn nicht einwandfrei auszumachen ist, von wem welcher Beitrag geleistet wurde.

---

[696] Huemer et al., 1998; Aulinger, 1999.

[697] Interview 5: 8.

Aus diesem Grunde ist die Verwundbarkeit des einzelnen Forschers hoch. Andererseits kann der Forscher von der Zusammenarbeit profitieren, da seine Erkenntnisse und Gedanken aus ihm fremder Perspektive beleuchtet und weiterentwickelt werden. Allerdings lässt sich zu Beginn selten vorhersagen, wie hoch dieser Profit sein wird bzw. ob es ihn geben wird. Es besteht folglich Unsicherheit. Aufgrund dieser Unsicherheit lassen sich zum einen nur schwer Kontrollmechanismen installieren, und zum anderen kann der Forscher zu Beginn nur schwer Kosten/Nutzen-Überlegungen anstellen. Der einzelne Forscher hat die Wahl: Entweder er vertraut und engagiert sich in der disziplinübergreifenden Zusammenarbeit oder er misstraut und zieht sich in seine Studierstube zurück. Wenn daher eine disziplinübergreifende Zusammenarbeit erreicht werden soll, dann ist Vertrauen eine notwendige Bedingung.

War im IPG I bei der disziplinübergreifenden Zusammenarbeit Vertrauen vorhanden? Zu Beginn des Forschungsprojekts kannten sich die meisten Mitarbeiter nicht oder nur flüchtig. So kannten sich zwar die Projektverantwortlichen, da sie das Projekt gemeinsam konzipiert hatten. Aber die Forschungsarbeit lag in Händen der Projektleiter und –mitarbeiter, die sich erst nach Projektbeginn kennen lernten.

Bei der disziplinübergreifenden Zusammenarbeit der Projektmitarbeiter ließ sich beobachten, dass diese gerade in der Anfangszeit große Motivation zeigten zusammenzuarbeiten und bereit waren, dass nötige Vertrauen einzubringen. In der Anfangszeit wurde sich wenig mit persönlichen Aspekten der einzelnen Personen beschäftigt. Statt dessen stand quasi von Beginn an die Aufgabe und das Vorgehen im Vordergrund. Zudem bestand selten die Zeit, Vertrauen durch persönliches Kennenlernen aufzubauen. So wurden zwar Sitzungen auf unterschiedlichen Ebenen einberufen, diese Sitzungen waren aber von der Zeit so knapp bemessen, dass nur selten Platz blieb für persönliche Gespräche. Auf Ebene der Projektmitarbeiter war eher ein Swift Trust zu beobachten.[699] Ein weitergehendes, auf persönlicher Zuneigung beruhendes Vertrauen, konnte — wenn überhaupt — erst im Laufe der Zusammenarbeit entwickelt werden, gleichsam parallel zur eigentlichen Bearbeitung der Aufgabe.

Im Verlauf der Zusammenarbeit entstanden — wenn auch selten — Situationen, die Vertrauen verletzten. Konnten diese Situationen mittelfristig nicht überwunden werden, sank bei den Teammitgliedern nicht nur die Bereitschaft, die Zusammenarbeit fortzusetzen, sondern es sank auch das Vertrauen. Die Vertrauensspirale kippte um.

---

[698] Kay, 1990: 179f.

Dort, wo auftretende Schwierigkeiten aktiv angegangen und gelöst werden konnten, setzte sich die Vertrauensspirale fort. Das Vertrauen stieg, und es wurde sich eher die Zeit genommen, das persönliche Kennenlernen nachzuholen.

Gründe für den Verlust von Vertrauen bei der disziplinübergreifenden Zusammenarbeit. Wie ausgeführt, halten Meyerson et al. die Existenz einer *moderaten Interdependenz* für ausschlaggebend, damit Swift Trust entsteht. Zudem kommt dem *Leiter* eines Teams eine Schlüsselrolle zu. An diesen beiden Elementen mangelte es in den Teams, in denen die Zusammenarbeit frühzeitig beendet wurde.

Viele Mitarbeiter fingen begeistert an, disziplinübergreifend zu kooperieren. Bei den ersten Schwierigkeiten zeigte sich aber, dass teilweise die *Leiter* den Schwierigkeiten nicht gewachsen waren. Darüber hinaus erwies sich die *Interdependenz* zwischen den Mitarbeitern als zu gering, um in schwierigen Situationen ein Vertrauen im Sinne des Swift Trust aufrechtzuerhalten. Die Teammitglieder fühlten sich vornehmlich ihren eigenen Aufgaben verpflichtet, d.h. den eigenen Teilprojekten, ihren Dissertationen oder Habilitationen. Dieses Verhalten war verständlich, da sie primär für ihre Dissertation oder Habilitation belohnt wurden. Die geringe Interdependenz war auf institutioneller Ebene vorgegeben.

Die Zusammenarbeit konnte nur dort aufrechterhalten werden, wo die Interdependenz gesteigert wurde, indem individuelle Arbeiten miteinander gekoppelt wurden und dadurch die Zusammenarbeit belohnt wurde. Im Sinne der disziplinübergreifenden Zusammenarbeit nutzte man hier auf der Prozessebene die Spielräume, die man im Rahmen der bestehenden institutionellen Ordnung hatte. Zudem war man dort erfolgreich, wo die Führung stark genug war, um schwierige Zeiten zu überbrücken, und wo sie es schaffte, das Swift Trust in ein Vertrauen zu überführen, das auf Zuneigung basierte.

Diese Zuneigung wurde durch Face-to-face-Kommunikation erreicht. Diese Art der Kommunikation war allerdings oftmals nicht möglich, und es musste viel über IuK kommuniziert werden. Damit ging im IPG I teilweise eine bestimmte Unsicherheit einher, weil nicht alle mit der Technik vertraut waren, die Technik Probleme bereitete oder Meinungsäußerungen falsch verstanden wurden. Grundsätzlich soll aber die These gewagt werden: Die häufige Kommunikation über IuK war nicht der Grund für den Verlust von Vertrauen. Dort, wo Vertrauen verloren ging, war Face-to-face-Kommunikation gegeben oder möglich.

---

[699] Meyerson et al., 1996.

War bei der disziplinären Zusammenarbeit Vertrauen vorhanden? Auch bei der disziplinären Zusammenarbeit gab es vereinzelte Fälle des Vertrauensverlustes. Diese waren aber die Ausnahme. I.d.R. traten die Vertreter eines disziplinären Teilprojektes als relativ homogene Teams innerhalb des IPG I auf.[700]

Für dieses hohe Vertrauen lässt sich auf institutioneller Ebene anführen: Es bestanden integrierte Belohnungssysteme, da einerseits jede Mitarbeiterin ihre eigenen Arbeiten anfertigen musste und andererseits das Teilprojekt als Ganzes vom Nationalfonds evaluiert wurde. Auf Prozessebene war viel Berührung zu beobachten, da die Mitarbeiterinnen eines Teilprojektes am selben Ort waren, vielfach im selben Büro arbeiteten. Zudem war eine konzeptionelle Führung durch den Projektverantwortlichen oder den Projektleiter vorhanden. Aufgrund der Überlastung der Projektverantwortlichen war jedoch weniger eine soziale Führung vorhanden, und somit auch keine Analyse der Beziehungen zwischen den Mitarbeiterinnen. Probleme, die zusätzlich für virtuelle Teams kennzeichnend sind, waren nicht vorhanden, da die Teilprojekte wesentlich weniger virtuell agierten als die Teilsynthesen.

Diese Analyse zeigt: *Der Aufbau von Vertrauen war in den disziplinübergreifenden Teams aufgrund institutioneller und prozessuraler Faktoren wesentlich schwerer möglich, als dies in den disziplinären Teams der Fall war. Die disziplinären Teams besaßen daher einen komparativen Vorteil.* In Tabelle 8 sind die Unterschiede nochmals zusammengefasst.

Vertrauen fördernde Faktoren	**Disziplinäre Teilprojekte**	**Disziplinübergreifende Teilsynthesen**
Integriertes Belohnungssystem.	Individuelle Arbeit (z.B. Dissertation) & Teilprojektarbeit.	Kollektivziel stand vielfach im Vordergrund.
Berührung.	War gegeben.	War weniger gegeben.
Konzeptionelle Führung.	War vorhanden.	War vielfach nicht vorhanden.
Soziale Führung/ Analyse der Beziehungen.	War weniger vorhanden.	War weniger vorhanden.
Vorhersagbarkeit/Sicherheit der Kommunikation.	War sichergestellt.	War teilweise unsicher. („Do you read me?")

Tabelle 8: Vertrauen fördernde Faktoren in den Teilprojekten und den Teilsynthesen.

Lösungsansätze

Die bisherigen Ausführungen haben gezeigt: Vertrauen ist notwendig, um Wissen auszutauschen. Aber Vertrauen kann entwickelt werden,. und das auch in temporären virtuellen

[700] Villiger, Wüstenhagen und Meyer, 2000; Hofer und Stalder, 2000; Siehe auch die Publikationen des psychologischen Teilprojektes (Tanner et al., 2000: 62f. und www.ipgesellschaft.ch)

Teams. Das Konzept des Swift Trust zeigt sogar, dass Vertrauen rasch entstehen kann — zumindest ein Vertrauen des „als ob". Welche Implikationen ergeben sich daraus für disziplinübergreifende Teams, die temporär und virtuell zusammenarbeiten?

1. Es muss eine *moderate Interdependenz* zwischen den Teammitgliedern bestehen, damit sie einen Anreiz haben, im Sinne des Swift Trust zu handeln. Diese Interdependenz war im IPG I i.d.R. nicht vorhanden bzw. wurde teilweise erst aufgebaut.
   Inhaltlich lässt sich eine solche Interdependenz realisieren, wenn eine Passung von Individual- und Kollektivzielen angestrebt wird. Eine *formale* Interdependenz kann erzielt werden, wenn die disziplinübergreifenden Teilsynthesen sich selbst verbindliche Ziele setzen, einen Zeitplan erarbeiten und klare Aufgaben definieren.
2. Diese Interdependenz sollte durch entsprechende *Belohnungssysteme* ergänzt werden. Die disziplinübergreifende Zusammenarbeit sollte dementsprechend mindestens so stark bewertet werden wie die disziplinären Einzelleistungen.
3. Um die geforderte Interdependenz zu erreichen und entsprechende Belohnungssysteme aufzubauen, bedarf es einer starken *konzeptionellen Führung*, welche in der Lage ist, Individual- und Kollektivziele aneinander anzupassen, die einschätzen kann, welche Ziele in welcher Zeit realistisch erreicht werden können und die sich gegenüber den Projektverantwortlichen der Teilprojekte zu behaupten weiß.
4. Neben der konzeptionellen Führung bedarf es einer *sozialen Führung*, die versucht, eine Vertrauensspirale in Gang zu setzen, die Beziehungen zwischen den Teammitgliedern reflektiert und eher Lösungen anbietet, als Probleme beklagt. Vor allem muss diese Führung versuchen, Misstrauen zu erkennen und offen zu legen.

Moderate Interdependenz, ein angemessenes Belohnungssystem und eine konzeptionelle und soziale Führung sind Grundvoraussetzungen für den Aufbau einer vertrauensvollen Teamarbeit. Sind diese gegeben, sollte sich das Team nach anfänglicher persönlicher Vorstellung möglichst rasch an der Aufgabe orientieren. Dies muss die Führung veranlassen. Sie sollte kooperativ einsteigen und dies den Mitarbeitern verdeutlichen. Durch diesen kooperativen Einstieg wächst kurzfristig die Wahrscheinlichkeit, ein Swift Trust zu erzeugen. Mittelfristig kann dieser Einstieg zu einer positiv verlaufenden Vertrauensspirale führen, wodurch die Überführung des anfänglichen Swift Trust in ein Vertrauen möglich wird, das auf persönlicher Zuneigung beruht. Die Führung sollte hierfür Raum schaffen und die geforderte Berührung ermöglichen. Wenn diese Berührung nicht den gewünschten Erfolg zeigt, weil einzelne Teammitglieder misstrauisch agieren, nicht bereit sind zu kooperieren oder nicht die entsprechenden Kompetenzen aufweisen, dann muss die Führung Konsequenzen ziehen. Tut sie dies nicht, droht die Vertrauensspirale umzukippen.

Wann soll wie kommuniziert werden? Wie Jarvenpaa und Leidner zeigen, ist es vor allem wichtig, die Unsicherheit der IuK zu bewältigen. „Do you read me?" betiteln sie ihre Studie. Diese Unsicherheit sollte die Führung überwinden, indem sie versucht, den Kommunikationsfluss aufrecht zu erhalten und zusammen mit den Teammitgliedern Regeln aufstellt für den Umgang mit den Kommunikationsmedien.

In der Phase, in der Vertrauen aufgebaut werden soll, das auf persönlicher Zuneigung beruht, wird Berührung verlangt. Die Teammitglieder sollen sich gegenübertreten und persönlich kennenlernen. Face-to-face-Kommunikation ist hierfür unabdingbar. Damit genügend Raum für das persönliche Kennenlernen bleibt, sollte der zeitliche Rahmen entsprechend großzügig gesetzt werden. Im IPG I war dieser Rahmen vielfach zu eng, so dass eher Stress, zeitlicher Druck und auch Angst aufkamen — Faktoren, die den Aufbau von Vertrauen verhindern. In Tabelle 9 sind die einzelnen Lösungsmaßnahmen zusammengefasst.

	Mögliche Maßnahmen	**Faktoren für Verlust von Vertrauen im IPG I**	**Lösungsmaßnahmen**
Institutionelle Ebene	Wahl vertrauensfördernder Organisationsform. Aufbau von Interdependenz. Grenzen für Vertrauen.	Geringe Interdependenz, da individuelle Arbeiten belohnt wurden.	Stärkere Kopplung der individuellen Forschungsarbeiten.
Prozessebene	Berührung. Face-to-face-Kommunikation. Positive und starke Führung. Förderung von reziprokem Verhalten (Vertrauensspirale).	Zu schwache Führung Teilweise zu wenig Berührung.	Rasche Aufgabenorientierung. Platz für Berührung schaffen. Führung muss Verantwortung tragen, motivieren & für Interdependenz sorgen. Förderung reziproken Verhaltens.
Charakterebene	Förderung von vertrauensfördernden Prädispositionen.		
IuK	Abbau der Unsicherheit durch: sichere Technik, Gewöhnung, Regeln.	Anfangs Unsicherheit bei Benutzung & Kompatibilitätsprobleme.	Schnelle Beseitigung technischer Probleme. Einüben der Technik.

Tabelle 9: Vertrauen: Maßnahmen, Erfahrungen und Lösungsvorschläge.

8.3 Personal

Strukturelle und prozessurale Probleme standen in den letzten beiden Kapiteln im Vordergrund. Im folgenden wird genauer untersucht, über welche Kompetenzen die Mitarbeiter verfügen sollten und welche Konsequenzen dies für die Personalpolitik hat. In Kapitel 8.4 wird dann näher auf die Führungsaufgaben eingegangen.

8.3.1 Das Konzept des Mitunternehmertums

Aufgaben einer TNF und erforderliche Kompetenzen

Welche Aufgaben sind allgemein für eine erfolgreiche TNF zu bewältigen und welche Kompetenzen sind für diese Bewältigung nötig?

Aufgaben einer TNF. Folgende Aufgaben sind im Forschungsablauf zu erfüllen:

- *Projektakquise.*
- *Projektdesign.*
- *Problemdefinition und Untersuchungsfragen (vgl. Kapitel 7.1.3).*
- *Fachlich-disziplinäre Arbeit.*
- *Disziplinübergreifende Arbeit.*
- *Zusammenarbeit mit der Praxis.*

Um diese Aufgaben erfolgreich bewältigen zu können, bedarf es einer Reihe unterschiedlicher Kompetenzen, die sich nur zum Teil mit den Kompetenzen überschneiden, die in einer universitären Ausbildung vermittelt werden.

Kompetenzen für eine TNF

- *Fachliche-disziplinäre Kompetenzen.* Die Mitarbeiter müssen über Kompetenzen in ihrem Fach verfügen, um Aussagen darüber treffen zu können, was eine Disziplin zur Lösung eines Problems beitragen kann, und um einen fachlich-disziplinären Beitrag zu leisten.[701]

---

[701] Defila und Di Giulio, 1996a: 128ff.

- *Transdisziplinäre-wissenschaftspropädeutische Kompetenzen.* Um eine horizontale Integration leisten zu können, bedarf es der Fähigkeit, die eigene disziplinäre Sichtweise zu reflektieren, sie als eine unter vielen zu betrachten und in Relation zu anderen Sichtweisen zu setzen. Es bedarf transdisziplinär-wissenschaftspropädeutischer Kompetenzen. Nach Defila et al.[702] lassen sich hierunter konkret die Fähigkeiten zusammenfassen,
  - die Realitätsauffassung der eigenen Disziplin reflektieren und in Relation zu anderen Disziplinen setzen zu können,
  - das Wissenschaftsverständnis und die Theorien der eigenen Disziplin in ihrer Reichweite zu kennen,
  - die Wertvorstellungen und Traditionen der eigenen Disziplin beurteilen zu können,
  - die eigene disziplinäre Fachsprache erkennen und in Relation zu anderen setzen zu können,
  - die eigenen disziplinären Methoden als solche benennen und die Beziehung zu anderen Methoden darlegen zu können.
- *Kommunikative und umsetzungsorientierte Kompetenzen.* Wenn die disziplinübergreifende Forschung praxisorientiert erfolgen soll, dann müssen die Mitarbeiter nicht nur über *wissenschaftsinterne*, sondern auch über *wissenschaftsexterne Flexibilität* verfügen. Die Praxisakteure sind zwar vielfach wissenschaftlich geschult und verfügen selbst über eine bestimmte Fachsprache und ein wissenschaftliches Verständnis.[703] Allerdings sind die Ziele und Bedürfnisse von Wissenschaft und Praxis unterschiedlich. Die kommunikativen und umsetzungsorientierten Kompetenzen haben demnach zum einen das Wissen von diesen Unterschieden zu umfassen. Sie haben aber zum anderen die Fähigkeit zu beinhalten, mit diesen Unterschieden so umzugehen, dass beide Seiten zu einem Kompromiss finden. Dies bedingt Aushandlungsprozesse. Damit diese Prozesse erfolgreich verlaufen, ist es notwendig, die unterschiedlichen Vorstellungen erkennen zu können.
- *Emotionale und soziale Kompetenzen.* Die Mitarbeiter müssen im Team arbeiten und treten zudem mit Praxisakteuren in Kontakt. Aus diesen Gründen sind soziale Kompetenzen unabdingbar. Unter sozialen Kompetenzen sollen die Fähigkeiten verstanden werden, Beziehungen mit anderen Personen einzugehen, sich in deren Gefühlswelt hineinzuversetzen (Emphatie) und sie zu motivieren. Diese Fähigkeiten können jedoch nur zur Geltung kom-

---

[702] Defila et al., 1996; Defila und Di Giulio, 1996a: 134f.; Defila und Di Giulio 1998: 123ff.

[703] Gibbons et al., 1994; Wingens, 1998.

men, wenn eine Person auch kompetent im Umgang mit sich selbst ist. Dies setzt ein gewisses Maß an emotionaler Intelligenz voraus. Goleman fasst unter emotionaler Intelligenz vor allem folgende Fähigkeiten zusammen: Selbstreflexion leisten, Selbstkontrolle ausüben und sich selbst motivieren können.[704]

Mitarbeiter in praxisorientierten transdisziplinären Forschungsprojekten sollten demnach eine Fülle von Kompetenzen abdecken. Es ist der spezialisierte Generalist gefragt. Ähnlichen Anforderungen sieht sich die Unternehmenspraxis gegenüber. Da sich das unternehmerische Umfeld schnell wandelt, verändern sich auch die Aufgaben und die Anforderungen an die Mitarbeiter sehr schnell. Unternehmen suchen daher weniger nach einem Spezialisten, sondern nach Personen, die über Schlüsselqualifikationen verfügen und flexibel sind. Sie suchen nach Mitarbeitern, die Mitunternehmer werden wollen.

Mitarbeiter als Mitunternehmer

Wenn die Mitarbeiter nicht mehr strengen Weisungen unterliegen und die Zusammenarbeit auf Vertrauen aufbaut, dann sind die Mitarbeiter grundsätzlich freier in ihren Tätigkeiten. Mit dieser Freiheit gehen aber stärkere Anforderungen und auch Verantwortung einher.[705]

Wunderer[706] präsentiert hier das Konzept des Mitarbeiters als Mitunternehmers. Der Mitarbeiter wird hierbei nicht mehr nur als Produktionsfaktor angesehen, der Mitarbeiter stellt vielmehr einen strategischen Erfolgsfaktor dar. Ausschlaggebend für diesen Wandel in der Rolle der Mitarbeiter sind nicht sozial-ethische Motive, sondern die wachsende Bedeutung des Faktors Wissen, über das die Mitarbeiter verfügen, und die Anforderung, schnell und flexibel auf wechselnde Kundenbedürfnisse einzugehen.

Die Tätigkeiten, die in einem Unternehmen zu verrichten sind, das flexibel und schnell agieren möchte, sind nicht streng zu definieren und per Weisung weiterzugeben. Vielmehr sind die Mitarbeiter aufgefordert, das Wissen selbständig anzuwenden, das sie sich im Rahmen ihrer Tätigkeit aneignen. Die Mitarbeiter sollen so handeln, als wenn sie selbst Unternehmer wären, eigenständig und selbstverantwortlich.

Das Konzept ist nach Wunderer durch *zehn zentrale Elemente* gekennzeichnet:

---

[704] Goleman, 1996 und 1999.

[705] Wunderer, 1999: 106.

[706] Wunderer, 1999.

1. Sollen die *Mitarbeiter* als Mitunternehmer gewonnen werden, sind sie nicht als Investitionsgut, sondern *als Partner zu betrachten*, die an der Wertschöpfung zu beteiligen sind.
2. Die unternehmensinterne Steuerung erfolgt vornehmlich über *Vertrauen und sozialen Tausch*, tendenziell weniger über direkte Weisung.
3. Die Förderung einer Kultur des Mitunternehmertums hat sowohl durch eine *strukturell-systemische Führung* zu erfolgen, die bei den Rahmenbedingungen ansetzt, als auch durch eine *personal-interaktive Führung*, die Vertrauen aufbaut, die Problemlösungsfähigkeit der Mitarbeiter fördert und sie motiviert, unternehmerisch zu handeln.
4. Aufbauend auf der strukturell-systemischen und personal-interaktiven Führung ist die *Selbstverantwortung* und die Möglichkeit zur *Selbstorganisation* zu verstärken.
5. Die Auswahl der Mitarbeiter erfolgt weniger nach eng definierten und stellenspezifischen Merkmalen, sondern vielmehr nach wenigen *unternehmerischen Schlüsselqualifikationen*. Wunderer führt hier insbesondere drei Schlüsselqualifikationen an: Gestaltungs-, Handlungs- und Sozialkompetenz.
6. Auch wenn diese Kompetenzen vorhanden sein sollten, ist damit nicht sichergestellt, dass sie eingesetzt werden. Im Sinne der *prozessorientierten Motivationstheorie* kann diese Motivation auf drei Ebenen gefördert werden: Erstens kann die Bewertung der Ziele und Mittel beeinflusst werden. Zweitens ist können einzelne Maßnahmen unternehmerisches Verhalten fördern, wie z.B. ein eigener Verantwortungsbereich, partizipative Zielvereinbarung, Management by objectives etc. Drittens ist die Einschätzung der Erfolgswahrscheinlichkeit ausschlaggebend, d.h. inwieweit ein Mitarbeiter es für wahrscheinlich erachtet, dass sein Handeln erfolgreich ist.
7. Die einzelnen Mitarbeiter verfügen in unterschiedlichem Maße über die nötigen Schlüsselkompetenzen und sind unterschiedlich motiviert, diese Kompetenzen einzusetzen. „Die Mitarbeiter sollten deshalb nach ihrem (mit-)unternehmerischen Reifegrad differenziert geführt, entwickelt und eingesetzt werden."[707]
8. Hierbei spielt die *Teamentwicklung* eine zentrale Rolle. So übernimmt ein Team mit Mitarbeitern, die über unterschiedliche Reifegrade verfügen, wichtige Ausgleichs- und Sozialisationsfunktionen. Im Team können mitunternehmerisch weniger kompetente Mitarbeiter eingebunden werden, und unterschiedliche Rollen lassen sich im Team auf einzelne Mitarbeiter entsprechend ihrer Kompetenzen verteilen.

---

[707] Wunderer, 1999: 120.

9. Die Verantwortung, die mitunternehmerischen Kompetenzen zu entwickeln, liegt beim Mitarbeiter selbst. Die direkte Führungskraft soll hierbei Hilfestellung leisten, indem sie den Mitarbeiter in seinen Leistungen und Potenzialen einschätzt und entsprechend fördert.
10. Somit stellt die Förderung des Mitunternehmertums enorme Anforderung an die Führung, worauf in Kapitel 8.4. näher einzugehen ist.

Die Anforderungen an die Mitarbeiter sind nach diesem Konzept enorm hoch. Sie sollen Initiative zeigen und flexibel auf Wandel reagieren. Daher stellt sich die Frage, wie solche Mitarbeiter gefunden, ausgewählt und zur Weiterentwicklung veranlasst werden können.

Auswahl der Mitarbeiter

Es existieren eine Reihe von Personalauswahlverfahren: Einstellungsgespräch, Persönlichkeitstest, Examensnoten, Bewerbungsunterlagen, biographischer Fragebogen, Assessment Center, anforderungsbezogenes und strukturiertes Interview, Probezeit und kognitiver Fähigkeitstest. Dies sind die gängigsten Verfahren in der Reihenfolge ihrer Validität. Empirische Untersuchungen haben ergeben: Das Einstellungsgespräch ist bei Bewerbern wie bei den Auswählenden die beliebteste Form. Dies steht im Gegensatz zu dessen Validität; der Validitätskoeffizient beträgt für den Berufserfolg nur 0,14. Aber auch erfolgreichere Methoden wie bspw. das Assessment Center kommen über einen Koeffizienten von 0,4 kaum hinaus.[708]

Ohne auf die einzelnen Methoden einzugehen, kann festgehalten werden: Die Validität der Auswahlverfahren in Bezug auf den späteren Berufserfolg ist tendenziell gering. Sie kann gesteigert werden, wenn die Maßnahmen kombiniert werden. Aber auch durch Kombination kann die Validität nicht über 0,7 gehoben werden. Die Vorhersage des späteren Berufserfolges neu einzustellender Mitarbeiter bleibt unsicher — allerdings weniger unsicher als durch ein kurzes Einstellungsgespräch, das mit Abstand die geringste Validität aufweist.[709]

8.3.2 Erfahrungen

Kapitel 8.3.1 hat gezeigt: Die Breite der Anforderungen an die Mitarbeiter im IPG I ähnelt den in Unternehmen. Sie müssen einerseits über ein spezialisiertes Standbein verfügen, an-

---

[708] Schuler, 1995: 129f.

dererseits aber eine Reihe von zusätzlichen Schlüsselqualifikationen aufweisen. Zudem ist der organisatorische Rahmen von IPG I und Unternehmen weitgehend identisch, für den das Konzept gedacht ist. Der organisatorische Rahmen basiert auf flachen Hierarchien, hat Netzwerk-Charakter, stützt sich weniger auf formale Regeln als auf Vertrauen und erfordert von den Mitarbeitern ein hohes Maß an Eigeninitiative. Aus diesen Gründen können die Forscherinnen des IPG I als Mitunternehmer aufgefasst werden.

Inwieweit konnten die Mitarbeiter diesen Anforderungen gerecht werden? Vier Gruppen von Mitarbeitern können unterschieden werden: die Projektverantwortlichen („Satelliten"), die Projektleiter („Postdocs"), die Doktoranden („Docs") und die Mitarbeiter privater Beratungsbüros („Berater").

Die Satelliten

Aufgrund der Ausbildung und langjährigen Erfahrung verfügten die Projektverantwortlichen über die größten disziplinären Kompetenzen, vielfach aber auch über transdisziplinäre-wissenschaftspropädeutische Kompetenzen und über Erfahrung im Umgang mit Praxisakteuren. Wie in Kapitel 6.5.2 beschrieben, umkreisten die Projektverantwortlichen wie Satelliten das IPG I und setzten nur selten zur Landung an, um sich über den Fortgang des Projektes zu informieren. So sagte ein Satellit: „Ich selbst kann maximal 5 Prozent meiner Zeit für dieses Projekt einsetzen, was sehr hoch gegriffen ist."[710] Die Projektverantwortlichen hatten i.d.R. das Projekt entworfen und akquiriert, wendeten nach der Akquise jedoch wenig Zeit auf, um den Projektverlauf zu begleiten und zu steuern.

Sie konzentrierten ihre knappen Ressourcen daher vornehmlich auf das eigene disziplinäre Teilprojekt. Hierfür sahen sie sich verantwortlich, und hier sahen sie Profilierungsmöglichkeiten. Wie in Kapitel 8.1.3 aufgezeigt, war ihr vornehmliches Ziel, das langfristige Überleben ihres Instituts zu sichern und dessen Reputation zu steigern. Daher können die Projektverantwortlichen zwar als Unternehmer bezeichnet werden, nicht jedoch als Mitunternehmer, da ihre Ziele teilweise nicht im Einklang mit den Zielen des Gesamtprojekts standen. Allerdings zeigte sich: Wenn die Projektverantwortlichen direkt von einzelnen Mitarbeitern oder von der Gesamtprojektleitung angegangen wurden, waren sie bereit, ihre Kompetenzen im Sinne des Gesamtprojekts einzubringen und Zeit dafür aufzuwenden.

---

[709] Schuler, 1995; Wunderer, 1997: 321.

Die Docs

Die Doktoranden besaßen in der Anfangsphase die Zeit, sich disziplinübergreifend zu engagieren. Sie arbeiteten zu großen Teilen sowohl disziplinär als auch disziplinübergreifend. Dabei zeigten sie eine hohe Motivation. Ihnen fehlten jedoch anfangs die Erfahrung und die Kompetenzen. Mit voranschreitendem Projektverlauf sammelten sie diese Erfahrung und eigneten sich schnell eine Reihe von Kompetenzen an. Weiterhin hatten sie verstärkt Zeitprobleme, da ihre Dissertationen und die disziplinübergreifende Zusammenarbeit nicht deckungsgleich waren. Zusammenfassend lässt sich sagen: *Die Doktoranden waren zu Beginn in fachlicher Hinsicht überfordert und im Projektverlauf in zeitlicher Hinsicht überlastet.*[711]

Dabei zeigten sich auch *Unterschiede zwischen den Doktoranden*: Einige besaßen in ihrem disziplinären Teilprojekt ein anregendes Umfeld, das Impulse und Feedback für die eigene Dissertation gab. Diese Doktoranden engagierten sich vornehmlich zu Beginn, orientierten sich aber im Projektverlauf stärker auf das Teilprojekt. Andere Doktoranden waren weniger stark in ein disziplinäres Forschungsumfeld eingebunden. Für sie bedeutete die disziplinübergreifende Zusammenarbeit daher nicht nur zusätzlichen Aufwand, sondern sie gab ihnen auch neue Impulse und Feedback für die eigene Arbeit.

Die Postdocs

Die Postdocs verfügten sowohl über die notwendige Erfahrung, über viele der angeführten Kompetenzen als auch über die nötige Zeit, um aktiv den Forschungsprozess voranzutreiben. Sie waren die Schlüsselpersonen. Allerdings verließen viele Postdocs frühzeitig das IPG I, um eine neue Stelle anzunehmen. Durch diese Weggänge entstanden große Lücken, da die Stellen nicht durch neue Postdocs, sondern durch Docs besetzt wurden.

Die hohe Bedeutung der Postdocs zeigte sich insbesondere bei der Führung von Arbeitsgruppen und Teilsynthesen. Die *Arbeitsgruppe „Nachhaltige Entwicklung“* wurde von einer Doktorandin mit viel Motivation geführt, und es waren zudem vornehmlich Doktoranden in der Arbeitsgruppe aktiv. Sie hatte das ambitionierte Ziel, für das Gesamtprojekt ein gemeinsames Verständnis der Idee der Nachhaltigen Entwicklung zu erarbeiten und dieses Verständnis für das Bedürfnisfeld Ernährung zu konkretisieren. Diese Arbeitsgruppe löste sich nach einem Jahr auf, ohne die selbst gesteckten Ziele erreicht zu haben.

---

710 Gruppendiskussion b: 4.

711 Gruppendiskussion a: 6.

Die *Teilsynthese „Restriktionen & Optionen"* startete zum gleichen Zeitpunkt und setzte sich ähnlich ambitionierte Ziele. Aber die Initiierung als auch die Führung lag in den Händen zweier Postdocs. Diese konnten auf konzeptioneller Ebene theoretischen und methodischen Input leisten und schafften es auf sozialer Ebene, ein Team aufzubauen. Dieses Team erwies sich infolge als so stark, dass es auch einen Führungswechsel überlebte. Dabei wurde die Führung aber wiederum von zwei Postdocs übernommen.

Die Berater

Zudem waren im IPG I Mitarbeiter privater Beratungsbüros aktiv. Sie verfügten nur über ein knappes Zeitbudget, aber ihre Kompetenzen und Erfahrungen im Umgang mit der Praxis waren größer als bei allen anderen Mitarbeitern. Sie konnten ihre Kompetenzen sehr gut bei der Zusammenarbeit mit der Praxis einbringen — sicher ein Pluspunkt im IPG I.[712]

Darüber hinaus engagierten sich diese Mitarbeiter in der *Arbeitsgruppe „Produktentwicklung"*, die Hilfestellung bei dem Design konkreter Umsetzungsprodukte leisten sollte. Diese Arbeitsgruppe löste sich zwar wieder auf, informell waren diese Mitarbeiter aber während der gesamten Projektlaufzeit bereit, bei Praxisprojekten mitzuarbeiten.

Weiterhin erwies sich die pragmatische Herangehensweise der Berater als hilfreich, wenn Konflikte aufkamen. Sie zeigten vielfach Wege auf, wie diese Konflikte zu überwinden sind.

8.3.3 Lösungsansätze

Die Satelliten

Eine Maßnahme wäre, Satelliten zu finden, die nicht nur über die besten Kompetenzen verfügen, sondern auch über Zeit und Motivation, diese in das Projekt einzubringen. Ein Projektverantwortlicher gab zu bedenken:

> „Es ist eine Illusion zu meinen, ich könnte in einen zeitintensiven Lern- und Abstimmungsprozess, wie es in einem interdisziplinären Projekt unvermeidlich ist, eingebunden werden. Dafür werden wir nicht bezahlt und dafür haben wir nicht die Kapazitäten. Daher muss es die Aufgabe sein, andere und flexiblere Formen der Organisation zu finden. Es muss Möglichkeiten geben, wie man aus einer zurückgezogenen Perspektive Erfahrungen/Kommentare/Diagnosen abgeben kann."[713]

---

[712] Interview 5: 6.

[713] Gruppendiskussion b: 4.

Erkennt man diese Meinung an, erscheint es wenig realistisch, nach Projektverantwortlichen mit einem höheren Zeitbudget zu suchen. Daher sind Formen zu suchen, wie Satelliten zeiteffizient eingebunden werden können, und es ist zu überlegen, wie eine aktive und erfahrene Führung erfolgen kann.

Eine aktive Führung könnten bspw. die Postdocs übernehmen, wie es im IPG I teilweise der Fall war. Eine weitere Möglichkeit wäre, die *Anreize für die Satelliten zu erhöhen*, mehr Zeit für das Projekt insgesamt aufzuwenden oder zumindest mehr Zeit für transdisziplinäre Fragestellungen. Wie im vorigen Kapitel vorgeschlagen, könnten die disziplinären Teilprojekte zugunsten von *disziplinübergreifenden Teilsynthesen* aufgelöst werden, die in die Verantwortung eines Satelliten gestellt werden könnte. Eine solche Führungsstruktur ist jedoch nur sinnvoll, wenn 80 Prozent der Ressourcen für disziplinübergreifende Arbeit aufgewandt werden sollen.

Bei der 50/50-Regel wie auch bei der 80/20-Regel bedarf es einer anderen Einbindung der Projektverantwortlichen (vgl. Kapitel 8.1.3.3). Hier wäre denkbar, dass die Projektverantwortlichen auf Ebene des Gesamtprojekts ausschließlich strukturell-systemisch führen. So ließe sich ein *Beirat* einführen, in dem die Projektverantwortlichen aktiv sind. Dieser Beirat könnte bei der inhaltlichen Ausrichtung des Projektes beraten. Die Projektverantwortlichen würden sich in einem solchen Beirat zwar vornehmlich ihrer eigenen Disziplin verbunden fühlen und versuchen, die Interessen ihres Instituts zu wahren. Durch die direkte Auseinandersetzung mit den Projektverantwortlichen anderer Disziplinen und Teilprojekte und durch die explizite Verpflichtung, die strategische Stossrichtung des Gesamtprojektes festzulegen, wären sie aber gezwungen, sich mit anderen Disziplinen und mit den Bedürfnissen des Gesamtprojektes auseinanderzusetzen.

Neben diesen beiden Lösungen sind einzelne Formen denkbar, die Satelliten zeiteffizient in den transdisziplinären Forschungsprozess einzubinden. Hier hat es sich im IPG I als erfolgreich erwiesen, beim Reviewing von Diskussionspapieren gezielt die Satelliten anzugehen. Weiterhin könnten sie direkt mit konkreten Problemen konfrontiert werden, ließen sich kurze Hearings einberufen oder Anfragen per Mail stellen. Im IPG I hat sich gezeigt: Die Docs oder auch Postdocs müssen eigenständig auf die Satelliten zugehen, hartnäckig bleiben und möglichst klar formulierte und konkrete Fragen stellen. De facto besteht eine Hol-Schuld bei den Docs und Postdocs, keine Bring-Schuld der Satelliten.

Die Docs

Man kann den Docs weder vorwerfen, sie hätten zu wenig Erfahrung und Kompetenzen, noch wird man Docs finden, die darüber in dem Maße verfügen, wie es bei Postdocs der Fall ist. Wenn von einem Doktorandenproblem in Kapitel 6.5.2.3 die Rede war, dann in dem Sinne, dass das Verhältnis von Postdocs/Satelliten zu Docs ungünstig war. Es wurden viele Aufgaben von Docs übernommen, die dafür nicht kompetent und erfahren genug waren. Die Lösung für das Doktorandenproblem ist daher bei den Postdocs und Satelliten zu finden. Nach den Erfahrungen im IPG I erscheint ein Verhältnis von einem Postdoc zu zwei Doktoranden sinnvoll, wenn der jeweilige Satellit nur peripher am Forschungsprozess beteiligt ist.

Ist das Personalmanagement im IPG I vorbildlich und professionell erfolgt? Es wurden i.d.R. keine großen Ausschreibungen für die Stellen vorgenommen, und die Auswahl der meistens wenigen Bewerber erfolgte über ein unstrukturiertes Interview. Aufgrund der sehr anspruchsvollen Kompetenzen und aufgrund des geringen Validitätskoeffizienten von Einstellungsinterviews, kann dieses Vorgehen nicht überzeugen.

Grundsätzlich könnte man auf eine *professionelle Personalberatung* zurückgreifen. Da dies im Rahmen von Forschungsprojekten bereits aus finanziellen Gründen nicht möglich sein wird, sollte das unstrukturierte Interview verstärkt *Struktur* erhalten und durch *weitere Methoden der Personalauswahl* ergänzt werden. Grundlage der Auswahl sollten die vier Kompetenzbereiche darstellen: disziplinäre Kompetenz, transdisziplinäre-wissenschaftspropädeutische Kompetenz, kommunikative und umsetzungsorientierte Kompetenzen und soziale/emotionale Kompetenzen (vgl. Kapitel 8.3.1). Dabei ist gerade bei Doktoranden nicht nur die Existenz der Kompetenzen zu prüfen, sondern mehr noch das Potenzial, diese auszubilden. Folgendes Vorgehen ist denkbar:

- Die fachlich-disziplinären Kompetenzen könnten verstärkt anhand der *Examensnoten* geprüft werden. So zeigen empirische Untersuchungen, dass die Korrelation zwischen Noten und weiterem Ausbildungserfolg relativ hoch ist.[714]
- Soziale Kompetenzen und die Fähigkeit, mit Praxisakteuren zu kommunizieren und sich vor ihnen zu präsentieren, ließe sich prüfen, indem auf *außerstudentische Tätigkeiten* geachtet wird, wie Aktivitäten in *Vereinen, Praktika, Jobs* etc.
- Transdisziplinär-wissenschaftspropädeutische Fähigkeiten werden nur in Ausnahmefällen bei Doktoranden zu finden sein. Hier ließe sich aber überprüfen, welche Disziplinen ein

---

714 Schuler, 1995: 129.

Kandidat in seinem Studium kennengelernt hat. Zudem kann getestet werden, ob der Kandidat im Stande ist, ihm bekannte Disziplinen in Relation zu setzen. Diese Überprüfung sollte nicht abschließend sein. Aber sie könnte das Potenzial aufzeigen, das der Kandidat besitzt, transdisziplinär-wissenschaftspropädeutische Fähigkeiten zu entwickeln.

Die Postdocs

Die Postdocs nehmen die Schlüsselrolle im Forschungsprozess ein. Sie verfügen in aller Regel über eine große Breite der geforderten Kompetenzen und sind zudem bereit, diese Kompetenzen in zeitintensive Prozesse einzubringen. Sie können ein Team nicht nur konzeptionell und sozial führen, sie können darüber hinaus bei den Doktoranden die Aneignung von disziplinären und transdisziplinär-wissenschaftspropädeutischen Kompetenzen fördern.

Um daher einen verfrühten Weggang der Postdocs aus einem Forschungsverbund zu verhindern, sollte ihnen verstärkt eine Perspektive innerhalb des Forschungsprojektes geboten werden. Wenn sich ein Postdoc trotzdem entscheidet, eine neue Stelle anzutreten, dann sollte seine Stelle durch einen neuen Postdoc ersetzt werden.

Damit ein Postdoc den hohen Erwartungen gerecht werden kann, sind seine Kompetenzen bei der Personalauswahl analog den Doktoranden zu prüfen — allerdings mit strengeren Maßstäben. Um diese strengen Maßstäbe rechtfertigen zu können, sollte den Postdocs eine entsprechende Gegenleistung erbracht werden, einerseits finanziell, andererseits durch ein Projekt, durch das sie sich profilieren können und das ihnen Perspektiven eröffnet.

Die Berater

Die Berater verfügen über sehr wenig Zeit, und ihre Löhne sind zudem vergleichsweise hoch. Die finanzierende Institution wird daher nur in geringem Maße den Einsatz von Beratern finanzieren wollen. Allerdings nehmen die Berater bei der vertikalen Integration eine *Brückenrolle* ein, die sich als sehr wertvoll erwiesen hat.

Um einerseits diese bedeutenden Kompetenzen für eine TNF zu nutzen, andererseits aber die Kosten niedrig zu halten, bedarf es eines *effizienten und zielgerichteten Einsatzes der Berater.* Daher sollten diese selbst keine Forschung betreiben, sondern ausschließlich der Vermittlung und Übersetzung von Wissenschaft und Praxis dienen. Hierbei könnten sie je nach finanziellem Rahmen punktuell eingesetzt werden, bspw. bei Praxisworkshops, Konferenzen, der Entwicklung konkreter Umsetzungsprodukte (vgl. Kapitel 6.3.2) etc.

8.4 Führung

Manager sind Macher, so eine Vorstellung, die man häufig in der Managementliteratur findet. An anderen Stellen werden Manager als Denker, als Strategen, als Führer oder auch — im klassischen Verständnis — als Kontrolleure bezeichnet. Mintzberg hält alle diese Vorstellungen nicht für grundsätzlich unzutreffend, jedoch erscheint ihm die explizite Herausstellung eines einzelnen Merkmals für unzulässig. Führung ist auch Machen, ist auch Denken, auch Kontrollieren, aber es ist es nicht ausschließlich. Mintzberg schreibt:

> „To play with a metaphor, if the toughest nut to crack in our knowledge of management has been the manager's job itself, then that may well be because we have done just that. We have been so intent on breaking the job into pieces that we never came to grips with the whole thing. It is time, therefore, to consider the integrated job of managing."[715]

Mintzberg hat ein solches integriertes Management-Modell entworfen, das im folgenden vorgestellt wird.[716] Anschließend werden die Forschungsergebnisse von Bartlett und Goshal präsentiert. Sie haben untersucht, inwieweit sich die Aufgaben und Rollen von Managern mit dem Wandel der Organisationsstrukturen verändert haben — mit dem Wandel von stark strukturierten und hierarchischen hin zu flachen Hierarchien und flexibleren Strukturen.[717]

8.4.1 Aufgaben und Rollen des Managements

Ausgangspunkt in Mintzbergs Modell ist die Person mit ihren Erfahrungen, Werten und Kompetenzen.[718] Keine Managerin übernimmt als „leeres Blatt" eine neue Aufgabe. In aller Regel ist das Blatt stark von der Vergangenheit gezeichnet. Diese Zeichnungen charakterisieren den persönlichen Managementstil, den eine Person mitbringt. Mit diesem Stil geht eine Managerin an eine neue Aufgabe und strukturiert sie. Sie baut die Leitplanken für einen Bereich bzw. verändert diese. Sie entwirft Ziele und Aufgaben, entwickelt eine Vision, verkörpert eine Kultur und erarbeitet eine Strategie, wie sie diese Ziele erreichen will. Je nach Stil wird eine Managerin dabei anders vorgehen.

---

[715] Mintzberg, 1994: 11.

[716] Mintzberg, 1994.

[717] Bartlett und Goshal, 1998.

[718] Mintzberg, 1994.

Wenn die Struktur entwickelt ist, dann sind die Aufgaben festzulegen, Prioritäten zu setzen und eine Agenda aufzustellen. Diese Agenda bezieht sich vornehmlich auf Aufgaben innerhalb einer Einheit in einem Unternehmen. *Innerhalb* dieser Einheit genießt eine Managerin formale Autorität. Darüber hinaus tritt sie in Interaktion mit anderen Abteilungen — *außerhalb der Abteilung, aber innerhalb des Unternehmens* —, und schließlich steht sie auch in Beziehung zu Personen *außerhalb* des Unternehmens („inside, within, outside"). Zwischen innerhalb und außerhalb einer Einheit existiert somit ein weiteres Handlungsfeld. Dieses Handlungsfeld erweist sich in großen Unternehmen als sehr bedeutsam, weil dort die Struktur einer Einheit festgelegt wird und der Erfolg mitbestimmt wird.

Auf der Basis der Person, der Struktur des Bereichs, der Agenda und den Aktionsfeldern nimmt die Managerin ihre Aufgaben wahr. Mintzberg sieht hier drei Ebenen: Management durch *Information*, über *Personen* und durch *direktes Handeln* (vgl. Tabelle 10).

Innerhalb einer Abteilung kann eine Managerin durch *Kommunikation* und *Kontrolle* von *Information* führen, außerhalb der Abteilung besteht ausschließlich die Möglichkeit zu kommunizieren. Kontrolle kann auf drei Wegen erfolgen: Erstens können Informationssysteme aufgebaut werden. Zweitens können die Kompetenzen, Verantwortungen und Aufgabenbereiche festlegt werden. Drittens kann die Managerin direkte Weisungen geben.

Wenn die Managerin direkt über *Personen* führt, tritt sie näher an die Handlung heran, die sie beabsichtigt. Hier kann sie einerseits über Leadership führen, andererseits kann sie Beziehungen aufbauen und Networking ausüben. Leadership erfolgt auf individueller Ebene, auf Ebene der Gruppe oder der gesamten Abteilung. Mintzberg fasst darunter zusammen: Motivation der Mitarbeiter, Coaching, Ziele aufzeigen, bei Problemen helfen, Teams aufbauen etc. Die Managerin ist hier das „'energy center'"[719]. Daneben hat sie außerhalb einer Abteilung Beziehungen aufzubauen. Die Managerin ist der Gatekeeper zwischen ihrer Abteilung und allem, was außerhalb davon liegt. Um folglich Einfluss auf den Kontext einer Einheit zu haben, ist die Beziehungspflege bzw. das Networking der Managerin zentral. Zudem kann die Managerin auch direkt führen; sie veranlasst nicht nur ein bestimmtes *Handeln*, sie handelt selbst, sie nimmt die Dinge „selbst in die Hand".

---

[719] Mintzberg, 1994: 19.

Innerhalb der Einheit	Außerhalb der Einheit
Führung mittels Information	
Kontrollieren & Kommunizieren	Kommunizieren
Führung durch Menschen	
Leiten	Verbinden
Führung mittels direkter Einflussnahme	
Handeln	Verhandeln

Tabelle 10: Die drei Führungsebenen nach Mintzberg.[720]

Alle Manager agieren auf allen drei Ebenen, aber sie tun dies in unterschiedlichem Ausmaß, was schließlich den jeweiligen Managementstil kennzeichnet. In Abbildung 22 ist das Modell nochmals zusammengefasst.

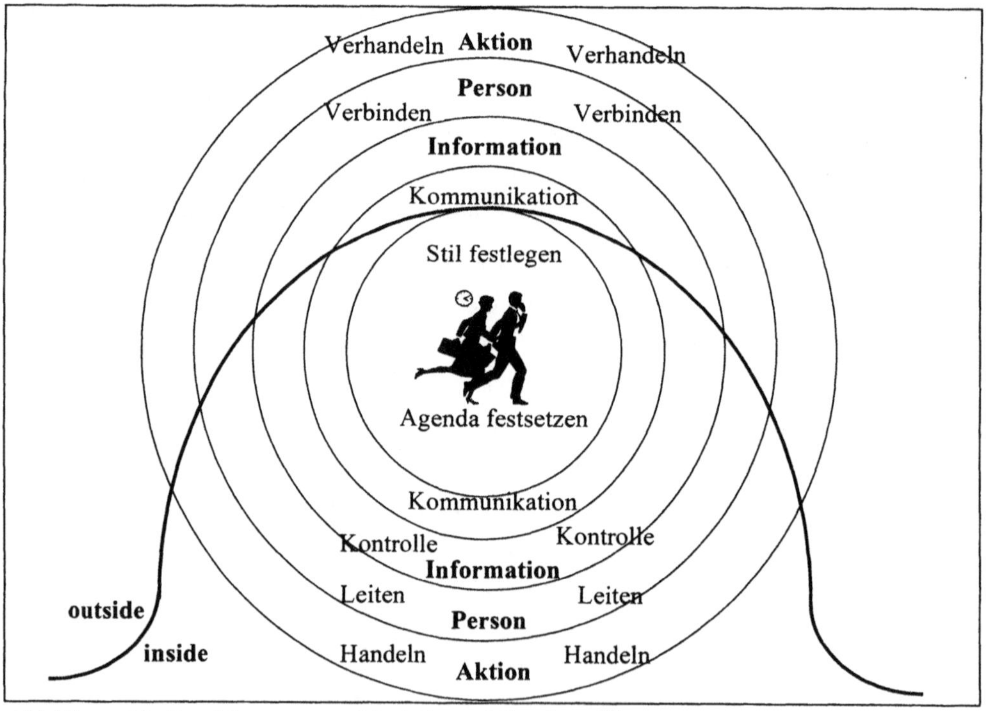

Abbildung 22: Das Management-Modell von Mintzberg.[721]

[720] Mintzberg, 1999: 14.

In den letzten Jahren hat sich der Kontext des Managements stark verändert. Diese Veränderungen haben zu neuen Aufgaben und Rollen geführt. Bartlett und Goshal haben 20 internationale Grossunternehmen daraufhin untersucht, welche Aufgaben Manager auf unterschiedlichen Ebenen wahrnehmen.[722] Anhand dieser Untersuchungen entwickelten sie ein Rollenmodell, mit dem sie aufzeigen, welche Rollen eine Managerin auf der jeweiligen Ebene einnehmen sollte und welche Kompetenzen dafür nötig sind (vgl. Tabelle 11).

	Linienmanager	**Mittelmanager**	**Topmanager**
Rolle	Entrepreneur.	Entwicklungshelfer/Coach.	Führer.
Nutzen-gewinn	Konzentration auf Produktivität & Innovation innerhalb einer Einheit.	Nutzung von Synergien zwischen den Einheiten.	Entwickeln & Verankern der Gesamtrichtung.
Haupt-aufgabe	Selbständiges Verfolgen von Geschäftschancen.	Koordination von Individuen, deren Wissen & Tätigkeiten. Vermitteln zwischen kurz- & langfristigen Zielen.	Vision & Ziel geben. Annahmen in Frage stellen & neue Chancen suchen. Vertrauen schaffen, Werte geben.
Ein-stellung	Ergebnisorientierte Kämpfernatur.	Menschenorientierte Integrationsfigur.	Auf das Ganze bedachte Visionäre.
Wissen	Betriebliche Detailkenntnisse.	Breite betriebliche Erfahrung.	Verständnis des Unternehmens in seinem Kontext.
Fähig-keiten	Motivation der Mitarbeiter & Gespür für neue Geschäftsfelder.	Entwickeln von Menschen & Koordination von Tätigkeiten.	Vertrauen & Motivation. Finden & Konzipieren neuer Geschäftschancen.

Tabelle 11: Managementrollen, -aufgaben und -kompetenzen nach Bartlett/Goshal.[723]

Die *Linienmanager* waren lange Zeit dafür zuständig, vorgeschriebene Maßnahmen umzusetzen. Heute wird von ihnen Eigeninitiative und unternehmerisches Gespür erwartet: Sie sind Entrepreneure im eigenen Unternehmen — der Mitarbeiter als Mitunternehmer.[724] Sie suchen neue Märkte, halten nach Personal Ausschau und entwickeln die Produkte weiter.

Damit die Unternehmen nicht in unzählige kleine Unternehmen zerfallen, sondern sie weiterhin die Vorteile eines Grossunternehmens nutzen, hat das *mittlere Management* die Aufgabe des Entwicklungshelfers. Sie kontrollieren nicht strikt die einzelnen Einheiten mit ihren Linienmanagern, sondern versuchen, diese zu coachen und Aufgaben zu koordinieren, um die Synergiepotenziale eines Grossunternehmens nutzen zu können.

---

[721] Mintzberg, 1994.

[722] Bartlett und Goshal, 1998.

[723] Bartlett und Goshal, 1998: 82 und 86.

Die *Topmanager* waren lange dafür zuständig, die Strategie zu formulieren, die Organisationsstruktur festzulegen und Kontrollsysteme zu installieren. Diesen Tätigkeiten kommt heute ein geringerer Stellenwert zu. Die Topmanager sollen nach Bartlett/Goshal ein herausforderndes Umfeld schaffen, den Zusammenhalt der Organisation gewährleisten, damit die dezentralen Einheiten nicht zu stark auseinanderdriften, und einen motivierenden Unternehmenszweck formulieren, der über eine quantifizierte Strategie hinausgeht.

Mit Mintzberg kann die Entwicklung, die Bartlett und Goshal aufzeigen, als eine Entwicklung beschrieben werden, bei der auf der Topmanagement- und Mittelmanagement-Ebene Kontrolle durch Kommunikation und Weisung durch ein verstärktes Leadership abgelöst wird. Topmanagement und mittleres Management agieren über Information und Person. Auf Ebene der Linienmanager ist Management weiterhin durch Handeln gekennzeichnet. Dieses Handeln erfolgt aber eigenständiger im Sinne eines Mitunternehmertums.

Bartlett und Goshal haben das Rollenmodell für Organisationsstrukturen entworfen, wie sie in den vorigen Kapiteln vorgeschlagen wurden. Daher kann das Modell sehr hilfreich sein, um Lösungsansätze für das IPG I zu entwerfen. Als grundlegender Rahmen kann Mintzbergs Managementmodell dienen.

Management wird oft mit der Metapher des Dirigenten beschrieben. Daher hat Mintzberg untersucht, wie ein Dirigent seine Musiker führt. Musiker sind ähnlich den Wissenschaftlern im IPG I Profis; sie wissen, was sie können und was zu tun ist.

Mintzberg begleitete den Dirigenten Bramwell Tovey einen Tag lang bei seiner Arbeit.[725] Wie arbeitet ein Dirigent? Was kann man für das Management von hochbegabten Personen lernen? Kann man „Mozart" führen?

Tovey leitet ein Orchester mit 70 Musikern, alle Profis an ihrem Instrument. Die Aufgabe von Tovey ist es, die Stücke auszuwählen, deren Interpretation zu bestimmen, das Orchester zu besetzen und nach Gastmusikern zu suchen. Zudem betreibt er Öffentlichkeitsarbeit, um die Finanzierung des Orchesters zu sichern. Mintzberg konnte beobachten, dass ein großer Teil der Orchesterarbeit standardisiert ist; es existieren Kontrollsysteme und Strukturen, die sich direkt aus der Art der Orchesterarbeit ergeben. Die Sitzverteilung und somit die interne „Hackordnung" ist von außen festgelegt, und bestimmte Rituale kennt jeder Musiker. In die Struktur ist eine jahrhundertealte Kultur eingebettet. Tovey kann diese Kultur erweitern und

---

[724] Vgl. Kapitel 7.3.2 und Wunderer (1999).

für sich nutzen, grundsätzlich ist sie ihm aber vorgegeben. Auch liegt der Arbeit eine bestimmte Komposition zugrunde, die die Interpretationsmöglichkeiten in Grenzen hält.

Tovey führt somit in engen Grenzen, und diese Grenzen kennen alle Beteiligten. Hierbei führt er vornehmlich verdeckt. Tovey coacht nicht, er ermächtigt auch nicht im Sinne eines Empowerment. Statt dessen inspiriert Tovey die Musiker. Kritik und Anweisung erfolgen nur in Ausnahmefällen, und dann nur an Gruppen und nicht an einzelne Musiker; persönliche Kritik ist zum einen vielfach gewerkschaftlich verboten und zum anderen offenbart das Spiel — auch das schlechte — immer einen Teil der Gemütslage der Musiker; Kritik am Spiel ist immer persönliche Kritik.

Tovey selbst beschreibt seine Arbeit als Löwenbändiger. Dabei handelt es sich jedoch um 70 Löwen, die ruhig auf ihrem Platz sitzen und auf eine Handbewegung Toveys anfangen zu der Musik zu spielen, die er ausgewählt hat, und das in der Geschwindigkeit, die er vorgibt.

8.4.2 Erfahrungen

Das IPG I bestand aus neun *Teilprojekten*, die operativ von den *Projektleitern*, den „Postdocs" oder „Docs", geführt wurden. Die *Teilprojektverantwortlichen*, die „Profs", gaben die strategische Stossrichtung vor und hatten ursprünglich einen Vertrag direkt mit dem SNF abgeschlossen, der ein bestimmtes Budget enthielt. Daher waren sie und die jeweiligen Teilprojekte direkt dem SNF verpflichtet, allerdings im Rahmen des IPG I und dessen Zielsystem.

Die Projektverantwortlichen der Teilprojekte wirkten i.d.R. entweder innerhalb des jeweiligen Teilprojekts oder außerhalb gegenüber dem SNF. Innerhalb des IPG I waren sie dagegen nur in Ausnahmen aktiv. Diese Aufgabe nahmen vornehmlich die operativen Projektleiter wahr. Sie kamen in der Projektleitersitzung zusammen, die das Entscheidungsgremium darstellte und wo die teilprojektübergreifenden Aufgaben wahrgenommen wurden.

Mit der Projektleitersitzung als zentralem Entscheidungsgremium war ein teilprojektübergreifendes Gremium geschaffen, das den Ausgleich zwischen Interessen der disziplinären Teilprojekte und der disziplinübergreifenden Arbeit, insbesondere der Teilsynthesen, schaffen sollte. Dieser Ausgleich erfolgte jedoch vielfach nicht, und das aus folgenden Gründen:

Die Projektleiter waren meistens Abgesandte der Projektverantwortlichen, der „Profs". Die Projektverantwortlichen wiederum fühlten sich verstärkt dem Teilprojekt verpflichtet,

---

[725] Mintzberg, 1999; Hagedorn, 1999.

weil sie vertraglich gegenüber dem Nationalfonds gebunden waren und ihnen die disziplinäre Arbeit im Teilprojekt vielfach näher lag. Zudem waren die Ergebnisse des jeweiligen Teilprojektes dem Teilprojekt direkt zurechenbar und versprachen am ehesten einen Reputationsgewinn. Schließlich bewirkte die geringe Eingebundenheit der Verantwortlichen in das IPG I nur ein geringes Gefühl für das IPG I als Ganzes. Diese Problematik versuchte man durch zweierlei Maßnahmen zumindest abzuschwächen:

1. Man ermunterte die Projektverantwortlichen, u.a. an der 3. Vollversammlung teilzunehmen, und versuchte so, sie „ins Boot zu holen". Dies war kurzfristig erfolgreich. Viele Projektverantwortliche waren an der Vollversammlung und engagierten sich dort. Dieses Engagement reduzierte sich aber in den folgenden Monaten, nicht auf den Nullpunkt, aber auf geringes Niveau.
2. An der 3. Vollversammlung forderte man ein offizielles Commitment der Projektverantwortlichen für die disziplinübergreifenden Teilsynthesen ein. Die Projektverantwortlichen sollten unterschreiben, dass sie die jeweilige disziplinübergreifende Teilsynthese unterstützen, bei der ihre Mitarbeiterinnen engagiert sind. Diese Forderung hat bei einigen Projektverantwortlichen zu Erstaunen geführt; teilweise wussten sie nicht, um was es geht, teilweise waren sie nicht bereit, ihre Unterschrift zu leisten — sie waren nicht gewillt, von den Ressourcen der disziplinären Teilprojekte Ressourcen für die disziplinübergreifenden Teilsynthesen freizustellen.

Hier zeigt sich das Dilemma des IPG I: *Transdisziplinäres Arbeiten war das explizite Ziel. Dieses Ziel sollte mit einer Führungsstruktur erfüllt werden, bei der die Kompetenzverteilung zwischen Führung der disziplinübergreifenden Teilsynthesen und der disziplinären Teilprojekte nicht geklärt war und die Ressourcenhoheit klar bei den Teilprojektverantwortlichen lag.* Am „Gefährt" IPG I wurde gleichsam jedes Rad in individueller Hoheit gesteuert. Die Koordination der Räder erfolgte nicht durch Weisung bzw. ein zentrales Steuerrad, sondern durch gutes Zureden. Die jahrhundertealte Hackordnung und Kultur, die im Orchester existiert, gab es im IPG I nicht.

Jedenfalls gab es diese Hackordnung nicht für eine disziplinübergreifende Forschung. Dagegen zeigte sich immer wieder die *jahrhundertealte disziplinäre Hackordnung,* die disziplinäre Struktur der Institutionen, der Universitäten, die disziplinär geschulten Forschenden und die disziplinären Regeln und Werte. Innerhalb der disziplinären Forschung kommt nicht die Frage auf, wer die Führung inne hat: Es ist seit Jahrhunderten der jeweilige Professor.

Im IPG I dagegen versammelten sich eine Reihe von disziplinären Dirigenten mit ihrem eigenen Kammerorchester, das eine eigene Komposition anstrebte. Diese disziplinären Dirigenten merkten erst auf der 4. Vollversammlung in aller Deutlichkeit, dass sie nur gebändigt werden können, wenn einer die Führung übernimmt — es wurde ein Dirigentenkonsortium bestimmt. Dieses Konsortium dirigierte dann zusammen erfolgreich die Abschlussveranstaltung des IPG. Zusammenfassend lässt sich sagen: *Das IPG I basierte implizit auf einer jahrhundertealten disziplinären Hackordnung, die einer disziplinübergreifenden Forschung eher hinderlich ist.*

Wenn wir auf das Rollenmodell von Bartlett und Goshal zurückgreifen, dann war im IPG I das *Topmanagement* dezentral, und das mittlere Management zentral. Nach ihren Ausführungen soll das Topmanagement den Zusammenhalt zwischen den dezentralen Einheiten sicherstellen. Diesen Zusammenhalt sicherte das Topmanagement im IPG I nicht. Ganz im Gegenteil schwirrten die Topmanager der Teilprojekte wie Satelliten um die IPG-Bodenstation. Jeder Topmanager hatte seinen eigenen Managementstil, bestimmte seine eigenen Aufgaben und seine eigene Agenda. Die IPG-Bodenstation war zwar bemüht, den Kontakt nicht abbrechen zu lassen, aber die Satelliten waren noch mit vielen weiteren Bodenstationen anderer Forschungsprojekte in Kontakt, so dass sie den Ruf nur kurz erwidern konnten oder ihn ganz verhallen ließen.

Das *mittlere Management*, die operativen Projektleiter, versuchten, den Kontakt zwischen IPG-Bodenstation und Satelliten aufrecht zu erhalten und organisatorischen Zusammenhalt sicherzustellen, die disziplinären Arbeiten zu koordinieren und Synergiepotenziale zu realisieren. Zum Teil gelang es ihnen, zum Teil waren sie überfordert.

Das mittlere Management war teilweise identisch mit den *Linienmanagern*, d.h. den Doktoranden, für die sich ähnliche Aussagen treffen lassen. Sie waren sehr bemüht, disziplinübergreifend zu arbeiten, und schafften sich im Stile von Entrepreneuren ihre Tätigkeitsfelder. Diese waren aber oftmals nicht im Sinne der Topmanager, die sie dann zurückriefen.[726]

Somit zeigte sich auch auf der Managementebene eine strukturelle Überlegenheit der disziplinären Teilprojekte gegenüber den disziplinübergreifenden Teilsynthesen.

---

[726] Gruppendiskussion a: 6f.

8.4.3 Lösungsansätze

Lösungsansätze sind auf verschiedenen Ebenen möglich:

Veränderung der disziplinären Kultur und Struktur. Einem Orchester gleich könnte versucht werden, eine Struktur und eine Kultur aufzubauen, die bereits über eine hohe Standardisierung verfügt und bestimmte Verhaltensweisen vorgibt. Der Aufbau einer solchen Struktur steht aber in Konkurrenz zu der jahrhundertealten disziplinären Struktur. Daher wird dieser Aufbau weder in wenigen Jahren möglich sein, noch ohne große Konflikte erfolgen können. Es wird entscheidend sein, inwieweit die Forschenden und hier insbesondere die Projektverantwortlichen und Institutsleiter diesen Aufbau fördern und inwieweit die fördernden Stellen diesen Aufbau finanziell unterstützen. Diese Entwicklung ist daher nur zum Teil von einem einzelnen Forschungsprojekt zu beeinflussen. Es sind aber eine Reihe von Maßnahmen denkbar, um den Einfluss der disziplinären Kultur und Struktur abzuschwächen und eine disziplinübergreifende Struktur zu fördern:

Zentralisierung des Top-Managements. Das Top-Management sollte entweder in einer Person oder in einem Gremium zusammengeführt werden. Dies ist im IPG I auf Ebene des mittleren Managements erfolgt, was jedoch zu Konflikten mit den einzelnen dezentralen Topmanagern geführt hat. Um dies zu vermeiden und den Einfluss der disziplinären Struktur und Kultur abzuschwächen, ist eine Zentralisierung des Top-Managements erforderlich.

Die Satelliten verfügen selbst nicht über die zeitlichen Ressourcen, in einem zentralen Gremium aktiv teilzunehmen.[727] Daher müssten sie Kompetenzen abgeben, entweder an die IP-Bodenstation oder an die Projektleiter, die dann als Delegierte fungieren würden. Die Satelliten könnten in beiden Fällen einen Beirat bilden, der dem Gesamtprojekt verpflichtet ist und eine Überwachungs- und Kontrollfunktion übernehmen kann. Der Beirat würde weitgehend die Aufgaben übernehmen, die Bartlett und Goshal dem *Topmanagement* zusprechen: Entwickeln einer Gesamtstoßrichtung und einer Vision, Reflexion des Projektes etc.

IPG-Leitung. Die IPG-Bodenstation, sozusagen die Vorstandsetage, könnte konzeptionell führen, indem sie die Koordination über die Teams hinweg sicherstellt, Synergiepotenziale sucht und weitergehende Projekte beurteilt. Sie könnte zudem sozial führen, indem sie versucht, das Projekt zusammenzuhalten, und den Aufbau einer gemeinsamen Identität fördert. Zudem sollte sie den Kontakt zum Topmanagement sicherstellen und nach außen wirken. Sie würde die Aufgaben *des mittleren und des Top-Managements* wahrnehmen.

Projektleiter: Diese konzeptionelle und soziale Führung kann die IP-Leitung jedoch nicht alleine übernehmen. Sie bedarf der Unterstützung durch die *Leiter der Teilprojekte und/oder Teilsynthesen.* Diese sind zum einen für die konzeptionelle und soziale Führung innerhalb ihres Teams zuständig. Zum anderen wirken sie außerhalb dieses Teams, aber innerhalb des Gesamtprojektes. Hierbei sollten sie zusammen mit der IPG-Leitung die Interdependenzen zwischen den Teams identifizieren und die Erreichung der kurz- und langfristigen Ziele sicherstellen.

Budgethoheit zwischen Zentralisierung und Dezentralisierung. Die disziplinäre Struktur lässt sich nicht nur durch die Festlegung der Kompetenzen abschwächen, sondern auch durch die Verteilung der finanziellen Ressourcen. Im IPG I hat es sich als kontraproduktiv erwiesen, dass die Budgethoheit bei den disziplinären Teilprojekten lag. Um dies zu ändern, bieten sich zwei Möglichkeiten an: Erstens kann die Budgethoheit vollständig zentralisiert werden, d.h. das zentrale Topmanagement verwaltet die finanziellen Ressourcen. Zweitens könnte die Budgethoheit dezentral bei einzelnen disziplinübergreifenden Teilsynthesen liegen.

Wie so oft erscheint ein Mittelweg vielversprechend. Um ein Entrepreneurship bei den Teilsynthesen und/oder Teilprojekten zu erzielen, sollten sie weitgehend über ihr eigenes Budget verfügen. Damit diese jedoch nicht auseinanderdriften, sollte das Topmanagement über ein Budget verfügen, mit dem zusätzliche Arbeiten finanziert werden. Die Budgethoheit bei der IP-Bodenstation ist vor allem wichtig, wenn das Gesamtprojekt nach disziplinären Einheiten strukturiert ist, weil hier die Gefahr der Verselbständigung der disziplinären Einheiten besonders groß ist.

Bei der Vergabepraxis durch die IP-Bodenstation ist denkbar, Finanzierungen teilweise erst im Verlauf der Forschung zu gewährleisten, wenn herausragende Aufgaben innerhalb einer disziplinübergreifenden Teilsynthese Zusatzfinanzierungen benötigen. Da zu Beginn eines Forschungsprojektes nicht absehbar ist, welches Projekt wie viel Ressourcen benötigt und welches erfolgreich Zusatzaufgaben realisieren könnte, sollte zu Beginn nur ein Grundbudget gewährleistet werden, über das die Teams selbst bestimmen.

---

[727] Gruppendiskussion b: 4.

8.5 Fazit

Ausgangsfrage über alle Problembereiche hinweg war die Frage: *Wie ist die Integration spezialisierten Wissens möglich?* Dieser Frage wurde in Kapitel 8 nachgegangen, indem das *Spannungsfeld von disziplinären Teilprojekten und disziplinübergreifenden Teilsynthesen* im IPG I auf operativer Ebene näher betrachtet wurde. Im folgenden sind die Ergebnisse dieser Untersuchung kurz zusammengefasst:

Organisationsstruktur: Das IPG I war nach disziplinären Teilprojekten organisiert. Dort lag die Ressourcenhoheit, dort fand die intellektuelle Auseinandersetzung mit den Kollegen statt und dort war der evaluierende Doktorvater. Insbesondere die Doktoranden, die den großen Teil der Forschung bewältigten, hatten dadurch nur geringe Anreize, neben dem disziplinären Stammgeschäft disziplinübergreifende „Zusatzgeschäfte" einzugehen. Diese Anreizproblematik zeigte sich insbesondere in der Endphase, als die verfügbare Zeit immer knapper wurde; die dominierende Strategie war der Rückzug ins Teilprojekt.

Organisationsprozess I, Gruppenverhalten: Auf den Gruppenprozess wirken sich positiv aus: Homogenität, Face-to-face-Kommunikation, gut strukturierte Aufgaben, hohe Kohäsion, hohe Dependenz der Gruppenmitglieder und hohe Dauer der Zusammenarbeit. Alle Faktoren waren eher in den Teilprojekten als in den Teilsynthesen gegeben.

Organisationsprozess II, Vertrauen: Ohne Vertrauen erfolgt kein Austausch von Wissen. Wissensaustausch ist aber existentiell für die disziplinübergreifende Zusammenarbeit. Demnach ist der Aufbau von Vertrauen erforderlich. Vertrauen wird aufgebaut bzw. gefördert durch Face-to-face-Kommunikation, Interdependenz, Berührung, Begrenzung der Handlungsspielräume (Sanktionsmöglichkeiten), Belohnung der Zusammenarbeit, vertrauensvolle Führung u.a. Diese vertrauensfördernden Faktoren waren tendenziell eher in den Teilprojekten gegeben bzw. zu verwirklichen als in den Teilsynthesen, da die Teilprojekte von Beginn an existierten, i.d.R. an einem Ort angesiedelt waren und die Mitarbeiterinnen sich vielfach bereits kannten. Daher war der Wissensaustausch leichter in den Teilprojekten zu bewerkstelligen als in den Teilsynthesen.

Personal: Disziplinübergreifende Arbeit verlangt ein sicheres Standbein in der Disziplin und transdisziplinäre-wissenschaftspropädeutische Kompetenzen. Die Projektverantwortlichen verfügten über diese Kompetenzen, hatten aber nicht die Zeit, sie verstärkt in disziplinübergreifende Arbeiten einzubringen. Die Doktoranden hatten genug Zeit, konnten sich jedoch noch nicht die Kompetenzen aneignen. Die Postdocs verfügten am ehesten über beides.

Sie haben jedoch vielfach das IPG I verlassen und eine neue Stelle angetreten. Dadurch wurden disziplinübergreifende Arbeiten erschwert und der Rückzug in die Teilprojekte gefördert.

Führung: Die Kompetenzverteilung zwischen IP-Leitung und Teilprojekten war unklar. Die Teilprojekte waren zwar dem IPG I zugeordnet, hatten jedoch einen eigenen Vertrag mit dem SNF, verfügten über ein eigenes Budget, waren i.d.R. disziplinär strukturiert und sahen vielfach dort ihr Aktivitätsfeld. Dadurch gleichte das IPG I einem Gefährt, dessen Räder individuell gesteuert werden — und diese Steuerung erfolgte tendenziell in Richtung des disziplinären Stammgeschäfts.

Auch in allen vier operativen Problembereichen gelangt man zu dem Ergebnis: *Das Spannungsfeld zwischen disziplinären Teilprojekten und disziplinübergreifenden Teilsynthesen hatte einen starken Bias hin zu den Teilprojekten. Es waren für die Forschenden wesentlich stärkere Anreize vorhanden, sich in den disziplinären Teilprojekten als in disziplinübergreifenden Teilsynthesen zu engagieren.* Thema der entwickelten Lösungsansätze war es daher, Wege zu finden, wie die Integration spezialisierten Wissens erfolgreicher erreicht werden kann. Diese Lösungsansätze sind in Kapitel 9 zusammengefasst.

Teil III: Management transdisziplinärer Forschungsprozesse

9. Strategien und Maßnahmen für das Management transdisziplinärer Forschungsprozesse

9.1 Abriss der Argumentation

Ausgangspunkt der Überlegungen war: *Wie kann die Wissenschaft einen substantiellen Beitrag zu einer Nachhaltigen Entwicklung liefern?* Um diese Frage zu beantworten, wurde geklärt, warum eine Nachhaltige Entwicklung erforderlich ist. Hierfür wurde bei der Umweltproblematik angesetzt. Umweltprobleme wurden definiert als anthropogen verursachte Veränderungen in der natürlichen Umwelt, die vom Menschen negativ bewertet werden.[728] Diese negativ bewerteten Veränderungen waren vielfach die Nebenfolge von technischen Neuerungen. Die technischen Neuerungen sind zum großen Teil von der Wissenschaft entwickelt worden. Daher ist die Wissenschaft als Mitverursacherin der Umweltprobleme anzusehen.[729]

Um diese Umweltprobleme zu lösen, ohne dabei soziale und ökonomische Aspekte zu vernachlässigen, ist eine Entwicklung notwendig, die dauerhaft die natürlichen Grenzen be-

---

[728] Hirsch, 1995: 303; Pfriem, 1996: 61; Leipert, 1992: 38f.; Becker und Wehling, 1993: 13f.

[729] SRU, 1994: 50; Ulrich, 1984: 188f.; Becker und Wehling, 1993; Van den Daele und Krohn, 1988: 854f.; Wingens, 1998.

rücksichtigt, sprich: eine Nachhaltige Entwicklung. Nachhaltige Entwicklung wurde im Sinne der Brundtland-Kommission definiert als eine Entwicklung, „die die Bedürfnisse der Gegenwart befriedigt, ohne zu riskieren, dass zukünftige Generationen ihre eigenen Bedürfnisse nicht befriedigen können."[730] Basierend auf dieser Definition wurde Nachhaltige Entwicklung als eine regulative Idee interpretiert — entsprechend der Ideen von Freiheit und Gerechtigkeit —, deren Realisierung einen gesellschaftlichen Lern-, Such- und Gestaltungsprozess erfordert.[731] Wie kann die Wissenschaft einen Beitrag zu einer solchen Entwicklung leisten? CASS/ProClim fordern, dass die Wissenschaften hierfür drei Wissensarten bereitstellen sollen: System-, Ziel- und Transformationswissen.[732]

Was für eine Art von Wissenschaft kann diese Wissensarten bereitstellen? Hierfür wurde eine Wissenschaft als erforderlich erachtet, die als *soziotechnisches Forschungshandeln* zu verstehen ist, das die Wirklichkeit deutet, transformiert und schafft,[733] sowie im Sinne eines Wegbereiters *kritisch-konstruktiv* zu gesellschaftlichen Entwicklungen Stellung bezieht.[734].

Des weiteren wurde untersucht, inwieweit die *systembezogene Umweltforschung* diesem Wissenschaftsverständnis gerecht werden kann und sie prinzipiell in der Lage ist, die drei Wissensarten zu erarbeiten. Systembezogene Umweltforschung wurde dabei idealtypisch aufgefasst als eine Forschung, die Umweltprobleme vornehmlich aus naturwissenschaftlicher und disziplinärer oder multidisziplinärer Perspektive analysiert. Das Fazit dieser Untersuchung war: *Die systembezogene Umweltforschung in ihrer idealtypischen Form ist notwendig, aber nicht hinreichend, um alle drei Wissensarten bereitzustellen.* Sie kann naturwissenschaftliches und abstraktes Systemwissen über spezifische Teilbereiche sehr erfolgreich erarbeiten. Allerdings zeigt sie Defizite auf bei der Erarbeitung von spezifischem und sozialwissenschaftlichem Systemwissen und allgemein von Ziel- und Transformationswissen. Daher wird eine Forschung notwendig, die folgende Anforderungen erfüllen kann:

1. Um die Komplexität der Umweltprobleme analysieren zu können, sind die relevanten *Einflussfaktoren der lebensweltlichen Problemstellung* so weit wie möglich in die Forschung einzubeziehen.

---

730 Brundtland-Bericht, 1987: 46.

731 Minsch et al., 1998: 18.

732 Cass und ProClim, 1997; Kommission Petitpierre, 1997.

733 Gil, 1996.

734 Hirsch Hadorn und Pohl, 1999.

2. Dieser Einbezug erfordert die Analyse weitergehender Ursache-Wirkungszusammenhänge, was die *Integration verschiedener disziplinärer Perspektiven* voraussetzt.
3. Um die praktische Verwendung der Forschungsergebnisse zu ermöglichen, ist ein *Verwendungsverständnis* notwendig, bei dem für spezifische lebensweltliche Probleme Wissen erarbeitet und auf die spezifischen Bedürfnisse der Praxisakteure eingegangen wird.
4. Um die lebensweltliche Relevanz der Forschung sicherzustellen, ist neben einer wissenschaftsinternen auch eine *wissenschaftsexterne Evaluation* erforderlich.

Daher wurde ein Forschungstypus gesucht, der verspricht, diesen Anforderungen gerecht zu werden. Ein solcher Forschungstypus wurde in einer *praxisorientierten transdisziplinären Nachhaltigkeitsforschung (TNF)* gesehen.[735] Transdisziplinäre Forschung im Allgemeinen wurde als eine Forschung definiert, der ein lebensweltliches Problem zugrunde liegt, die für dieses Problem eine Lösung sucht, hierbei disziplinübergreifend vorgeht und an der die Praxis partizipiert.[736] Eine TNF im Speziellen bezieht sich zudem explizit auf das Leitbild der Nachhaltigen Entwicklung.

Die Forderung nach einer TNF klingt plausibel und wurde in der Vergangenheit schnell erhoben. Wie die Erfahrung zeigt, liegt das Problem jedoch nicht bei der mangelnden Zustimmung. Das Problem liegt vielmehr bei der konkreten Umsetzung. *Wie ist eine TNF umzusetzen?* Diese Frage war der Hauptgegenstand der vorliegenden Arbeit.

In Kapitel 4 wurde diese Frage auf methodologischer Ebene bearbeitet, und es wurden drei Forschungsansätze vorgestellt:

1. Der Fallstudienansatz, wie er im Rahmen des Studiums an der ETH Zürich angewandt wird, hat ein spezifisches Objekt als Ausgangspunkt und beinhaltet eine Reihe von Methoden der Wissensintegration.
2. Der wissenschaftliche Beirat der Bundesregierung Globale Umweltveränderungen (WBGU) hat den Syndrom-Ansatz entwickelt. Syndrome stellen dabei komplexe Krankheitsbilder des Systems Erde da, die sich aus Konstellationen von sozioökonomischen, naturräumlichen und politischen Trends ergeben.

---

[735] Gibbons et al., 1994; Mittelstraß, 1995 und 1998; Jaeger und Scheringer, 1998; Kötter und Balsiger, 1999; Hirsch Hadorn, 1995; Defila et al., 1996; Häberli und Grossenbacher-Mansuy, 1998.

[736] Mittelstraß, 1995: 52; Balsiger und Kötter, 1996: 4; Gibbons et al., 1994: 5; Nowotny, 1999: 101ff.; Jaeger und Scheringer, 1998: 15.

3. Ausgangspunkt des Bedürfnisfeld-Ansatzes, wie er im Integrierten Projekt Gesellschaft I (IPG I) erarbeitet wurde, sind Handlungen, die der Befriedigung eines Bedürfnisses dienen und die von hoher ökonomischer, ökologischer und sozialer Relevanz sind.

Um die einzelnen Probleme zu identifizieren und zu analysieren, die bei der Umsetzung auf methodischer und operativer Ebene auftreten, wurde das IPG I anhand der theoretisch abgeleiteten Kriterien aus Kapitel 3 und 5 näher untersucht. Diese Untersuchung stützte sich auf den wissenssoziologischen Konstruktivismus, der Wissenschaft als eine kulturelle Praxis auffasst und der einen engen Kontakt mit der Forschungspraxis erfordert (vgl. Kapitel 5.1).[737] Diese Konzeption steht zum einen im Einklang mit der dargelegten Wissenschaftsauffassung. Zum anderen ermöglichte sie es, den konkreten Forschungsprozess mit seinen sozialen und institutionellen Einflussfaktoren zu analysieren, was vielversprechend erschien, um die relevanten Problembereiche identifizieren zu können.

Um die Frage zu beantworten, wie allgemein transdisziplinäre Forschung umgesetzt werden kann, war zu überprüfen, inwieweit die identifizierten Probleme spezifisch für das IPG I und den Bedürfnisfeld-Ansatz waren und inwieweit sie in anderen disziplinübergreifenden Projekten auftraten. Daher wurden zusätzlich Erfahrungsberichte aus ähnlichen Forschungsprojekten beigezogen. Hier hat sich gezeigt: *Die identifizierten Probleme sind vielfach auch in anderen Projektzusammenhängen aufgetreten.*

Aufgrund einer einzigen Fallstudie kann kein Anspruch auf Repräsentativität der Problemidentifikation erhoben werden. Ein solcher Anspruch kann auch durch den Beizug von Erfahrungsberichten nicht erzielt werden. Die große Übereinstimmung der Analyse des IPG I mit den Erfahrungsberichten lässt aber die Schlussfolgerung zu: *Die identifizierten Probleme sind wahrscheinlich allgemeine Probleme einer disziplinübergreifenden Forschung.*

Konkret wurden vier methodische und vier operative Problembereiche identifiziert. Unter methodischen Problemen werden Probleme verstanden, die direkt mit der Wissensproduktion in Zusammenhang stehen. Operative Probleme beziehen sich dagegen auf die Organisation dieser Wissensproduktion. Als *methodische Probleme* zeigten sich:

---

[737] Knorr-Cetina, 1984.

1. *Problemdefinition:* Vielfach werden bei einer disziplinübergreifenden Forschung lebensweltliche Themen bearbeitet, nicht aber konkrete Fragestellungen.
2. *Problembearbeitung:* Die disziplinübergreifende Zusammenarbeit weist vielfach Kommunikations-, Koordinations- und Inkommensurabilitätsprobleme auf, d.h. Probleme bei der Übersetzung und dem Vergleich von Theorien.
3. *Verwendung:* Die praktische Verwendung der Forschungsergebnisse verlangt die Anpassung an die Sprache und Bedürfnisse der Praxis. Dies wiederum setzt Kompetenzen voraus, über die Wissenschaftler nicht zwingend verfügen.
4. *Evaluation:* Vielfach erweisen sich die Evaluationskriterien als unklar. Aufgrund dieser Unklarheit wird oftmals disziplinär evaluiert, worauf die Forschenden mit einer vornehmlich disziplinären Forschung reagieren.

Auf *operativer Ebene* sind anzuführen:

5. *Organisationsstruktur:* Disziplinübergreifende Projekte sind vielfach disziplinär organisiert. Dies kann dazu führen, dass die Ressourcenhoheit und die intellektuelle Auseinandersetzung im Rahmen der Disziplinen erfolgt. Dadurch werden nur geringe Anreize gesetzt, neben der disziplinären Forschung auch disziplinübergreifend zu arbeiten.
6. *Organisationsprozesse:* Ohne Vertrauen erfolgt kein Austausch von Wissen. Vertrauen wird gebildet durch eine kohäsive und homogene Gruppe, durch Face-to-face-Kommunikation, Interdependenz, Belohnung der Zusammenarbeit, vertrauensvolle Führung u.a. Diese Faktoren waren tendenziell eher in den disziplinären Teilprojekten gegeben als in den disziplinübergreifenden Teilsynthesen.
7. *Personal:* Forschungsarbeiten liegen vielfach in den Händen von Doktoranden, die sehr motiviert sind, jedoch noch nicht die nötige Erfahrung für eine disziplinübergreifende Zusammenarbeit besitzen. Postdocs verfügen über diese Erfahrung, wechseln nach ihrer Dissertation aber oftmals die Stelle und werden durch Doktoranden ersetzt. Dadurch fehlen der Forschung die notwendigen Kompetenzen und die erforderlichen Erfahrungen.
8. *Führung:* Vielfach ist die Kompetenzverteilung zwischen der Gesamtprojektleitung eines Projektes und der disziplinären Teile ungeklärt. Das Projekt gleicht dann einem Gefährt, dessen Räder individuell gesteuert werden — und diese Steuerung erfolgt tendenziell in Richtung des disziplinären Stammgeschäfts.

Die Untersuchung des IPG I und die Auswertung der Erfahrungsberichte lassen die These zu, dass hinter den einzelnen Problembereichen die Frage steht: *Wie ist die Integration spezialisierten Wissens möglich?* Im IPG I wurde dies deutlich an dem Spannungsfeld zwischen den disziplinären Teilprojekten und den disziplinübergreifenden Teilsynthesen. Die Frage der Integration war daher Leitfrage der Untersuchungen in Kapitel 7 und 8. Das Fazit dieser Untersuchungen war: *Die disziplinären Teilprojekte hatten gegenüber den disziplinübergreifenden Teilsynthesen in allen acht Problembereichen einen komparativen Vorteil.*

Übergreifendes Ziel der einzelnen Lösungsansätze war es daher, ausgehend vom jeweiligen Problembereich Wege zu finden, wie die Integration spezialisierten Wissens realisiert werden kann. Während in den vorherigen Kapiteln die Probleme den Ausgangspunkt bildeten, tun dies im folgenden die Lösungsansätze. Mit Hilfe dieser Lösungsansätze wird versucht, Strategien und Maßnahmen aufzuzeigen, wie transdisziplinäre Forschung erfolgreich umgesetzt werden kann — auch wenn dabei teilweise auf die Begrifflichkeiten des Bedürfnisfeld-Ansatz zurückgegriffen wird, so sollen die Lösungsansätze als unabhängig von dem Ansatz anzusehen sein.

9.2 Management transdisziplinärer Forschungsprozesse — methodische Ebene

Nach den Ausführungen in Kapitel 7 kann die Art und Weise der transdisziplinären Wissensproduktion idealtypisch in drei Module untergliedert werden (vgl. Abbildung 21):

1. Problemdefinition
2. Problembearbeitung
3. Verwendung

Diese Module werden sich in der Forschungspraxis überschneiden, und es wird Rückschleifen geben. Die Module sind als Idealtypen zu verstehen, die als Orientierungshilfe dienen können, die aber auf ein spezifisches Forschungsprojekt anzupassen sind. Im folgenden werden sie erläutert, wie sie in Abbildung 23 dargestellt sind. Die Abbildung wird auf den ersten Blick verwirrend erscheinen. Nach den Erläuterungen sollte sie aber transparenter werden. Sie setzt sich aus verschiedenen Abbildungen aus Kapitel 7 zusammen und kann als Heuristik angewandt werden, um die Module zu verorten.

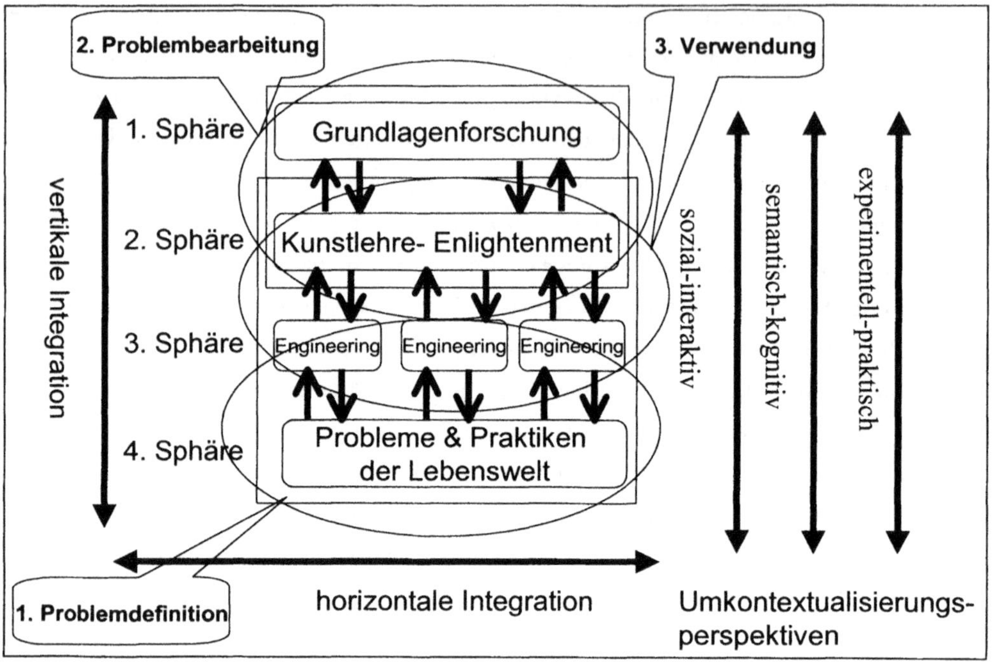

Abbildung 23: Management transdisziplinärer Forschung auf methodischer Ebene.

9.2.1 *Problemdefinition*

Ziele der Problemdefinition. Das Ziel der Problemdefinition ist ein detailliertes *Forschungsdesign*. Die Konzeption eines transdisziplinären Forschungsprojektes wird nicht als der Forschung vorauslaufend betrachtet, sondern ist als expliziter Bestandteil der Forschung anzusehen.[738] Ein solches Forschungsdesign sollte folgende Angaben enthalten:

1. Aufgrund welcher Kriterien wird die lebensweltliche Problematik als *relevant für eine Nachhaltige Entwicklung* betrachtet?
2. Welche *Ziele* soll das Projekt erreichen?
3. Welche *Schlüsselherausforderungen* sollen aus welchen Gründen bearbeitet werden? Welches Interesse haben die Praxisakteure an deren Bearbeitung?
4. Wie soll die *Partizipation der Praxisakteure* an der Bearbeitung sichergestellt werden?
5. Welche *disziplinären Kompetenzen* werden für diese Bearbeitung als notwendig erachtet?

---

[738] Kapitel 7.1.3 und Pohl, 1999b.

6. Welche konkreten *Fragestellungen/Problemaspekte* sollen durch diese disziplinären Kompetenzen bearbeitet werden?
7. Wie sollen diese Kompetenzen *integriert* werden?
8. Inwieweit ist eine *integrative Analyse* über die Schlüsselherausforderungen hinweg geplant und wie soll sie durchgeführt werden?

Methodisches Vorgehen. Wie sollte bei der Problemdefinition methodisch vorgegangen werden? In *vertikaler Perspektive* erfolgt die Problemdefinition im Bereich der Praxis. Die Forschenden sollen an der Praxis partizipieren und sie verstehen lernen, um die Motive und Perspektiven der Praxisakteure kennen zu lernen und die Probleme identifizieren zu können. Diesen Prozess dominieren die Praxisakteure, da sie die Probleme benennen. Die Forschenden versuchen, mit Hilfe von Theorien, Denkschemata und Heuristiken die benannten Probleme zu analysieren und zu strukturieren. Diese Analyse ist Voraussetzung, um die Schlüsselherausforderungen zu identifizieren. Schlüsselherausforderungen sollen dabei nicht ein Thema oder einen Bereich beschreiben, sondern ein konkretes Problem bezeichnen. Kötter führt an:

> „Der Grund dafür, dass viele sogenannte interdisziplinäre Vorhaben einen unbefriedigenden Verlauf nehmen (...), liegt darin, dass solche Projekte meist an den Start gehen, ohne das Ziel genau zu kennen: Man meint, ein Problem benannt zu haben, wo man bestenfalls nur ein Thema gefunden hat."[739]

Diese Schlüsselherausforderungen sollen nicht nur aus wissenschaftlicher Perspektive relevant erscheinen, sondern die Praxisakteure sollen diese Ansicht teilen. Daher bedarf es eines Zurückspielens der Ergebnisse an die Praxisakteure. Um die Gefahr der Instrumentalisierung der Forschung zu umgehen, sollte die letzte Entscheidungsmacht, welche Schlüsselherausforderungen bearbeitet werden, bei der Forschung verbleiben. Das Ergebnis ist die Identifikation und Wahl der Schlüsselherausforderungen, die es vertieft zu bearbeiten gilt.

Anschliessend sind die Schlüsselherausforderungen näher zu analysieren. Hierbei sollen disziplinär bearbeitbare Fragestellungen identifiziert werden, die einerseits aus der jeweiligen Schlüsselherausforderung abgeleitet sind und daher auch deren Einflussfaktoren berücksichtigen — unabhängig davon, ob diese Bedeutsamkeit aus disziplinärer Perspektive geteilt wird. Andererseits muss die Fragestellung durch eine Disziplin bzw. durch deren Theorien und Methoden bearbeitet werden können. Disziplinär bearbeitbare Fragestellungen unterscheiden sich demnach von disziplinären Fragestellungen durch ihre Ableitung aus einer lebensweltlichen Problemstellung und durch den Einbezug von lebensweltlich relevanten Einflussfaktoren. Die Bearbeitung einer solchen Fragestellung kann daher aus disziplinärer Perspektive uninteressant sein, weil sie keinen Beitrag zur Fortentwicklung disziplinärer Theorien oder Methoden leistet. Transdisziplinäre Forschung verlangt somit das „Loslösen von disziplinären Sichtweisen"[740].

Damit eine Integration der disziplinär zu bearbeitenden Fragestellungen möglich wird, bedarf es zu Beginn der Festlegung, wie diese Integration erfolgen soll. Für die Integration wurden in Kapitel 7.1.1 zwei idealtypische Formen vorgestellt, die in Abbildung 24 dargestellt sind:[741]

1. *Ergänzung.* Innerhalb einer Schlüsselherausforderung werden zwei Fragestellungen bearbeitet, die weitgehend unabhängig voneinander sind.
2. *Verflechtung.* Innerhalb einer Schlüsselherausforderung wird eine Fragestellung aus zwei unterschiedlichen disziplinären Perspektiven bearbeitet.

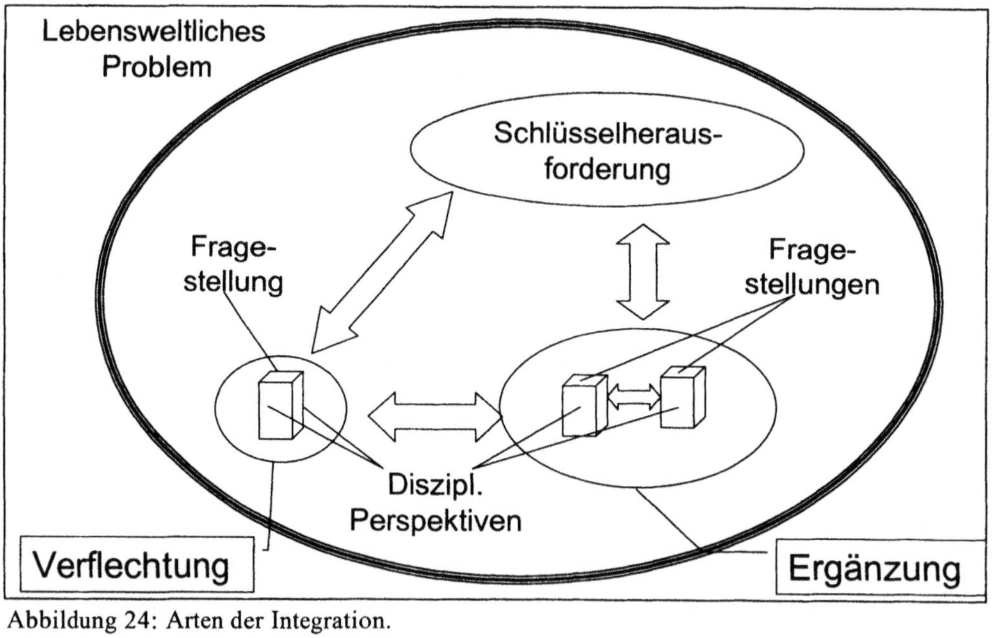

Abbildung 24: Arten der Integration.

---

[739] Kötter, 1997: 9; Kötter und Balsiger, 1999: 104.

[740] Pohl, 1999: 249.

[741] Hübenthal, 1991: 154ff.

Mit Hilfe einer solchen Problemdefinition kann ein Forschungsdesign erarbeitet werden, das den aufgeführten Anforderungen genügt.

Strategien und Maßnahmen für die transdisziplinäre Problemdefinition
• Ausgangspunkt ist die Lebenswelt.
• Um Probleme identifizieren zu können, ist ein Verstehen dieser Lebenswelt erforderlich.
• Anhand dieses Verstehens und mit Hilfe wissenschaftlicher Kunstlehren können in Partizipation mit der Praxis Schlüsselherausforderungen identifiziert werden.
• Damit diese Schlüsselherausforderungen disziplinär bearbeitet werden können, sind sie zu analysieren und zu zerlegen.
• Basierend auf dieser Zerlegung können Fragestellungen abgeleitet werden, die disziplinär bearbeitbar sind, und die Art und Weise der Integration kann definiert werden.

9.2.2 Problembearbeitung

Bei der Problembearbeitung ist zwischen einer vertikalen und einer horizontalen Integration zu unterscheiden. Um eine wissenschaftliche Bearbeitung zu ermöglichen, sind die Schlüsselherausforderungen und die von diesen abgeleiteten Fragestellungen in vertikaler Perspektive vom Bereich der Lebenswelt in den Bereich der Wissenschaft zu transformieren, es bedarf einer Umkontextualisierung. Wie diese erfolgen könnte, wird im folgenden näher erläutert. In horizontaler Perspektive ist eine disziplinäre Bearbeitung spezifischer Fragestellungen erforderlich. Dabei soll die disziplinäre Bearbeitung jedoch nicht isoliert erfolgen, sondern es wird auf die Integration der disziplinären Perspektiven gezielt. Wie dies möglich ist und welche Probleme dabei zu beachten sind, wird daher ein weiteres Thema sein.

Stationen der Umkontextualisierung.[742]

Bei der Problemdefinition wurde eine Umkontextualisierung vorgenommen von den Praktiken und Problemen der Lebenswelt hin zu den Schlüsselherausforderungen. Diese Schlüsselherausforderungen sind weiterhin als lebensweltliche Probleme zu bezeichnen. Damit sie wissenschaftlich bearbeitbar werden, müssen sie in den wissenschaftlichen Kontext transformiert werden. Dabei werden die Schlüsselherausforderungen nicht in ihrer Gesamtheit umkontextualisiert, sondern sie werden in Problemaspekte zerlegt, die disziplinär bearbeitbar sind (vgl. Abbildung 22). Wie kann diese Umkontextualisierung vorgenommen werden?

Perspektiven der Umkontextualisierung.

Die Umkontextualisierung von den Problemen und Praktiken der Lebenswelt hin zur Kunstlehre und Grundlagenwissenschaft sollte nach Bonß et al. in drei Perspektiven erfolgen:[743]

In *sozial-interaktiver Perspektive* ist eine Umkontextualisierung von der Lebenswelt und den Praxisakteuren hin zum Laborkontext und den Forschenden zu vollziehen.

In *semantisch-kognitiver Perspektive* ist eine Umkontextualisierung des normativen Rahmens vorzunehmen. Gemeinsamer Rahmen von Wissenschaft und Praxis ist die normative Grundorientierung der Nachhaltigen Entwicklung. Innerhalb dieses gemeinsamen Rahmens existieren jedoch verschiedene Wertvorstellungen. Um ein wissenschaftliches Arbeiten zu garantieren, wird die Verlagerung in den normativen Rahmen der Wissenschaft erforderlich. Hierbei können zwei Probleme auftreten: Erstens existieren verschiedene Wertvorstellungen in der Wissenschaft, die nicht vereinbar sein können. Dies führt uns zur Inkommensurabilitätsproblematik, wie sie im nächsten Abschnitt diskutiert wird. Zweitens können Konflikte zwischen den normativen Vorstellungen der Wissenschaft und der Praxis auftreten. Um diese Konflikte frühzeitig erkennen und lösen zu können, wird eine Partizipation der Praxisakteure an der Umkontextualisierung und der Problembearbeitung erforderlich.

Diese Partizipation ist ebenfalls bei der Umkontextualisierung in *experimentell-praktischer Perspektive* notwendig, bei der aus dem lebensweltlichen Problem ein Forschungsobjekt generiert wird. Hierbei besteht die Gefahr, dass die anfangs lebensweltlichen Probleme in disziplinäre Probleme transformiert werden. Dadurch können *Einflussfaktoren* ausgeklammert werden, die in der Praxis von hoher Relevanz sind, aus disziplinärer Perspektive jedoch als Störfaktoren erscheinen. Um diese Gefahr zu umgehen, wurde gefordert, dass *die Praxisakteure an der Forschung partizipieren sollen.*[744] Dadurch wird es den Praxisakteuren möglich, zu kontrollieren, ob die aus ihrer Sicht relevanten Probleme und Einflussfaktoren bearbeitet werden. Im Gegensatz zu Modul 1 dominiert die Forschung den Prozess der Problembearbeitung, die Praxisakteure bringen aber ihr Wissen und ihre Interessen ein und können so sicherstellen, dass die Anschlussfähigkeit zwischen wissenschaftlicher Bearbeitung und praktischer Relevanz beibehalten wird.

---

[742] Zu den Stationen der Umkontextualisierung vgl. Kapitel 7.3 und Kirsch und Eckert (1998).

[743] Bonß, Hohlfeld und Kollek, 1993c: 182f.

[744] Rylko-Bauer et al., 1989: 10ff.; Kirsch, 1998; Daheim et al., 1989: 220; Weymann und Wingens, 1989: 287; Schneider, 1989.

Partizipation bietet darüber hinaus ein Reihe *weiterer Vorteile*, wie bspw.:

- Größeres Verständnis und Akzeptanz bei den Akteuren für wissenschaftliches Wissen.[745]
- Informations-, Kontroll- und Korrekturmöglichkeiten für die Praxisakteure.[746]
- Bessere Identifizierung der praktischen Verwendungsmöglichkeiten der Forschung.[747]
- Aufbau eines Kontaktnetzes zwischen Wissenschaft und Praxis und Entwicklung eines gegenseitigen Lernprozesses.[748]

Organisation der Integration.

Bereits bei der Problemdefinition wurde auf zwei idealtypische Arten der Integration eingegangen. Diese geben aber nicht Aufschluss darüber, wie die Integration methodisch organisiert sein soll, sondern die Arten geben Aufschluss, wie die spezifischen Fragestellungen, die Problemaspekte, zusammenhängen. In Anlehnung an Krott[749] können zwei Idealtypen für die Organisation angeführt werden: *Gruppenvernetzung* und *Vernetzung der Ergebnisse.*

Bei der *Gruppenvernetzung* erwerben alle Beteiligten den gleichen Wissensstand. Der Vorteil ist dabei: Die Forscher bauen ein großes gegenseitiges Vertsändnis für die jeweils anderen Theorien und Methoden auf, können sich gegenseitig neue Impulse geben und kennen die Gesamtproblematik und nicht nur einen Teilaspekt. Als Nachteil erweist sich dagegen, dass die Gruppenvernetzung viel Zeit benötigt, nur eine geringe Anzahl an Theorien und nur ein geringes Maß an Komplexität bearbeitet werden kann.

Bei der *Vernetzung der Ergebnisse* können die jeweiligen Problemaspekte tiefergehend bearbeitet werden, da die beteiligten Forscher keine Zeit aufwenden müssen, um das Gruppenwissen zu erwerben. Dadurch kann ein höheres Maß an Komplexität bewältigt werden. Als problematisch erweist sich, dass diese Vernetzung die Definition einer Schlüsselherausforderung und die Zerlegung in Problemaspekte voraussetzt. Zudem besteht die Gefahr, dass die Beteiligten nur ihren Problemaspekt wahrnehmen, nicht aber das Gesamtproblem.

Die Erfahrungen haben gezeigt: *Um den Aufwand für die Klärung von Verständnisschwierigkeiten so gering wie möglich zu halten, sollte der Integrationsgrad so gering sein, wie es die Bearbeitung der jeweiligen Schlüsselherausforderung gerade erlaubt.*

---

[745] Rylko-Bauer et al., 1989: 11.

[746] Schneider, 1989: 314.

[747] Rylko-Bauer et al., 1989: 11.

[748] Grossenbacher-Mansuy, 1997: 12f.; Huberman und Gather Thurler, 1991.

[749] Krott, 1996.

Umgang mit inkommensurablen Theorien.

Wenn Aussagen unterschiedlicher Theorien integriert werden sollen, dann müssen sie verglichen werden können. Ein Vergleich ist jedoch nur möglich, wenn ein gemeinsamer unabhängiger Referenzpunkt existiert, anhand dessen ein Vergleich vorgenommen werden kann. Aufgrund der Inkommensurabilitätsthese existiert ein solcher Referenzpunkt nicht.[750] Inkommensurabilität bedeutet, dass die Begrifflichkeiten zweier Theorien insgesamt oder teilweise nicht übersetzbar sind. Wenn sie nicht übersetzbar sind, dann können Theorien sich nicht widersprechen, und der Inhalt der Theorien kann nicht verglichen werden.[751] Ein Vergleich wäre nur möglich, wenn auf Meta-Ebene eine unabhängige Referenzsprache bestände. Da auch eine Meta-Sprache auf einer Theorie beruht, kann die Ebene der Theorie nicht von der Meta-Ebene getrennt werden.[752] Der Ausweg wird hier in der vernünftigen Auseinandersetzung zwischen zwei inkommensurablen Positionen gesehen. Diese Auseinandersetzung kann jedoch nicht auf einem regelgeleiteten Vernunftbegriff aufbauen, da auch Regeln auf einer Theorie basieren. Daher ist der Vernunftbegriff von der Regelgeleitetheit zu trennen.[753] Lueken schlägt vor, die vernünftige Auseinandersetzung zu verstehen als einen „Prozess der Transformation von Positionen durch Einsicht, in dem nicht alleine *über* etwas verhandelt wird, sondern auch *mit* jemandem, von dem es etwas zu lernen gibt."[754] Der Umgang mit Inkommensurabilität stellt sich dann als ein Lern- und Transformationsprozess dar.

Dieser Prozess muss jedoch nicht im „luftleeren Raum" erfolgen. Für eine TNF wurden drei Referenzpunkte identifiziert (vgl. Abbildung 25): die normative Leitorientierung der Nachhaltigen Entwicklung, die konzeptionelle Grundlage (der Forschungsansatz) und die lebensweltliche Problemstellung bzw. die zugrundeliegende Schlüsselherausforderung. Diese Referenzpunkte sind nicht unabhängig von der Forschung, sondern werden durch diese vielmehr verändert, konkretisiert und weiterentwickelt. Daher können sie nicht als eindeutige Entscheidungsgrundlage für den Theorievergleich dienen. Aber sie können als ein Orientierungsrahmen verwendet werden, der als Grundlage für eine vernünftige Auseinandersetzung dienen kann.

---

750 Lueken, 1992: 17ff.; Sankey, 1994: 2 und 1997: 125ff.; Kapitel 7.2.1.

751 Sankey, 1994: 1f.

752 Lueken, 1992: 16ff.

753 Sankey, 1997: 136ff.; Lueken, 1992: 19f.

754 Lueken, 1992: 20 (Hervorhebungen im Original).

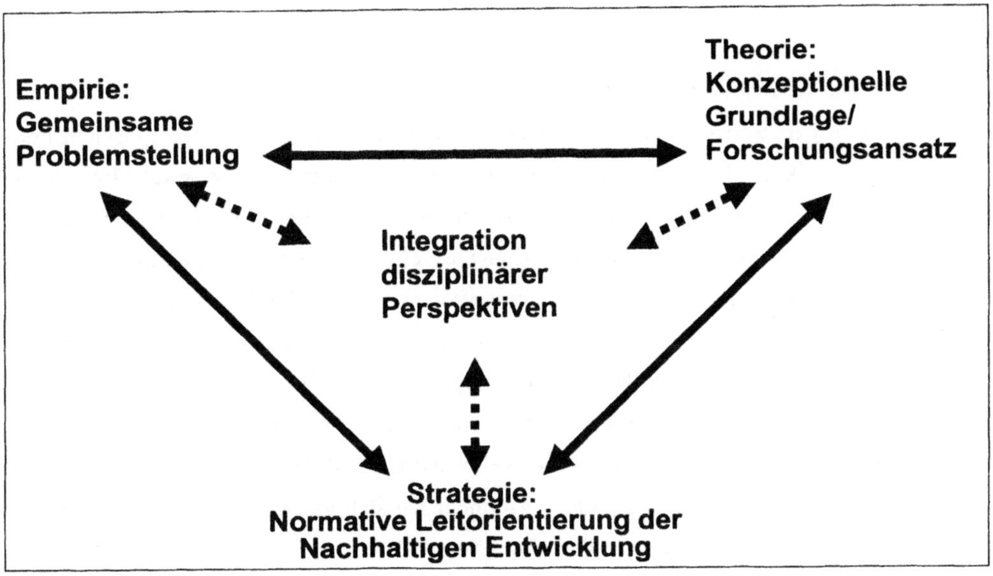

Abbildung 25: Referenzpunkte einer transdisziplinären Nachhaltigkeitsforschung.[755]

Strategien & Maßnahmen für die transdisziplinäre Problembearbeitung

- Es ist eine Umkontextualisierung der Problemstellungen von der Ebene der Probleme und Praktiken der Lebenswelt zur Ebene der Kunstlehre und/oder Grundlagenwissenschaften erforderlich.
- Diese Umkontextualisierung hat in drei Perspektiven zu erfolgen: in sozial-interaktiver, in semantisch-kognitiver und in experimentell-praktischer Perspektive.
- Wenn diese Umkontextualisierung erfolgt ist, stellt sich die Frage, wie die Integration der disziplinären Perspektiven methodisch organisiert werden soll. Hier wurden zwei Idealtypen vorgestellt: Gruppenvernetzung und Vernetzung der Ergebnisse.
- Bei der Integration disziplinärer Perspektiven können Inkommensurabilitätsprobleme auftreten. Um damit umgehen zu können, wurde eine vernünftige Auseinandersetzung vorgeschlagen, die sich orientieren kann an: der normativen Leitorientierung der Nachhaltigen Entwicklung, der konzeptionellen Grundlage (Forschungsansatz) und der lebensweltlichen Problemstellung.

[755] In Anlehnung an Hirsch Hadorn und Minsch, 2000; Kirsch, 1997: 196ff.; Galtung, 1978: 81f.

9.2.3 Verwendung

Erfordernis einer Rekontextualisierung

Bei der praktischen Verwendung wissenschaftlichen Wissens ist nicht strikt zwischen horizontaler und vertikaler Integration zu unterscheiden. Horizontale wie vertikale Integration fließen sozusagen „in der Mitte" zusammen, sie treffen sich auf der Stufe der Kunstlehre und der Schlüsselherausforderungen. Hierfür bedarf es einer Rekontextualisierung, d.h. einer Umkontextualisierung der Forschungsergebnisse vom wissenschaftlichen Kontext in den Kontext der Lebenswelt.[756] Wie weit diese Rekontextualisierung zu erfolgen hat, ist abhängig von der Art des Wissens, das der Praxis bereitgestellt werden soll.

Aufgrund der Rekontextualisierung kann es nicht das Ziel sein, eine möglichst „unverzerrte" Verwendung der Forschungsergebnisse anzustreben, denn diese ist gerade aufgrund der Rekontextualisierung nicht möglich.[757] Vielmehr hat sich gezeigt: Eine erfolgreiche Verwendung findet dann statt, wenn die Forschungsergebnisse „im Bewusstsein von Alltag und Politik scheinbar ‚spurenlos' *verschwinden*, das heißt nicht mehr als wissenschaftliche, sondern alleine aus den praktischen Handlungsregeln heraus dechiffrierbar sind."[758] Daher wurde wissenschaftliches Wissen nicht als eigene Entität definiert, die es in der Praxis zu identifizieren gilt, sondern die Verwendung wissenschaftlichen Wissens soll dann stattgefunden haben, wenn die Praxis sich implizit oder explizit auf dieses Wissen bezieht.[759] Grundsätzlich können hierbei zwei Arten von Wissen unterschieden werden:

Engineering und Enlightenment Concept[760]

Engineering bezeichnet die direkte Problemlösung, hier geht es um ein „how-to-do"-Wissen, um konkrete Maßnahmen und Instrumente. Für ein erfolgreiches Engineering müssen allerdings eine Reihe von Voraussetzungen gegeben sein, wie bspw. ein klar definierter Anfangs- und Zielzustand, identifizierbare Entscheidungsträger etc.[761] Diese Voraussetzungen sind in der Praxis vielfach nicht gegeben, sondern können als Bestandteil der Forschungsarbeit aufgefasst und mit Hilfe des Enlightenment Concepts geschaffen werden.

---

756 Bonß, Hohlfeld und Kollek, 1993c: 186; Schneider, 1989: 302.

757 Bonß, Hohlfeld und Kollek, 1993c: 186 (Hervorhebungen im Original).

758 Beck und Bonß, 1989: 12.

759 Wingens, 1988: 100ff.

760 Wingens, 1988: 111ff.

761 Wingens, 1988: 128.

Enlightenment bezeichnet ein Konzept- und Reflexionswissen. Ziel ist es, Interpretationshilfen für die Analyse von Problemen bereitzustellen.[762] Mit Hilfe eines solchen Wissens ist es möglich, den Anfangszustand zu klären und einen möglichen Zielzustand zu definieren, um so die Voraussetzungen für ein erfolgreiches Engineering zu schaffen. Die Merkmale des Enlightenment und Engineering Concepts sind in Tabelle 12 zusammengefasst.

	Zeitliche Perspektive	**Art des Wissens**	**Hierarchie-ebene der Verwender**	**Problem-reichweite**	**Herkunft des Wissens**
Engineering Concept	kurzfristig	„hard" knowledge	Untere und mittlere Ebene	gering (Mikroebene)	Auftrags-forschung
Enlightenment Concept	langfristig	„soft" knowledge	obere Ebene	groß (Makroebene)	diverse Quellen

Tabelle 12: Das Engineering und Enlightenment Concept.[763]

Bei diesem Prozess tritt die Wissenschaft als *kritisch-konstruktiver Akteur* auf.[764] Vor dem Hintergrund ihrer Problembearbeitung und des Leitbildes der Nachhaltigen Entwicklung kritisiert sie die Handlungsweisen der Praxis und zeigt konstruktiv Möglichkeiten auf, diese Handlungsweisen zu verändern. Das dabei kommunizierte Wissen sollte anschlussfähig an die Praxisakteure sein, d.h. sie sollten es verstehen und nachvollziehen können. Das Wissen muss aber nicht kompatibel mit den Meinungen der Praxis sein. Empirische Untersuchungen haben gezeigt, das bspw. Politiker wissenschaftliches Wissen auch dann als relevant erachten, wenn es nicht mit ihren Ansichten kompatibel ist. Zudem würde die Bereitstellung von kompatiblem Wissen nur die Vervielfachung des Wissens bedeuten, das in der Praxis bereits vorhanden ist.[765]

Es hat sich auch gezeigt: Politiker erwarten ein Wissen, das über die instrumentelle Umsetzbarkeit hinausgeht; sie erwarten auch ein Konzeptwissen im Sinne des Enlightenment.[766] Dabei ist jedoch zu berücksichtigen: Die Wissenschaft stellt nicht den „rationaleren" Akteur in diesem Spiel dar.[767] Das für die Bearbeitung lebensweltlicher Problembereiche nötige Wissen ist über die einzelnen gesellschaftlichen Bereiche verteilt, und in jedem dieser Berei-

[762] Wingens, 1988: 129ff.

[763] Wingens, 1988: 146.

[764] Hirsch Hadorn und Pohl, 1999.

[765] Kapitel 7.3.1; Wingens, 1988: 133f.

[766] Wingens, 1988: 133f.

[767] Beck und Bonß, 1989: 18; Wingen, 1988 und 1998: 20.

che sitzen Akteure, die wissenschaftlich geschult sind.[768] Die Forschung stellt demnach eine Art von Wissen zur Verfügung, das sich mit dem Wissen aus anderen Bereichen ergänzen, aber auch im Widerspruch stehen kann und dann versuchen muss, sich zu behaupten. Daher dominieren bei der praktischen Verwendung wiederum die Praxisakteure den Prozess. Sie entscheiden darüber, welches Wissen den Vorrang erhält und ob und inwieweit die von der Wissenschaft vorgeschlagenen Interpretationshilfen und Maßnahmen praktisch zur Anwendung gelangen.

Vermittlung wissenschaftlichen Wissens

Die *Vermittlung des wissenschaftlichen Wissens* kann auf verschiedene Arten erfolgen: Projektberichte, Vorträge, Workshops, Diskussionen etc. Insbesondere bei Workshops und Beratungsaufträgen hat es sich als hilfreich erwiesen, auf eine Art *Wissenschaftsconsultant* zurückzugreifen. Ein Wissenschaftsconsultant ist wissenschaftlich geschult und kann somit die Wissenschaftler verstehen. Er spricht gleichzeitig aber auch die Sprache der Praxisakteure und nimmt daher eine Brückenfunktion ein, eine Moderatoren- und Vermittlerrolle.[769]

Eine weitergehende Art der Vermittlung stellt das sogenannte *Enlightainment* dar. Das wissenschaftliche Wissen wird dabei in eine Rahmenhandlung eingebunden und in seinen Bezügen und Auswirkungen dargestellt. Dadurch kann verstärkt Anschlussfähigkeit und Verständnis bei den Akteuren hervorgerufen werden.[770]

Im IPG I wurde zudem der Weg über ein *Simulationsspiel* gegangen. Hierbei nehmen die Praxisakteure die Position eines Akteurs im Bedürfnisfeld Ernährung ein, und nach jeder Runde wird ausgewertet, was die Handlungen für ökonomische, soziale und ökologische Auswirkungen haben.

Am Beispiel der Medien hat Weingart aufgezeigt, dass eine Vermittlung wissenschaftlichen Wissens nicht durchweg positiv zu bewerten ist. Das Ziel, öffentliche Aufmerksamkeit zu erlangen, könnte wissenschaftsinterne Ziele überlagern. Zudem sind die Medien nicht bloßer Vermittler von Wissen, sondern wie die Wissenschaft produzieren auch sie Wissen.[771]

Strategien & Maßnahmen für die Verwendung

- Es ist eine *Rekontextualisierung der Forschungsergebnisse* notwendig von der Ebene der Wissenschaft hin zur Kunstlehre und zu den Schlüsselherausforderungen.

---

[768] Gibbons et al., 1994; Nowotny, 1999: 104; Walter-Busch, 1994: 91 und 93.

[769] Interview 1: 7f. und Lehmann, 1997: 33.

[770] Bovenschulte und Wissel, 1999; Kapitel 7.3.1.

- Wie weit diese Rekontextualisierung zu erfolgen hat, ist abhängig von der Art des Wissens, das bereitgestellt werden soll. Hier ist zu unterscheiden zwischen einem Enlightenment, einem *Konzeptwissen*, das auf der Stufe der Kunstlehre anzusiedeln ist, und einem Engineering, einem *„how-to-do"-Wissen*, das auf der Stufe der Schlüsselherausforderungen zum Tragen kommt.
- Die Vermittlung des Wissens kann auf unterschiedlichste Arten erfolgen. Generell hat es sich als sinnvoll erwiesen, einen *Wissenschaftsconsultant* beizuziehen, der zwischen Wissenschaft und Praxis vermitteln und moderieren kann.

9.2 Management transdisziplinärer Forschungsprozesse — operative Ebene

„Form follows function" — die Anforderungen an die operativer Ebene leiten sich aus der methodischen Ebene ab. Der TNF liegt ein lebensweltliches Problem zugrunde, das in Partizipation mit der Praxis und in Kooperation mit verschiedenen Disziplinen bearbeitet wird. Auf operativer Ebene werden daher Strukturen erforderlich, die diese Art der Wissensproduktion auf möglichst effiziente Weise ermöglichen.

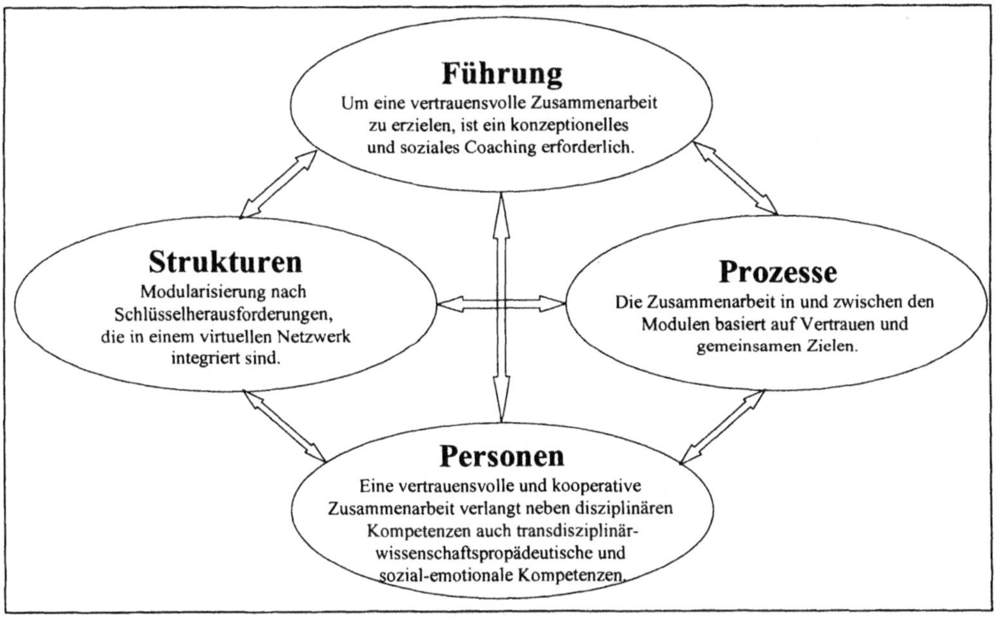

Abbildung 26: Management transdisziplinärer Forschung auf operativer Ebene.

[771] Weingart, 1998.

Welche Möglichkeiten sind hierfür denkbar? In Kapitel 8 wurde auf Konzepte der Managementlehre zurückgegriffen. Hier haben sich insbesondere die neueren Entwicklungen als interessant erwiesen, wie z.B. Netzwerkorganisationen und virtuelle Unternehmen. Diese Ansätze wurden auf den Forschungskontext übertragen. Ausgangspunkt bildet die Abbildung 26, in der die Ergebnisse stichwortartig eingefügt sind, die im folgenden erläutert werden.

9.3.1 Organisationsstruktur

Um einer transdisziplinären Wissensproduktion gerecht zu werden, hat die Organisationsstruktur vier Anforderungen zu erfüllen: Sie soll Innovationen fördern, die Integration disziplinärer Perspektiven nahe legen, die rasche Anpassung an eine dynamische Umwelt ermöglichen und flexibel sein.

Hierbei ist die Anforderung zu beachten, dass die Integration disziplinärer Perspektiven ermöglicht werden soll. Transdisziplinäre Forschung bewegt sich in einem institutionellen Umfeld, das durch disziplinäre Forschung geprägt ist; die Universitäten sind disziplinär strukturiert, die Evaluation von Forschung erfolgt disziplinär, eine wissenschaftliche Karriere ist i.d.R. nur disziplinär möglich etc. Diese institutionelle Struktur und die Regeln, die diese Struktur prägen, setzen den Wissenschaftlern starke finanzielle, intellektuelle und evaluative Anreize, disziplinär zu forschen. Es besteht sozusagen eine jahrhundertealte disziplinäre „Hackordnung" in den Wissenschaften, ähnlich den festen Regeln in einem Orchester.[772] Um disziplinübergreifende Forschung zu realisieren und die Integration disziplinärer Perspektiven zu erzielen, bedarf es einer Organisationsstruktur, die den Forschern mindestens so starke Anreize setzt, disziplinübergreifend zu forschen, wie das disziplinäre Umfeld Anreize für eine disziplinäre Forschung setzt. Es müssen demnach innerhalb eines transdisziplinären Forschungsprojektes finanzielle, intellektuelle und evaluative Anreize geschaffen werden, die denen des disziplinären Umfeldes gleichwertig sind.

Allerdings ist eine TNF existentiell auf disziplinäres Wissen und dessen Fortentwicklung angewiesen. Daher erfolgt auch in einem transdisziplinären Forschungsprojekt disziplinäre Forschung. Aufgrund der Erfahrungen kann aber die These aufgestellt werden: Die institutionelle Verankerung der disziplinären Forschung führt dazu, dass diese sich auch in einem Projekt durchsetzt, dessen Anreizstrukturen verstärkt disziplinübergreifende Forschung fördern.

Wie können die Anforderungen an die Organisationsstruktur erfüllt werden? Hier wurde eine virtuelle Netzwerkstruktur von Modulen vorgeschlagen, bei der die Module auf einzelnen Schlüsselherausforderungen basieren (vgl. Kapitel 8.1.3).

Modularisierung nach Schlüsselherausforderungen

Die Modularisierung kann grundsätzlich auf verschiedene Arten erfolgen.[773] So kann in einem Forschungsprojekt eine Modularisierung bspw. nach Disziplinen oder Fachbereichen erfolgen. Wenn das Forschungsprojekt jedoch die Integration spezialisierten Wissens zum Ziel hat und diese Integration anhand einer Schlüsselherausforderung erfolgen soll, dann erweist es sich als vielversprechender, die Modularisierung nach Schlüsselherausforderungen vorzunehmen. Jeder Forscher wäre nicht einer Disziplin, sondern einer Schlüsselherausforderung und einem interdisziplinären Team zugeordnet. Dadurch würde die *intellektuelle Auseinandersetzung* zu großen Teilen interdisziplinär erfolgen. Damit auch *finanzielle Anreize* gesetzt werden, sollte ein solches Modul über ein eigenes Budget verfügen. Die finanziellen Ressourcen wären dadurch nicht einer Disziplin, sondern einer Schlüsselherausforderung zugeordnet. Damit den Forschern auch *evaluative Anreize* gesetzt werden, disziplinübergreifend zu forschen, sollte sich die Evaluation nicht vornehmlich an den disziplinären Beiträgen orientieren, sondern an der Art und Weise, wie die zugrundeliegende Schlüsselherausforderung bearbeitet wurde.

Durch eine solche Modularisierung mit den aufgezeigten Anreizstrukturen könnte disziplinären Verselbständigungstendenzen entgegengewirkt und die Integration spezialisierten Wissens gefördert werden. Allerdings kann eine solche Modularisierung erst erfolgen, wenn das konkrete Forschungsdesign steht. Ein solches Forschungsdesign basiert jedoch auf einer aufwendigen Problemdefinition (vgl. Kapitel 9.2.1). Für die „Problemdefinition" ist daher eine andere Struktur notwendig. Hier ist es denkbar, dass diese von einem kleinen Team vorgenommen wird und die Modularisierung nach Schlüsselherausforderungen und die Integration weiterer Forscher erst im Anschluss stattfindet.[774]

---

[772] Mintzberg, 1999; Kapitel 8.4.1.

[773] Zu den Modularisierungskonzepten in der Managementlehre vgl. Picot et al. (1996).

[774] Zur Organisation der Problemdefinition vgl. Kapitel 7.1.3.

Virtuelles Netzwerk

Da die Schlüsselherausforderungen aus demselben lebensweltlichen Bereich abgeleitet wurden, werden sie Wechselwirkungen aufweisen. Um diese Wechselwirkungen zu berücksichtigen und mögliche Synergieeffekte zu realisieren, sollten die einzelnen Module zu einem Netzwerk zusammengefasst werden. Da die einzelnen Module zudem nicht zwingend an einem Orte angesiedelt sein werden, ist eine virtuelle Netzwerkstruktur erforderlich. Im Sinne des Konzeptes der virtuellen Unternehmung sind unter virtuellen Netzwerken solche zu verstehen, die sich koordinieren, ständig kommunizieren, die eine offene Struktur und wechselnde Partnerschaften aufweisen und bei denen kein Teil per se dominiert.[775] Der Vorteil von solchen Netzwerken besteht vor allem in der Nutzung von Synergiepotenzialen[776] und der Möglichkeiten der neuen Informations- und Kommunikationstechnologien (IuK).[777] Anhand der theoretischen Konzeptionen der Managementlehre und der Erfahrungen im IPG I konnten eine Reihe von Anforderungen für eine virtuelle Organisationsstruktur abgeleitet werden:[778]

1. Es muss eine *ausgeprägte Kooperationsfähigkeit und -bereitschaft* vorhanden sein.
2. Die Bildung von *Vertrauen* ist erforderlich, da die Kooperationen mehr auf Vertrauen als auf Regeln basieren.
3. Die *disziplinären Kernkompetenzen* sind zu pflegen und auszubauen, da diese die Grundlage der Zusammenarbeit darstellen.
4. Moderne *IuK* sind einzusetzen, da sie eine effiziente Zusammenarbeit ermöglichen.

Wie diese Anforderungen erfüllt werden können, welche Aufgaben bestehen und wie sie verteilt werden können, wurde in Kapitel 8.1.3 näher ausgeführt. Festzuhalten bleibt: Ein solches Forschungsprojekt ist durch flache Hierarchien und nur wenige festverbindliche Regeln gekennzeichnet. Dadurch ist es sehr flexibel und lässt der individuellen Entfaltung viel Raum. Allerdings steigen die Anforderungen an die Zusammenarbeit zwischen den Mitarbeitern und an die Führung. Die Mitarbeiter müssen nicht nur fähig sein, zu kooperieren, sie müssen zudem die Bereitschaft dazu zeigen und sich vertrauen.[779]

---

[775] Wolter et al., 1998: 7f. Zu virtuellen Unternehmen vgl. insb. Davidow und Malone, 1992; Picot et al., 1996; Schuh et al., 1998; Chesbrough und Teece, 1996; Wüthrich et al., 1997; Scholz, 1997.

[776] Schreyögg, 1996: 389; Aulinger, 1996; Sydow, 1992.

[777] Schuh et al., 1998: 131ff.; Konradt, 1999: 106.

[778] Wolter et al., 1998: 84ff.; Wüthrich et al., 1997: 33ff.

[779] Meffert, 1998: 4; Schuh et al., 1998: 80ff.; Konradt, 1999; Chesbrough und Teece, 1996: 66.

Strategien & Maßnahmen für die Organisationsstruktur

- Die institutionell stark verankerte disziplinäre „Hackordnung" setzt große Anreize, disziplinär zu forschen. Um daher disziplinübergreifende Forschung realisieren zu können, bedarf es einer Organisationsstruktur, die den Forscher mindestens so *große finanzielle, intellektuelle und evaluative Anreize* setzt, disziplinübergreifend zu forschen.
- Diese Anreize können gesetzt werden, wenn das Projekt nach disziplinübergreifenden Schlüsselherausforderung strukturiert bzw. modularisiert wird.
- Um die Wechselwirkungen zwischen den Schlüsselherausforderungen berücksichtigen und Synergiepotenziale realisieren zu können, sollten die Module in einer virtuellen Netzwerkstruktur eingebunden sein.
- Voraussetzung für das Funktionieren eines solchen Netzwerkes ist Vertrauen und Kooperationsbereitschaft der Mitarbeiter.

9.3.2 Prozesse

Erfolgreiche Zusammenarbeit innerhalb und zwischen den Modulen basiert auf funktionierenden Gruppenprozessen und Vertrauen (vgl. Kapitel 8.2). *Wie können Gruppenprozesse gefördert und Vertrauen aufgebaut werden?*

Förderung der Gruppenprozesse

Funktionierende Gruppenprozesse setzen eine kohäsive Gruppe voraus. Kohäsion kann entwickelt werden durch:[780]

- Face-to-face-Kommunikation,
- eine funktionierende IuK, deren Nutzung sicher ist und festen Regeln unterliegt,
- Vertrauen,
- Dependenz zwischen den Mitgliedern,
- eine Belohnungsstruktur, bei der Gruppenleistungen adäquat entlöhnt werden,
- eine engagierte und kompetente soziale und konzeptionelle Führung und
- vor allem eine Passung von Individual- und Kollektivzielen.

Die Passung von Kollektiv- und Individualzielen ist in der Problemdefinition angelegt, wo die Kollektivziele in Form von Schlüsselherausforderungen identifiziert werden. Die Kollektivziele sind daher weitgehend festgelegt, wenn die Forscher rekrutiert werden, die Teilas-

[780] Rosenstiel, 1992; Gebert und Rosenstiel, 1996; Wilke und van Knippenberg, 1996; Staehle, 1991.

pekte dieser Schlüsselherausforderungen bearbeiten sollen. Dependenz und eine adäquate Belohnungsstruktur können durch die Modularisierung nach Schlüsselherausforderungen sichergestellt werden. Durch die gemeinsame Bearbeitung einer Schlüsselherausforderung sind die Mitarbeiter voneinander abhängig. Zudem erfolgt die Evaluation anhand dieser gemeinsamen Bearbeitung, und die Forscher werden weitgehend durch das Modul finanziert.

Auf die Aufgaben der Führung wird in Kapitel 9.3.4 eingegangen. An dieser Stelle bleibt festzuhalten: Sie sollte für eine sichere Kommunikationsstruktur sorgen und genügend Raum für Face-to-face-Kommunikation bereitstellen, da diese stark die Bildung von Vertrauen zwischen den Mitarbeitern fördert.

Aufbau von Vertrauen

Ohne Vertrauen kein Austausch von Wissen, vor allem kein Austausch von unveröffentlichtem Wissen, so das Fazit von Kapitel 8.2.2.[781] Wenn die Forscher unveröffentlichtes Wissen austauschen, sind sie einerseits stark verwundbar, weil dieses Wissen von anderen Mitarbeitern vereinnahmt werden könnte. Andererseits basiert disziplinübergreifende Zusammenarbeit auf einem solchen Austausch, wodurch man sich einen Mehrwert für die zugrundeliegende Fragestellung erhofft. Ein solcher Mehrwert ist jedoch nicht eindeutig voraussehbar. Der Austausch von Wissen kann zu einer Win-Win-Situation führen, muss es aber nicht.[782] Luhmann nennt dies das „Problem der *riskanten Vorleistung*“[783]. Damit die Forscher trotz dieses Risikos Wissen austauschen, müssen sie sich einander vertrauen. Sie müssen sich emotional verbunden fühlen, um strategisch zu kooperieren und somit für beide Seiten die wahrscheinlich optimale Konstellation zu erzielen. Die Existenz von Vertrauen erweist sich daher als notwendig für die disziplinübergreifende Zusammenarbeit, und folglich ist es erforderlich zu wissen, wie Vertrauen aufgebaut und gefördert werden kann.

Die Voraussetzungen und Maßnahmen für eine erfolgreiche Gruppenarbeit fördern grundsätzlich auch die Entwicklung von Vertrauen. Um gezielt Vertrauen aufzubauen, sollten sich die Beteiligten anfänglich nur kurz persönlich vorstellen und sich rasch der Aufgabe widmen. Die Führung sollte diese *rasche Aufgabenorientierung* veranlassen und moderat vertrauensvoll in den Gruppenprozess einsteigen.

---

781 Zur Diskussion des Vertrauensbegriffs vgl. Aulinger, 1999; Luhmann, 1989; Wurche, 1994; Krystek und Zumbrock, 1993; Huemer et al., 1998; von Kramer und Tyler, 1996.

782 Wurche, 1994: 153.

783 Luhmann, 1989: 23 (Hervorhebungen im Original).

Durch die rasche Aufgabenorientierung kann noch keine Verbindung auf emotionaler Ebene und folglich kein Vertrauen aufgebaut werden. Aber es besteht die Möglichkeit, ein *Swift Trust* zu erzeugen, d.h. ein rasches Vertrauen des „als ob".[784] Die Beteiligten agieren dabei vertrauensvoll, auch wenn sie sich nicht persönlich kennen, weil dies den Arbeitsprozess erleichtert und sie durch den kooperativen Einstieg der Führung davon ausgehen, vertrauen zu können. Sie tun so, als ob Vertrauen vorhanden wäre. Ein solches Swift Trust ist nur bei einer moderaten Interdependenz möglich; die Beteiligten dürfen nicht existentiell voneinander abhängig sein, müssen aber ein Interesse an einem gelingendem Gruppenprozess haben.

Durch ein Swift Trust wird in Folge eine *Vertrauensspirale* in Gang gesetzt.[785] Diese Vertrauensspirale kann zu einem persönlichen Vertrauen, einem „echten" Vertrauen führen, welches das Swift Trust ablöst. Der Aufbau eines persönlichen Vertrauens bedarf zudem der Face-to-face-Kommunikation, der Berührung und des persönlichen Kennenlernens. Hierfür ist Zeit erforderlich. Diese Zeit sollte unbedingt bei persönlichen Treffen einkalkuliert werden. Im IPG I standen die persönlichen Treffen bspw. immer unter Zeitdruck. Dieser Zeitdruck erschwerte nicht nur ein persönliches Kennenlernen, er führte zu Stress und Angst und behinderte dadurch die Bildung von Vertrauen. Um eine solche Entwicklung und ein „Umkippen" der Vertrauensspirale zu verhindern, sollte die Führung den Gruppenprozess ständig reflektieren, Probleme ansprechen und rechtzeitig gegensteuern.

Strategien & Maßnahmen für die Zusammenarbeit

- Eine disziplinübergreifende Zusammenarbeit basiert existentiell auf einer erfolgreichen Gruppenarbeit und einem hohem Maß an Vertrauen.
- Die Gruppenarbeit kann insbesondere gefördert werden durch: Passung von Individual- und Kollektivzielen, Belohnung der Gruppenarbeit, Face-to-face-Kommunikation, Abhängigkeit der Mitarbeiter voneinander u.a.
- Für den Aufbau von Vertrauen bietet sich folgendes Vorgehen an: Rasche Aufgabenorientierung und kooperativer Einstieg der Führung kann zu einem Swift Trust führen, einem Vertrauen des „als ob". Dadurch kann eine Vertrauensspirale in Gang gesetzt werden, die durch Face-to-face-Kommunikation und Zeit für das persönliche Kennenlernen begleitet werden sollte.

---

[784] Meyerson et al., 1996; Jarvenpaa und Leidner, 1997.

[785] Zand, 1997.

9.3.3 *Personal*

In der wissenschaftlichen Ausbildung werden *disziplinäre Kompetenzen* vermittelt. Diese sind notwendig aber nicht hinreichend für eine TNF. So sollen die Forscher disziplinübergreifend zusammenarbeiten, was einerseits die Bereitschaft und Fähigkeit voraussetzt zu kooperieren und andererseits die Kompetenz, die Potenziale und Grenzen der eigenen Disziplin abschätzen zu können. Zudem sollen sie mit der Praxis zusammenarbeiten. Hierfür ist es erforderlich, dass sie sich in deren Situation hineinversetzen und deren Sprache sprechen können. Aus diesen Gründen werden zusätzlich *transdisziplinäre-wissenschaftspropädeutische*[786] und *kommunikative und umsetzungsorientierte Kompetenzen* erforderlich. Die Zusammenarbeit vor allem mit Praxisakteuren setzt zudem *soziale und emotionale Kompetenzen* voraus.

Diese Reihe von Kompetenzen zeigt die Bedeutung der Forschenden. Mit Bezug auf das Konzept des Mitarbeiters als Mitunternehmer[787] sind die beteiligten Forschenden als der entscheidende Wert in einem Forschungsprojekt anzusehen. Sie haben nicht nur ihr Wissen einzubringen, sie sollten auch erkennen, inwieweit es fruchtbar ist, mit anderen Forschenden zu kooperieren, welche Möglichkeiten sich aufgrund von Änderungen im Umfeld ergeben, welche Bedürfnisse die Praxisakteure haben etc. Die beteiligten Forschenden sind mehr als Forscher, die eine eng abgesteckte Aufgabe bearbeiten; sie sind im Sinne von Mitunternehmern zu verstehen.

Inwieweit können die Forscher diesen Kompetenzen gerecht werden? Hier kann zwischen Docs, Postdocs und Professoren unterschieden werden. Während bei den *Professoren* am ehesten davon ausgegangen werden kann, dass sie über eine Reihe der aufgeführten Kompetenzen verfügen, zeigt sich bei ihnen jedoch ein starkes Zeitproblem. Sie sind i.d.R. in einer Reihe von Forschungsprojekten engagiert, weshalb sie nur wenig Zeit für ein einzelnes Projekt aufbringen können und wollen. Aus diesem Grunde möchten sie ihre Kompetenzen eher bei strategischen Fragestellungen als in der operativen Forschungsarbeit einbringen. Dieses geringe Zeitbudget kann auf zwei Arten effizient genutzt werden: Erstens können Professoren ein Modul leiten, das sich einer disziplinübergreifenden Fragestellung angenommen hat. Dieses Modul wäre in ihrer Verantwortung, und der Erfolg des Moduls wäre direkt auf sie zurechenbar. Wenn sie einen Reputationsgewinn anstreben, müssten sie daher ihr geringes Zeitbudget für eine disziplinübergreifende Fragestellung einsetzen. Zweitens könnten die

[786] Defila und Di Giulio, 1996.

[787] Wunderer, 1999.

Professoren einen Beirat für das Gesamtprojekt bilden, die strategische Richtung vorgeben, den Forschungsprozess kontrollieren und den Zusammenhalt sicherstellen.

Die *Doktoranden* verfügen im Gegensatz zu den Professoren über sehr viel Zeit, aber nur über wenig Erfahrung. Daher bedürfen sie eines Coachings durch erfahrenere Forscher.

Dieses Coaching könnten *Postdocs* übernehmen. Sie verfügen i.d.R. über mehr Erfahrung und können eher die verlangten Kompetenzen vorweisen. Zudem ist ihr Zeitbudget größer als das der Professoren. Aus diesen Gründen sind sie als die eigentliche Stütze eines Forschungsprojektes zu betrachten. Hierbei stellt sich allerdings vielfach das Problem, dass die Postdocs nach ihrer Dissertation entweder in die Praxis oder an andere Universitäten wechseln. Die Stützen drohen hier „wegzubrechen". Um diese Problematik zu umgehen, sind zwei Strategien denkbar:

1. Es könnte mit den Postdocs ein ihnen gerechter Karriereplan erarbeitet werden.
2. Postdocs sollten durch neue Postdocs ersetzt werden, nicht durch Doktoranden.

Zudem können einem Forschungsprojekt auch *Berater* angehören. Sie verfügen weniger über streng wissenschaftliche Kompetenzen, auch wenn sie eine wissenschaftliche Ausbildung absolviert haben. Ihre Stärke liegt vor allem in der Wahrnehmung einer Brückenfunktion zwischen Wissenschaft und Praxis. Sie nehmen eine bedeutende Rolle bei der Rekontextualisierung des wissenschaftlich erarbeiteten Wissens und bei der konkreten Vermittlung ein. Allerdings ist ihre Arbeitszeit sehr kostenintensiv. Daher sollten sie verstärkt punktuell eingesetzt werden, wenn mit der Praxis zusammengearbeitet wird.

Da Docs wie Postdocs vornehmlich eine wissenschaftliche Ausbildung in einer Disziplin absolviert haben, kann durch diese Ausbildung nicht sichergestellt werden, dass sie auch über die anderen Kompetenzen verfügen bzw. das Potenzial aufweisen, diese zu entwickeln. Daher ist der *Auswahlprozess* von entscheidender Bedeutung.

Bei der Auswahl der Mitarbeiter wird sich vielfach auf das persönliche und unstrukturierte Gespräch gestützt. Empirische Untersuchungen haben ergeben, dass dieses Verfahren in Bezug auf den späteren Erfolg eine Validität von 0,14 aufweist. Eine Kombination von Verfahren kann diese Validität bedeutend steigern. So könnte das Interview bspw. strukturierter erfolgen, und mittels Noten und bisheriger Forschungsarbeiten könnten disziplinäre und disziplinübergreifende Fähigkeiten geprüft werden. Soziale Kompetenzen ließen sich bspw. anhand von weiteren außerstudentischen oder außeruniversitären Aktivitäten ermitteln.

Strategien & Maßnahmen im Personalbereich

- Die Forschenden sollten neben disziplinären Kompetenzen auch transdisziplinär-wissenschaftspropädeutische, kommunikativ-umsetzungsorientierte und sozial-emotionale Kompetenzen aufweisen.
- Die Forschenden sind als Mitunternehmer aufzufassen.
- Professoren sollten mit der Leitung eines Moduls/Schlüsselherausforderung beauftragt werden, nicht mit einem disziplinären Modul.
- Postdocs stellen die Stütze des Forschungsprozesses dar. Sie sollten die Docs coachen, damit diese sich die notwendigen Kompetenzen aneignen können.
- Berater können erfolgreich zwischen Wissenschaft und Praxis moderieren.
- Bei der Rekrutierung ist das unstrukturierte Interview durch weitere Verfahren zu ergänzen, bspw. durch Prüfung von Forschungsarbeiten und außeruniversitären Aktivitäten.

9.3.4 Führung

Die Anforderungen an die Führung ergeben sich aus der Organisationsstruktur, den Prozessen und der Personalstruktur. Die *Organisationsstruktur* basiert auf flachen Hierarchien, selbständigen Modulen und einem virtuellen Netzwerk. Um den Zusammenhalt des Netzwerkes zu garantieren und Verselbständigungstendenzen der Module entgegen zu wirken, wird eine Führung erforderlich, die sich um *Zusammenhalt* und gemeinsame *Vision* bemüht.

Die Prozesse basieren auf kohäsiven Teams und Vertrauen. Um effizientes Teamwork und Vertrauen sicherzustellen, sollte die Führung kooperativ in den Gruppenprozess einsteigen, den Aufbau von Vertrauen aktiv fördern und die Passung von Individual- und Kollektivzielen sicherstellen. Hierfür ist eine *soziale und konzeptionelle Führung* erforderlich.

Die *Personalstruktur* ist geprägt durch kompetente Professoren mit einem sehr geringen Zeitbudget und durch motivierte Docs mit viel Zeit und wenig Erfahrung. Die Professoren können daher vermutlich nicht die operative Führung des Forschungsprozesses übernehmen, und die Docs bedürfen eines Coachings, einer konzeptionellen Führung. Diese konzeptionelle Führung sollten die Postdocs übernehmen, da sie über mehr Zeit als die Professoren verfügen und größere Erfahrung und Kompetenzen als die Docs aufweisen.

Wie können diese Anforderungen an die Führung konkret umgesetzt werden? Die drei Führungsebenen von Mintzberg dienen als Grundlage für die Umsetzung (vgl. Tabelle 12). Innerhalb wie außerhalb kann Führung mittels Information, durch Menschen und/oder mittels direkter Einflussnahme erfolgen. Je nach dem, ob die Führung innerhalb oder außerhalb erfolgt, unterscheiden sich diese drei Arten durch ihre konkrete Ausprägung. Während extern nur kommuniziert, Beziehungen geknüpft oder verhandelt werden kann, so kann intern zudem kontrolliert, geleitet und direkt gehandelt werden.

Innerhalb der Einheit	Außerhalb der Einheit
Führung mittels Information	
Kontrollieren & Kommunizieren	Kommunizieren
Führung durch Menschen	
Leiten	Verbinden
Führung mittels direkter Einflussnahme	
Handeln	Verhandeln

Tabelle 13: Die drei Führungsebenen nach Mintzberg.[788]

Aufbauend auf den Anforderungen, Mintzbergs Konzeption und den Ergebnisse von Bartlett und Goshal[789] erscheint folgende Führungsstruktur sinnvoll (vgl. Tabelle 14):

Das *Topmanagement* sollte zentralisiert werden. Die Professoren könnten, wie oben vorgeschlagen, einen Beirat bilden. Dieser Beirat würde das Projekt begleiten, den Forschungsprozess reflektieren, die strategische Stossrichtung festlegen und eine Vision entwickeln. Außerhalb des Projektes könnte der Beirat Kontakte knüpfen und das Projekt präsentieren.

Die *Gesamtprojektleitung* sollte sich aus einem Team zusammensetzen, dem auch die Leiter der einzelnen Module und ein Beiratsmitglied beiwohnen. Aufgabe wäre die Koordination der Module, das Identifizieren und Nutzen von Synergiepotenzialen, die Sicherstellung des Zusammenhalts und die Motivation des Gesamtteams; sie führt sozial und konzeptionell.

Die *Leiter der Module* sind als Mitunternehmer aufzufassen. Sie leiten die Module weitgehend selbständig und halten Kontakt zur Gesamtprojektleitung. Auch sie führen sozial und konzeptionell, allerdings vornehmlich innerhalb eines Moduls. Diese Module sollten teilweise über Budgethoheit verfügen und mindestens eine finanzielle Grundausstattung erhalten. Die Finanzierung weitergehender Aktivitäten, die sich aus dem Forschungsprozess ergeben, ließe sich auf Ebene der Gesamtprojektleitung entscheiden. Dadurch könnten zum einen besser Kooperationen zwischen den Modulen realisiert werden, und zum anderen könnte Verselbständigungstendenzen der Module entgegengewirkt werden, da diese sich in das Gesamtprojekt einpassen müssen, wenn sie zusätzliche Finanzierungen erzielen wollen.

---

[788] Mintzberg, 1999: 14 und 1994.

[789] Mintzberg, 1994; Bartlett und Goshal, 1998.

	Modulmanager	**Gesamtprojektleitung**	**Beirat**
Rolle	Entrepreneur/Coach	Integrator/Coach	Stratege/Visionär
Nutzen-gewinn	Konzentration auf Produktivität & Innovation innerhalb eines Moduls	Nutzung von Synergien zwischen den Einheiten	Entwickeln & Verankern der Gesamtrichtung
Haupt-aufgabe	Selbständiges Verfolgen von Forschungszielen Sozial & konzept. Führen	Koordination der Module Vermitteln zwischen kurz- & langfristigen Zielen	Vision & Ziel geben. Annahmen in Frage stellen & neue Chancen suchen
Ein-stellung	Ergebnisorientiert	Integrationsfigur	Visionär & Stratege
Wissen	Fachliche Detailkenntnisse	Breite Forschungserfahrung	Verständnis des Projekts in seinem Kontext
Fähig-keiten	Motivation & Coaching der Mitarbeiter	Entwickeln von Menschen & Koordination	Finden & Konzipieren neuer Geschäftschancen

Tabelle 14: Managementrollen, -aufgaben und -kompetenzen.[790]

9.4 Evaluation transdisziplinärer Forschungsprozesse

Mängel disziplinärer Evaluationsverfahren und -kriterien

Was soll in welcher Phase von wem nach welchen Kriterien bewertet werden? Dies ist die Frage, die sich bei der Evaluation stellt. In Kapitel 7.4 haben sich Verfahren zur disziplinären Evaluation für eine TNF aus einer Reihe von Gründen als ungenügend erwiesen:[791]

- Die disziplinäre Forschung stellt nur einen Teil der TNF dar.
- Dieser Teil wird zudem disziplinären Kriterien nicht gerecht, weil nicht primär auf die Weiterentwicklung einer disziplinären Theorie oder die Erklärung eines aus disziplinärer Perspektive interessanten Phänomens gezielt wird, sondern weil die Anwendung disziplinärer Theorien und Methoden auf eine außerdisziplinäre Fragestellung beabsichtigt ist. Das Ziel der TNF ist demnach ein anderes als in der disziplinären Forschung.
- Bibliometrische Verfahren können nicht angewandt werden, da bisher nur wenige transdisziplinäre Journals existieren, die zudem vielfach nicht in den Datenbanken enthalten sind, auf die sich bibliometrische Verfahren stützen.

---

790 In Anlehnung an Bartlett und Goshal, 1998: 82 und 86.

791 Zu den Verfahren disziplinärer Evaluation vgl. Hornbostel, 1997; Schweizerischer Wissenschaftsrat, 1998; Weingart,

Aus diesen Gründen kann bei den Verfahren zur disziplinären Evaluation Anleihe genommen werden, aber sowohl die Verfahren als auch die Kriterien sind an die Ziele TNF anzupassen. Aufgrund der mangelnden Datenlage können kurz- bis mittelfristig quantitative Verfahren kein adäquates Abbild TNF liefern.[792] Daher wurde sich in Kapitel 7.4 auf das Peer Review gestützt. Dies hat eine Reihe von Nachteilen, aber es existiert kein anderes Verfahren, das es ersetzen könnte.[793]

Ziele der Evaluation transdisziplinärer Nachhaltigkeitsforschung

Die Evaluation TNF hat die *Qualität*, die *Effektivität* und die *Effizienz* zu bewerten. Die Qualität zeichnet sich dadurch aus, inwieweit die einzelnen Wissensarten bereitgestellt wurden, die Effektivität bezeichnet die Relevanz des zugrundegelegten lebensweltlichen Problems und die Effizienz bezieht sich auf die zielgerichtete Mitteleinsetzung.

Herkunft und Kompetenzen der evaluierenden Personen

TNF findet in drei Feldern statt: *wissenschaftsextern, wissenschaftsintern und auf der internen operativen Ebene*. Daher sollte die Forschung durch Personen bewertet werden, die über Kompetenzen in den jeweiligen Feldern verfügen. Für den wissenschaftsinternen Bereich wurden zum einen Forscher mit dem jeweiligen disziplinären Hintergrund vorgeschlagen und zum anderen Wissenschaftsforscher, die die horizontale Integration bewerten können. Die wissenschaftsexterne Evaluation könnten einerseits die betroffenen Praxisakteure vornehmen, andererseits könnten Beratungsfachleute beigezogen werden, die sowohl wissenschaftliche als auch über Erfahrung in der Zusammenarbeit mit der Praxis verfügen. Für die operative Ebene sollten Organisationsberater die Bewertung vornehmen.[794]

Kriterien für die Evaluation transdisziplinärer Forschungsprozesse

Die Kriterien, nach welchen die Evaluation erfolgen soll, sind abhängig von der Phase, in der evaluiert wird. In Kapitel 7.4.3 wurden eine Reihe von qualitativen Kriterien abgeleitet, die sich auf das Forschungsdesign beziehen, wie es in der „Problemdefinition" erarbeitet werden soll. Grundsätzlich sollte die Evaluation anhand der Anforderungen erfolgen, die für jedes Modul in den vorigen Abschnitten aufgestellt wurden.

1991; Lee et al., 1999; Phelan, 1999.

792 Zum Forschungsstand der transdisziplinären Evaluation vgl. insb. Defila und Di Giulio, 1999; Kötter, 1999; Krott, 1997 und 2000; Rosenblum, 1997; Parthey, 1996 und 1999; Bordons et al., 1999.

793 Hornbostel, 1997; Lee et al., 1999; Rojo, 1999; Strömholm, 1999.

9.5 Schlusswort

Wie ist Transdisziplinarität möglich? Dies war die Ausgangsfrage der Arbeit; eine Frage aus der Lebenswelt transdisziplinärer Forschung. Es war eine transdisziplinäre Herangehensweise erforderlich, sozusagen eine transdisziplinäre Forschung über transdisziplinäre Forschung. Es bedurfte einer ausführlichen Problemdefinition, der Partizipation und das Verstehen der Praxis und eine Transformation in den wissenschaftlichen Kontext. Schließlich sollte auch eine praktische Verwendung der Forschungsergebnisse in die Forschungspraxis erfolgen. Die ist teilweise innerhalb des IPG I erfolgt, aber die Hoffnung besteht, dass die Ergebnisse auch in anderen Forschungsprojekten Verwendung finden.

Die lebensweltliche Struktur der Fragestellung und die damit einhergehende Komplexität führte zu einer großen Breite von Schlüsselherausforderungen, denen sich eine transdisziplinäre Forschung zu stellen hat, wenn sie erfolgreich sein möchte. Diese Breite der Probleme verlangte eine breite Bearbeitung. Da diese Bearbeitung von einer einzelnen Person nur schwer zu bewerkstelligen ist, wurde sich auf eine betriebswirtschaftliche und eine methodisch-wissenschaftstheoretische Perspektive beschränkt. Andere Perspektiven, wie bspw. eine psychologische mussten außen vor bleiben. Trotz dieser Einschränkung wurden in der Arbeit eine große Bandbreite von Fragestellungen bearbeitet und viele verschiedene Theorien und Konzepte verarbeitet. Diese große Bandbreite macht die Arbeit leicht angreifbar. Aus der Sicht eines Experten für Personalwirtschaft könnte sich bspw. das Kapitel zu Personal als unzureichend erweisen.

Einem solchen Einwand lässt sich entgegenhalten: Es ging in der Arbeit nicht um die theoretische und/oder methodische Weiterentwicklung einer spezifischen Disziplin. Es ging in der Arbeit um die lebensweltlichen Probleme transdisziplinärer Forschung mit dem Ziel, für diese Probleme praktisch verwendbare Lösungsansätze zu entwickeln. Bewertet werden sollte die Arbeit daher daran, inwieweit ihr das gelungen ist. Analog zum Untersuchungsgegenstand der transdisziplinären Forschung erfordert auch die Bewertung dieser Arbeit andere Kriterien, als sie in der disziplinären Forschung zur Anwendung gelangen.

Festzuhalten bleibt auch: Das Ziel ist nicht, die disziplinäre Forschung durch eine transdisziplinäre zu ersetzen. Dies wäre alleine aus dem Grund nicht möglich, dass die transdisziplinäre Forschung existentiell auf der disziplinären Wissensproduktion basiert. Das Ziel ist, die disziplinäre Forschung durch eine transdisziplinäre zu ergänzen. Eine solche Ergänzung

---

[794] Krott, 1997; Kötter, 1999.

wird als notwendig erachtet, weil die disziplinäre Forschung nicht hinreichend ist, um praktisch-lebensweltliche Fragestellungen adäquat zu bearbeiten. Transdisziplinäre Forschung ist daher per se nicht eine bessere Forschung, sie ist eine andere Forschung, die Wissen auf eine andere Art und Weise strukturiert, strukturiert anhand lebensweltlicher Problemstellungen.

Eine solche Strukturierung wird von der Gesellschaft gefordert, da eine Reihe gesellschaftlicher Probleme auf andere Weise nicht lösbar erscheinen, deren Lösung aber vielfach dringend gefordert ist. Wenn die Wissenschaften demnach ihren Beitrag leisten wollen und sich als ein Teil der Gesellschaft ansehen, der Mitverantwortung für diese Probleme trägt, dann ist es dringend zu überlegen, wie dieser Beitrag geleistet werden kann. Einen Beitrag zu einer solchen Überlegung soll die vorliegende Arbeit leisten.

Literaturverzeichnis

AG „Interdisziplinarität - Evaluationskriterien" (1998) Vorschläge für Evaluationskriterien inter- und transdisziplinärer Projekte. *In:* Interdisziplinarität im Zusammenwirken von Universität und Öffentlichkeit, Schweizerischer Hochschulkonferenz (Hrsg.), Kolloqium am 25./26. September 1997 in Neuenburg/Schweiz, Bern.

AG „Restriktionen und Optionen" (Hrsg., 1998) Restriktionen und Optionen: Eine transdisziplinäre Heuristik zur Untersuchung und Gestaltung von Prozessen nachhaltiger Entwicklung, aufgezeigt am Lebensmittelmarkt in den Beispielregionen Bern und Aargau, Diskussionspapier Nr. 3 des IP-Gesellschaft I, St. Gallen.

Amann, K. und Knorr-Cetina, K. (1996) Zur Methodologie qualitativer Wissenschaftsforschung. *In:* Ökologie und Interdisziplinarität - eine Beziehung mit Zukunft? Wissenschaftsforschung zur Verbesserung der fächerübergreifenden Zusammenarbeit, Balsiger, Ph. W., Defila, R., Di Giulio, A. (Hrsg.), Birkhäuser, Basel.

Anbar, M. (1986) The „Bridge Scientist" And His Role. *In:* Interdisciplinary Analysis and Research, Chubin, D. E., Porter, A. L., Rossini, F. A., Connolly, T. (Hrsg.), Lomond, Maryland. Aufsatz erstmalig erschienen in: *Research/Development, July 1973:* 33-37.

Arnold, S., Tanner, C., Wölfing Kast, S. (1999) Die Wirkung ausgewählter Kontextbedingungen auf das ökologisch nachhaltige Einkaufsverhalten: Resultate einer Tagebuchstudie, Institut für Psychologie, Universität Bern, Ergebnispapier Nr. 5.

Aulinger, A. (1996) (Ko-)Operation Ökologie. Kooperationen im Rahmen ökologischer Unternehmenspolitik, Metropolis, Marburg.

Aulinger, A. (1999) Wissenskooperationen - Eine Frage des Vertrauens? *In:* Kooperation im Wettbewerb. Neue Formen und Gestaltungskonzepte im Zeichen von Globalisierung und Informationstechnologie, Engelhard, J. und Sinz, E. J. (Hrsg.), Gabler, Wiesbaden.

Balsiger, Ph. W. (1996) *Überlegungen und Bemerkungen hinsichtlich einer Methodologie interdisziplinärer Wissenschaftspraxis, In:* Ökologie und Interdisziplinarität - eine Beziehung mit Zukunft? Wissenschaftsforschung zur Verbesserung der fächerübergreifenden Zusammenarbeit, Balsiger, Ph. W., Defila, R., Di Giulio, A. (Hrsg.), Birkhäuser, Basel.

Balsiger, Ph. W. und Kötter, R. (1996) Disziplinübergreifende Wissenschaftspraxis: Interdisziplinarität, Transdisziplinarität und partizipativer Ansatz, unveröffentlichtes Arbeitspapier, Erlangen.

Balsiger, Ph. W. und Kötter, R. (1997) Methodologische Aspekte des interdisziplinären Diskurses. *Ethik und Sozialwissenschaften, Nr. 8/97:* 529-531.

Balsiger, Ph. W. und Kötter, R. (1998) Rückmeldung zur Modultagung des IP Gesellschaft vom 22. Januar 1998 in Bern aus der Sicht des Diskussionsforums „Transdisziplinärer Forschungsprozess", Erlangen.

Balsiger, Ph. W. und Kötter, R. (1998b) Protokoll des 2. Workshops des Diskussionsforums „Transdisziplinärer Forschungsprozess" vom 24./25. März 1998 in Zürich.

Barnes, L. B. (1981) Managing the paradox of organizational trust. *Harvard Business Review, März/April 1981:* 107-116.

Bartlett, Ch. A. und Goshal, S. (1998) Wie sich die Rolle des Managers verändert. *Harvard Business Manager, No. 6/1998:* 79-90.

Bayertz, K. (1987) Naturphilosophie als Ethik. Zur Vereinigung von Natur- und Moralphilosophie im Zeichen der ökologischen Krise. *Philosophia Naturalis 24:* 158-185.

Beck, H. und Giovannini, B. (1998) Einleitung, Synthese und Empfehlungen. *In:* Interdisziplinarität im Zusammenwirken von Universität und Öffentlichkeit, Schweizerischer Hochschulkonferenz (Hrsg.), Kolloqium am 25./26. September 1997 in Neuenburg/Schweiz, Bern.

Beck, U. (1996) Das Zeitalter der Nebenfolgen und die Politisierung der Moderne. *In:* Reflexive Modernisierung. Eine Kontroverse, Beck, U., Giddens, A. und Lash, S. (Hrsg.), Suhrkamp, Frankfurt am Main.

Beck, U. und Bonß, W. (1989) Verwissenschaftlichung ohne Aufklärung? Zum Strukturwandel von Sozialwissenschaft und Praxis. *In:* Weder Sozialtechnologie noch Aufklärung? Analysen zur Verwendung sozialwissenschaftlichen Wissens, Beck, U. und Bonß, W. (Hrsg.), Suhrkamp, Frankfurt am Main.

Becker, E. und Wehling, P. (1993) Risiko Wissenschaft. Ökologische Perspektiven in Wissenschaft und Hochschule. Campus, Frankfurt am Main und New York.

Bella, D.A. und Williamson, K.J. (1986) Conflicts In Interdisciplinary Research. *In:* Interdisciplinary Analysis and Research, Chubin, D. E., Porter, A. L., Rossini, F. A., Connolly, T. (Hrsg.), Lomond, Maryland. Aufsatz erstmalig erschienen in: *Journal of Environmental Systems, Vol. 6, no. 2., 1976-77:* 105-124.

Belz, F.-M., Meyer, A. und Pichel, K. (1999) Zukunftswerkstätten zur Initiierung ökologischer Wandelprozesse in der Lebensmittel- und Textilbranche. *GAIA, no. 1/99:* 48-62.

BFS / BUWAL (Bundesamt für Statistik und Bundesamt für Umwelt, Wald und Landschaft) (1997) Umwelt in der Schweiz 1997. EDMZ, Bern.

Binswanger, H. Ch., Frisch, H. und Nutzinger, H. G. (1983) Arbeit ohne Umweltzerstörung. Fischer, Frankfurt am Main.

Birnbacher, D. (1991) Mensch und Natur. Grundzüge der ökologischen Ethik. *In:* Praktische Philosophie, Bayertz, K. (Hrsg.), Rowohlt, Reinbeck bei Hamburg.

Blackwell, G. W. (1986) Multidisciplinary Team Research, In: Interdisciplinary Analysis and Research, Chubin, D. E., Porter, A. L., Rossini, F. A., Connolly, T. (Hrsg.), Lomond, Maryland. Aufsatz erstmalig erschienen in: *Social Forces, Vol. 33, May 1955:* 367-374.

Bleicher, K. (1995) Vertrauen als kritischer Faktor. *In:* Unternehmerischen Wandel erfolgreich bewältigen: Change-Management als Herausforderung, Müller-Stewens, G. und Spickers, J. (Hrsg.), Gabler, Wiesbaden.

Bonß, W., Hohlfeld, R. und Kollek, R. (1993a) Einleitung. *In:* Wissenschaft als Kontext - Kontexte der Wissenschaft, Bonß, W., Hohlfeld, R. und Kollek, R., Junius, Hamburg.

Bonß, W., Hohlfeld, R. und Kollek, R. (1993b) Soziale und kognitive Kontexte des Risikobegriffs in der Gentechnologie. *In:* Wissenschaft als Kontext - Kontexte der Wissenschaft, Bonß, W., Hohlfeld, R. und Kollek, R., Junius, Hamburg.

Bonß, W., Hohlfeld, R. und Kollek, R. (1993c) Kontextualität - ein neues Paradigma der Wissenschaftsanalyse?. *In:* Wissenschaft als Kontext - Kontexte der Wissenschaft, Bonß, W., Hohlfeld, R. und Kollek, R., Junius, Hamburg.

Bourdieu, P. (1975) The Specificity of the Scientific Field and the Social Conditions of the Progress of Reason. *Social Science Information, No. 14(6):* 19-47.

Bordons, M., Zulueta, M. A., Romero, F. und Barrigón, S. (1999) Measuring Interdisciplinary Collaboration within a University: The Effects of the Multidisciplinary Research Programme. *Scientometrics, Vol. 46, No. 3:* 383-398.

Bovenschulte, M. und Wissel, G. (1999) Spielerisch ins Bewusstsein schleichen. Enlightainment versteht sich als neuer Ansatz im Public Understanding of Science. *Wissenschaftsmanagement, Nr. 2/99:* 24-28.

Brundtland-Bericht (1987) Unsere gemeinsame Zukunft – der Brundtland-Bericht der Weltkommission für Umwelt und Entwicklung. Herausgegeben von V. Hauff, Greven, Eggenkamp.

Bund, M. (1998) Forschung und Entwicklung in der virtuellen Unternehmung. *Wissenschaftsmanagement, Nr. 5/9:* 247-253.

Burger, P. (2000) What kind of knowledge do we gain in inter- and transdisciplinary research and how do we justify it?. *In:* Contributions to the Dialogue Sessions and Idea Market of the International Transdisciplinarity 2000 Conference, Häberli, R., Scholz, R. W., Bill, A. und Welti, M. (Hrsg.), Haffmanns, Zürich.

CASS und ProClim (1997) Visionen der Forschenden, ProClim, Forum für Klima und Global change, Schweizerische Akademie der Naturwissenschaften, Bern.

Cassell, E. J. (1986) How Does Interdisciplinary Work Get Done?. *In:* Interdisciplinary Analysis and Research, Chubin, D. E., Porter, A. L., Rossini, F. A., Connolly, T. (Hrsg.), Lomond, Maryland.

Cesana, A. (1996) Allgemeine Wissenschaftspropädeutik. *In:* Interdisziplinarität, Stiftung Mensch - Gesellschaft – Umwelt (MGU) (Hrsg.), Arbeitspapier MGU, no. 12/96, Basel.

Chen, X. (1997) Thomas Kuhn's Latest Notions Of Incommensurability. *Journal for General Philosophy of Science, Nr. 28:* 257-273.

Chesbrough, H.W. / Teece, D.J. (1996) Innovation richtig organisieren - aber ist virtuell auch virtuos?. *Harvard Business Manager, 18 Jg., Nr. 3/96:* 63-70.

Coleman, W. (1988) Göttliche Vorsehung, Kapitalismus und Umweltzerstörung. Englische Apologetik in einer Epoche wirtschaftlicher Umwälzungen. In: Fortschritte der Naturzerstörung, Sieferle, R. P. (Hrsg.), Suhrkamp, Frankfurt am Main.

Cranach, M. v. (1992) The multi-level organisation of knowledge and action - An integration of complexity. *In:* Social representations and the social bases of knowledge, Cranach, M. v. Doise, W. und Mugny, G. (Hrsg.), Huber, Bern.

Creed, W.E. D. und Miles, R. E. (1996) Trust in Organizations: A Conceptual Framework Linking Organizational Forms, Managerial Philosophies, and the Opportunity costs of Controls. *In:* Trust in Organizations: Frontiers of theory and research, Kramer, R. M. und Tyler, T. R. (Hrsg.), Sage, Thousand Oaks, London und Neu Delhi.

Daheim, H., Kollmer, J., Messmer, H. und Olscha, Ch. (1989) Wie ist Verständigung möglich? Kommunikation zwischen Wissenschaft und Praxis in Seminaren der beruflichen Fortbildung von Verwaltungsangehörigen. *In:* Weder Sozialtechnologie noch Aufklärung? Analysen zur Verwendung sozialwissenschaftlichen Wissens, Beck, U. und Bonß, W. (Hrsg.), Suhrkamp, Frankfurt am Main.

Dahrendorf, R. (1988) Theorie und Praxis. *In:* Grenzen der Sozialwissenschaften, Mäding, H. (Hrsg.), Universitätsverlag, Konstanz.

Da Pozzo, F. (1998) Einführung. Informationslücken und Kommunikationsbrücken zwischen politischer Kundschaft und Daten-Anbieterschaft. In: Beitrag zu einem Indikatorensystem für die Wissenschafts- und Technologiepolitik, Schweizerischer Wissenschaftsrat (Hrsg.), Bern.

Daschkeit, A. (1998) Umweltforschung interdisziplinär - notwendig, aber unmöglich?. *In:* Umweltforschung quergedacht. Perspektiven integrativer Umweltforschung und –lehre, Daschkeit, A. und Schröder, W. (Hrsg.), Springer, Berlin, Heidelberg, New York u.a.

Davidow, W. H. und Malone, M. S. (1993) Das virtuelle Unternehmen. Der Kunde als Co-Produzent. Campus, Frankfurt am Main und New York.

Defila, R., Balsiger, Ph. W. und Di Giulio, A. (1996) Ökologie und Interdisziplinarität - eine Beziehung mit Zukunft? Wissenschaftsforschung zur Verbesserung der fachübergreifenden Zusammenarbeit, *In:* Ökologie und Interdisziplinarität - eine Beziehung mit Zukunft? Wissenschaftsforschung zur Verbesserung der fächerübergreifenden Zusammenarbeit, Balsiger, Ph. W., Defila, R., Di Giulio, A. (Hrsg.), Birkhäuser, Basel.

Defila, R. und Di Giulio, A. (1996) Voraussetzungen zu interdisziplinärem Arbeiten und Grundlagen ihrer Vermittlung, *In:* Ökologie und Interdisziplinarität - eine Beziehung mit Zukunft? Wissenschaftsforschung zur Verbesserung der fächerübergreifenden Zusammenarbeit, Balsiger, Ph. W., Defila, R., Di Giulio, A. (Hrsg.), Birkhäuser, Basel.

Defila, R. und Di Giulio, A. (1996b) Interdisziplinäre Forschungsprozesse: Erwartungen und Realisierungsmöglichkeiten in einem Forschungsprogramm - das Schwerpunktzentrum „Umweltverantwortliches Handeln" in seinem Umfeld, *In:* Umweltproblem Mensch. Humanwissenschaftliche Zugänge zu umweltverantwortlichem Handeln, Kaufmann-Hayoz, R. und Di Giulio, A. (Hrsg.), Birkhäuser, Bern.

Defila, R. und Di Giulio, A. (1997) Der Weingartsche Knoten. Problemorientierung ohne naiven Realismus. *Ethik und Sozialwissenschaften, Nr. 8/97*: 536-537.

Defila, R. und Di Giulio, A. (1998) Interdisziplinarität und Disziplinarität. *In:* Zwischen den Fächern – über den Dingen?, Olbertz, J.-H. (Hrsg.), Leske+Budrich, Opladen.

Defila, R. und Di Giulio, A. (1999) Transdisziplinarität evaluieren - aber wie?. *Panorama, Sondernummer.*

Deppert, W. und Theobald, W. (1998) Eine Wissenschaftstheorie der Interdisziplinarität. Zur Grundlegung integrativer Umweltforschung und –bewertung. *In:* Umweltforschung quergedacht. Perspektiven integrativer Umweltforschung und –lehre, Daschkeit, A. und Schröder, W. (Hrsg.), Springer, Berlin, Heidelberg, New York u.a.

Dewey, J. (1966) Democracy and Education. An Introduction to the Philosophy of Education, **New York.**

Di Giulio, A. (1996) Ökologie - eine Naturwissenschaft? Argumente für eine interdisziplinäre Ausrichtung der Ökologie, *In:* Ökologie und Interdisziplinarität - eine Beziehung mit Zukunft? Wissenschaftsforschung zur Verbesserung der fächerübergreifenden Zusammenarbeit, Balsiger, Ph. W., Defila, R., Di Giulio, A. (Hrsg.), Birkhäuser, Basel.

Dörner, D. (1989) Die Logik des Misslingens, Reinbeck bei Hamburg.

Drilling, M. (1996): Allgemeine Wissenschaftspropädeutik in einem interdisziplinär-ökologischen Studiengang – Dilemma oder Chance?. *In:* Ökologie und Interdisziplinarität - eine Beziehung mit Zukunft? Wissenschaftsforschung zur Verbesserung der fächerübergreifenden Zusammenarbeit, Balsiger, Ph. W., Defila, R., Di Giulio, A. (Hrsg.), Birkhäuser, Basel.

Egger, Ph. (1996) Interdisziplinäre Lehre als Voraussetzung. *In:* Interdisziplinarität, Stiftung Mensch - Gesellschaft – Umwelt (MGU) (Hrsg.), Arbeitspapier MGU, no. 12/96, Basel.

Enquete-Kommission „Schutz des Menschen und der Umwelt" des Deutschen Bundestages (1994) Die Industriegesellschaft gestalten. Perspektiven für einen nachhaltigen Umgang mit Stoff- und Materialströmen. Economica, Bonn.

Epton, S. R., Payne, R. L. und Pearson, A. W. (Hrsg., 1983) Managing Interdisciplinary Research, Wiley, Chichester, New York u.a.

Ernst, R. (2001) The Responsibility of Science and Scientists. *In:* Transdisciplinarity: Joint Problem Solving among Science, Technology, and Society, Thompson Klein, J. T. et al. (Hrsg.), Birkhäuser, Basel.

Felt, U., Nowotny, H. und Taschwer, K. (1995) Wissenschaftsforschung. Eine Einführung, Campus, Frankfurt am Main und New York.

Feyerabend, P. (1995) Wider den Methodenzwang. Suhrkamp, Frankfurt am Main.

Friedrichs, J. und Holländer, K. (Hrsg., 1999) Stadtökologische Forschung. Theorien und Anwendungen, Berlin.

Füglister, K. M. (1996) Biofocus Stadtökologie. *In:* Interdisziplinarität, Stiftung Mensch - Gesellschaft - Umwelt (MGU) (Hrsg.), Arbeitspapier MGU, no. 12/96, Basel.

Fues, W. M. (1996) Wie Interdisziplinarität als Wissenschaft notwendig wird. *In:* Ökologie und Interdisziplinarität - eine Beziehung mit Zukunft? Wissenschaftsforschung zur Verbesserung der fächerübergreifenden Zusammenarbeit, Balsiger, Ph. W., Defila, R., Di Giulio, A. (Hrsg.), Birkhäuser, Basel.

Galtung, J. V. (1978) Methodologie und Ideologie. Suhrkamp, Frankfurt am Main.

Gebert, D. und Rosenstiel, L. v. (1996) Organisationspsychologie, 4. Auflage, Kohlhammer, Stuttgart.

Gibbons, M. et al. (1994) New Production of Knowledge: Dynamics of Science and Research in Contemporary Societies. Sage, London, Thousand Oaks und New Delhi.

Giddens, A. (1988) Die Konstitution der Gesellschaft. Campus, Frankfurt am Main und New York

Giddens, A. (1995) Konsequenzen der Moderne. Suhrkamp, Frankfurt am Main.

Gil, T. (1996) Wissenschaft als technisiertes Forschungshandeln. *Concordia 29:* 19-30.

Gil, T. (1997) Gestalten des Utopischen. Zur Sozialpragmatik kollektiver Vorstellungen. Universitätsverlag, Konstanz.

Glauber, H. und Pfriem, R. (Hrsg., 1992): Ökologisch Wirtschaften. Erfahrungen, Strategien, Modelle. Fischer, Frankfurt am Main.

Goleman, D. (1996) Emotionale Intelligenz. Hanser, München und Wien.

Goleman, D. (1999) Emotionale Intelligenz - zum Führen unerlässlich. *Harvard Business Manager, Nr. 3/99:* 27-36.

Gomez, P. und Zimmermann, T. (1993) Unternehmensorganisation. Profile, Dynamik, Methodik, 2. Auflage. Campus, Frankfurt am Main und New York.

Goodman, N. (1984) Weisen der Welterzeugung. Suhrkamp, Frankfurt am Main.

Gräfrath, B., Huber, R. und Uhlemann, B. (1991) Einheit, Interdisziplinarität, Komplementarität : Orientierungsprobleme der Wissenschaft heute, Akademie der Wissenschaften zu Berlin, Forschungsbericht 3. De Gruyter, Berlin.

Groh, R. / Groh, D. (1991) Weltbild und Naturaneignung : Zur Kulturgeschichte der Natur, Suhrkamp, Frankfurt am Main.

Grossenbacher-Mansuy, W. (1997) Umsetzungswissen - Wissen umsetzen im SPP Umwelt. *Panorama, Nr. 9/97:* 12-18.

Häberli, R. (1997) Wirksame Forschung durch Transdisziplinarität. Wege der Zusammenarbeit von Wissenschaft und Praxis, *Neue Zürcher Zeitung, Nr. 164 v. 18. Juli 1997:* 13.

Häberli, R. und Grossenbacher-Mansuy, W. (1998) Transdisziplinarität zwischen Förderung und Überforderung. Erkenntnisse aus dem SPP Umwelt. *GAIA, no. 3/98:* 196-213.

Häberli, R., Scholz, R. W., Bill, A. und Welti, M. (Hrsg., 2000) Contributions to the Dialogue Sessions and Idea Market of the International Transdisciplinarity 2000 Conference. Haffmanns, Zürich.

Hacking, I. (1996) Einführung in die Philosophie der Naturwissenschaften. Reclam, Ditzingen.

Hacking, I. (1999) Was heißt 'soziale Konstruktion'? Zur Konjunktur einer Kampfvokabel in den Wissenschaften. Fischer, Frankfurt am Main.

Hagstrom, W. O. (1965) The Scientific Community. Basic Books, New York.

Hartmann, Y. E. (1998) Controlling interdisziplinärer Forschungsprojekte. Theoretische Grundlagen und Gestaltungsempfehlungen auf der Basis einer empirischen Erhebung. Schäffer-Poeschel, Stuttgart.

Handy, C. (1995) Trust and the Virtual Organization. *Harvard Business Review, Mai/Juni 1995:* 40-50.

Heintz, B. (1998) Die soziale Welt der Wissenschaft. Entwicklungen, Ansätze und Ergebnisse der Wissenschaftsforschung. *In:* Wissenschafts- und Technikforschung in der Schweiz: Sondierungen einer neuen Disziplin, Heintz, B. und Nievergelt, B. (Hrsg.), Seismo, Zürich.

Hirsch Hadorn, G. (1993) Wieso ist ökologisches Handeln mehr als eine Anwendung ökologischen Wissens?. *GAIA, no. 3/93:* 141-151.

Hirsch Hadorn, G. (1995) Beziehungen zwischen Umweltforschung und disziplinärer Forschung. *GAIA, no. 5-6/95:* 302-314.

Hirsch Hadorn, G. (1998) Das Selbstverständnis als transdisziplinär Forschende im gesellschaftlichen Prozess nachhaltiger Entwicklung. Vortrag vom 4. November 1998 im Rahmen der Modultagung des SPP Umwelt / Schweizerischer Nationalfonds, Bern.

Hirsch Hadorn, G. (1999) Warum ist die Beurteilung von Manuskripten über transdisziplinäre Forschungsprojekte diffus, und wie könnte dem Abhilfe geschaffen werden?. Vortrag im Rahmen des GAIA-Herausgebertreffens vom 23./24. April 1999 in Karlsruhe.

Hirsch Hadorn, G. (1999b) Nachhaltige Entwicklung und der Wert der Natur. *GAIA, no. 4/99:* 269-274.

Hirsch Hadorn, G., Hungerbühler, K. und Koller, Th. (1996/97) Transdisziplinäre Forschung - was ist damit gemeint?. *ETH intern, no. 9/96 u. 97:* 6-7.

Hirsch Hadorn, G. und Pohl, Ch. (1999) Umweltforschung und nachhaltige Entwicklung. Über die Rolle der Umweltforschung in dem Versuch, gesellschaftliche Prozesse zu steuern. *GAIA, no. 1/99:* 70-72.

Hirsch Hadorn, G. und Minsch, J. (2000): Einführungsvortrag zur Schlusstagung des Integrierten Projekts Gesellschaft I, 10.02.00. *In:* Wege zur nachhaltigen Ernährung, Integriertes Projekt Gesellschaft I (Hrsg.), Diskussionsbeitrag 6 des IP-Gesellschaft I, St. Gallen.

Hirsch Hadorn, G. und Wölfing Kast, S. (1998) Die Arbeitsgruppe ‚Restriktionen und Optionen': Entstehung, Ziele und transdisziplinärer Forschungsansatz. *In:* Restriktionen und Optionen: Eine transdisziplinäre Heuristik zur Untersuchung und Gestaltung von Prozessen nachhaltiger Entwicklung, AG „Restriktionen und Optionen" (Hrsg.), Diskussionspapier Nr. 3 des IP-Gesellschaft I, St. Gallen.

Hofer, K. / Stalder, U. (2000) Regionale Produktorganisationen als Transformatoren des Bedürfnisfeldes Ernährung in Richtung Nachhaltigkeit? Potenziale – Effekte – Strategien, Geographica Bernensia, Bern.

Holländer, K. (1997) Integrating Natural and Social Scientists: The Practice of Interdisciplinary Environmental Research in the Research Program 'Urban Ecology'. Paper presented at the Conference „Science for a Sustainable Society: Integrating Social and Natural Sciences", Roskilde 26.-29.10.1997.

Hollis, M. (1995) Soziales Handeln. Eine Einführung in die Philosophie der Sozialwissenschaft, Akademie, Berlin.

Holzhey, H. (Hrsg., 1974) interdisziplinär. Interdisziplinäre Arbeit und Wissenschaftstheorie, Schwabe, Basel und Stuttgart.

Hornbostel, S. (1997) Wissenschaftsindikatoren. Bewertungen in der Wissenschaft. Westdeutscher Verlag, Opladen.

Hübenthal, U. (1991) Interdisziplinäres Denken. Versuch einer Bestandesaufnahme. Steiner, Stuttgart.

Huemer, L., von Krogh, G. und Roos, J. (1998) Knowledge and the concept of trust. *In:* Knowing in Firms – Understanding, Managing and Measuring Knowledge, von Krogh, G., Roos, J. und Kleine, D. (Hrsg.), Sage, London, Thousand Oaks und Neu Delhi.

Institut für sozial-ökologische Forschung (1994) Sustainable Netherlands. Aktionsplan für eine nachhaltige Entwicklung der Niederlande. Studientext Nr. 1, Frankfurt am Main.

IP-Gesellschaft II (1997) Ziele und Fragen. Bulletin Nr. 1 des Integrierten Projekts Gesellschaft „Strategien und Instrumente für eine nachhaltige Entwicklung" des Schwerpunktprogramms Umwelt des Schweizerischen Nationalfonds, Bern.

Jaeger, J. und Scheringer, M. (1998) Transdisziplinarität: Problemorientierung ohne Methodenzwang. *GAIA, no. 1/98:* 10-25.

Jaeger, J. und Scheringer, M. (1999) Wofür steht Transdisziplinarität? - Kritische Anmerkungen zur 'Managementperspektive'. *GAIA, no. 1/99:* 5-7.

James, W. (1907) Pragmatism. A new Name for some old Ways of Thinking, New York.

Jarvenpaa, S.L. / Leidner, D.E. (1997) Do You Read Me? The Development and Maintenance of Trust in Global Virtual Teams. INSEAD working paper 97/95/TM, Fontainebleau.

Jenni, L. (1996) Wunsch und Wirklichkeit MGU, *In:* Interdisziplinarität, Stiftung Mensch - Gesellschaft - Umwelt (MGU) (Hrsg.), Arbeitspapier MGU, no. 12/96, Basel.

Jenni, L. (2000) Transdisciplinary research: The MGU research programm, *In:* Contributions to the Dialogue Sessions and Idea Market of the International Transdisciplinarity 2000 Conference, Häberli, R., Scholz, R. W., Bill, A. und Welti, M. (Hrsg.), Haffmanns, Zürich.

Jochimsen, R. (1974) Zur gesellschaftspolitischen Relevanz interdisziplinärer Zusammenarbeit. *In:* interdisziplinär. Interdisziplinäre Arbeit und Wissenschaftstheorie, Holzhey, H. (Hrsg.), Schwabe, Basel und Stuttgart.

Jochum, E., Domsch, M. und Gerpott, T. (1983) Peer Assessments in Industrial R & D Departments: Some Considerations and Implications for Future Research Based on a Review of Recent Literature. *In:* Managing Interdisciplinary Research, Epton, S. R. / Payne, R. L. / Pearson, A. W. (Hrsg.), Wiley, Chichester, New York u.a.

Jungbluth, N., Hofer, K. und Schulz, T. (1998) Zugrundeliegende Forschungsfragen und Planung der Empirie für die transdisziplinäre Arbeit in der AG R&O. *In:* Restriktionen und Optionen: Eine transdisziplinäre Heuristik zur Untersuchung und Gestaltung von Prozessen nachhaltiger Entwicklung, AG „Restriktionen und Optionen" (Hrsg.), Diskussionspapier Nr. 3 des IP-Gesellschaft I, St. Gallen.

Jungbluth, N. (2000) Umweltfolgen des Nahrungsmittelkonsums: Beurteilung von Produktmerkmalen auf Grundlage einer modularen Ökobilanz. Dissertation ETH Zürich, Dissertation.de, Berlin.

Kay, R. (1990) Managing Creativity in Science and Hi-Tech. Springer, Berlin, Heidelberg, New York u.a.

Kieser, A. (1993) Organisationsstruktur. *In:* Ergebnisse empirischer betriebswirtschaftlicher Forschung. Zu einer Realtheorie der Unternehmung, Hauschildt, J. und Grün, O. (Hrsg.), Schäffer-Poeschel Stuttgart.

Kirsch, W. (1997) Kommunikatives Handeln, Autopoiese, Rationalität : kritische Aneignungen im Hinblick auf eine Evolutionäre Organisationstheorie. 2. überab. und erw. Auflage, Kirsch, Herrsching.

Kirsch, W. und Eckert, N. (1998) Die Betriebswirtschaftslehre im Spannungsfeld zwischen Praxis und Grundlagenforschung. *In:* Universität und Praxis: Tendenzen und Perspektiven wissenschaftlicher Verantwortung für Wirtschaft und Gesellschaft: der Universität St. Gallen zum 100-Jahr-Jubiläum, Spoun, Sascha et al. (Hrsg.), Neue Zürcher Zeitung, Zürich.

Knorr-Cetina, K. (1984) Die Fabrikation von Erkenntnis. Suhrkamp, Frankfurt am Main.

Knorr-Cetina, K. (1989) Spielarten des Konstruktivismus. *Soziale Welt, Nr. 40(1/2):* 86-96.

Kocka, J. (Hrsg., 1989) Interdisziplinarität. Praxis – Herausforderung – Ideologie. Suhrkamp, Frankfurt am Main.

Kommission Petitpierre (1997) Strategie Umweltforschung und Nachhaltige Entwicklung. Bern.

Konradt, U. (1999) Partner im virtuellen Unternehmen. *Harvard Business Manager, Nr. 3/99:* 103-107.

Kötter, R. (1997) Interdisziplinäre Wissenschaft als Herausforderung. Vortrag für den Kongress „Naturwissenschaften an der Schwelle zum 21. Jahrhundert - Kein neues Atlantis", 28. - 30.11.1997, Dortmund.

Kötter, R. (1999) Die Evaluationsproblematik bei transdisziplinären Forschungsprojekten. Vortrag im Rahmen des 3. Diskussionsforums „Transdisziplinärer Forschungsprozess", Schwerpunktprogramm Umwelt des Schweizerischen Nationalfonds, vom 23./24. März 1999, Basel.

Kötter, R. und Balsiger, Ph. (1998) Interdisziplinarität und Transdisziplinarität als ständige Herausforderungen für die Wissenschaft. Unveröffentlichtes Manuskript, Erlangen.

Kötter, R. und Balsiger, Ph. (1999) Interdisciplinarity and Transdisciplinarity: A Constant Challenge To The Sciences. *Issues in Integrative Studies, No. 17:* S. 87-120.

Kramer, R. M. und Tyler, T. R. (Hrsg., 1996) Trust in Organizations: Frontiers of theory and research. Sage, Thousand Oaks, London und Neu Delhi.

Krohn, W. und Küppers, G. (1989) Die Selbstorganisation der Wissenschaft. Suhrkamp, Frankfurt am Main.

Krott, M. (1994) Management vernetzter Umweltforschung. Wissenschaftspolitisches Lehrstück Waldsterben. Böhlau, Wien.

Krott, M. (1996) Interdisziplinarität im Netz der Disziplinen. *In:* Ökologie und Interdisziplinarität - eine Beziehung mit Zukunft? Wissenschaftsforschung zur Verbesserung der fächerübergreifenden Zusammenarbeit, Balsiger, Ph. W., Defila, R., Di Giulio, A. (Hrsg.), Birkhäuser, Basel.

Krott, M. (1997) Evaluierung als Instrument der Forschungspolitik. Alternative Verfahren am Beispiel interdisziplinärer Projekte. *SWS-Rundschau, Wien, Nr. 3/97:* 269-283.

Krott, M. (1997b) Interdisziplinärer Sondernutzen diesseits vom Diskurs-Paradoxon. *Ethik und Sozialwissenschaften, Nr. 8/97:* 556-558.

Krott, M. (2000): Scientific quality by controlling. *In:* Contributions to the Dialogue Sessions and Idea Market of the International Transdisciplinarity 2000 Conference, Häberli, R., Scholz, R. W., Bill, A. und Welti, M. (Hrsg.), Haffmanns, Zürich.

Krystek, U. und Zumbrock, S. (1993) Planung und Vertrauen. Die Bedeutung von Vertrauen und Misstrauen für die Qualität von Planungs- und Kontrollsystemen. Schaeffer-Poeschel, Stuttgart.

Kuhn, Th. S. (1976) Struktur wissenschaftlicher Revolutionen. 2. rev. und um das Postskriptum von 1969 erw. Auflage, Suhrkamp, Frankfurt am Main.

Lakatos, I. (1978) The Methodology of Scientific Research Programms. Philosophical Papers, Vol. I, Cambridge.

Lamnek, S. (1995) Qualitative Sozialforschung. Bd. 1 Methodologie, 3. korr. Auflage, Beltz Psychologie, Weinheim.

Lamnek, S. (1995b) Qualitative Sozialforschung. Bd. 2 Methoden und Techniken, 3. korr. Auflage, Beltz Psychologie, Weinheim.

Latour, B. (1979) Le dernier des capitalistes sauvages. Interview d`un biochemiste, Paris: Conservatoire des Artes et Métiers.

Latour, B. und Woolgar, S. (1986) Laboratory Life: The Construction of Scientific Facts, Sage, Beverly Hills.

Lau, Ch. (1989) Die Definition gesellschaftlicher Probleme durch die Sozialwissenschaften. *In:* Weder Sozialtechnologie noch Aufklärung? Analysen zur Verwendung sozialwissenschaftlichen Wissens, Beck, U. und Bonß, W. (Hrsg.), Suhrkamp, Frankfurt am Main.

Laudel, G. (1999) Interdisziplinäre Forschungskooperationen. Erfolgsbedingungen der Institution „Sonderforschungsbereich". Sigma, Berlin.

Lauener, H. (1995) Offene Transzendentalphilosophie Methodologie und pragmatisch relativiertes Apriori. *In:* Pragmatische Tendenzen in der Wissenschaftstheorie, Handbuch der Pragmatik Bd. 5, Stachowiak, H. (Hrsg.), Meiner, Hamburg.

Lee, M., Om, K. und Koh, J. (1999) Blind Review Of Research Proposals in Korea: Its Effectiveness And Factors Affecting Applicant Detection. *Scientometrics, 45/1:* 17-31.

Leipert, Ch. (1992) Wie teuer ist unser Fortschritt? Wie kann er wieder bezahlbar werden?. *In:* Ökologisch Wirtschaften. Erfahrungen, Strategien, Modelle, Glauber, H. und Pfriem, R. (Hrsg.), Fischer, Frankfurt am Main.

Lenk, H. und Maring, M. (1995) Begründung, Erklärung, Gesetzesartigkeit in den Sozialwissenschaften. *In:* Pragmatische Tendenzen in der Wissenschaftstheorie, Handbuch der Pragmatik Bd. 5, Stachowiak, H. (Hrsg.), Meiner, Hamburg.

Lewicki, R. J. und Bunker, B. B. (1996) Developing and Maintaining Trust in Work Relationships. *In*: Trust in Organizations: Frontiers of theory and research, Kramer, R. M. und Tyler, T. R. (Hrsg.), Sage, Thousand Oaks u.a..

Lewin, K (1982) Psychologische Ökologie. *In:* Kurt Lewin-Werkausgabe, Feldtheorie, Band 4, Graumann, C.-F. (Hrsg.), Huber, Bern.

Liesenfeld, C. (1993) Inter- und Transdisziplinarität: Heuristik und Begründung. *Journal for General Philosophy of Science, 24:* 257-274.

Löwith, K. (1953) Weltgeschichte und Heilsgeschehen, Stuttgart.

Loose, A. und Sydow, J. (1994) Vertrauen und Ökonomie in Netzwerkbeziehungen - Strukturationstheoretische Betrachtungen. *In:* Management interorganisationaler Beziehungen. Vertrauen, Kontrolle und Informationstechnik, Sydow, J. und Windeler, A. (Hrsg.), Westdeutscher, Opladen.

Lübcke, P. (1992) Edmund Husserl: Die Philosophie als strenge Wissenschaft. *In:* Philosophie im 20. Jahrhundert, Band 1, Hügli, A. und Lübcke, P. (Hrsg.), Rowohlt, Reinbek bei Hamburg.

Lüdtke, K. (1995) Interdisziplinarität und Wissensentwicklung. Wie Phänomene in interdisziplinärer Kommunikation wissenschaftlich bedeutsam werden. *Journal for General Philosophy of Science, 26/95:* 93-117.

Lueken, G.-L. (1992) Inkommensurabilität als Problem rationalen Argumentierens, Stuttgart-Bad Cannstatt.

Luhmann, N. (1989) Vertrauen. Ein Mechanismus der Reduktion sozialer Komplexität, 3. durchgesehene Auflage, Stuttgart. 1. Auflage 1968 erschienen.

Maier, S., Tanner, C. und Schulz, T. (1998) Die Heuristik und der theoretische Rahmen für die transdisziplinäre Arbeit der AG Restriktionen & Optionen. *In:* Restriktionen und Optionen: Eine transdisziplinäre Heuristik zur Untersuchung und Gestaltung von Prozessen nachhaltiger Entwicklung, AG „Restriktionen und Optionen" (Hrsg.), Diskussionspapier Nr. 3 des IP-Gesellschaft I, St. Gallen.

Maier, S., Schulz, T. und Stalder, U. (1999) Regionale Produktorganisationen: Strategie für eine Nachhaltige Entwicklung? Das Beispiel „Natürlich Aargau". Diskussionsbeitrag 4 des IP-Gesellschaft I, St. Gallen.

Mayring, Ph. (1996) Einführung in die qualitative Sozialforschung. 3. ü.a. Auflage, Beltz Psychologie, Weinheim.

Meffert, H. (1998) Going virtual - Herausforderung an die marktorientierte Unternehmensführung. *Die Betriebswirtschaft, Nr. 1/98:* 1-4.

Merton, R. K. (1957) Priorities in Scientific Discovery. *American Sociological Review, 22:* 635-659.

Merton, R. K. (1968) The Matthew Effect in Science. *Science, No. 159(3810):* 56-63.

Meyer-Krahmer, F. und Schmoch, U. (1998) Science-based technologies: university-industry interactions in four fields. *Research Policy, 27:* 835-851.

Meyer-Krahmer, F. (1999) Quantitative Approaches - Strengths And Weaknesses. *Scientometrics, Vol. 45/3: 413-415.*

Meyerson, D., Weick, K. E. und Kramer R. M. (1996) Swift Trust and Temporary Groups. *In*: Trust in Organizations: Frontiers of theory and research, Kramer, R. M. und Tyler, T. R. (Hrsg.), Sage, Thousand Oaks u.a..

Minsch, J. (1988) Ursache und Verursacherprinzip im Umweltbereich - Zur theoretischen Fundierung einer verursacherorientierten Umweltpolitik. Dissertation an der Universität St. Gallen, St. Gallen.

Minsch, J. (1993) Nachhaltige Entwicklung: Idee – Kernpostulate. Diskussionsbeitrag Nr. 14 des Instituts für Wirtschaft und Ökologie an der Universität St. Gallen (IWÖ-HSG), St. Gallen.

Minsch, J. (1995) Erfahrungen aus dem Zusammenarbeitsprozess - Ein Werkstattbericht. *Panorama, 5/95:* 19-23.

Minsch, J. (1995b) Nachhaltige Schweiz im internationalen Kontext: Visionen, Strategien und Instrumente, entwickelt am Beispiel des Bedürfnisfeldes Ernährung. Forschungsgesuch im Rahmen des Schwerpunktprogramms Umwelt des Schweizerischen Nationalfonds, Bern.

Minsch, J., Eberle, A., Meier, B. und Schneidewind, U. (1996) Mut zum ökologischen Umbau. Innovationsstrategien für Unternehmen, Politik und Akteurnetze. Birkhäuser, Basel.

Minsch, J., Feindt, P.-H., Meister, H.-P., Schneidewind, U. und Schulz, T. (1998) Institutionelle Reformen für eine Politik der Nachhaltigkeit. Studie für die Enquete-Kommission „Schutz des Menschen und der Umwelt" des 13. Deutschen Bundestages, Springer, Berlin, Heidelberg u.a.

Minsch, J. und Mogalle, M. (1998) Porträt des Integrierten Projekts Gesellschaft I: „Nachhaltige Schweiz im internationalen Kontext. Entwicklung von Visionen, Strategien und Instrumenten am Beispiel des Bedürfnisfeldes Ernährung". Positionierung - Fundierung - Zielsetzung - Organisation. Die ersten zwei Jahre im Forschungsprozess. Diskussionsbeitrag 1b des IP-Gesellschaft I, St. Gallen.

Minsch, J. und Mogalle, M. (Hrsg., 2000) Wege zur nachhaltigen Ernährung - Schlussbericht des Integrierten Projekts Gesellschaft I. Diskussionsbeitrag 5 des IP-Gesellschaft I, St. Gallen.

Minsch, J. und Mogalle, M. (2000b) Nachhaltige Schweiz im internationalen Kontext. Entwicklung von Visionen, Strategien und Instrumenten am Beispiel des Bedürfnisfeldes Ernährung. Gesamtbericht zuhanden der Expertenkommission.

Mintzberg, H. (1994) Rounding out the Manager's Job. *Sloan Management Review, Fall 1994:* 11-26.

Mintzberg, H. (1999): Profis bedürfen sanfter Führung, in: Harvard Business Manager, No. 3/1999, S. 9-15.

Mittelstraß, J. (1992) Leonardo-Welt: über Wissenschaft, Forschung und Verantwortung. Suhrkamp, Frankfurt am Main.

Mittelstraß, J. (1992b) Auf dem Wege zur Transdisziplinarität. *GAIA, 5/92:* 250.

Mittelstraß, J. (1995) Transdisziplinarität. *Panorama, 5/95:* 45-53.

Mittelstraß, J. (1998) Ein Prinzip fasst Fuß. *GAIA, 1/98:* 1-2.

Mogalle, M. (1996) Nachhaltige Entwicklung und Individualisierung. Eine subjektorientierte Perspektive. Diplomarbeit an der Universität St. Gallen, St. Gallen.

Mogalle, M. (1999) Transdisziplinäre Nachhaltigkeitsforschung - vom Schlagwort zu Forschungskonzeptionen. Diskussionsbeitrag 1a des IP-Gesellschaft I, St. Gallen.

Mogalle, M. (2000) Erfahrungen, Probleme und Lösungsvorschläge für das Management transdisziplinärer Forschungsprozesse. *In:* Wege zur nachhaltigen Ernährung - Schlussbericht des Integrierten Projekts Gesellschaft I, Minsch, J. und Mogalle, M. (Hrsg.), Diskussionsbeitrag 5 des IP-Gesellschaft I, St. Gallen.

Mogalle, M. (2000b): Der Bedürfnisfeld-Ansatz. Diskussionsbeitrag 7 des IP-Gesellschaft I, St. Gallen.

Mogalle, M. (2000c): Der Bedürfnisfeld-Ansatz. *GAIA, 3/00:* 204-210.

Morscher, E. (1991) Von Wert und Unwert der Wertfreiheit. *In:* Wissenschaft und Werte im Wandel, Ganthaler, H. und Zecha, G. (Hrsg.), VWGÖ, Wien.

Nowotny, H. (1998) Vorwort. *In:* Wissenschafts- und Technikforschung in der Schweiz: Sondierungen einer neuen Disziplin, Heintz, B. und Nievergelt, B. (Hrsg.), Seismo, Zürich.

Nowotny, H. (1998b) Immer tiefer, immer höher, immer besser? Was wissenschaftlicher Fortschritt sein soll, ist zunehmend unklar. *Neue Zürcher Zeitung, Nr. 193 vom 22./23. August 1998:* 81.

Nowotny, H. (1999) Es ist so. Es könnte auch anders sein. Suhrkamp, Frankfurt am Main.

Nussbaum, M. und Sen, A. (Hrsg., 1993) The Quality of Life, Clarendon Press, Oxford.

Nutzinger, Hans G. / Zahrnt, Angelika (Hrsg. 1989) Öko-Steuern. Umweltsteuern und –abgaben in der Diskussion. Müller C. F., Karlsruhe.

Ortmann, G. und Sydow, J. (1999) Grenzmanagement in Unternehmungsnetzwerken: Theoretische Zugänge. *Die Betriebswirtschaft, 2/99:* 205-220.

Parthey, H. (1996) Kriterien und Indikatoren interdisziplinären Arbeitens. *In:* Ökologie und Interdisziplinarität - eine Beziehung mit Zukunft? Wissenschaftsforschung zur Verbesserung der fächerübergreifenden Zusammenarbeit, Balsiger, Ph. W., Defila, R., Di Giulio, A. (Hrsg.), Birkhäuser, Basel.

Parthey, H. (1999) Persönliche Interdisziplinarität bei Wissenschaftlern. *In:* Interdisziplinarität - Herausforderung an die Wissenschaftlerinnen und Wissenschaftler. Festschrift zum 60. Geburtstag von Heinrich Parthey, Umstätter, W. und Wessel, K.-F. (Hrsg.), Kleine, Bielefeld.

Peirce, Ch. S. (1991) Schriften zum Pragmatismus und Pragmatizismus. Suhrkamp, Frankfurt am Main.

Peters, T. (1993) Jenseits der Hierarchien. Liberation Management. Econ, Düsseldorf u.a.

Pfriem, R. (1993) Der Igel ist immer schon weiter. Überlegungen zum Theorie-Praxis-Problem der Betriebswirtschaftslehre. *In:* Praxisvollzug der Betriebswirtschaftslehre, Fischer-Winkelmann, W.F. (Hrsg.), Gabler, Wiesbaden.

Pfriem, R. (1996) Unternehmenspolitik in sozialökologischen Perspektiven, Metropolis, Marburg.

Pfriem, R. (1998) Genug ist nicht genug. Was eine sozialökologische (=integrative?) Unternehmensethik möglicherweise gegen die Globalisierungsfalle anrichten kann. *In:* Weltwirtschaftsethik: Globalisierung auf dem Prüfstand der Lebensdienlichkeit, Maak, Th. und Lunau, Y. (Hrsg.), Haupt, Bern.

Phelan, T. J. (1999) A Compendium Of Issues For Citation Analysis. *Scientometrics, 45/1:* 117-136.

Pickering, A. (1984) Constructing Quarks: A Sociological History of Particle Physics. Edinburgh University Press, Edinburgh.

Pickering, A. (1992) Science as Practice and Culture. University of Chicago Press, Chicago und London.

Picot, A., Reichwald, R. und Wigand, R. T. (1996) Die grenzenlose Unternehmung. Information, Organisation und Management. Lehrbuch zur Unternehmensführung im Informationszeitalter, Gabler, Wiesbaden.

Pohl, Ch. (1999) Die Auseinandersetzung zwischen den vielfältigen transdisziplinären Forschungsansätzen ist gefragt!. *GAIA, 1999, 3/99:* 228-230.

Pohl, Ch. (1999b) Ein Arbeitsinstrument für die Evaluation inter- und transdisziplinärer Forschung. *GAIA, 4/99:* 249.

Popper, K. (1980) Die offene Gesellschaft und ihre Feinde, Bd. 1 und Bd. 2, 6. Auflage, UTB, Tübingen.

Popper, K. (1994) Logik der Forschung, 10. Auflage, Mohr, Tübingen.

Prahalad, C.K. / Hamel, Gary (1991) Nur Kernkompetenzen sichern das Überleben. *Harvard Manager, 2/91:* 66ff.

Quine, W. V. O. (1980) From a Logical Point of View. Havard University Press, Cambridge, Massachusetts.

Radermacher, F. J. (1997) Interdisziplinarität: Wie geht man mit komplexen Themen um?. *Ethik und Sozialwissenschaften, 8/97:* 570-572.

Randow, G. v. und Sentker, A. (2000) Technisches Leben, lebende Technik. *Die Zeit v. 29. Juni 2000, 27/00:* 3.

Reichwald, R. und Koller, H. (1996) Integration und Dezentralisierung von Unternehmensstrukturen. *In:* Produzieren im 21. Jahrhundert. Herausforderungen für die deutsche Industrie, Lutz, B., Hartmann, M. und Hirsch-Kreinsen, H. (Hrsg.), Campus, Frankfurt am Main.

Rojo, J. M. (1999) Peer Review - Experiences At National And European Level. *Scientometrics, 45/3:* 497-500.

Ropohl, G. (1997) Gemachtes überholt Gedachtes. Warum die Technisierung uns keine Zeit lässt. *Neue Zürcher Zeitung, Nr. 293 vom 17. Dezember 1997:* 65.

Rosenblum, D. (1997) In the Absence of a Paradigm: The Construction of Interdisciplinary Research. *Issues in Integrative Studies, 15/97:* 113-123.

Rosenstiel, L. v. (1992) Grundlagen der Organisationspsychologie. 3. Aufl., Schäffer-Poeschel, Stuttgart.

Rosenstiel, L. v. (1995) Die Arbeitsgruppe. *In:* Führung von Mitarbeitern. Handbuch für erfolgreiches Personalmanagement, Rosenstiel, L. v., Regnet, E. und Domsch, M. (Hrsg.), 3. Aufl., Schäffer-Poeschel, Stuttgart.

Roux, M. (1997) Gemeinsames Forschen von Praxis und Wissenschaft für eine nachhaltige Entwicklung. *GAIA, 6/97:* 153-156.

Russel, M.G. (1983) Peer Review in Interdisciplinary Research: Flexibility and Responsiveness, *In:* Managing Interdisciplinary Research, Epton, S. R. / Payne, R. L. / Pearson, A. W. (Hrsg.), Wiley, Chichester, New York u.a.

Rylko-Bauer, B., Willigen, J. v. und McElroy, A. (1989) Strategies for Increasing the Use of Anthropological Research in the Policy Process: A Cross-Disciplinary Analysis. *In:* Making Our Research Useful. Case Studies in the Utilization of Anthropological Knowledge, Willigen, J. v., Rylko-Bauer, B. und McElroy, A. (Hrsg.), Boulder, San Francisco und London.

Sachs, W. (1994) Globale Umweltpolitik im Schatten des Entwicklungsdenkens. *In*: Der Planet als Patient, Sachs, W. (Hrsg.), Birkhäuser, Berlin, Basel, Boston.

Sachs, W. (1997) Von der Schwäche der Zahlen oder die Kraft des Erzählens. *Wirtschaftsökologische Perspektiven, Bayreuth:* 27-33.

SAGUF (1996) Forschen für eine nachhaltige Schweiz. Diskussionsbeitrag der Arbeitsgruppe praxisbegleitende Forschung Schweiz (PUSCH), Zürich.

Sankey, H. (1994) The Incommensurability Thesis, Avebury, Aldershot, Brookfield USA u.a.

Sankey, H. (1997) Rationality, Relativism and Incommensurability, Avebury, Aldershot, Brookfield USA u.a.

Saxberg, B. O. und Newell, W. T. (1983) Interdisciplinary Research in the University: Need for Managerial Leadership. *In:* Managing Interdisciplinary Research, Epton, S. R. / Payne, R. L. / Pearson, A. W. (Hrsg.), Wiley, Chichester, New York u.a.

Schäfer, L. (1993) Das Bacon-Projekt. Von der Erkenntnis, Nutzung und Schonung der Natur. Suhrkamp, Frankfurt am Main.

Scheffler, I. (1974) Four Pragmatists. A Critical Introduction to Peirce, James, Mead and Dewey. Humanities Press, New York.

Schelbert, H. (1996) Miteinander statt gegeneinander. *In:* Interdisziplinarität, Stiftung Mensch - Gesellschaft - Umwelt (MGU) (Hrsg.), Arbeitspapier MGU, no. 12/96, Basel.

Schellnhuber, H.-J. et al. (1997) Syndroms of Global Change. *GAIA, 1/97:* 19–34.

Scheuermann, M. (1999) Kooperation durch Koordination. Wissenschaftsmanagement in der sozialwissenschaftlichen Umweltforschung. S. Roderer, Regensburg.

Schneider, H. J. (1996) Über das Verhältnis zwischen Natur- und Geisteswissenschaften – Wissenschaftstheoretische Überlegungen im Hinblick auf die Fähigkeit zur Interdisziplinarität. *In:* Ökologie und Interdisziplinarität - eine Beziehung mit Zukunft? Wissenschaftsforschung zur Verbesserung der fächerübergreifenden Zusammenarbeit, Balsiger, Ph. W., Defila, R., Di Giulio, A. (Hrsg.), Birkhäuser, Basel.

Schneider, H. (1996b) Historische Flora der Region. *In:* Interdisziplinarität, Stiftung Mensch - Gesellschaft - Umwelt (MGU) (Hrsg.), Arbeitspapier MGU, no. 12/96, Basel.

Schneider, W. L. (1989) Kooperation als strategischer Prozess. Administrative Auftragsforschung im Spannungsfeld zwischen professionellem Interesse und politischer Instrumentalisierung. *In:* Weder Sozialtechnologie noch Aufklärung? Analysen zur Verwendung sozialwissenschaftlichen Wissens, Beck, U. und Bonß, W. (Hrsg.), Suhrkamp, Frankfurt am Main.

Schneidewind, U. (1997) Wandel und Dynamik in Bedürfnisfeldern - Wesen und Gestaltungsperspektiven. Diskussionsbeitrag Nr. 2 des Integrierten Projektes Gesellschaft I, St. Gallen.

Schneidewind, U. (1998) Die Unternehmung als strukturpolitischer Akteur. Metropolis, Marburg.

Schneidewind, U. (2001) Mobilizing the Intellectual Capital of Universities. *In:* Transdisciplinarity: Joint Problem Solving among Science, Technology, and Society, Thompson Klein, J. T. et al. (Hrsg.), Birkhäuser, Basel.

Schneidewind, Uwe et al. (1997) Institutionelle Reformen für eine Politik der Nachhaltigkeit: Vom Was zum Wie in der Nachhaltigkeitsdebatte. *GAIA, 3/97:* 182-196.

Scholz, Ch. (1997) Strategische Organisationen: Prinzipien der Virtualisierung und Vitalisierung. Landsberg/Lech.

Scholz, R. W. (Hrsg., 1998) Region Klettgau : verantwortungsvoller Umgang mit Boden, Rüegger, Zürich.

Scholz, R. W. und Tietje, O. (2000): Embedded case study methods. Integrating quantitative and qualitative knowledge. Sage, London, *in press*.

Schrader, St. (1993) Kooperation. *In:* Ergebnisse empirischer betriebswirtschaftlicher Forschung. Zu einer Realtheorie der Unternehmung, Hauschildt, J. und Grün, O. (Hrsg.), Schäffer-Poeschel Stuttgart.

Schreyögg, G. (1996) Organisation. Grundlagen moderner Organisationsgestaltung, Gabler, Wiesbaden.

Schuh, G., Millarg, K. und Göransson, Asa (1998) Virtuelle Fabrik. Neue Marktchancen durch dynamische Netzwerke. Hanser, München und Wien.

Schuler, H. (1995) Auswahl von Mitarbeitern. *In:* Führung von Mitarbeitern. Handbuch für erfolgreiches Personalmanagement, Rosenstiel, L. v., Regnet, E. und Domsch, M. (Hrsg.), 3. Aufl., Schäffer-Poeschel, Stuttgart.

Schwaninger, M. (1997) 30 Kybernetiker online. Ein Beispiel globaler, transdisziplinärer Forschungskooperation. *HSG-Information v. 27. Januar 1997:* 7.

Schweizerischer Nationalfonds (1999) Nationale Forschungsschwerpunkte. Eine Initiative des Schweizerischen Nationalfonds zur Reform der Schwerpunktprogramme, Bern. Abrufbar unter: http://www.snf.ch/Programme_d/NFS_d.html.

Schweizerischer Wissenschaftsrat (1998) Beitrag zu einem Indikatorensystem für die Wissenschafts- und Technologiepolitik. Bern.

Sen, A. (1993) „Capability and Well-Being". *In:* The Quality of Life, Nussbaum, M. und Sen, A. (Hrsg.), Clarendon Press, Oxford.

Sharp, J. M. (1983) A Method for Peer Group Appraisal and Interpretation of Data Developed in Interdisciplinary Research Programs. *In:* Managing Interdisciplinary Research, Epton, S. R. / Payne, R. L. / Pearson, A. W. (Hrsg.), Wiley, Chichester, New York u.a.

Sieber, P. (1998) Virtuelle Unternehmen. *Wissenschaftsmanagement, 5/98:* 274-278.

Spaapen, J.B. und Wamelink, F.J.M. (2000): The Evaluation of Transdisciplinary Research. *In:* Contributions to the Dialogue Sessions and Idea Market of the International Transdisciplinarity 2000 Conference, Häberli, R., Scholz, R. W., Bill, A. und Welti, M. (Hrsg.), Haffmanns, Zürich.

SRU (Der Rat von Sachverständigen für Umweltfragen) (1994) Umweltgutachten 1994. Schäffer-Poeschel, Stuttgart.

Stiftung Mensch - Gesellschaft - Umwelt (MGU) (2000) Forschen – Finden – Bewegen. Selbstdarstellung der Stiftung MGU, Basel.

Strehle, A. (1978) Stufen sozialwissenschaftlicher Integration. Darstellung und Kritik bestehender und neuer Konzepte zur Integration der Sozialwissenschaften. Eine Vergleichsstudie. Dissertation an der Universität St. Gallen.

Stroebe, W., Diehl, M. und Abakoumkin, G. (1992) The Illusion of Group Effectivity. *Personality and Social Psychology Bulletin, 18/5:* 643-650.

Strömholm, S. (1999) Peer Review - Experience At National And European Level. *Scientometrics, 45/3:* 491-495.

Sydow, J. (1992) Strategische Netzwerke. Evolution und Organisation. Gabler, Wiesbaden.

Sydow, J. und Windeler, A. (1994) Über Netzwerke, virtuelle Integration und Interorganisationsbeziehungen. *In:* Management interorganisationaler Beziehungen. Vertrauen, Kontrolle und Informationstechnik, Sydow, J. und Windeler, A. (Hrsg.), Westdeutscher, Opladen.

TAB (Büro für Technikfolgenabschätzung beim Deutschen Bundestag) (1998) TA-Projekt 'Forschungs- und Technologiepolitik für eine nachhaltige Entwicklung'. Arbeitsbericht Nr. 58, Bonn.

Tanner, C. und Foppa, K. (1996) Umweltwahrnehmung, Umweltbewusstsein und Umweltverhalten. *In:* Umweltsoziologie, Diekmann, A., Jaeger, C. C., Sonderheft 36 der Kölner Zeitschrift für Soziologie und Sozialpsychologie, Westdeutscher, Opladen.

Tanner, C., Wölfing Kast, S., Arnold, S. und Sätteli, K. (1997) Internale und externale Restriktionen und Ressourcen ökologisch nachhaltigen Lebensmitteleinkaufs. Institut für Psychologie der Universität Bern, Ergebnispapier Nr. 1, Bern.

Tanner, C., Wölfing Kast, S. und Arnold, S. (1999) Typisierung von Konsumenten und Konsumentinnen aufgrund personaler und verhaltensbezogener Unterschiede. Institut für Psychologie der Universität Bern, Ergebnispapier Nr. 3, Bern.

Taylor, J. B. (1986) Building an Interdisciplinary Team. In: Interdisciplinary Analysis and Research, Chubin, D. E., Porter, A. L., Rossini, F. A., Connolly, T. (Hrsg.), Lomond, Maryland.

Tetens, H. (1999) Die Grenze. *Die Zeit, 37/99:* 55.

Thompson Klein, J. T. (1990) Interdisciplinarity : history, theory, and practice. Wayne State University Press, Detroit.

Thompson Klein, J. T. (1996) Crossing Boundaries : knowledge, disciplinarities, and interdisciplinarities. University Press of Virginia Charlottesville und London.

Thompson Klein, J. T. et al. (2001) Transdisciplinarity: Joint Problem Solving among Science, Technology, and Society. Birkhäuser, Basel.

Treibel, A. (1995) Einführung in soziologische Theorien der Gegenwart. 3. Aufl., Westdeutscher, Opladen.

UBA (Umweltbundesamt) (1997) Nachhaltiges Deutschland. Schmidt, Berlin.

Ullmann, A. (1976) Interdisziplinäres Forschen im NAWU: ein Erfahrungsbericht. Vortragsmanuskript für das Dozentenseminar „Interdisziplinarität in den Wirtschafts- und Sozialwissenschaften" der Hochschule St. Gallen v. 12./13.04.76, St. Gallen.

Ulrich, H. (1984) Die Betriebswirtschaftslehre als anwendungsorientierte Sozialwissenschaft. *In*: Hans Ulrich: Management, Dyllick, T. und Probst, G. (Hrsg.), Haupt, Bern und Stuttgart.

Ulrich, H. (1998) Praxisbezug und wissenschaftliche Fundierung einer transdisziplinären Managementlehre. *In:* Universität und Praxis: Tendenzen und Perspektiven wissenschaftlicher Verantwortung für Wirtschaft und Gesellschaft: der Universität St. Gallen zum 100-Jahr-Jubiläum, Spoun, Sascha et al. (Hrsg.), Neue Zürcher Zeitung, Zürich.

Valsangiacomo, A. (1998) Die Natur der Ökologie. Anspruch und Grenzen ökologischer Wissenschaften. VdF, Zürich.

Van den Daele, W. und Krohn, W. (1998) Experimental implementation as a linking mechanism in the process of innovation. *Research Policy, 27:* 853-868.

Villiger, A., Wüstenhagen, R. und Meyer, A. (2000) Jenseits der Öko-Nische. Birkhäuser, Basel.

von Krogh, G. und Venzin, M. (1995) Anhaltende Wettbewerbsvorteile durch Wissensmanagement. *Die Unternehmung, 6/95:* 417-433.

Voskamp, U. und Wittke, V. (1994) Von 'Silicon Valley' zur 'virtuellen Integration' - Neue Formen der Organisation von Innovationsprozessen am Beispiel der Halbleiterindustrie. *In:* Management interorganisationaler Beziehungen. Vertrauen, Kontrolle und Informationstechnik, Sydow, J. und Windeler, A. (Hrsg.), Westdeutscher, Opladen.

Walter-Busch, E. (1977) Labyrinth der Humanwissenschaften. Ein Leitfaden. Haupt, Bern.

Walter-Busch, E. (1994) Gemeinsame Denkfiguren von Experten und Laien. Über Stufen der Verwissenschaftlichung und einfache Formen sozialwissenschaftlichen Wissens. *In*: Expertenwissen. Die institutionalisierte Kompetenz zur Konstruktion von Wirklichkeit, Hitzler, R., Honer, A. und Maeder, C. (Hrsg.), Westdeutscher, Opladen.

Watzlawick, P., Beavin, J. H. und Jackson, D. D. (1969) Menschliche Kommunikation. Formen, Störungen, Paradoxien. Piper, Bern, Stuttgart und Wien.

WBGU (Wissenschaftlicher Beirat der Bundesregierung Globale Umweltveränderungen) (1996) Welt im Wandel: Herausforderungen für die deutsche Wirtschaft. Jahresgutachten 1996. Springer, Berlin und Heidelberg.

Weingart, P. (1991) Wissenschaftsindikatoren als soziale Konstruktion und ihre Realität. *In:* Weingart, P., Sehringer, R. und Winterhager, M. (Hrsg.) Indikatoren der Wissenschaft und Technik. Campus, Frankfurt am Main u.a.

Weingart, P. (1997) Interdisziplinarität - der paradoxe Diskurs. *Ethik und Sozialwissenschaften, 8/97:* 521-528.

Weingart, P. (1998) Science and the media. *Research Policy, 27:* 869-879.

Weizsäcker, E. U. v. (1989) Erdpolitik. Wissenschaftliche Buchgesellschaft, Darmstadt.

Weymann, A. und Wingens, M. (1989) Die Versozialwissenschaftlichung der Bildungs- und Arbeitsmarktpolitik. Eine kritische Zwischenbilanz zur öffentlichen Diskussion. *In:* Weder Sozialtechnologie noch Aufklärung? Analysen zur Verwendung sozialwissenschaftlichen Wissens, Beck, U. und Bonß, W. (Hrsg.), Suhrkamp, Frankfurt am Main.

Winch, P. (1966) Die Idee der Sozialwissenschaft und ihr Verhältnis zur Philosophie. Frankfurt am Main.

Wingens, M. (1988) Soziologisches Wissen und politische Praxis. Neuere theoretische Entwicklungen der Verwendungsforschung. Campus, Frankfurt am Main.

Wingens, M. (1998) Wissensgesellschaft und Industrialisierung der Wissenschaft. DUV, Wiesbaden.

Wölfing-Kast, S. (1999) Was hindert uns daran, umweltfreundlich zu handeln? Eine psychologische Perspektive. *GAIA, 4/95:* 279-287.

Wolter, H.-J., Wolff, K. und Freund, W. (1997) Das virtuelle Unternehmen. DUV, Wiesbaden.

Wüthrich, H.A. / Phillip, A.F. / Frentz, M.H. (1997) Vorsprung durch Virtualisierung. Gabler, Wiesbaden.

Wunderer, R. (1999) Mitarbeiter als Mitunternehmer - ein Transformationskonzept. *Die Betriebswirtschaft, 59:* 105-130.

Wurche, S. (1994) Vertrauen und ökonomische Rationalität in kooperativen Interorganisationsbeziehungen *In:* Management interorganisationaler Beziehungen. Vertrauen, Kontrolle und Informationstechnik, Sydow, J. und Windeler, A. (Hrsg.), Westdeutscher, Opladen.

Zand, D. E. (1997) The Leadership Triad. Knowledge, Trust, and Power. Oxford University Press, New York.

Zilsel, E. (1976) Die sozialen Ursprünge der neuzeitlichen Wissenschaft. Suhrkamp, Frankfurt am Main.

Ziman, J. (1994) Prometheus Bound. Science in a dynamic steady state. Cambridge University Press, Cambridge.

Weitere verwendete Quellen

Internet-Adressen

http://www.ipgesellschaft.ch/ (18.04.01): Homepage des Integrierten Projekts Gesellschaft I (IPG I).
http://www.unibas.ch/mgu/sagufnet/ (18.04.01): Homepage des Transdisziplinaritätsnetzwerkes der SAGUF.
http://www.sam-group.com/ (18.04.01): Homepage der SAM Sustainability Group.
http://ikaoewww.unibe.ch/ (18.04.01): Homepage der Interfakultären Koordinationsstelle für Ökologie (IKAÖ) an der Universität Bern.
http://www.snf.ch/ (18.04.01): Homepage des Schweizerischen Nationalfonds.
http://www.sppe.ch (18.04.01): Homepage des SPP Umwelt des Schweizerischen Nationalfonds.

Interviews

Interview 1 vom 8.06.98, Zugfahrt von Bern nach Winterthur.
Interview 2 vom 5.05.98, Solothurn.
Interview 3 vom 19./20.08.98, St. Gallen.
Interview 4 vom 18.08.98, St. Gallen.
Interview 5 vom 2.06.99, St. Gallen.
Interview 6 vom 15.07.99, Zürich.
Interview 7 vom 10.12.99, St. Gallen.
Interview 8 vom 14.12.99, Zürich.
Gruppendiskussion a) vom 25.08.98, Rüttlihubelbad.
Gruppendiskussion b) vom 25.08.98, Rüttlihubelbad (Zusammenfassung).

Protokolle

Protokoll der 1. Projektleitersitzung vom 13.05.96, St. Gallen.
Protokoll der 2. Projektleitersitzung vom 7.08.96, Bern.
Protokoll der 3. Projektleitersitzung vom 22./23.10.96, Herzberg.
Protokoll der 4. Projektleitersitzung vom 17.12.96, Zürich.
Protokoll der 5. Projektleitersitzung vom 4.02.97, Bern.
Protokoll der 6. Projektleitersitzung vom 27.02.97, Zürich.
Protokoll der 7. Projektleitersitzung vom 23.05.97, Zürich.
Protokoll der 8. Projektleitersitzung vom 13.08.97, Zürich.

Protokoll der 9. Projektleitersitzung vom 2.09.97, Bern.
Protokoll der 10. Projektleitersitzung vom 6.11.97, Bern.
Protokoll der 11. Projektleitersitzung vom 15.05.97, Zürich.
Protokoll der 12. Projektleitersitzung vom 3.06.98, Zürich.
Protokoll der 13. Projektleitersitzung vom 7.10.98, Bern.
Protokoll der 14. Projektleitersitzung vom 8.02.99, Zürich.
Protokoll der 15. Projektleitersitzung vom 17.05.99, Zürich.
Protokoll der 16. Projektleitersitzung vom 25.10.99, Zürich.
Protokoll der 1. Vollversammlung vom 21./22.10.96, Herzberg.
Protokoll der 2. Vollversammlung vom 21./22.08.97, Kartause Ittingen.
Protokoll der 3. Vollversammlung vom 24./25.08.98, Rüttlihubelbad.
Protokoll der 4. Vollversammlung vom 30.08.99, Zürich.

Weitere Quellen und Materialien zur Teilsynthese „Restriktionen & Optionen"

Rückmeldung der Expertenkommission des SPP Umwelt zur 1. Modultagung (21.02.97) vom 21.03.97.
Rückmeldung der Expertenkommission des SPP Umwelt zur 2. Modultagung (22.01.98) vom 25.02.98.
Rückmeldung des Diskussionsforums „Transdisziplinärer Forschungsprozess" zur 2. Modultagung (22.01.98) vom 3.02.98.
Rückmeldung der Expertenkommission des SPP Umwelt zur 3. Modultagung (4.11.98) vom 21.01.99.
Evaluation der 12. oikos-Konferenz „Märkte von morgen." vom 23.-25.06.99, St. Gallen.
Email 1 eines Forschenden des IPG I zur abschließenden Analyse des IPG I (vgl. Mogalle 2000), 19.01.00.
Email 2 eines Forschenden des IPG I zur abschließenden Analyse des IPG I (vgl. Mogalle 2000), 19.01.00.
Email 3 eines Forschenden des IPG I zur abschließenden Analyse des IPG I (vgl. Mogalle 2000), 20.01.00.
Email 4 eines Forschenden des IPG I zur abschließenden Analyse des IPG I (vgl. Mogalle 2000), 20.01.00.
Email 5 eines Forschenden des IPG I zur abschließenden Analyse des IPG I (vgl. Mogalle 2000), 20.01.00.
Email 6 eines Forschenden des IPG I zur abschließenden Analyse des IPG I (vgl. Mogalle 2000), 21.01.00.
Email eines Mitglieds der Expertenkommission zur abschließenden Analyse des IPG I (vgl. Mogalle 2000), 4.03.00.
Vorschlag für eine Schwerpunktstudie Bern im Rahmen des IPG I, 22.10.96, Herzberg.
Vernetzungs-Matrix für die Fallstudie „Restriktionen und Optionen", 16.01.97, Bern.
Protokoll der AG „Restriktionen & Optionen", 13.03.97, Bern.
Vorschlag und Antrag für die Einsetzung einer zusätzlichen AG z.H. der ProjektleiterInnensitzung, 4.2.97, Bern.
Einladung zur Sitzung der AG „Restriktionen & Optionen", 29.04.97, Bern.
Protokoll der Sitzung der AG „Restriktionen & Optionen, 29.04.97, Bern.
Protokoll der Sitzung der AG „Restriktionen & Optionen, 21.05.97, Bern.
Protokoll der Sitzung der AG „Restriktionen & Optionen, 20.08.97, Kartause Ittingen.
Email vom 24.09.97 zur Vorbereitung der Sitzung vom 26.09.97.
Protokoll der Sitzung der AG „Restriktionen & Optionen, 26.09.97, Bern.
Protokoll der Sitzung der AG „Restriktionen & Optionen, 8.02.98, Bern.
Protokoll der Sitzung der AG „Restriktionen & Optionen, 24.04.98, Bern.
Protokoll der Sitzung der AG „Restriktionen & Optionen, 9.06.98, Bern.
Protokoll der Sitzung der AG „Restriktionen & Optionen, 29.06.98, Zürich.
Protokoll der Sitzung der AG „Restriktionen & Optionen, 25.09.98, Bern.
Protokoll der Sitzung der AG „Restriktionen & Optionen, 23.11.98, Zürich.
Tagungsunterlagen zum Praxisworkshop „...außer man tut es", 26.03.99, Sutz bei Biel.
Protokoll der Sitzung der AG „Restriktionen & Optionen, 3.05.99, Bern.
Email-Stellungnahme zum weiteren Vorgehen/Bestehen der AG „Restriktionen & Optionen, 14.04.99.
Email-Stellungnahme zum weiteren Vorgehen/Bestehen der AG „Restriktionen & Optionen, 15.04.99.
Email-Stellungnahme zum weiteren Vorgehen/Bestehen der AG „Restriktionen & Optionen, 16.04.99.
Email-Stellungnahme zum weiteren Vorgehen/Bestehen der AG „Restriktionen & Optionen, 19.04.99.
Email-Stellungnahme zum weiteren Vorgehen/Bestehen der AG „Restriktionen & Optionen, 19.04.99.
Email-Stellungnahme zum weiteren Vorgehen/Bestehen der AG „Restriktionen & Optionen, 21.04.99.
Email-Stellungnahme zum weiteren Vorgehen/Bestehen der AG „Restriktionen & Optionen, 27.04.99.
Email-Stellungnahme zum weiteren Vorgehen/Bestehen der AG „Restriktionen & Optionen, 28.04.99.

GPSR Compliance

The European Union's (EU) General Product Safety Regulation (GPSR) is a set of rules that requires consumer products to be safe and our obligations to ensure this.

If you have any concerns about our products, you can contact us on ProductSafety@springernature.com

In case Publisher is established outside the EU, the EU authorized representative is:

Springer Nature Customer Service Center GmbH
Europaplatz 3
69115 Heidelberg, Germany

Batch number: 10816188

Printed by Printforce, the Netherlands